高等学校规划教材

结构与建筑

章丛俊　徐新荣　编著

中国建筑工业出版社

图书在版编目(CIP)数据

结构与建筑/章丛俊，徐新荣编著．—北京：中国建筑工业出版社，2015.12

高等学校规划教材

ISBN 978-7-112-18920-5

Ⅰ.①结… Ⅱ.①章…②徐… Ⅲ.①建筑结构-高等学校-教材 Ⅳ.①TU3

中国版本图书馆 CIP 数据核字(2015)第 316385 号

本书从最基本的结构概念出发，强调建筑的功能、美和结构三要素的完美融合，通过剖析和计算一些典型工程，引导读者在建筑设计中正确处理好结构与建筑的关系，从而形成在建筑创作过程中自觉合理地运用结构技术的综合应用能力和创新能力。

本书内容包括：结构与建筑概论；建筑空间的创造与结构概念的运用；一些重要的结构概念；竖向结构体系；水平结构体系；结构评论。

本书可供建筑院校建筑学和结构专业的师生及建筑、结构设计人员学习参考。

为了更好地支持本课程的教学，本书作者制作了多媒体教学课件，有需要的读者可以发送邮件至 zgjzgycbskj@sina.com 索取。

*　　*　　*

责任编辑：王　跃　仕　帅

责任校对：李美娜　刘　钰

高等学校规划教材

结 构 与 建 筑

章丛俊　徐新荣　编著

*

中国建筑工业出版社出版、发行（北京西郊百万庄）

各地新华书店、建筑书店经销

北京红光制版公司制版

北京同文印刷有限责任公司印刷

*

开本：787×1092 毫米　1/16　印张：17¾　字数：395 千字

2016 年 4 月第一版　2016 年 4 月第一次印刷

定价：**38.00** 元（赠送课件）

ISBN 978-7-112-18920-5

(28174)

前言

现代建筑的创作离不开工程结构技术的合理运用，而建筑学与结构学教育的分离限制了建筑师和结构工程师之间的创造性合作。本书通过对建筑学和结构工程专业的学生或设计师提供共同的基本知识和基本理论，使他们在建筑概念设计和初步设计阶段就能把所涉及的各种结构知识融会贯通，从而形成在建筑创作过程中自觉合理地运用结构技术的综合应用能力和创新能力。

本书强调“建筑与结构”一体化构思，采用“整体→局部→整体”的学习方法。首先，从宏观上介绍，结构合理运用到建筑创作中的方法和技巧，使读者有能力从一开始的建筑构思阶段就将结构知识应用到总的建筑设计中；其次，把建筑物视为一个整体，阐明一些重要的概念性的结构知识，力求在建筑方案阶段就达到结构与建筑的完美融合；然后，再使这种知识趋于完善和细化，将基本的结构构件知识按各主要结构体系（水平、竖向）所涉及的构件类型进行定量详细介绍；同时注意完善为了实现总体而需要重视的细部构造（如节点连接、钢筋锚固等）；最后，对整体建筑与结构的设计优劣给出评判依据。

本书提出了一些有益观点：建筑三要素中的“功能”和“美”都可以通过运用“结构”创造出来，且是合理经济有效的；结构在建筑创作基本思维序列中的“位势”居于“始发点”最佳，尤其对高层建筑和大跨空间建筑，一般要求在建筑构思阶段就将结构知识运用其中；运用结构不会必然带来建筑创作思维的禁锢，反而会激发我们在建筑创作中的想象力和处理复杂条件下建筑与结构之间矛盾的能力；建筑师及结构师都可以运用结构知识对整体结构进行概念性计算；建筑结构必须具有四种特性：平衡、稳定、强度、刚度；高层建筑主要解决的是刚度适宜的问题，而刚度是可以通过结构布置（截面尺寸、约束条件、框架作用等）调整的；大跨结构的自重影响是至关重要的，桁架、拱、索、组合结构都是围绕减轻自重而产生的；竖向结构体系主要分为柱结构体系、墙结构体系及两者组合的柱-墙结构体系，它们都是由结构稳定性要求产生的；各类竖向结构体系都可以由框架作用发展而来，各类水平结构都可以由梁演变而成；整体建筑结构设计优劣的评价主要看结构的复杂性与有效性是否达到了合理的平衡；等等。每种观点都给出了概念性的例证。

本书的编写，参考并引用了一些公开出版和发表的优秀教材和文献，均在参考文献中列出，谨向这些作者表示衷心的感谢。

作者编写本书的主要目的是给建筑学专业和结构工程专业的学生作为教学用书，但对从事这两方面工作的专业人员，学习本书对于开阔思路，启发建筑设计的创造性，也是大有裨益的。

本书由南京工程学院章丛俊、徐新荣编著。由于本书所涉及的知识较广较深，是个需要不断探索的领域，作者水平有限，书中疏漏和错误之处，敬请读者指正，以期日臻完善。

编者

2015.10.24

目 录

1 结构与建筑概论

人们很久以前就已经认识到，对结构作用的理解是理解建筑学的基本前提。建筑创作总是和材料、技术、结构联系在一起，而同时又与时代背景、社会发展紧密关联。建筑与雕塑、绘画等艺术不同，由于它是规模较大的实体，需满足较长使用年限的安全性、适用性、耐久性和经济性。通常建筑设计不能像其他艺术那样随心所欲地表现作者所期望的造型，而仅能实现与其所受力的大小和作用原理相适用的造型。反理性主义建筑思潮中出现的“前卫”建筑、“惊险”结构，是对结构正确性、合理性与经济性的“反叛”，即使我们拥有新材料、新技术以及所需要的雄厚资金而可以保证其安全，并得以实现，这也不能成为我们在当今和未来的建筑创作实践中大行“结构反叛”之道的理由。具有结构正确性与合理性的建筑，所耗费的自然资源和能源降低；这不仅关系到地球环境，也是人类应该采取的基本态度。因此，具有合理结构的建筑永远是人类普遍需求的、符合持续发展理念的建筑。

20 世纪中期，国际建筑界曾经出现过一种很好的建筑创作风气，把结构技术的发展与推动建筑创作的进步协调一致起来。在建筑构思与结构概念彼此关联的和谐互动中，将两者的结合提高到了一个新的境界和新的水平，创造出了许多优秀的建筑作品，实践证明：尊重工程结构所具有的内在规律，掌握结构思维的基本思路和技巧，这不但不会阻碍我们创造性的发挥，而且，还会更加激发我们在建筑创作中的想象力和处理复杂条件下建筑与结构之间矛盾的能力。

原始人类为了避风雨、御寒暑和防止其他自然现象或野兽的侵袭，需要有一个赖以栖身的场所，这就是建筑的起源。可以简单把建筑物看作为一个封闭的、被分隔成不同空间以创建一个被保护环境的简单外壳。组成这个外壳的表面，即建筑物的墙体、楼板和屋顶必然要承担不同类型的荷载。外表面要承受雪、风和雨等气候引起的荷载；楼板要承受居住者和他们活动所产生的荷载；结构构件还必须承担它们自身的重量。所有这些荷载（图 1-1）都会导致建筑物变形甚至倒塌，正是为了防止这种情况发生，才有了结构设计。因此，结构的功能可以简单概括为提供阻止建筑物倒塌所需要的强度和刚度，更确切地说，结构是用来形成一定的空间和造型，并承受人为和自然界施加于建筑物上的各种作用力，使建筑物得以安全使用的骨架。建筑物都有荷载作用，荷载最终都是由结构承受的。可见，建筑结构的作用可归纳为三点：①形成外部形态；②形成内部空间；③保证建筑物在正常使用时，在各种力的作用下，不致产生破坏。

区分建筑的结构部分和非结构部分是从事建筑设计和结构设计的基本技能。结构部分是为了传导施加在建筑物上的力的结构构件的组合；非结构部分是用作分割空间的维护构件，其自身荷载（自重、风荷载等）是作为结构的外加荷载通过结构构件传递出去的。结构构件和空间维护构件通常是完全分开的。比如，框

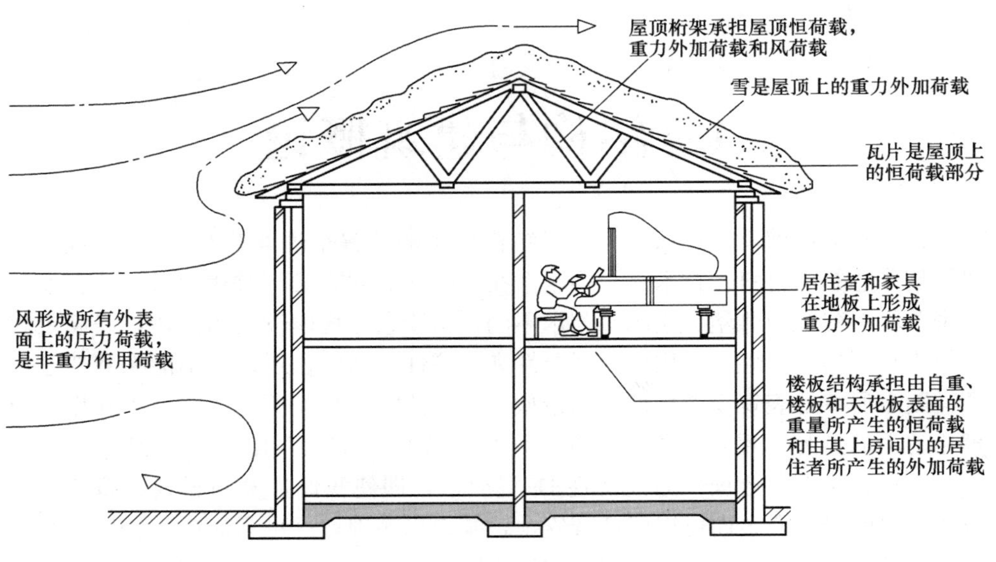

图 1-1　建筑物上的荷载

架结构中的外围护墙和内分隔墙依附在结构构件（梁或板）上，该类填充墙不承受其他构件传来的荷载，不参与整体结构系统的传力工作，只起维护分隔作用，其自身重量被看作外加荷载，需有结构构件承担，是典型的非结构部分。也就是说，在结构分析时可以将此部分具体内容予以简化忽略，仅将其自身重量简化作为外荷载由结构构件承担。也有两者兼顾的，楼板（不吊顶）既是结构构件又是分隔构件，此时按结构构件参加整体结构传力系统进行分析。但楼板下吊顶将楼板隐藏，则楼板只具有单纯的结构功能，仅是结构构件。

可见，所有的建筑物都含有结构，只是有的暴露，有的被隐蔽了。组成建筑物的构件分为结构构件和非结构构件（分隔围护构件），结构由构件组成，结构的作用是通过结构构件有效传导施加在建筑物上的力流，从而安全地支撑着建筑物。结构是传递荷载、支撑建筑的骨骼，也是作为社会物质产品用来构成建筑合用空间与视觉空间的骨架。结构形式与整体建筑物形式密切相关，结构与建筑永远共存亡，结构发挥其功能的有效程度影响着建筑的质量。结构在建筑中的地位与作用，并不因为建筑的发展变化而有所削弱或偏离。

1.1　结构与建筑的关系

建筑是指建筑物与构筑物的总称，是人工创造的空间环境。直接供人使用的建筑称建筑物，不直接供人使用的建筑叫构筑物。建筑既处于自然空间之中，又处于建筑空间之中。在自然空间中要抵抗外力的作用而得以“生存”，首先要依赖于结构。建筑空间可分解为受功能制约的合用空间和受审美要求制约的视觉空间，而合用空间与视觉空间的创造也要通过结构的运用才能实现。结构在建筑设计中的地位与作用见图 1-2。

美国建筑师埃洛·沙里宁（Eero Saarinen）将建筑要素明确归纳为“功能、

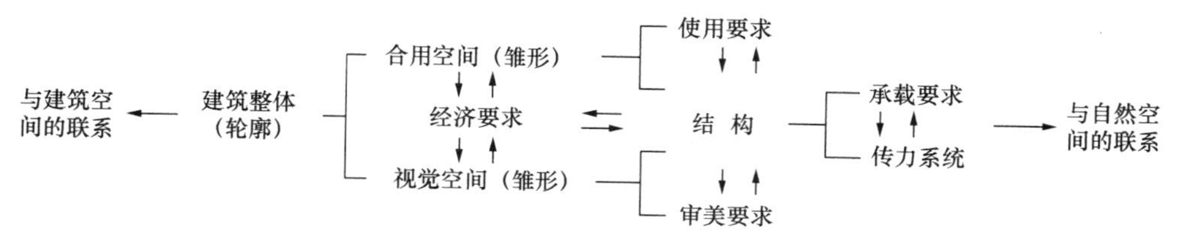

图 1-2 结构在建筑中的地位与作用

结构和美”，他认为：“不论是古代建筑还是现代建筑，都必须满足这三个条件，而每个建筑师也在这三个条件约束之下找到自己的表现手法。”

功能是指建筑需提供给人们生活、学习、工作、娱乐等场所的实用功能，即要求所提供的空间系列真正有用并符合建造的意图。人类总是为达到一定的具体目的和使用要求而建造房屋，这在建筑中叫做功能。由于社会对建筑提出不同的功能要求，比如，居住功能、办公功能、体育功能、影剧院功能等，于是就出现了许多不同的建筑类型。各类建筑由于功能要求的千差万别，反映在形式上也必然是千变万化的，例如居室不同于教室，阅览室不同于书库，生产车间不同于观众厅。功能需要不仅提出人类活动的物质要求（空间分割、采光、通风等），同时还有与生活密切相关的社会要求（权威、尊重、信仰、财力等），所以建筑是自然科学与社会科学相结合的产物，而功能要求随着社会生产的发展，民众生活水准的提高，也是逐渐由低级转向高级不断变化的，相应的建筑也就随之不断演变、改善提高、推陈出新，乃至形成几千年的建筑发展史。

美指对接触建筑物的人所产生的主观感情的美学感应效果。它可能由一种或多种因素所产生。建筑形式的象征意义，形状、花纹和色彩等的美学特征，在解决由具体建筑物所引发的各种实际问题的过程中所采用的精湛技艺，甚至实现设计不同方面的连接节点等都有可能成为产生“愉悦”的发生器，给人以感染力和美的享受。例如不同建筑给人的庄严雄伟、朴素大方、生动活泼、现代时尚等不同感觉，就是建筑艺术形象的魅力。建筑美的创作中，除了运用线、面、体各部分的比例，尺度、色彩、质感、均衡、稳定、韵律等的统一和变化，对比与微差、均衡与稳定等一般形式美法则，而获得一定的艺术氛围（庄严、雄伟、明朗、优雅、忧郁、沉闷、神秘、恐怖、亲切、活泼、时尚、宁静等），还应正确反映出结构的受力和传承特点，使建筑形态与结构形式吻合一致，以达到建筑与结构的有机完美统一。因此，要按照一定的美学原则和结构概念对建筑进行整体构思与设计，使之成为更丰富、完善、美观的艺术作品。

结构关注的是建筑物能安全合理建造起来并作为一个物体在漫长岁月中保存自身实际完整性的能力。建筑与其他艺术作品的根本区别在于它的物质性要求，建筑是精神与物质的完整统一体，具有艺术与实用的双重性，这一双重性使它与其他艺术处于完全不同的另一领域中。建筑艺术创作的技术手段——结构，是建筑艺术得以实现的物质基础，能否获得某种形式的空间，不单取决于我们的主观愿望，而主要是取决于工程结构和技术条件的发展水平。一个不能成为现实的建筑构思与方案是无法实现“功能和美”的要求的，也就毫无价值可言。

结构的实现并不是简单容易的事。首先是建造，要受到当时当地人为与物质条件的限制，如材料、劳力、工艺设备、施工技术等条件，而这一切与社会的生产与生活水平密切相关。只有考虑到当时当地的客观条件，房屋才有建造成功的可能。例如穴居时代，人类最初为遮烈日、避风雨、御禽兽，只能寻找天然岩洞，因崖成室以栖身。以后有了简单工具，才选定地势较高的山麓、山岳挖土为穴（图 1-3a）。后来人类仿照燕鸟用泥土与枝条筑窝，修筑巢居（图 1-3b）。再后，人类用树枝竹竿搭棚为舍（图 1-3c、d）。随着人类思维与技艺的进步，最终用土坯、石块、砖块垒墙为屋，烧砖砌房（图 1-3e、f、g），开始走向人造建材的道路。19 世纪中叶到 20 世纪初，钢铁和水泥相继出现，为大跨和高层建筑的发展创造了物质技术条件。这一切生动地说明：只有依靠当时当地的人力与物力，才能实现房屋的建造。

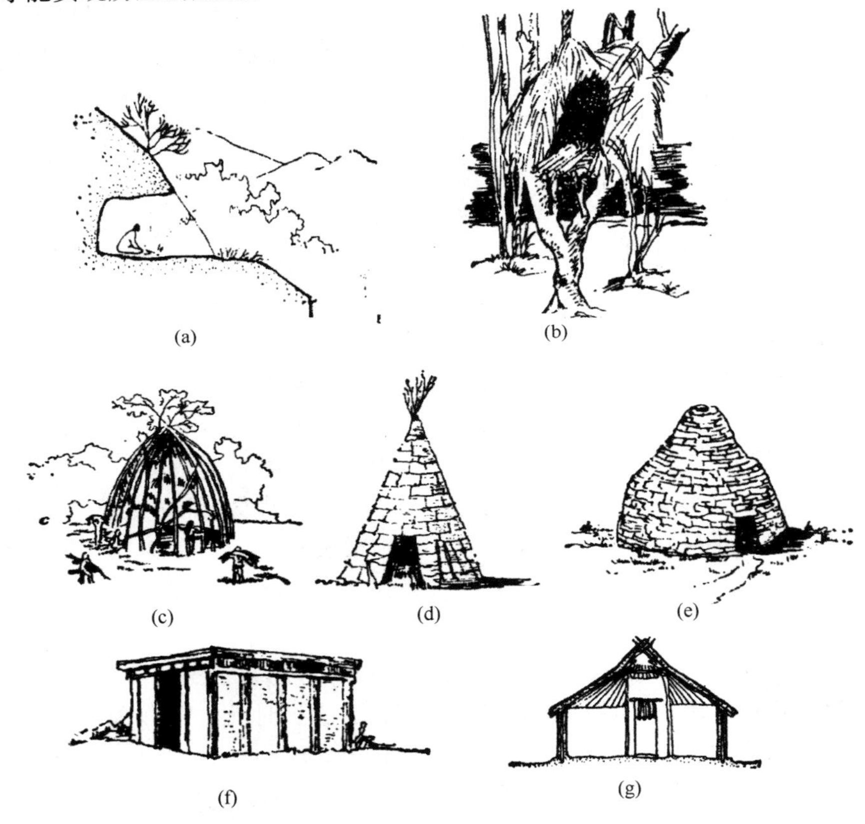

图 1-3　建筑起源

其次是留存。建好的房屋还要经受住当时当地自然环境，如气候和地质条件的考验。若前述的人为物质条件是人能控制的话，但建筑地点的自然环境条件至今人类尚不能完全控制。除了选择建筑地址外，设计者只能使建造出来的房屋适应自然条件的要求。例如建筑的日照、采光、防水、隔热防寒、隔声、采暖、空调、抗风雪、抗地震等，这些都需要通过建筑构造、物理、设备、结构等专业知识妥善加以解决。留存还与建筑功能的实现程度和视觉美学效果有关，不能有效实现功能要求和不美观的建筑可能运行时间不长就被拆除了。

建筑空间是人类凭借着一定的物质材料从自然空间中围隔出来的。把符合功能要求的空间称之为适用空间；把符合审美要求的空间称之为视觉空间；把按照材料性能和力学规律而建造的空间称之为结构空间。这三空间分别对应建筑的三重属性—实用性、艺术性和科学性。这三者由于形成的根据不同，各自所受到的制约条件不同，因而它们并不能天然吻合一致。可是在建筑中这三者却是合而为一的，这就要求建筑师必须把这三者有机地统一为一体。在古代，功能、美、结构三者之间的矛盾并不突出，当时的建筑师既是艺术家又是工程师，他们在创作的最初阶段几乎就把这三方面的问题都同时地、综合地加以考虑，反映在建筑作品中三者的关系是完全熔铸在一起。可是到了近代情况就不同了，由于科学技术的进步和发展，建筑结构形式的日益复杂，工程结构已经成为一门独立的科学体系，并从建筑学中分离出来从而成为相对独立的专业。和古代建筑师不同，现代的建筑师必须和结构工程师相互配合才能确定最终的设计方案，于是正确地处理好上述三者的关系就显得更为重要了。

由于具体建筑物的复杂程度、审美要求、物质条件、结构认同理念等各不相同，目前，结构在建筑创作基本思维序列中的“位势”也相应不同，最为典型的有：

（1）结构置于“始发点”——设计者首先确定某一特定几何形体的结构，然后，再在此结构所覆盖的空间中去探求相应的可用空间和视觉空间。美的要素只是建筑物的结构骨架，或稍微做一些可视性装饰。19世纪以前的建筑大多采用这种模式，主要由于那个时期的结构材料主要为强度较低的砖石、木材以及力学理论欠缺，会产生各种各样的结构问题妨碍甚至破坏房屋的建造和留存，迫使建筑师首先要考虑结构的可行性与合理性。

法国埃菲尔铁塔（图1-4）则是主动以结构为先的成功案例。从力学角度分析，铁塔可看成是嵌固在地上的悬臂梁，对于高耸入云（高320m）的铁塔来说，风荷载是主要荷载，由于铁塔的总体外形与风荷载作用下的弯矩图十分相似，因

(a)　　(b)

图1-4　法国埃菲尔铁塔

（a）实物照片；（b）风载的M图

此充分利用了塔身材料的强度和刚度，受力非常合理；塔身底部所设斜框架轻易地跨越了一个大跨度，斜框架下的装饰性圆拱给人以稳定感，车流、人流在塔下畅通无阻，更显铁塔的雄伟壮观。埃菲尔铁塔不仅满足了展览功能，并且以其造型优美、结构合理、建筑与结构完美统一而被世人称颂，原本设计只是作为1889年巴黎世博会临时性建筑，却一直作为法国巴黎的标志被保留至今。

（2）结构作为“中间点”——设计者首先大体确定合用空间（或视觉空间）的几何形体，随之考虑相应的结构系统与结构形式，最后再对视觉空间（或合用空间）进行调整。

世界各地的火力发电厂附近常见到双曲抛物面薄壳构成的钢筋混凝土冷却塔（图1-5），是先确定其功能空间再优化其结构形式从而使两者完美结合的例子。冷却塔的功能是要冷却汽轮机中被加热了的冷却水，汽轮机的效率和进气温度与出气温度之差有关，温差越大，效率越高，所以要用水来冷却汽轮机。冷却水被加热后，用导管送到冷却塔顶部喷洒下来，并通过滴水板尽量延长热水下落的路程，同时冷空气从冷却塔下部进入塔内，与热水进行热交换，被加热的冷空气体积膨胀，密度减小，缓缓上升。双曲抛物面冷却塔塔身中部略细，加速了空气上升的速度，形成上拔力，加速空气流动。在塔身上部，上升的空气被继续加热，体积更加膨胀。此时，上部塔身略放宽，减少了上升空气的阻力，有利于空气流动。可见，双曲抛物面薄壳冷却塔在冷却工艺上是很合理的。从结构的角度看，圆形平面与矩形平面相比风荷载可减少约30%，塔身下部外形与风荷载作用下的弯矩图相似，向下逐渐加大的直径对塔身稳定性十分有利，也使得自上而下逐渐增大的结构自重均匀分布。采用双曲抛物面薄壳这种薄壁空间结构受力合理，自重轻，不但安全可靠，而且经济合理。此外，双曲抛物面是一个旋转曲面，可由一根倾斜母线绕纵轴旋转而成，施工非常方便。双曲抛物面冷却塔优美的结构形体，加上冉冉升起的水汽形成地平线上一道美丽的风景，十分壮观。双曲抛物面冷却塔可谓建筑造型、结构形式和使用功能的完美结合。

(a)

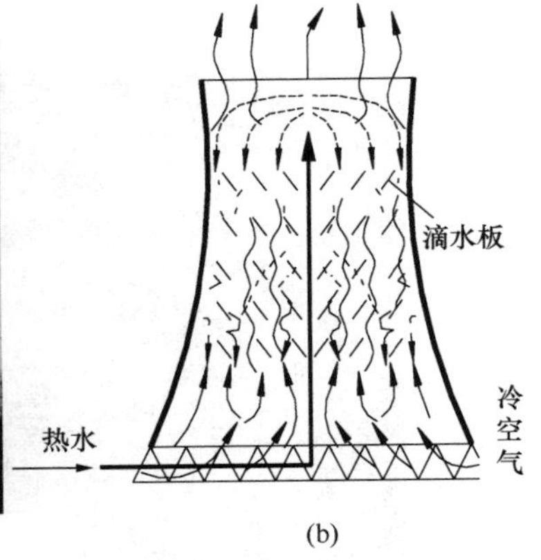

(b)

图1-5　冷却塔

（a）实物照片；（b）冷却工艺图

（3）结构置于“最终点”——设计者暂时排除对结构问题的考虑，只关心合用空间与视觉空间的创造，最后来分析和确定比较适宜的结构系统和结构形式。这种模式是从19世纪中叶开始，人们将钢和钢筋混凝土这类建筑材料引进到建筑物中，由于钢和钢筋混凝土的高强度特性决定了在实际工程中可以建造几乎任何一种建筑形式，对一般类型的建筑物可以不用考虑它们是如何被支撑或建造的，除非所建筑的形体太大和经济条件达不到，从而使建筑师摆脱了早期采用低强度砖石等材料支撑建筑状况下，必须首先考虑决定建筑能否建造起来的结构技术的约束。自由女神像（图1-6），位于美国纽约港入口处，内含楼梯、电梯等内部系统，建筑师在建筑物形式的创意过程中完全忽略了结构因素，并在建筑物的建造过程中完全隐藏了结构构件。

悉尼歌剧院（图1-7）是将结构置于"最终点"的典型例子，当时获首奖方案的是丹麦建筑师伍重（Joslash Utzon）手绘的10只姿态各异的双曲壳体的几张素描图，却未深究其结构实现的可能性。首先，10只壳体的壳形各异，既不利于现浇，更不利于预制；既欠考虑施工手段，又没有把握经济后果。其次，错误估计了壳体的受力状况，选择了不利的结构形式。壳体的所有优越性都来自其一个基本的受力特征，即壳以凸向外荷载的曲面板的薄膜应力来抗衡并传递外荷。若外荷指向壳体凹面，或让壳体竖向悬挑承受弯矩，这都不能充分发挥壳体的优势，风荷载一般属于附加荷载，对一般垂直竖放的壳体由于其流线型，风荷不大，且风吸力常小于壳体自重。但悉尼歌剧院的壳体是一面敞口并斜向悬臂斜挑的凹面，当风从敞口方向吹来时，虽有大玻璃幕墙，却仍成了招风的因素。这么大的风荷载作用在壳体的敞口面，会产生很大的倾覆弯矩，薄而轻的壳体又缺乏自重来稳定，唯一的办法是把壳体设计得又厚又重，才能抵抗悬臂弯矩产生的拉力。但这厚重的斜挑壳体自重所产生的弯矩，当风从壳体非敞口方向吹来时，不仅起不到稳定作用，相反还增加倾覆力矩。若把壳体斜度稍加修改，则能减少其自重弯矩，但会因之失去了壳体明快飘扬的观感。最终建造的建筑物耗时17年，造价是预算的14倍，数度修改且没能实现设计者的建筑构想。

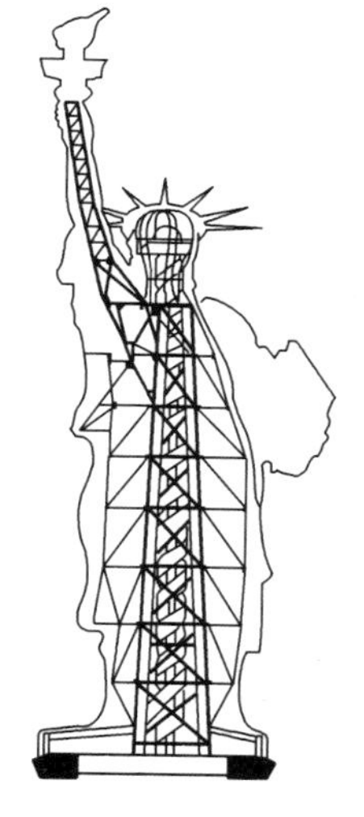

图1-6 美国自由女神像

图1-7 澳大利亚悉尼歌剧院

目前，建筑设计中结构与建筑的关系大多处于第三种位势——结构置于“最终点”，通常是在建筑的平、立、剖面图形成后，让结构师进行结构布置。如果在建筑构思阶段没有考虑建筑与结构的关系，由于结构方面的要求，对早期构思的建筑作品进行大修改的概率将会很高。若建筑师不愿修改或仅能微调，结构师只能被动地运用结构技术，很难设计出建筑与结构俱佳的作品。反过来，一开始就将结构概念考虑到建筑的总的空间构成和美的视觉构思中，大修改的概率将会小很多，并且总的建筑方案的功能性、物质性和象征性的整体设计意图都将得到保证，从而实现建筑与结构的完美结合。

所有的建筑都含有结构，其建筑空间的围合、形体的构筑、形象的塑造都与结构紧密相关。结构本身受力学规律支配，其整体形状、受力特点、构件的粗壮与精巧、适用范围等都有内在的规定，成熟合理的结构类型并不多，而建筑创作需要广泛多样的结构形式，结构只能满足其中的一部分，这将对建筑构思有很强的制约，这也是建筑与结构的矛盾所在。另一方面，如果正确掌握结构概念，善加运用于建筑构思中，则可以变被动为主动，创造出别具特色的建筑作品，于是结构上升为建筑创作的一种表现手段，从而使得矛盾从长远看又转变为事物发展的动力，是一种积极的因素，长期以来建筑业的发展就是这一矛盾作用的结果。但从现实看它又是一种障碍，需要努力去克服，以求得需要与可能之间的基本平衡。建筑与结构是建筑工程中一个最大的矛盾统一体，它们相互依存，又彼此制约，解决建筑与结构的矛盾则是建筑师与结构师的持久任务。一方面需要结构创新、开发新结构，去化解结构对建筑制约过严和结构的可能性与建筑的需要之间差距过大的矛盾，该途径最应受到重视。另一方面可以通过掌握并运用已有的结构知识对现有成熟结构形式进行适当加工改造，做多样化的应用，该途径周期短、成效快、适应性强。无论是创新还是加工应用，都需要基本的结构知识为基础，正确的结构概念对构思阶段的建筑作品影响很大，一般要求在建筑构思阶段就将结构知识运用其中，即结构置于“始发点”，或至少也是“中间点”，尤其对高层建筑和大跨空间建筑。

建筑与结构彼此牵制、互相依存，常常是你中有我，我中有你，难以确切分出建筑与结构的各自领域，只是建筑师在建筑物的形式创意过程中将结构构件完全隐藏或部分隐藏或结构作为建筑整体裸露。建筑与结构均是“鱼”与“水”、“瓜”与“秧苗”的关系，就像人像画家或外科整容医生必须熟练地掌握人体骨骼的间架结构才能塑造出真实美好的人物气质形象，建筑师创造建筑作品必须很好地懂得结构（建筑骨骼）的主要工作原理是同样道理。建筑构思必然牵涉到结构概念，结构与建筑的关系密不可分，彼此牵制，同时也相互促进。当结构技术取得突破，就会为建筑设计创造更大的创作余地，促进建筑的发展。

1.2　建筑师与结构工程师之间的关系

建筑和结构随着科学技术的发展，分化成两个独立的学科，分别由建筑师和结构工程师专门进行设计工作，但建筑工程本身历来是各种专业知识交融而成的综合产品，建筑与结构各自深化发展的同时，更需要专业间知识的渗透和工作的紧密配合。现代技术条件下，建筑师与结构工程师的工作是相互关联的，因此，建筑应是建筑师与结构工程师创造性合作的产物，但这种合作常常是困难的。一是大学教育与现实的建筑工程实践相互脱节。结构学的学生首先要学习数学、力学方面的课程，大概包括高等数学、概率论、线性代数、数值分析、理论力学、流体力学、材料力学、结构力学、有限元分析、弹性力学、弹塑性力学等课程。由此可见，建筑结构专业植根于数学和力学的基础上。然后开始学习一些基本理论，如建筑材料、地基与基础、钢筋混凝土、钢结构等课程。与此同时，开始尝试设计一些基本构件，如单跨梁的设计、屋架的设计等。最后系统地学习相关的结构理论，如结构抗震、高层建筑结构设计等，直到完成最后的毕业设计工作。在毕业设计过程中，学生要完成一幢简单结构或一幢复杂结构中的部分设计工作。由此可见，一名结构工程师在学校里掌握了从局部构件到整体结构的理论分析方法、计算能力和结构设计的初步能力。而当一名结构工程师开始他的职业生涯的时候，首先要解决如何将现实中的整体建筑简化为一个结构模型，即如何布置竖向体系和水平体系以形成合理机构，如何确定构件的支撑条件以引导力流在结构中的有效传递，如何判断其受力大小和方向等。只有完成了这步工作——整体分析，才能运用学校学到的知识去解决实际问题。而由学校教育“局部→整体”的专业学习到职业工作的“整体→局部”的转换，通常成了理论“翻译”为现实的瓶颈，而这个难点的突破是基于假定学生自己会返回去发现怎样把各部分结合成整体的工作。但不幸的是，这种假设很少能实现，这样就容易出现“只见树木不见森林”的教育后遗症。而建筑学的学生没有学习大量的数学与力学类课程，更不会受到结构设计的系统训练。只是通过分门别类地学习那些被“肢解开来”的理论知识，如建筑力学、建筑构造等基本构件及相关的设计施工要点掌握工程知识，造成学生只是掌握了一些零星的结构知识，缺少结构整体分析的基本知识概念及其运用，更较少涉及应用方法和技巧。可见，无论哪个专业的学生，学习结构知识的模式与从事建筑设计、结构设计思维的自然流程都反了，这将使学生在设计思想的形成阶段，难以使用这些结构知识。接受这种结构教育的学生和从业建筑师，面对建筑个性要求日益强烈的设计任务，往往比较茫然，难以将结构概念运用到建筑创作中。

建筑学与结构工程的学生共同的教育方法应如下逐渐进行：把建筑物视为一个整体，以此来初步介绍概念性的结构知识，使学生有能力从一开始的建筑构思阶段就将结构知识应用到总的建筑设计中，然后再使这种知识趋于完善和细化，基本的结构构件知识按各主要结构分体系（水平、竖向）所涉及的构件类型进行定量详细介绍。同时注意完善为了实现总体而需要重视的细部构造（如节点连接、钢筋锚固等）。二是建筑师不太愿意学习结构知识，他们认为只要建筑师能想出来的任何建筑形式，都会有结构办法去实现，因此，可以不必深入学习结构知识，如果遇到问题，会有结构工程师给予解决，基于对“建筑师应该掌握系统的结构概念”的理念不认同、不重视，自然不会有学习结构知识的兴趣。从而造成了现代建筑教育和建筑师的知识结构存在着薄弱环节，技术教育重视不够，技术知识不强，严重影响了现代建筑的创作。由于建筑雏形是由建筑师最早构思出来，一旦构思完成也将大体限定了宏观的结构方案，如果建筑体形和空间决定了不是一个优秀的结构方案，那么建筑物将通过巨大的经济代价或不可避免地影响到建筑空间的糟糕结构形式换来，不能称之为一个优秀的建筑物。不愿学的另一个原因是结构难学，复杂的结构受力状态和公式、多种不同的结构体系类型等等，使学生对结构知识的学习产生心理畏惧情绪，事实上，世界上的绝大多数事物，可能给人以非常复杂的印象，但它们都遵循最简单的原理。英国中世纪产生的“奥卡姆剃刀”原则（occams razor）就已指出：“在不同的理论竞赛中，诸个理论中最简单的那个理论，就是比较美的理论，就能在竞争中取胜，概括为‘理论忌繁杂’。”建筑结构也不例外，再复杂的建筑，都是由梁、板、柱（墙）这类最简单的“杆”组成的，如果撇开复杂的公式，采用最简单的分类方法，最基本的力学原理，适当的语言表达，把结构概念讲清楚，就不会觉得难了。事实上，建筑师最主要需要在结构整体分析上能与结构师达到共同的水平并掌握基本的结构概念，如有关结构形式的几何特征、受力特点、材料选择、力的平衡、稳定措施等概念性知识，并注重结构概念的巧妙应用和创新，而在结构专业具体细节上的深度则不必像结构工程师一样。

目前建筑师与结构工程师之间主要有三种关系：

第一种关系是建筑师和结构师属于同一个人，19 世纪以前的建筑设计师几乎都属于这类范畴，重要的是在这整个时间过程中主要结构材料均为强度低的砖石和木料，跨度和高度等都受到限制，建筑创作首先要考虑能不能建造起来的问题，迫使建筑师从结构概念上必须采取合理的结构形式，以结构为重，否则只能成为海市蜃楼、纸上谈兵。20 世纪以后，一些有远见卓识的建筑界杰出人物：奥古斯特·佩雷、罗伯特·马亚尔（robext maillart）、皮尔·路易吉、夸尔维·爱德华多、托罗哈等人，出于对建筑与结构分裂状态的回归，都身兼建筑师及结构工程师，设计出了以结构为主的优秀建筑物，享有了他们那个时代最佳建筑师的盛名。法国巴黎的埃菲尔铁塔（图 1-3）的设计者埃菲尔本身就是结构工程师，成为现代巴黎标志的埃菲尔铁塔的总体外形与风荷载作用下的弯矩图十分相似，充分利用了塔身材料的强度和刚度，受力非常合理，是力线流畅的结构美成就了建筑美的典型例子。

第二种关系是建筑师决定建筑物的空间功能形式和它的美学视觉概念，结构工程师主要作为技术人员，保证建筑物在技术上不出问题，这种关系主要在 19 世纪后，钢及钢筋混凝土高强材料应用到建筑中，这两种材料比砖石木料有更好的结构性能，基本上能建造任何房屋，且几乎世界各地均有，可以就地取材，使建筑师从注意结构要求的需求中释放出来，即审美范畴与技术范畴相分离，例如由建筑师弗兰克·盖里、扎哈·哈迪德（zaha Hadid）或丹尼尔·李伯斯金所设计的极其复杂的建筑形体，给结构工程师提出了严峻的挑战，但结构师仍然没有介入这种结构形体的最初确定。澳大利亚悉尼歌剧院（图 1-7）由丹麦建筑师伍重（Joern Utzon）设计，前 3 年，对建筑设计进行计算，发现根本无法实现，工程进行到第 9 年，造价已超过预算的 5 倍，政府拒付设计费，伍重无奈退出了工程，由其他三人小组接任，历时 17 年，实际工程造价超出了预算的 14 倍。伍重认为："完成的悉尼歌剧院的内部空间和外形完全不是我所设想的模样。"这个案例说明：建筑很唯美，但没有结构概念，不考虑结构需求，实施起来几乎不能承受，难以善始善终，其美的代价是惨重的。

第三种关系即真正的协作伙伴关系，在 20 世纪末重新出现，这意味着结构工程师和建筑师在建筑物的整个设计过程中充分合作，尤其在建筑构思阶段结构概念的运用，这种工作方法包括设计队伍定期举行讨论会，回顾整个设计过程，对设计中的所有问题进行研究，全过程保持着建筑师与结构师的密切专业合作。在当今，这种关系正在产生一种新的极为复杂的几何形体建筑艺术，使得称为高技术的建筑风格成为可能。例如由结构师安东尼·亨特和建筑师安东尼·格雷姆肖合作设计的滑铁卢车站的火车棚（图 1-8）就是早期的实例，这座建筑物是用于火车站的一种传统的连续大跨结构，设计包含大量的革新特色，最突出的是次构件上应用了锥形钢。同样，由建筑师福斯特和结构师安东尼·亨特合作设计的威尔士国家植物园（图 1-9）的穹顶，其单层穹顶是一种环形形状，用单跨钢管拱做成，具有不同跨度的正交连接构件，在钢结构中这种复杂的建筑形式在计算机辅助设计出现之前是不可能的。由建筑师安东尼·格雷姆肖与结构师安东尼·亨特合作设计的位于康沃尔伊甸园项目（图 1-10），通过计算机辅助设计使复杂的设计形式成为可能，这种复杂形式已经产生了新一代的金属和玻璃结构。这些建筑复杂的"有机体"形态或"地貌"形状对当代结构技术的先进性作了适宜的视觉表达，没有建筑师与结构师之间的紧密合作是不可能实现的。

图 1-8　滑铁卢车站国际铁路中转站

图 1-9　威尔士国家植物园

图 1-10　康沃尔伊甸园项目

1.3 结构概念对建筑构思的诱发联想和创新

在现代建筑的构思过程中，逻辑思维与形象思维是频繁地交替进行的，而想象力则可以使它们插上翅膀。心理学认为，想象也是一种认识活动，并往往带有极明显的间接性和概括性的特点，想象又分为再造想象和创造想象，前者指根据语言表达或符号描绘而在头脑中形成的有关事物形象的认识活动，创造想象则是不依赖现成的描述而独立地创造出新形象的认识活动。创造想象在现代建筑构思及其设计实践中起着更为重要的作用，而建筑构思的想象力不同于其他艺术，需要通过对结构概念的把握，使设想建立在一定的科学依据上，使得构思高于现实，但又比遥远的幻想要接近于现实。

1.3.1 创造想象

结构概念体现了结构工作的一般规律，而日常生活中有各种体现了构造学和力学原理的现象，往往能给我们以宝贵的启示。如：由自行车车轮构想到圆形悬索屋盖；由天上的气球构想到自由启闭的“浮动屋顶”；由“不倒翁”构想到新型抗震小屋；由旋转着的陀螺、展翅飞翔的鸟、奔跑的人或动物、技巧运动员的集体造型表演等构想到各种结构的动态平衡系统等，在这些联想中，可以培养我们一种对结构的“直觉能力”。日本大阪全日空飞机库（图 1-11）可以从压跷跷板的平衡关系或起重机的力学原理联想中很快地理解该大跨悬臂结构的力学原理以及它在设计构思方面的妙处所在。

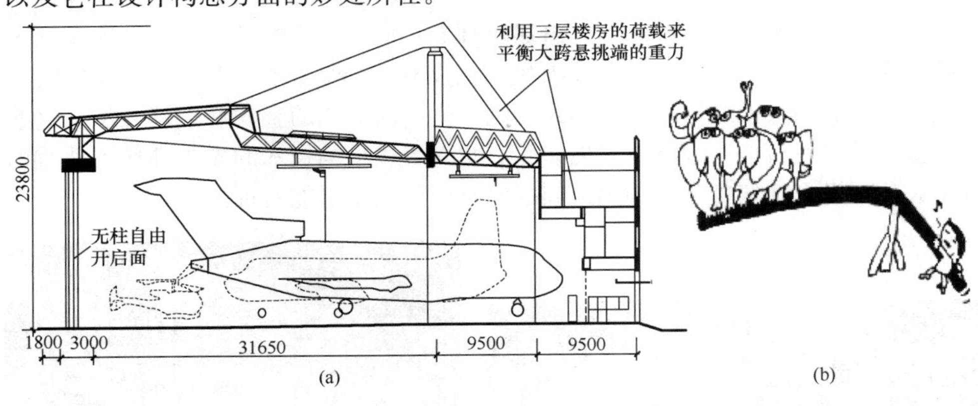

图 1-11 日本大阪全日空飞机库

(a) 结构设计图；(b) 跷跷板示意图

能使人们对建筑构思产生诱发联想的另一个因素来源于自然界，观察和研究自然界生物十分巧妙的结构特征，并将获得的理论知识用来创造崭新的建筑结构——工程仿生学。自然界中的生物体，时时处处都要受到各种自然力的作用，需要经受严峻的自然条件考验，因而，在它们长期残酷的优胜劣汰、适者生存的进化洗礼过程中生存延续下来的结构形式都具有受力的合理性，因为生物体要适应生存环境抵抗自然力保持自身的形态，就需要有一定的强度、刚度和稳定性，而这些恰恰与建筑结构的要求相一致的。蜂窝是一种绝妙的六角形组合筒（筒束），不仅以最少的建筑材料为蜜蜂提供了最大的生活空间，并且其独特的结构强度、刚度和合理组合也会使最优秀的结构工程师赞叹不已。又如：贝壳、果核、骨骼、翅膀、叶茎、皂泡、蛛丝等联想到双曲面壳体、拱、网架或悬索等合理结构形式；如图 1-12 所示，受仿生结构启示的卷叶形壳体桥造型优美，其上下翻卷的体形增强了桥的刚度和承载能力。

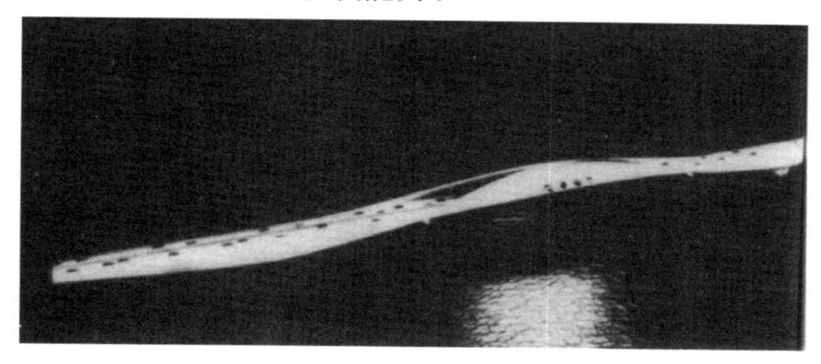

图 1-12 卷叶形壳体桥的联想

自然生长的毛竹是十分典型的筒体结构，竹筒由许许多多的竹纤维构成，竹节处的横隔像一个牢固的箍一样，大大减小了竹纤维受力时的“计算长度”，可以有效提高毛竹的强度和刚度。利用小小的毛竹我们可以搭成“马架”、竹楼，甚至巨大的施工脚手架。在放大镜下，细细的毛竹纤维还是一个个小小的“筒体”。图 1-13（a）是自然界小麦的结构力学原理：小麦秆上“茎节”起着减小弯矩的作用，风力下弯矩往下越来越大，“茎节”分布的距离向下依次缩短。苏联建筑师 A · 拉查列夫根据这一力学原理提出了带“茎节”的高层公寓（图 1-13b）的建筑与结构构想，而这一构想是与结构概念中刚性加强层减小竖向弯矩的原理是一致的。

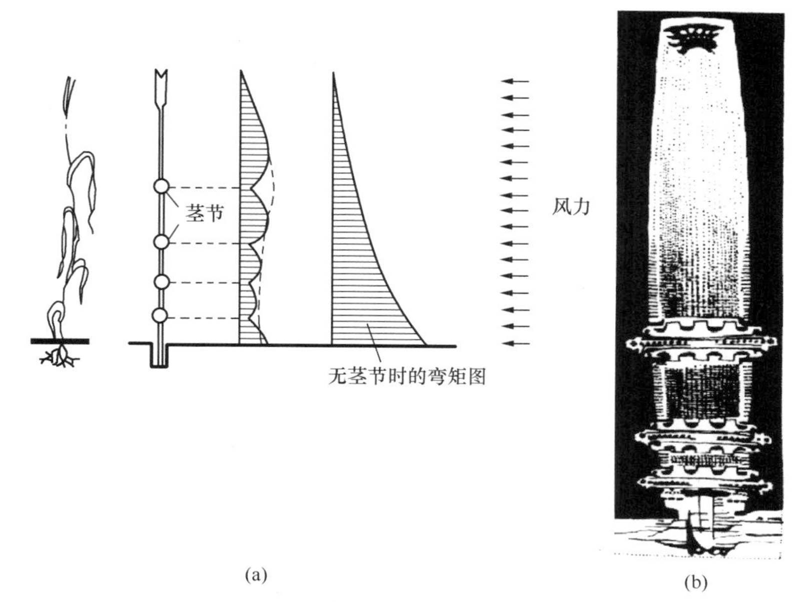

图 1-13 高层建筑“茎节”的联想

（a）麦秆有无“茎节”弯矩比较图；（b）带“茎节”高层建筑图

1.3.2 再造想象

创造想象最应受到重视，但这种非凡的成就需要学者付出多年甚至是毕生的艰辛才能取得成功，往往不能满足短促的设计周期要求。再造想象是指通过掌握并运用已有的结构基础知识对现有结构形式进行适当加工改造，做多样化的应用，近50多年来，国内外众多工程实例之所以结构形式花样纷呈，绝大多数走的就是这条多样化应用的路。

建筑师通过对已有的大量优秀建筑作品做些深入的解读，运用已掌握的基本结构概念，充分利用结构形式可变的一面，创造出独具特点的建筑结构形态。加工改造原型结构实现结构形式多样化的方法大体可归纳为四个方面：调度几何参数、置换结构构件、结构裁剪、结构组合。

1. 调度几何参数

图 1-14 东京代代木体育馆的主馆和副馆

日本丹下健三设计的东京代代木体育馆（图 1-14），其中的游泳馆（主馆）和篮球馆（副馆）从结构构件组成来看，两馆并无原则区别，都是靠两根立柱拉起索梁支承两片悬索屋盖，但副馆第二个立柱降低成仅是一个柱墩，以致整个屋盖看似由一片双曲面悬索屋盖旋转而成，而另一片已变成状似肋骨的受拉杆藏在立柱一侧的隐蔽处。由此可以看出，调度参数的造型作用不可忽视，动一根柱高就可使整个屋盖变成另一种形态。

图 1-15 上海浦东机场

法国建筑师保罗·安德鲁设计的上海浦东机场（图 1-15）的建筑结构构思，也是通过参数的调度而取得变化，创造颇有个性的结构形态。索桁架本属平面结构体系，但设计师将两端放在不同标高，展示曲线美的同时，使候机楼获得了魅人的动感。索桁架或平放或倾斜摆放，对候机楼内部空间并无多大影响，但后者却可以使空间有变化，有倾向性和动感。当然，索桁架本身空间较大以及作者将上下弦间的压杆做成款款白色银针刺向旅客，造成刀光剑影的感觉，是否合适值得探讨。正立面和背立面的玻璃外墙放在组合立柱中部，从侧面看，候机楼正面满是结构骨架，不见玻璃窗面，难现虚与实的交替与对比，也是值得探讨的。

2. 置换结构构件

耶鲁大学冰球馆、北卡罗来纳罗利体育馆、东京代代木游泳馆、岩手县体育馆和北京朝阳体育馆，就其屋盖构成形式来看并无原则区别如图 1-16 所示，都是由两片鞍形索网屋盖组成，但其连接两片索网的中间边缘构件却各有千秋，结构形态截然不同。其差别就在于置换中间脊梁的方式各异。

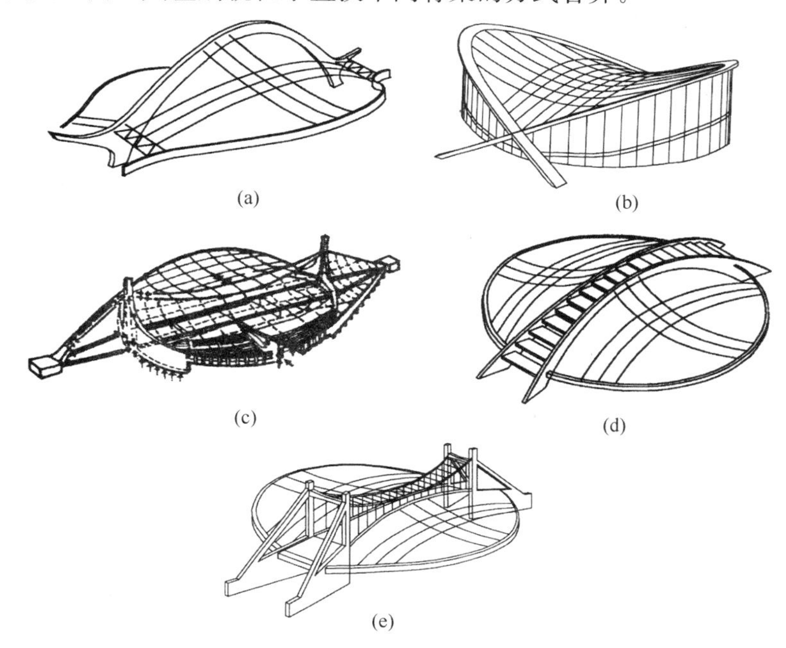

图 1-16 置换结构构件法在体育馆中的应用
(a) 耶鲁大学冰球馆；(b) 北卡罗来纳罗利体育馆；(c) 东京代代木游泳馆；
(d) 岩手县体育馆；(e) 北京朝阳体育馆

耶鲁大学冰球馆（图 1-16a）与北卡罗来纳罗利体育馆（图 1-16b）屋盖同为双曲抛物面悬索结构，但其空间体型和外观形象却截然不同，前者中间高四周低，后者与之相反，中间低、两侧高。两体育馆之所以有如此巨大差别完全在于悬索结构的中间及周边构件布置方式不同，罗利馆由两个半弧形拱形成结构周边构件，耶鲁馆则由三个弧形拱构成中间及周边构件，前者两片拱倾斜而立，后者两个边拱水平摆放，中间拱则直立，形成两片鞍形索网的组合结构。从外观看耶鲁大学冰球馆是由状似牛脊背的一道大拱托起悬索屋盖结构，不过是增加一个构件而导致空间和形体的巨大变化。耶鲁馆的中间拱将比赛厅中央高高挑起，四周降低，克服了罗利馆单个鞍形悬索覆盖体育馆空间不足的问题，在建筑创作和结构构思的结合层面上是个了不起的飞跃。当然也有它的不足之处，即体育馆需要的顶部采光未能解决。

东京代代木游泳馆（图 1-16c）的建筑空间和外观虽然不同于耶鲁大学冰球馆，但从其屋盖构成形式来看，则是大同小异。代代木游泳馆同样是由两片鞍形悬索屋盖结构组成，只是将耶鲁馆中间脊梁由弧形刚性拱换成下垂的柔性索桥，从而形成状似两个对应蜗牛的建筑体型。同时，也应看到代代木游泳馆结构构思的不尽完美之处，屋盖中间脊梁用柔性索桥代替刚性拱，解决了采光问题的同时结构体系又暴露出稳定问题。当有负风压作用时，悬索屋盖以及索桥会向上弹起，但索屋盖由于稳定索曲率小，几近平直，所起的稳定作用不大，不得不用劲性弧形钢梁代替柔性承重索以维持结构的稳定，由此，其屋盖用钢量达到 100kg/m²，未免过多。

岩手县体育馆（图 1-16d）同代代木游泳馆基本是同期完成的两座日本体育馆，但外观形象却完全不同。然而就其屋盖结构来说依然都是两片鞍形索屋盖，仅脊梁有所不同。岩手馆的中间脊梁用刚性双拱并适当拉开，拉开可以在两拱之间安排天窗解决比赛厅采光问题，刚性双拱可以保持拱的平面稳定。就屋盖结构受力来说岩手馆更为合理，两片屋盖是完整的鞍形结构，其自身稳定得到了保证，索网本身形状也比较规范，张力索受力好，稳定作用大，用钢省，建筑与结构的结合比较紧密。北京朝阳体育馆（图 1-16e）汲取了上述各馆的有益成分，其平面形状及屋盖的结构同耶鲁馆、代代木馆、岩手馆基本相同，不同之处就在于中间脊梁结构形式有所变化，由上下左右四片索桁架构成稳定的脊梁，并解决了上部采光，从而使外观形象别具一格。只是采用立体索桁架挑起两片马鞍形悬索屋盖要比单片鞍形悬索屋盖的经济性差。

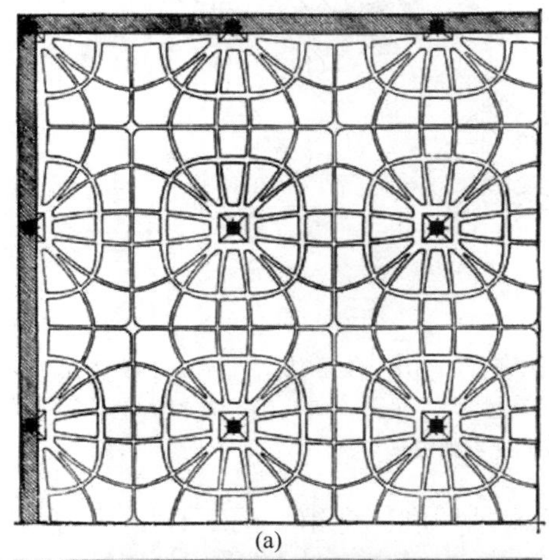
(a)

(b)

图 1-17　奈尔维的梁板结构
(a) 结构布置示意图；(b) 实物照片

目前广泛使用的梁板、柱、桁架、拱、刚架以及一些空间结构，其构件从工业化生产角度考虑较多，断面形式比较单一，但从受力来看并不都很有利。若参考自然界众多合理的断面形式，力求克服工业化构件的生硬冰冷面貌，通过置换结构构件改进其结构形态，使其在受力合理的基础上向多样化方向发展，从而给人们更多的自然之美、生态之美。

著名的意大利工程师奈尔维按力线分布规律，做成以支柱为中心向外发散和环形围绕的梁板结构（图 1-17），受力比纵横划分的传统梁板结构合理的多，其图案分外美观动人，将生硬呆板的梁板结构变成充满自然生态气息的具有高度技术美学的艺术作品。奈尔维在都灵展览馆中将生硬的矩形断面拱板改成 V 字形（图 1-18a），并开出充满韵律感的采光窗，使沉闷的结构一跃成为生动、明亮、优美的结构形式，其结构形态亮丽动人，使

(a)

人精神为之一振，心情分外舒畅。又将都灵馆中壳体结构与立柱之间传力的横梁改进成花托形式（图1-18b），力的承传通顺合理，形态自然优美，将生硬的钢筋混凝土结构变成与生态有机结合的给人以美的享受的艺术作品。奈尔维在罗马小体育馆（图1-19）将粗大且生硬冰冷的支柱改进为树杈形式，树状支柱可以将楼板、屋盖等支点增多，减少跨度，力的传承更趋合理。尽管是一种最简单的生态形象却给罗马小体育馆带来了活力和引人入胜的魅力。斯图加特机场候机楼（图1-20）的大跨结构的树状支柱也是这个原理。

(b)

图1-18　都灵展览馆
（a）折板拱；（b）花托支柱

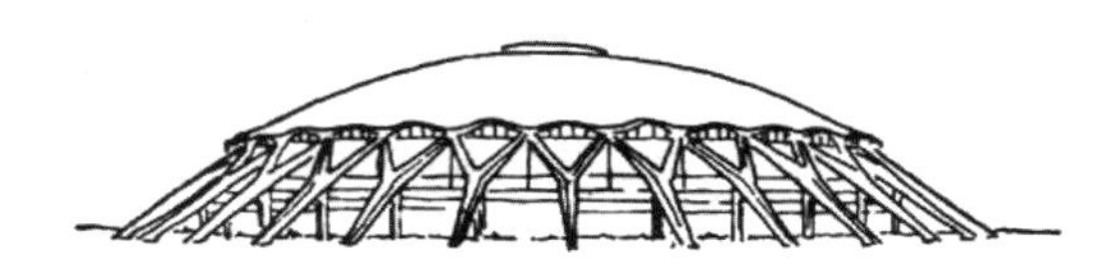
图1-19　罗马小体育馆

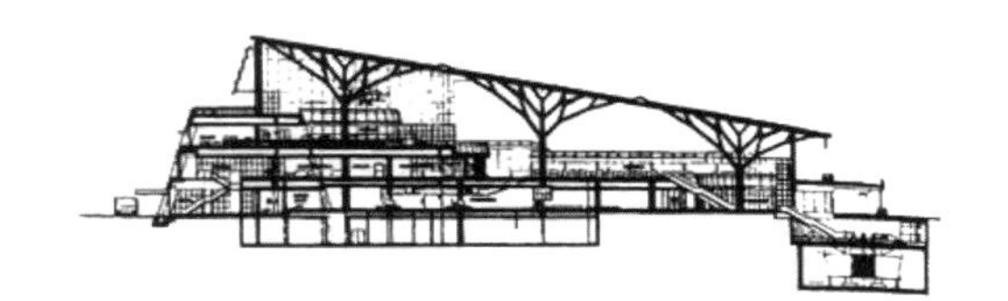
图1-20　斯图加特机场候机楼

3. 结构剪裁

英国Duxford美国航空博物馆（图1-21）从形体方面看是从圆形轮胎上切下来的片段，它覆盖的平面空间形状极其适合展出“二战”期间美军用过的大型军用飞机的需要，其椭圆形平面同前宽后窄的机体吻合一致，空间高度也依需要而相应变化，并且前后都有较大的采光窗面，为展厅创造出敞亮明快的空间环境。

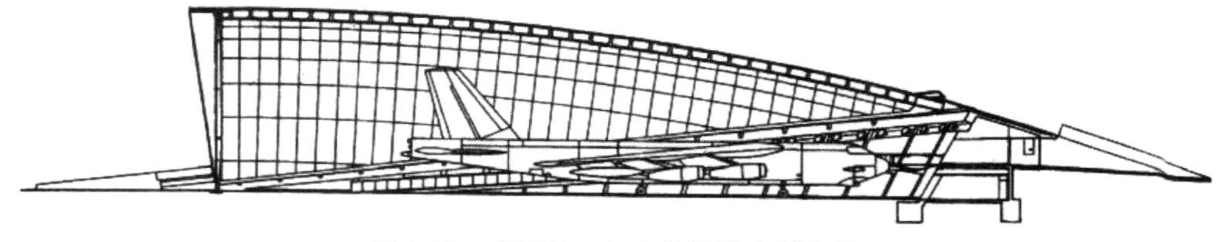
图1-21　英国Duxford美国航空博物馆

按使用需要而变化的空间，不仅是经济合理的，而且也会带来新意和动感，为建筑个性化创作奠定了可信的基础。该展馆的结构做法则是按受力合理和施工简单而重新布置结构网格，其钢筋混凝土扁壳拱肋布置放弃了原体型的放射状布局，改用竖向平行布局，并只用两个曲率半径，这使得单元构件减到最小，为设计和施工带来了许多方便。这说明结构形体通过对自然结构剪裁选定后，适当优化其结构网格的布置会更有利于建造。

埃洛·沙里宁设计的美国麻省理工学院礼堂（图 1-22）是由可容纳 1200 人的会堂及地下层可容纳 200 人的小剧场组成，其屋盖是从球面上切出的 1/8 球面壳，三点支撑最为稳定，其形体独具魅力。球面直径 51m，曲率半径 34m，80％的壳面厚度为 9cm，支座附近应力集中，并有弯矩产生，壳厚达到 60cm。这种大手笔切割方法的结构构思颇有创意，为结构剪裁开拓了新领域。巴黎德方斯国家工业技术中心展览馆（图 1-23）也采用了类似手法。

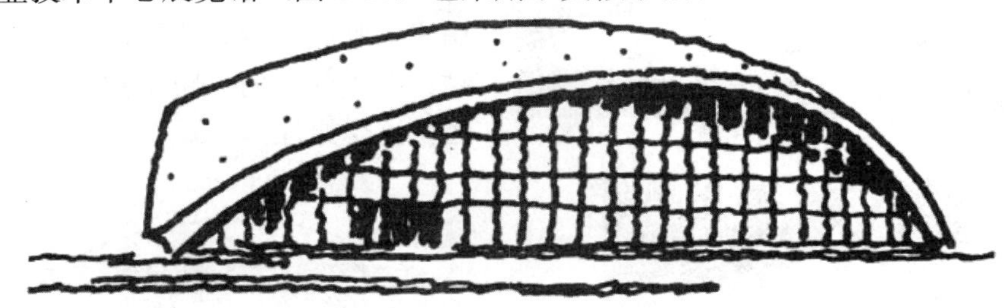

图 1-22　美国麻省理工学院礼堂

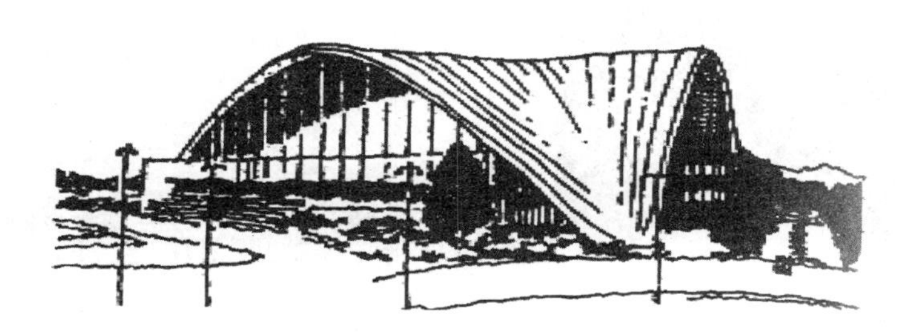

图 1-23　巴黎德方斯国家工业技术中心展览馆

1959 年建成的北京火车站的候车大厅及架空连廊采用的钢筋混凝土扁壳（图 1-24），即是从球面扁壳切割成正方形和矩形的双曲扁壳。切割之后使受力均匀的壳体内力发生了变化，边界需要有传力条件，四角推力集中应有合理的承传，但仍能发挥壳体受力的整体性。从建筑方面看，开出了侧窗，打破了球面屋顶的封闭和沉闷，为大厅带来开敞明快的

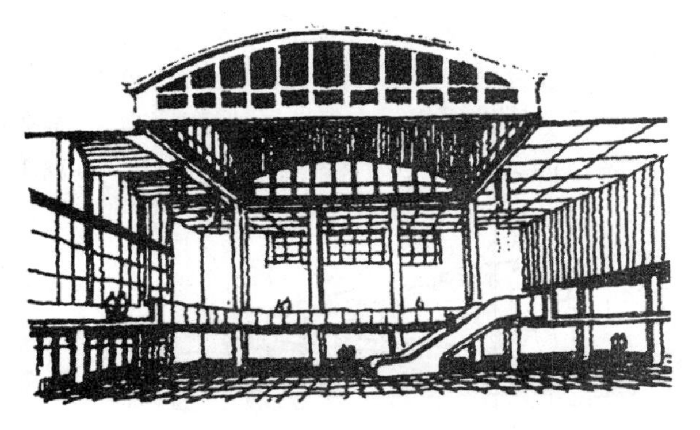

图 1-24　北京火车站扁壳屋盖

空间氛围。

4. 结构组合

结构组合是由一元构成迈向多元构成的有力举措，从理论上讲结构组合的可能性相当广泛。结构组合方式比较丰富且在不断发展，从建筑实践看，可以分为两类组合方式，即同类型结构的组合及不同类型结构的组合。

（1）同类型结构组合

同类型结构组合是一种基本相同的结构单元，采用类似搭积木式的组合方式，构成复合式的建筑结构，其组合手法可分为串联组合、并联组合和交叉组合几种。虽然是同类结构，其单元结构形态基本无变化，但通过各种组合手法的运用，却可以创造出形式迥异的建筑形态，为建筑设计提供丰富多彩的创作手段。

单个平面结构，如梁柱、拱、刚架、桁架等本身构不成建筑空间，但由多个结构平面单元串联起来却可以形成无限延伸的建筑空间。荷兰席阿夫速滑馆（图1-25）是在露天人工制冰速滑场基础上加建屋盖而成，屋盖为索桁架结构，四周由索杆悬臂支承。屋盖中段是由多榀索桁架串联组合成长筒，两端由半榀索桁架构成半球，组合起来的整体为一长椭圆形。这一组合与内部空间需要贴近，其外形反映了速滑运动的特点，结构构思是成功的。该馆屋盖采用的索桁架结构，受力好，杆件纤细轻巧，挑臂索梁结构也是一种经济合理的结构形式，其整体技术指标非常先进，每平方米用钢量仅为 28kg，因而获得欧洲钢结构奖。北京首都速滑馆（图 1-26）的结构形式与席阿夫速滑馆基本相同，但用型钢做菱形桁架，四周为钢筋混凝土悬臂梁支承，其用钢量远高于席阿夫馆，内部结构空间占用较多，杆件丛生，有欠简洁和轻巧之感，其桁架结构高度达 8m，大厅有效空间显著减少。

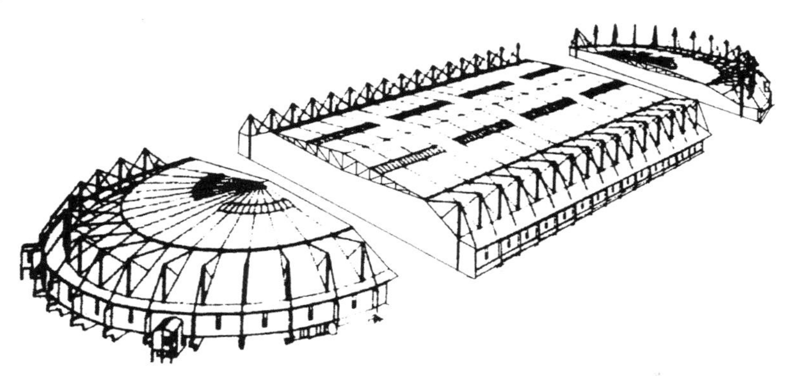

图 1-25 荷兰席阿夫速滑馆

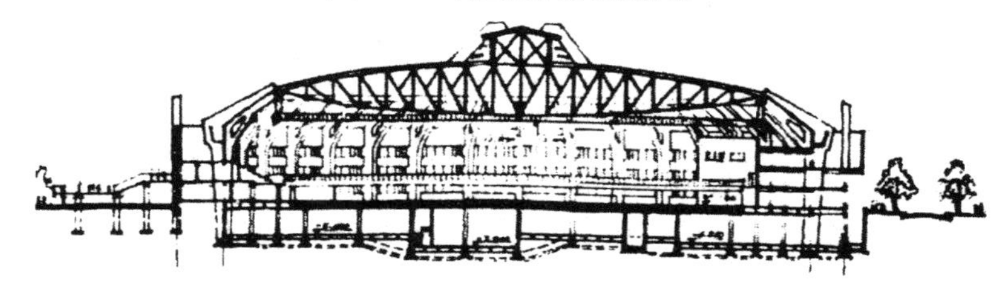

图 1-26 北京首都速滑馆

并联组合并不限于简单的结构单元拼接，还可以根据建筑需要将单元结构或平放或倾斜摆放，且相交的结构周边可以合而为一，抑或适度拉开各自单设，从而改变单个结构单元覆盖平面单一的局面，而且容易改变建筑空间和外观体型，为建筑创作拓展空间。耶鲁大学冰球馆（图 1-16a）、东京代代木游泳馆（图 1-16c）、岩手县体育馆（图 1-16d）和北京朝阳体育馆（图 1-16e）都是由两个鞍形悬索结构单元并联组合而成，但它们覆盖出的平面空间体型却彼此不同，也反映了并联组合突破了单元结构之平面空间单一的局面，为独具个性的建筑创作提供了坚实的技术基础。

两元并联组合也可以适当拉开，中间加入连接体，从而创造出更切合建筑需要的形体。广东惠州体育馆（图 1-27）由两片椭圆形双曲面钢网壳并联组合中间插入一个连接体，其外观状似天鹅借以表征惠州市号称鹅城的形象标志，内部空间则更切合物质和精神功能需要，结构构思与建筑构思结合紧密，技术与艺术达到有机统一。广东东莞长安镇体育馆（图 1-28）结构构思紧紧围绕着表征腾飞气势的建筑构思而展开。屋盖结构采用两个双曲面网壳并联组合，中间插入一个有所下降的连接体，既体现出腾飞气势，又为大厅采光提供了布局合理的采光窗门，结构造型成为建筑造型的基本手段。

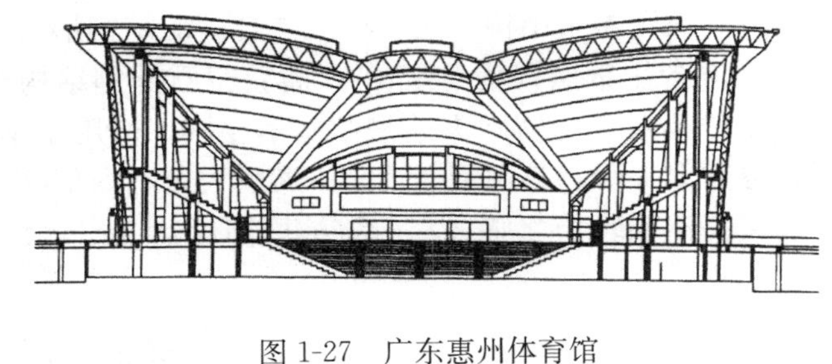

图 1-27　广东惠州体育馆

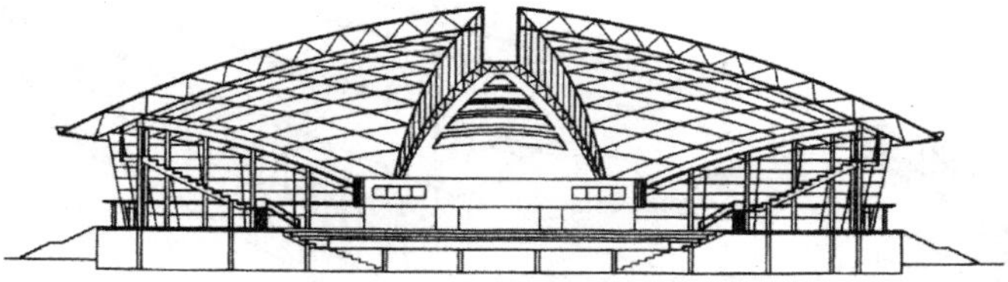

图 1-28　广东东莞长安镇体育馆

四元并联组合屋盖的高低变化和支柱腿的布置可依据建筑构思需要有更多的选择，为建筑创作留有较多的构思空间。哈尔滨工业大学体育馆（图 1-29）屋盖选用两大两小的四元网壳并联组合而成，其屋盖投影平面为不等边八边形，其下的座席平面符合视觉质量最佳图形，构成了向中心汇交的采光天窗和向中央升起的空间，建筑形象此起彼伏，富有动感。结构构思与建筑构思同步，结构与建筑融为一体，造型真实、质朴、优美。大连理工大学体育馆（图 1-30）由 3600 席的比赛馆和篮球训练房及 50m 泳池的游泳馆为副体的两个体量组成。比赛馆大厅取椭圆形平面，其屋盖由两大两小双曲面网壳组合而成，四壳交接处由格构式交叉拱架承担周边构件传力任务和解决采光窗要求，建筑与结构有机融合。

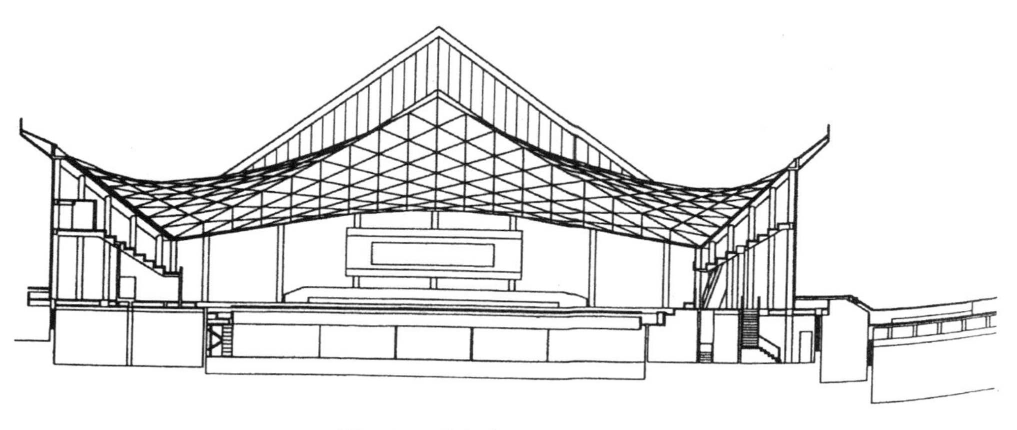

图 1-29 哈尔滨工业大学体育馆

图 1-30 大连理工大学体育馆

交叉组合可由规模相等或规模不等的结构单元相互交叉组成，去掉重叠部分，即可获得花样翻新的平面和空间体型。美国圣路易航空港候机大厅（图1-31)由三组等量钢筋混凝土筒壳交叉组合而成，每组为十字交叉的两个筒壳去掉重叠部分构成一个新奇的空间和崭新的外貌，屋盖支点位于四角，壳面略做倾斜的切割，檐口呈渐变的悬挑，避免了生硬和呆板，获得了轻快、优美的造型效果。如果在外边缘做不同的切割，则可形成十字形、八边形、菱形等平面。法国格勒诺布尔第十届冬奥会冰球馆（图 1-32）则是由大小不同的两个筒壳交叉组合为基础，运用切割手法形成起伏有韵的屋盖，平面为菱形，其座位布局达到理想状态，形象新颖不凡、简洁大气。该馆屋盖结构本身从技术层面来衡量也是比较先进的，双层薄壳可以增强壳体刚度防止局部失稳，每层壳厚仅 6cm，横隔和四周曲梁隐藏在两层壳体之间，内景和外景光洁、纯净。采光天窗口交于场地中央上空，场地照度高于座席，为比赛大厅营造出明亮、向心动人的空间氛围。

图 1-31 美国圣路易航空港候机大厅

（2）不同类型结构组合

不同的结构类型受力性能各有所长，如拱擅长受压，索擅长受拉，可以跨越很大的跨度。工程实践证明，采用某一种纯粹的结构形式，不总是经济合理的，结构造型有时也会缺少表现力。如能将不同的结构类型恰当地组合在一起，让各自优势得到发挥，各自弱点得以回避，则会获得更为经济合理，并颇具表现力的结构形式。不同结构形式的组合是结构构思不断深化的结果，也是思想方法的一次飞跃。

将拱、索或其他结构类型相组合，让拱或索等各自承担支承角色，可以代替常规下必然要沿屋盖周边出现的边梁和支柱，从而解放屋盖一侧或四周为无柱的开放空间。或因屋盖跨度过大，用拱或索从中吊起屋盖，而使其受力更为合理。从建筑造型角度看，这种组合结构或混合结构往往会脱颖而出，塑造出独特的颇具震撼力的建筑形象，并增添了张扬之势和轻盈剔透的艺术效果。苏联苏维埃宫设计竞赛方案（图 1-33）及巴西里约热内卢体育场雨篷（图 1-34）概念设计，都别出心裁地以一道巨拱横空出世，悬吊起屋盖，创造出脱陈除俗、令人震撼的建筑形象，既表现了结构受力的合理，也发展了现代建筑的结构造型作用。

图 1-32　法国格勒诺布尔第十届冬奥会冰球馆

图 1-33　苏联苏维埃宫设计竞赛方案

美国佛罗里达州塔拉哈西会堂（图 1-35），在由长壳组成的扇形屋盖的中央，竖起一道钢筋混凝土大拱，将屋盖拦腰轻轻吊起，使长壳跨度减至一半，达到比较合理的波宽与跨度比，其所受弯矩仅是通长跨的 1/4，受力合理，用料经济。建筑造型则创造出了令人赏心悦目的形象，整座建筑好似一个大花篮，优美动人，让人感到温馨。悉尼奥运会水上运动中心（图 1-36）在圆柱形网壳屋盖（净跨 67m）上，横架一道拱形钢桁架，跨度达 138.6m，可让墙面自由移动，增扩观众座席。建筑外形得到了丰富和变化，大拱似彩虹高挂天际，给人一幅天然美

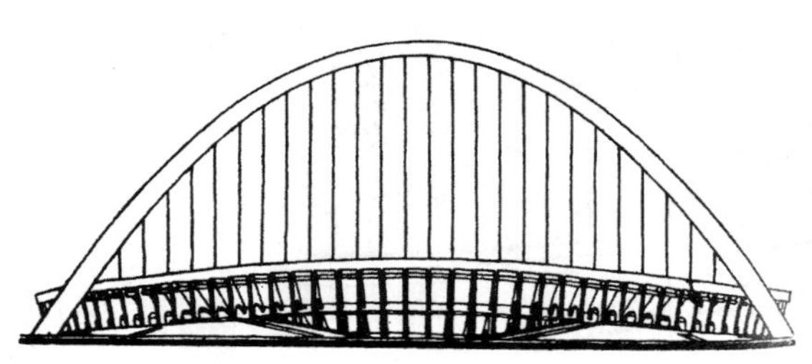

图 1-34　巴西里约热内卢体育场雨篷

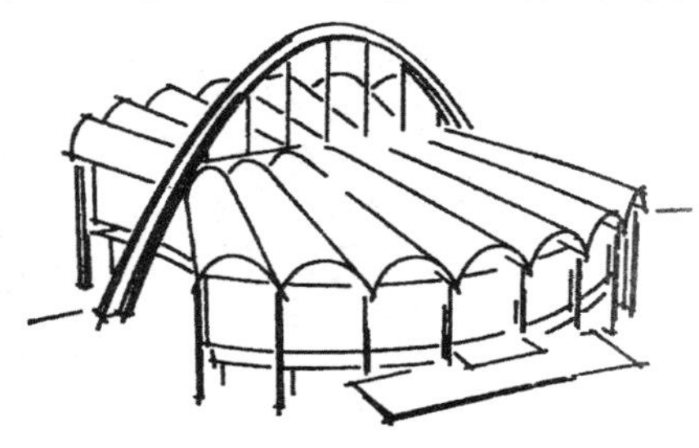

图 1-35　美国佛罗里达州塔拉哈西会堂

景的享受。这两个项目都是拱承组合结构的成功案例。前面介绍的耶鲁大学冰球馆（图 1-16a）、岩手县体育馆（图 1-16d）也是拱承结构组合。

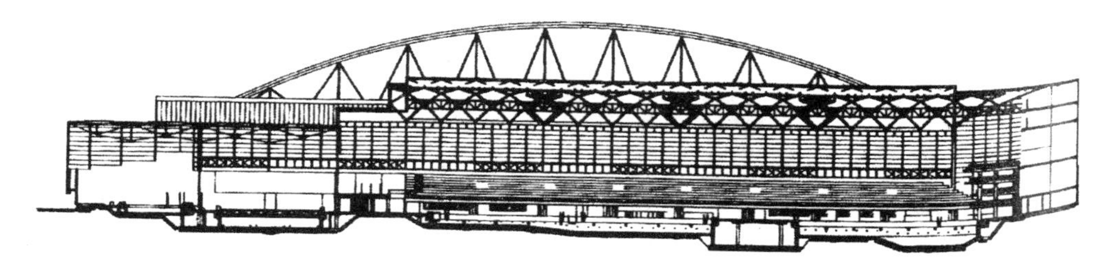

图 1-36 悉尼奥运会水上运动中心

利用索桅悬吊屋盖规模之大且突出的建筑当属慕尼黑奥林匹克公园的体育场馆（图 1-37），其 10 万人体育场索网雨篷，1.5 万人冰球馆及游泳馆索网屋盖，全由索桅结构吊起，酷似渔船撒网，别有一番情调，充分展示出悬索结构的可塑性、索桅的优越性及与自然易于融合的特点。蒙特利尔奥运会主体育场（图 1-38）的活动屋盖采用倾斜桅塔顶部吊下的斜拉索悬吊，英国伦敦 320m 直径的膜结构千禧年穹顶（图 1-39）用 12 根高百米的桅杆悬吊，这些重大工程都表现出对索承组合结构的巨大兴趣和积极推广应用的势头。

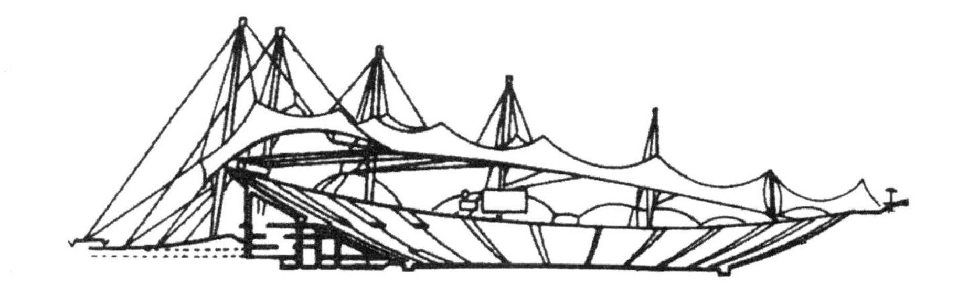

图 1-37 慕尼黑奥林匹克公园的体育场馆

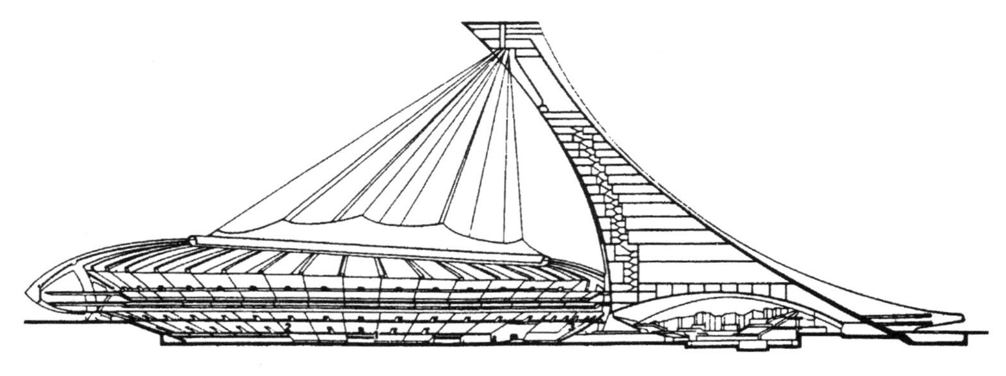

图 1-38 蒙特利尔奥运会主体育场

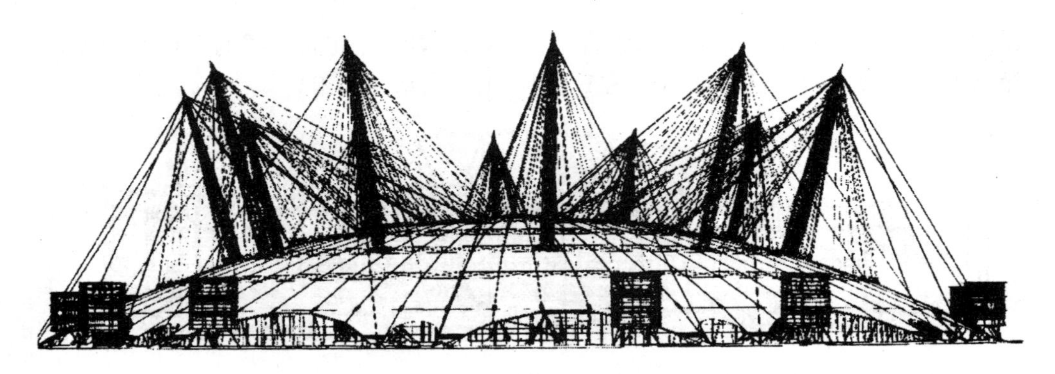

图 1-39 英国伦敦千禧年穹顶

1.3.3 创新宜结合具体地方特色及具体工程的特点

结构只有遵循自然的物理力学原理才能成立，结构要用自然界的天然和加工过的材料去抵御自然环境的作用乃至自然灾害，若以“天”代表自然，结构是“以天为本”的。而建筑则是“以人为本”的，建筑的尺度是以人体工程学为出发点的，建筑的功能是以人为中心的，建筑的美观是以人的感受为标准的。“自然”和“人”的关系正好对应于“结构”和“建筑”的关系。所以结构与建筑如果能达到“天人合一”的境界，就会出现好的作品。但是，“天人合一”的建筑还不完美，还缺什么？就是“地”。建筑结构一定要有地方特色，有具体工程的个性，要因地制宜才好，从结构的观点来看，不同地方的建设场地的地质、土壤、气候、地震烈度、风力大小、冰雪情况、地下水位、地方材料、施工条件的各不相同，从建筑的观点来看，历史人文、自然景观、风土人情、周围环境、生活习惯的不同，会产生各种符合地方及具体工程特点的建筑形象。如果不考虑地方特色，大量建造“放之四海而皆准”的玻璃和钢形成的方盒子，使世界各地建筑雷同，那么，即使“天人合一”也没用。因此，建筑、结构加上地方特征，三者兼顾，融合得好，才有好的建筑。“天、地、人”的和谐，是建筑的追求。

英国的曼彻斯特垃圾中转站是一个主要以金属回收为目的的构筑物。它的“屋盖”是网眼尺寸为 50mm×50mm、外形好似一个倒扣着的摇篮的尼龙绳网，覆盖面积 36m×36m，悬挂在 6 条相互平行的悬索上，每条悬索由一对 15m 高的立柱支撑。这一“屋盖”可以阻止垃圾飞扬和海鸟出没，并且起到了一定的遮挡视线、利于观瞻的作用，满足了使用者的需求（业主并不要求它具备遮风挡雨的功能）。但是，在冬季恶劣的天气里，绳上可能结冰，从而使屋盖变重；结冰使网眼变小，还可能导致网上积雪。这样，屋面活载就有可能大大超过它的自重。尽管出现这种情况的可能性并不很大，但设计者却不得不防。显然，为了抵御这种不大可能出现的短期活载而按常规设计方法去设计悬索、柱和基础，是很不经济的。

针对以上情况，设计者采用了图 1-40 所示的方案，悬索、柱和基础基本上只按屋盖的自重设计，在异常天气条件下则通过滑轮和吊重，使它能在冰雪之下缓慢地“坍塌”而在冰雪消融后又恢复常态。这种暂时的“坍塌”是使用者能够接受的，因为在那种恶劣的天气里及相应的道路条件下，垃圾转运的工作通常也陷于停顿了。这是工程实际应用中根据具体工程的特点设计有特色建筑结构的一个成功范例。虽然工程本身远远称不上伟大，但它所包含的设计思想却是值得借鉴的。

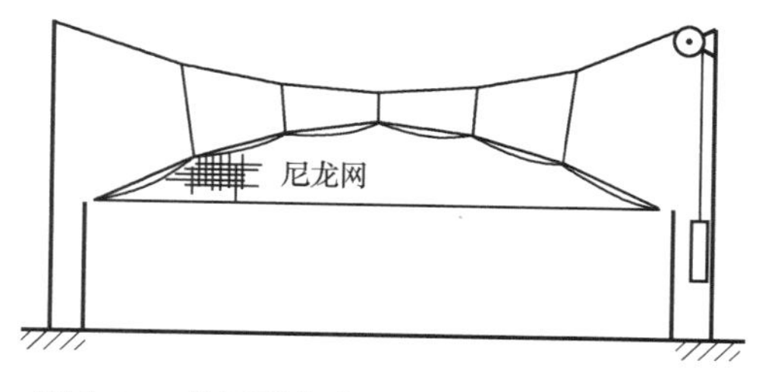

图 1-40 英国曼彻斯特垃圾中转站结构构思

沙特吉达国际机场的朝圣者航站大篷（图 1-41）的设计在充分考虑地方特点和结构合理性方面做出了有益地探索。沙特吉达国际机场每年都要接待大批特殊的旅客——去麦加朝圣的穆斯林。在一生中至少去麦加朝圣一次是他们共有的虔诚愿望。尽管多数还是通过陆路和海路前来，而乘飞机朝圣者每年也已达到数十万，且越来越多。在近一个月的朝圣期间，除要提供上下飞机和办理进出境等手续的航站楼功能外，还要为朝圣者提供换乘汽车的车站和进行朝圣准备、临时休息和餐饮的一系列空间和设施，甚至还要包括加工朝圣者自己携带的食物的设备。这对地处热带沙漠地区的沙特，在干燥炎热的气候下是十分必要的，也是个不小的难题。

图 1-41 沙特吉达国际机场朝圣者航站大篷

1981 年 5 月专门建成的朝圣者航站大篷，由美国 SOM 建筑事务所设计（图 1-42）。510000m^2 的张拉膜覆盖下的朝圣者航站大篷包括候机楼和供朝圣者休息的大厅，分为两大片，每片 320m×686m，中间是宽阔的林荫道，每片又分为 5 组，各自在功能上成为一个相对完整的系统。每组由 21 个 45m×45m 的伞状张拉膜屋盖结构单元覆盖。这样大的跨度为各种设施的布置提供了极大地灵活性。

整个大篷共用了 210 个伞状张拉膜结构单元（图 1-43）。标准柱距采用 45m，与伞状结构单元相对应。每组之间用双柱，延伸到大片的边缘采用四柱，即加强了结构整体的稳定，又标示了功能的划分，丰富了建筑形象。伞形张拉膜单元

3.96m 直径的顶环标高 35m，吊挂在从高 54m 的柱顶拉下的四根钢索上，底边索距地面 20m，张拉于各柱之间，顶环和底边索之间还布置了 32 根张拉索与膜材协同受力。候机楼及各类服务建筑都覆盖在张拉膜屋盖下面，避免阳光直接照射到屋顶，避免了沙漠干热气候条件下通过屋盖的过量传热，减少了空调负荷。半开敞的休息大厅有张拉膜的屋盖遮阴，并在顶环处开口，利于自然通风降温。

图 1-42 沙特吉达国际机场朝圣者航站大篷内景

图 1-43 大篷伞状张拉膜结构单元

这些巨大的帐篷，不仅在结构和功能上有其优越性，而且使每一个朝圣者记起他们的祖先在来麦加朝圣时长途跋涉途中所使用过的帐篷。这也确实为朝圣者在高度现代化的机场环境中能够延续传统生活习俗创造了条件。

综上所述，在掌握结构基本概念之后，就可以更加游刃有余地进行建筑创作的科学设想，以结构原理为基础，通过构想、加工、创新，设计出安全、美观、经济、高效的优秀建筑物。

2　建筑空间的创造与结构概念的运用

建筑空间包括合用空间与视觉空间，即建筑三要素中的“功能”和“美”。建筑设计首先是为了创造合乎使用要求的空间即合用空间，以满足功能要求；而视觉空间是指人们通过视觉而感受到的建筑形象的形式美和艺术美，为了满足人们审美方面的精神要求。合用空间与视觉空间具有不同的内涵，然而，他们都是从建筑之“本”——结构中孕育出来的。

2.1　运用结构概念创造建筑合用空间

从满足建筑功能角度看，建筑可比拟为一种容纳人的活动的容器。容器的功能就在于盛放物品，不同的物品要求不同形式的容器。物品对于容器的空间形式概括起来有三个方面的规定性：①量的规定性——即有合适的大小和容量足以容纳物品；盛放流体的容器（图 2-1a）只要保证一定的容量就可以满足要求，至于形状则是无所谓的，因此可以说它只有量的规定性；②形的规定性——即具有合适的形状以适应盛放物品的要求；小提琴盒（图 2-1b）还必须具有某种确定的形状方能满足使用的要求，具有量和形的规定性；而鸟笼（图 2-1c）的形和量不是根据鸟本身，而是根据鸟的活动来确定的；③质的规定性——即所围合的空间具有适当的条件（如温度、湿度等），以防止物品受到损害或变质。

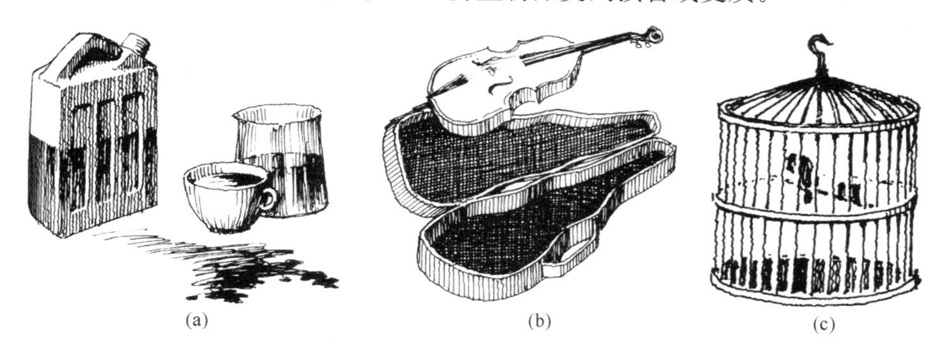

图 2-1　各类容器的规定性比较
（a）流体容器；（b）小提琴盒；（c）鸟笼

建筑功能对合用空间的要求也具有以上三方面的规定性。虽然和鸟笼多少有某些相似之处，但要看到人的活动范围之广、形式之复杂、要求之高，则与任何一类容器都是不能相提并论的。就范围来讲，小至一间居室，大至整个城市、地区，都属于人的活动空间；就形式来讲，不仅要满足个人、若干人，而且还要满足整个社会各种人所提出的功能的、精神的要求。建筑设计和城市规划的任务就在于如何组织这样一个无比庞大、无比复杂的内、外空间，而使之适合于人的要求——成功地把人的活动放进这样一个巨大的容器中去。

功能对于空间的大小和容量要求理应按照体积来考虑，但在实际工作中为了方便起见，一般都是以平面面积作为设计的依据。使用要求不同，面积就要随之变化。客厅在住宅中属最大者（20m^2），但与公共建筑用房相比，其空间容量是小的。以教室为例，一间教室要容纳一个班（50人）学生的教学活动，至少要安排50张桌椅，此外还必须保留适当的交通走道，这样的教室至少需要50m^{2}左右的面积，这就意味着要比客厅大三倍左右。再如影剧院中的观众厅，对空间容量的要求则更大。至于大到何种程度，则要看它拥有的观众席位，容纳观众的席位越多，其面积和空间体量就越大，如以每个席位占0.75m^{2}计算，一个拥有1000席位的观众厅其面积大约为750m^2，这个数字比教室大15倍，比客厅则大40倍。更大的厅堂，如容纳数千人、甚至万人的大会堂或体育馆比赛厅，其面积可能高达客厅的500倍！可见，不同性质的房间或厅堂，其空间容量相差悬殊，造成这种差别的原因是功能对于空间大小及容量的规定性。

建筑的空间形状——是正方体、长方体，抑或是圆形、三角形、扇形乃至其他不规则形状的空间形式。当然，对于大多数房间来讲，多是采用长方体的空间形式，但即使是这样，也会因为长、宽、高三者的比例不同而有很大的出入。究竟应当取哪种比例关系，也只有根据功能使用特点才能做出合理的选择。例如教室，如果定为50m^2，其平面尺寸可以是7m×7m，6m×8m，5m×10m，4m×12m……哪一种尺寸更适合于教室的功能特点呢？我们知道教室必须保证视、听效果，从这一点就可以对以上几种长宽比不同的平面做出合理的选择。先分析7m×7m的平面，这种平面呈正方形，听的效果较好，但由于前排两侧的座位太偏，看黑板时有严重的反光。5m×10m的平面较狭长，虽然可以避免反光的干扰，但后排座位距黑板、讲台太远，对视、听效果均有影响。通过比较，在这两者之中取长补短，而取6m×8m的平面形式，则能较好地满足视、听两方面要求。对于另外一些房间，其选择的标准将随着功能要求的不同而有所不同。如幼儿园活动室，其视、听的要求并不严格，而考虑到幼儿活动的灵活多样，即使平面接近于正方形，也不会损害功能要求。和这种情况相反，如果是会议室，则希望平面比例略长一点，因为这种空间形式更适合于长桌会议的功能要求。影、剧院建筑的观众厅，虽然功能要求大体相似，但毕竟因为两者视、听的特点不尽相同，反映在空间形状上也各有特点。电影院偏长、剧院偏宽。此外，这两者出于严格、复杂的视线、音响要求，其平、剖面形状也远较一般的房间复杂。虽然上述各类房间都明显地表现出功能对于空间形状具有某种规定性，但是有许多房间由于功能特点对于空间形状并无严格的要求，这表明规定性和灵活性是并行而不悖的。不过即使对空间形状要求不甚严格的房间，为了求得使用上的尽善尽美，也总会有它最适宜的空间形状，从这种意义上讲，功能与空间的形状之间存在着某种内在的联系。

功能对于空间的规定性还要使空间在质的方面也具备与功能相适应的条件。所谓质的条件，最起码的要求就是能够避风雨、御寒暑；再进一步的要求则是具有必要的采光、通风、日照条件；少数特殊类型的房间还要求防尘、防震、恒温、恒湿等。对于一般的房间，所谓空间的质就是指一定的采光、通风、日照等条件。开窗一是为了采光；二是为了通风。为了获得必要的采光和组织自然通风，可以按照功能特点，分别选择不同的开窗形式。开窗面积的大小主要取决于房间对于采光（亮度）的要求。例如阅览室对采光的要求就比较高，其开窗面积应占房间面积的 1/6～1/4。客厅对于采光的要求比较低，开窗面积只要达到房间面积的 1/10～1/8 就可以满足要求。开窗面积的大小有时会影响到开窗的形式，一般房间多开侧窗。采光要求低的，可以开高侧窗，要求高的则可开带形窗或角窗。有些特大的空间，即使沿一侧全部开窗也不能满足采光要求时，则可双面采光。某些单层工业厂房，由于跨度大而采光要求又高，即使沿两侧开窗也满足不了要求，于是除开侧窗外还必须开天窗。不同性质的房间，由于使用要求不同，有的必须争取较多的日照条件，有的则应尽量避免阳光的直接照射。例如客厅、托幼建筑的活动室、教室、疗养院建筑的病房等，为了促进健康，应当力争有良好的日照条件；另外如博物馆建筑的陈列室、绘画室、雕塑室、化学实验室、书库、精密仪表室等，为了使光线柔和均匀或出于保护物品免受光损害、变质等考虑，则尽量避免阳光的直接照射。具体到我国，由于所处的地理位置特点，上述两类中的前一类房间应当争取朝南，而后一类房间则最好朝北。

对某一建筑来讲要达到功能合理就必须做到：具有合适的大小、合适的形状、合适的门窗设备以及合适的朝向。一句话：就是合适的空间形式。在现代建筑合用空间的创造中，结构对建筑创作的促进也是从这三个方面的规定性展开的。

2.1.1 力求使结构的覆盖空间与建筑使用空间趋近

建筑物的使用空间由底界面、侧界面和顶界面围合而成，它的形状及其大小是根据建筑功能要求及其各种参数确定的。在结构的覆盖空间中，除容纳了建筑物的使用空间外，还包括了非使用空间——其中含有结构部分所占去的那一部分空间。当结构的覆盖空间与建筑物的使用空间趋近一致时，也即合适的量与形，不仅可以提高空间的使用效率，而且，还将为减少照明、采暖、空调等负荷，以及为节约维修费用等创造有利条件。因此，力求使结构的覆盖空间与建筑物的使用空间趋近一致，这乃是现代建筑结构构思的一个基本原则。

一般来说，在承重墙、梁柱框架结构中，结构所覆盖的空间多为矩形断面，这与常见的大量性建筑的使用空间容易取得协调。然而，当结构的几何形体比较庞大，或富于变化时，其结构覆盖空间则往往得不到充分利用（图 2-2）。而现代西方建筑中的形式主义，对建筑物的使用空间不作具体分析，把现代结构技术只是作为追求某种所谓完美而永恒的几何形体的手段，甚至将巨大的建筑物用结构体“一包了事”，是不合适的。巴西利亚歌剧院（图 2-3）为了仿造阿西德克金字塔的几何体形，不得不将此歌剧院的使用空间强行塞进“现代金字塔”之中，结果，在大小两个观众厅部分，结构所覆盖的空间竟有一半以上被浪费掉了。

根据正确的结构概念，选择合理的结构组合形式，尽可能使结构覆盖空间与使用空间趋于一致的途径：

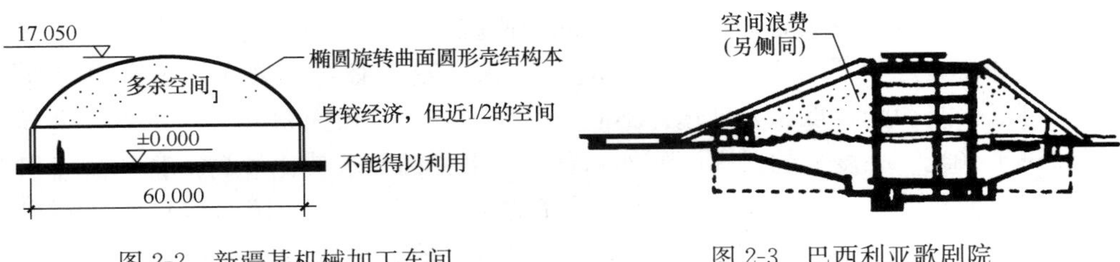

图 2-2 新疆某机械加工车间　　图 2-3 巴西利亚歌剧院

（1）根据使用空间的形状，构成相适应的结构顶界面或侧界面

通过桁架、梁柱等简单构件的灵活组合，可以对结构覆盖空间的形状作适当调整。根据使用空间的具体情况，顶界面既可以高低错落（图 2-4），也可以倾斜、弯曲（图 2-5）；甚至作为侧界面的墙面，也能随使用空间作相应变化的处理（图 2-6）。值得注意的是，利用拱和刚架的特殊体形（对称的或非对称的），可以更有效地适应某些使用空间的形状，如散体物料仓库（图 2-7）、设有高跳台的游泳馆（图 2-8、图 2-9）等。

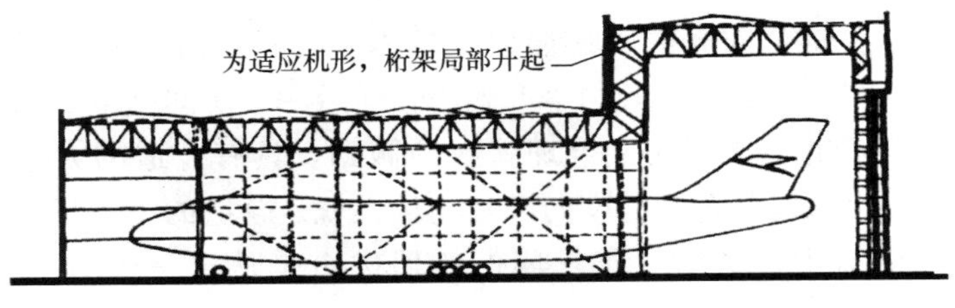

图 2-4 伦敦波音 747 飞机库

图 2-5 法国某座仓库

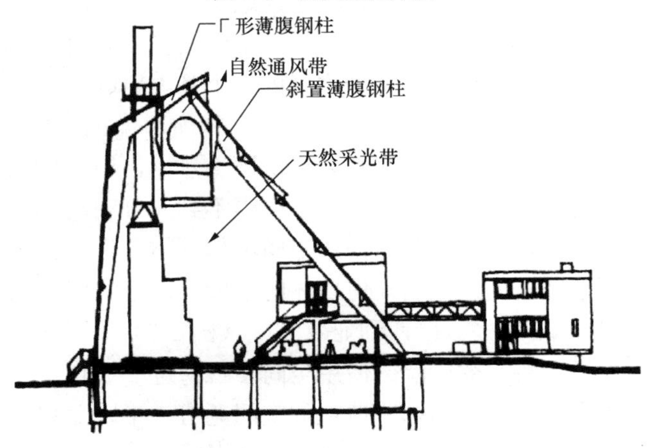

图 2-6 法国玛西·安东尼市供热中心

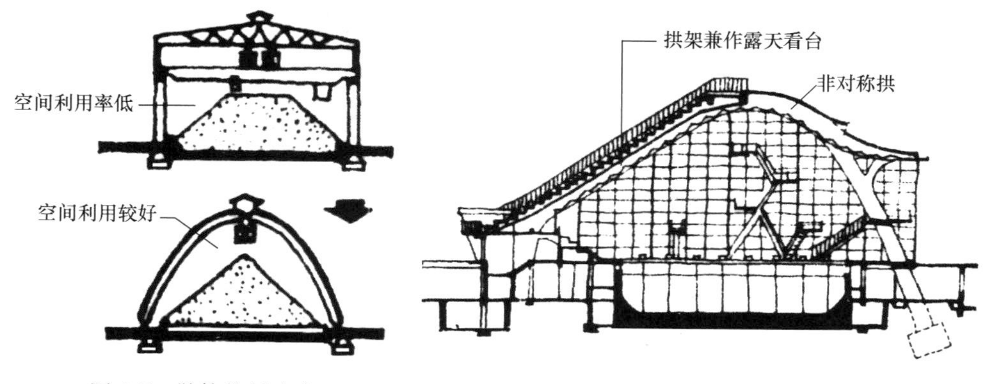

图 2-7 散体物料仓库

图 2-8 捷克斯洛伐克波特里游泳馆

（2）将覆盖大空间的单一结构，化为体量较小的连续重复的组合结构

大跨度空间结构的运用最容易出现空间浪费的弊病，建筑构思时应当善于对使用空间形式作巧妙的调整，以求能充分地发挥结构形式的优越性。例如，大跨抛物线拱可以化为多波连续筒壳，大穹隆顶可以化为十字形拱或波状圆形组合式壳等（图 2-10）。郑州第二砂轮厂职工食堂（图 2-11）没有采用常见的横向布置的三角形屋架或梯形桁架，而是结合通风与采光要求，利用在纵向上兼起天窗架作用的两榀 36m 跨钢桁架，来承托两侧的预制整体装配式折板，相应节约了空间，同时，又使折板的跨度由 30m 减小至 13m，获得了较好的技术经济效果和使用效果。

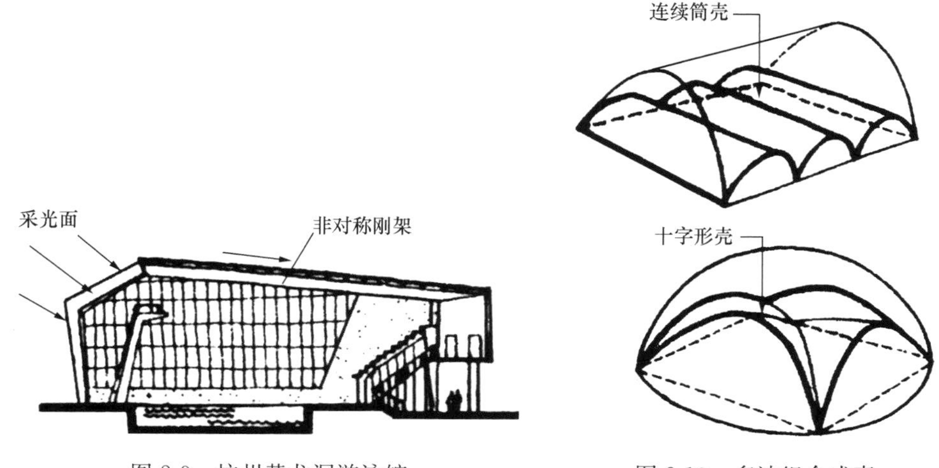

图 2-9 杭州黄龙洞游泳馆

图 2-10 多波组合式壳

（3）选择与建筑平面、剖面形状、使用空间相适应的结构形式

结构的覆盖空间与建筑物的使用空间趋近一致，最终都是通过它们各自对应的平面形式与剖面形式相互吻合而达到的。建筑构思时应善于去发现和选择：哪些结构形式对建筑平面、剖面形状以及使用空间形式是特别有利的。

平面为圆形、剖面为中部低落的使用空间，对挖掘圆形悬索结构潜在的巨大优越性十分有利，这类结构可以用长短相等、受力均匀的悬索和同样多的外墙材

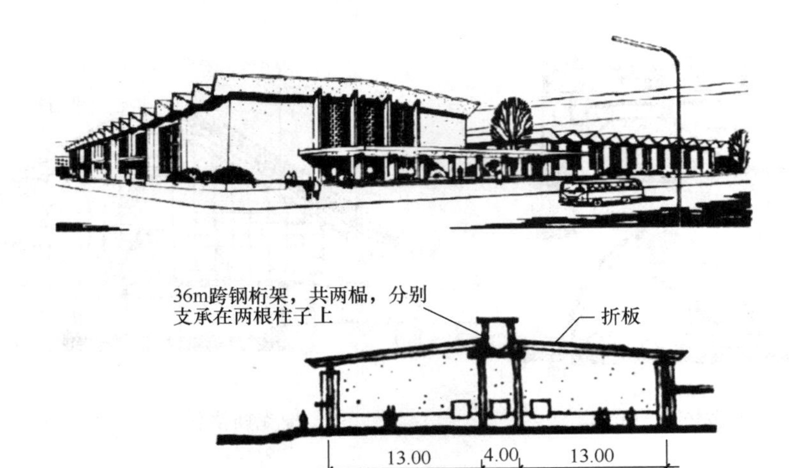

图 2-11　郑州第二砂轮厂职工食堂

料，来覆盖最大的建筑面积，它适用于体育馆、展览馆等之类的使用空间；平面为圆形、剖面接近于半球形的使用空间，采用穹隆网架、球面壳等比较有利；平面为椭圆形、剖面为长轴向上高起的使用空间，恰好能与马鞍形悬索结构相吻合，像礼堂、音乐厅、电影院等，由于舞台和楼座的空间都高于中间的池座部分，因而国外也常在这一类观演性建筑中采用马鞍形悬索结构。

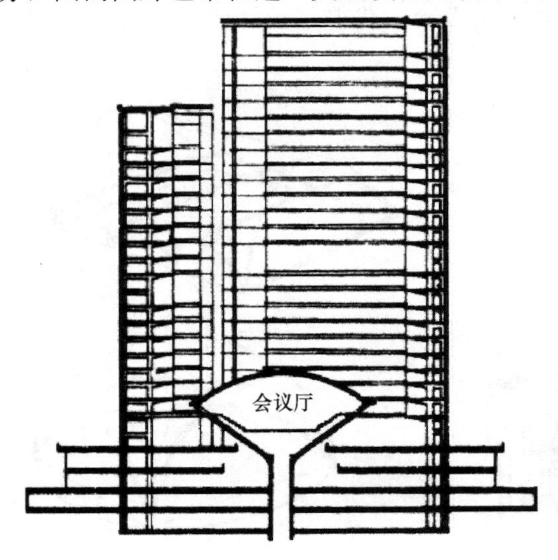

图 2-12　加拿大多伦多市政厅会议室

创造性地选择与使用空间形状相适应的结构形式，既能充分地发挥结构形式的优越性，又可省去或减小那些无用的多余空间。加拿大多伦多市政中心会议厅（图 2-12），利用倒圆锥体曲面作为它的楼盖，并使之与筒形底座（交通枢纽）相连，顶部则以球面壳覆盖。这样，就恰到好处地构成了与会议厅功能相适应而体积又十分紧凑的使用空间。另一个好处是，倾斜的楼座下部也为人们提供了可以自由活动的外部空间。路易斯·康（Louis Kahn）设计的威尼斯议会大楼方案（图 2-13），在运用新结构组织空间方面也颇具匠心。钢索悬挂楼面构成了议事厅的底界面，而其下垂度恰好可以用来作为座位的起坡。三个小会议室底界面轮廓线的变化，除满足视线升起的要求外，同时又构成了底层议事厅的顶界面（这恰恰又是符合声学要求的一种特殊形式的“吊顶”），既节约了空间，又有利于声反射和声场的均匀分布，可谓是一举多得，充分体现了使建筑物使用空间与结构覆盖空间协调统一的创作技巧。

（4）利用组合灵活的混合结构，以适应建筑物使用空间的平面与剖面形式

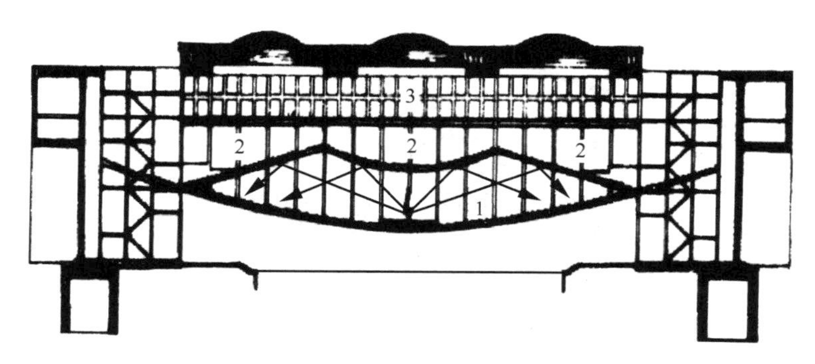

图 2-13 威尼斯议会大楼剖面

1—2500 座议事厅；2—小会议室；3—舞厅

现代结构技术的运用已不再局限于单一的结构形式或单一材料。利用混合结构——不同结构形式（索与壳、桁架与折板等）、不同材料（钢、混凝土等）的灵活组合，不仅可以更好地发挥不同承重材料的力学性能，而且还可以相应调整结构覆盖空间的体形。

联邦德国法兰克福飞机库（图 2-14）屋盖是薄壳（受压）与钢索（受拉）的组合，钢索使薄壳得以平衡，却并不占据使用空间，薄壳向外张曲对受压有利，其轮廓又恰好与飞机体形趋近一致。从合理利用材料和有效利用空间来说，比前述图 2-4 更为优越。

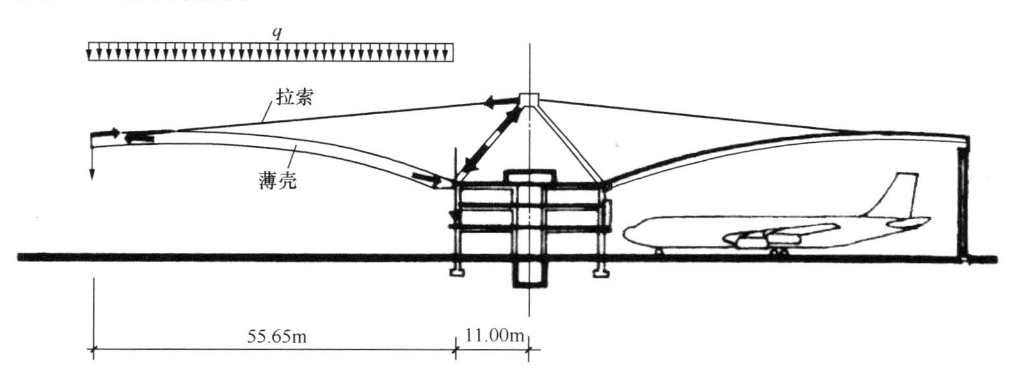

图 2-14 联邦德国法兰克福飞机库

前面提到的图 2-11 所示一例，也可以说是混合结构——折板与钢桁架组合的具体运用。

（5）通过平面结构与空间结构的组合，获得大小适合的使用空间

大跨度空间结构结合小跨度楼层布置，是在大面积采用空间结构的情况下小部分采用平面结构设置附属用房，从而既满足了大空间的功能要求，又避免了附属用房的大空间得不到充分利用的弊端，这是有效利用结构覆盖空间，并取得良好技术经济效果的一个重要途径。如图 2-15 所示，楼层中设置办公室、管理台、检修室以及公共卫生用房等，而厅堂部分折叠式拱形薄壳所覆盖的大空间，又能很好地适应化工设备高低错落的布置。

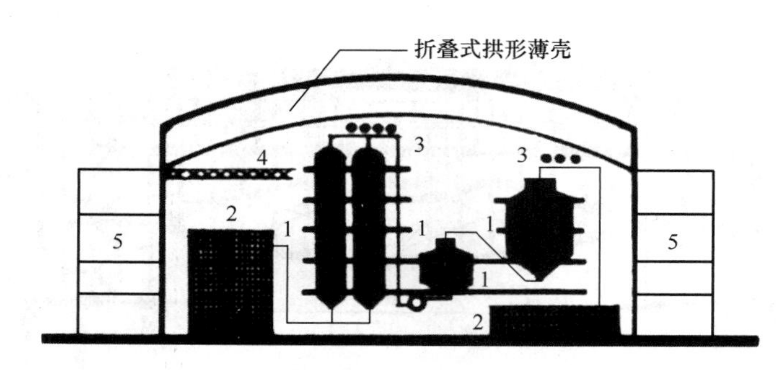

图 2-15 联邦德国化工厂房

1—化学设备；2—贮存容器；3—管道；4—悬挂式吊车；5—办公室、管理室、检修室

2.1.2 根据结构的静力平衡系统来组合建筑合用空间

建筑的功能要求是多种多样的，不同的功能要求都需要相应的结构来提供与功能相适应的空间形式。各种类型的结构虽然各有特点，但却都具有两个共同的地方：一是它必须能够形成或覆盖某种形式的空间；二是它本身必须符合力学的规律性。也就是要充分发挥出材料的力学性能，巧妙地把这些材料组合在一起并使之具有合理的荷载传递方式，使结构整体和各个部分都具有一定的刚度并符合静力平衡条件。没有前一点就失去了使用价值，没有后一点就失去了科学性。结构的科学性和它的实用性有时会出现矛盾，我们既不能损害功能要求而勉强地塞进结构所形成的某种空间形式中去，也不能损害结构的科学性，而勉强拼凑出一种结构空间来适应功能要求。古今中外的优秀建筑作品，都必须是既符合于结构的力学规律性，又能适应于功能要求，同时还能体现出形式美的一般法则。只有把这三方面有机地结合起来，才能通过美的外形来反映事物内在的和谐统一性。

在建筑工程实践中，由于对结构静力平衡系统考虑不当而造成结构不合理，同时也使得建筑空间造成浪费或功能要求中断的这一类教训是不少的。甚至就是一些举世皆知的著名建筑，如布鲁塞尔国际博览会法国展览馆（图 2-16）、联邦德国西柏林会议厅（图 2-17）等，也同样存在着这种问题。法国馆的悬索屋顶由两个双曲抛物面组成，钢索张拉在桁架式边梁上，屋面荷载由此边梁传递给高度不同的柱子。这样，只有正立面一边的左右两根高柱和另一边的中间一根高柱承受绝大部分荷载，为了不使正立面一边的中间低柱由于内桁架传来的荷重而产生

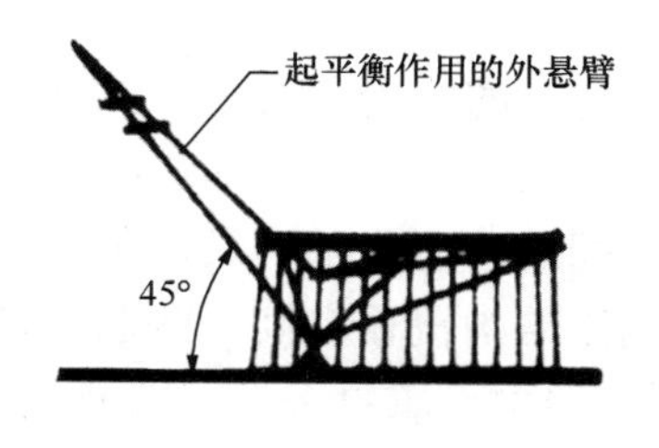

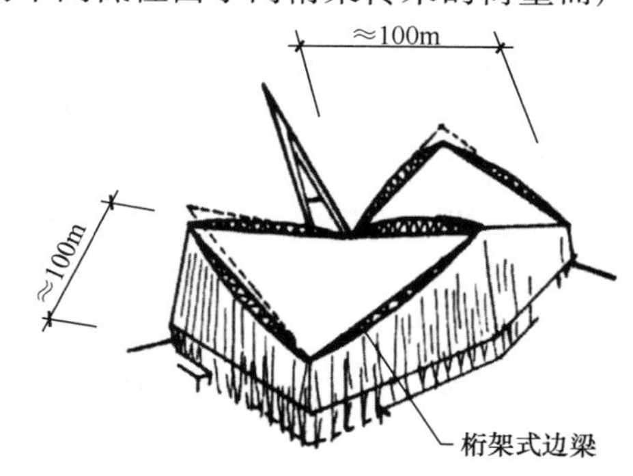

图 2-16 布鲁塞尔国际博览会法国馆

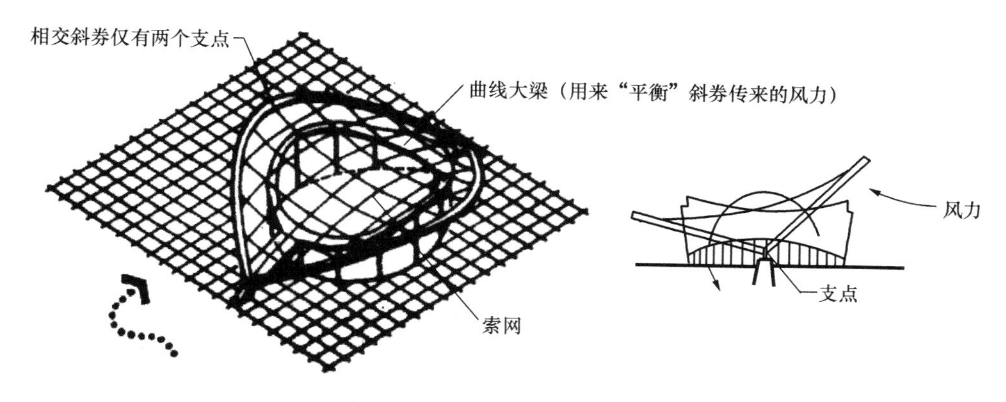

图 2-17 联邦德国西柏林会议室

过大的偏心力矩，所以在此中间低柱的外面，又做了一个起平衡作用的外悬臂。设计者的意图是想利用这个外悬臂的特殊造型来作为法国馆的突出标志。然而，该悬索屋盖结构形式及其静力平衡方式，既没有体现出现代结构技术的优越性（由于加设外悬臂反而多耗费了建筑材料），同时，与建筑物的空间组合也毫无内在联系，悬索结构所覆盖的空间浪费很多。联邦德国西柏林会议厅马鞍形索网屋盖虽然是对称的，但由于只有两个支点，因而，向两侧悬挑的屋盖结构便处于极不稳定的“平衡”之中。为了避免屋盖倾覆，设计者不得不设置一道十分复杂的呈空间曲线变化的特大圈梁，与两个斜拱共同起传力作用。殊不知，这是寻求结构静力平衡的最笨拙的办法！1980 年，这座以其“美貌”而闻名于世的大悬挑索网屋盖竟然让大风给掀塌了。

结构在正常的工作状况下必须是处于相对静止的平衡状态，即结构受力后，既不移动（合力为零），又不转动（合力矩为零）。结构的静力平衡系统就是在荷载作用下自身能保持平衡稳定、无移动且无转动情况发生的结构传力系统。一个受力合理而构思巧妙的结构传力系统，不仅要尽可能避免增加不必要的传递构件，还应当根据建筑功能要求，使建筑物的空间组合与结构的静力平衡系统有机地统一起来。在这些静力平衡系统的构思和设计中，建筑师可以像结构工程师那样，充分发挥自己的聪明才智和创造性，特别是，建筑师可以把空间组合的基本技巧与结构构思的基本技巧很好地结合起来。

对建筑物空间组合有很大影响的，主要是用于大空间的屋盖结构静力平衡系统和用于开放空间的悬挑结构静力平衡系统。在近、现代结构技术出现以前，人们要获得单一的较大跨度的室内空间是难以达到的。古罗马的穹隆顶结构必须以圆形或多角形平面的厚重而连续的墙体来承受其竖向重力和水平推力。拜占庭穹隆结构的静力平衡系统有所改进，由于采用了帆拱（Pendentives），穹隆可以支撑在独立的柱墩上，但是穹隆的四周仍需布置平面为半圆或矩形的附属建筑，以平衡其水平推力（图 2-18a）。创造了尖券（Pointed Arch）和飞扶壁（Flying Buttress）结构静力平衡系统的哥特建筑，在空间组合上则要灵活很多：平面组合必须以适应半圆骨架券的方形跨间为基本单元。然而，哥特建筑的结构静力平衡系统仍然要在主跨间两侧出现狭长的廊道空间来平衡水平推力（图 2-18b）。

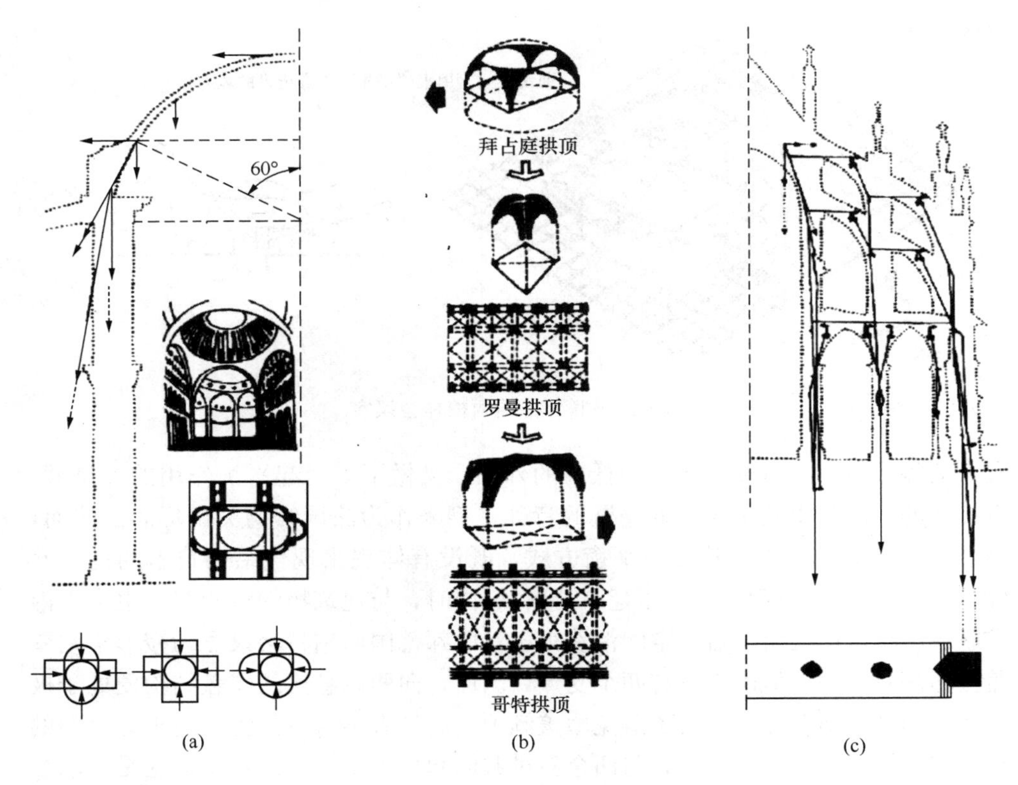

图 2-18　单一大跨空间穹顶静力平衡系统的历史发展

（a）拜占庭建筑；（b）穹顶建筑演变过程；（c）哥特建筑

现代结构技术为大空间建筑屋盖结构静力平衡系统的方案构思提供了各种新的可能性，使这些屋盖保持静力平衡的结构传力系统也极富变化，按其力学作用可以分为：主要承受双曲扁壳、扭壳、折板、平板网架等屋盖结构竖向作用力的结构静力平衡系统；主要承受拱、半圆球壳、球面扁壳、拱形网架等屋盖结构水平推力的结构静力平衡系统；主要承受悬索、帐篷、悬挂式梁板、悬挂式薄壳等屋盖结构水平拉力的结构静力平衡系统；主要承受悬挑折板、悬挑薄壳、悬壁式刚架、悬臂式梁板等屋盖结构倾覆力矩的结构静力平衡系统。因此，与之相适应的大空间的组合方式也就越来越灵活多样了（图 2-19）。

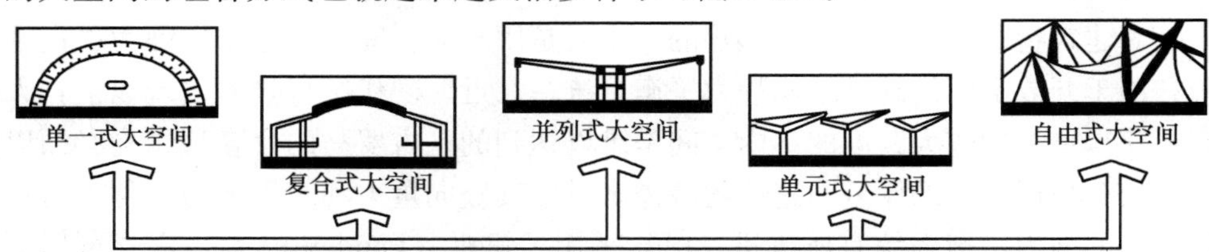

图 2-19　考虑静力平衡系统的空间组合模式

（1）单一式大空间与屋盖结构的静力平衡系统

采用许多屋盖结构形式都可以获得单一的大跨度室内空间，而不必像过去拜占庭建筑或哥特建筑那样，另外附加为结构静力平衡系统所必须设置的附属建筑空间。当然，在此单一构成的大空间中，也可以根据建筑功能的要求，划分出一些较小的使用空间。然而，这并不是由于该大空间建筑的屋盖结构静力平衡系统所造成的。所以，从结构构思的角度来看，这是属于单一式大空间的范围。

当采用有水平拉力或水平推力的大跨度屋盖结构来覆盖单一式大空间时，应着重地考虑这一类屋盖的支承结构形式——垂直支承结构系统或倾斜支承结构系统。

平衡屋盖水平拉力或水平推力的垂直支承结构系统，一般是由屋盖圈梁和与该圈梁连接的垂直支柱构成的。例如，浙江人民体育馆马鞍形悬索屋盖，其索网是张拉在截面为 200cm×80cm 的钢筋混凝土空间曲梁上的，此圈梁固定在它下面的 44 根不同高度的柱子上，而这些柱子又和看台梁、内柱等组成了可以阻止圈梁在平面内变形的框架体系。罗马尼亚布加勒斯特中央马戏院跨度为 60.6m 的波形穹隆薄壳，其水平推力也是由与薄壳支点相连的预应力圈梁来承受的，而该圈梁则坐落在按圆形分布的 16 根钢筋混凝土柱子上。

能更好发挥建筑师与结构工程师创造性的，是平衡屋盖水平拉力或水平推力的倾斜支承结构系统。这种结构静力平衡系统，可以使力的传递比较直接而少走弯路，同时，又可以丰富建筑空间与造型的艺术效果。美国北卡罗来纳州雷里竞技馆和意大利罗马小体育宫就是以其屋盖结构静力平衡系统的独特构思而出名的。雷里竞技馆的索网张拉于两个高 27.4m 的抛物线形钢筋混凝土拱之间（图 2-20），巧妙的是，这两个拱是对称斜置交叉的，对平衡来自悬索屋盖的拉力十分有利，可以充分发挥和利用钢筋混凝土拱的受力性能。此外，斜拱张拉的索网，还恰好构成了能适应观演性建筑剖面形式的顶界面。由于悬索屋盖这种静力平衡系统的构思新颖、简洁而合理，使得雷里竞技馆被国外建筑学界誉为对现代建筑的发展有深远影响的重要建筑物之一，而建筑师诺维斯基也因此而誉满全球。由奈尔维设计的罗马小体育宫（图 2-21），其拱顶由钢筋混凝土菱形板、三角形板以及弧形曲梁（共 1600 多块预制构件）拼合而成。为了平衡拱顶推力，在拱顶四周布置了 36 根“Y”形支柱。这里，支柱是按一定角度斜放的，柱的上端与拱顶波形边缘相切，避免了不利的弯矩，因而“Y”形柱轴向受压，将来自拱顶的推力传递到地下一个直径约为 84m、宽 2.4m 的预应力受压环基础上。

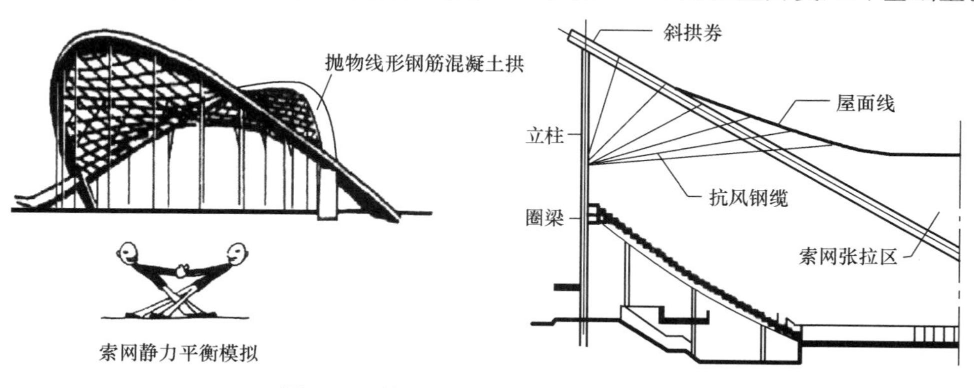

图 2-20　美国北卡罗来纳州雷里竞技馆

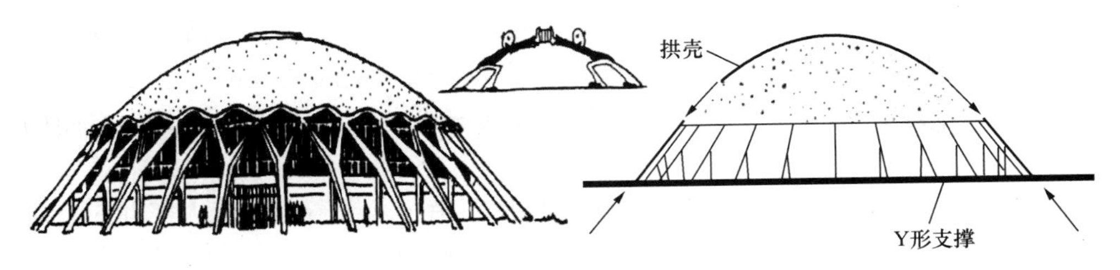

图 2-21　意大利罗马小体育馆

这样构成的屋盖结构静力平衡系统，不仅增强了建筑物的刚度和稳定性，而且，也相应减小了土壤所承受的压应力。

（2）复合式大空间与屋盖结构的静力平衡系统

在空间组合中，我们往往可以利用附属空间的结构来构成覆盖大空间的屋盖结构的静力平衡系统。反之亦然，我们可以紧密结合大跨度屋盖结构传力系统的合理组织，来恰当安排大空间与其附属空间的组合关系。

布鲁塞尔国际博览会苏联展览馆（图 2-22）矩形平面中两排格构式钢柱相距 48m，设计者利用柱顶端的悬索将柱身两侧各挑出 12m 的金属桁架拉住。水平伸出并略向上抬起的金属桁架分别将大厅中部 24m 跨金属屋盖和大厅两侧悬挂式玻璃外墙的荷重，同时传递到垂直的格构式钢柱上，这样，便形成了一个静力平衡的悬索体系。显然，立柱外侧 12m 宽的附属空间是由于该屋盖结构的静力平衡方式而带来的，但是，在展览馆的空间组合中，大厅两侧的附属空间并不显得多余。由于因势利导地布置了悬挑的楼层，不仅增加了展览面积，而且也衬托了中轴线上作为主体的大厅空间。

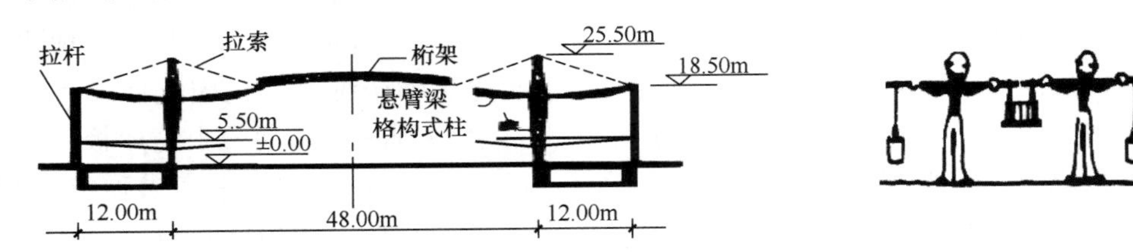

图 2-22　布鲁塞尔国际博览会苏联展览馆

奥地利维也纳航站楼在空间组合与屋盖结构静力平衡系统的构思方面也颇具匠心。如图 2-23 所示，航站楼两个平行布置的厅室空间均由不对称门式刚架构成，而这两组刚架则成了它们之间张拉单向悬索的支承结构。悬索的利用也很特别：中间部分的钢索悬挂着行李房的屋盖（这一部分屋面为顶部采光，屋面以上

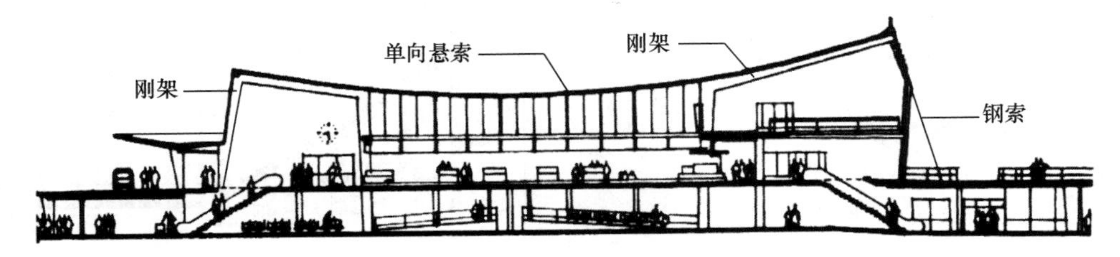

图 2-23　奥地利维也纳航站楼

形成中部庭院，悬吊屋盖的钢索则暴露在庭院之中），左右两侧部分的钢索，分别构成了进站大厅和出站大厅的单向悬索屋盖（这两个大厅均为侧面采光）。有趣的是，两组不对称刚架均向中部倾斜，其体形恰好与单向悬索的下垂轮廓线相吻合。刚架本身起到了平衡悬索水平拉力的作用，并构成了附属厅室空间。

（3）并列式大空间与屋盖结构的静力平衡系统

一些公共建筑和工业建筑的大空间组合，在满足使用要求的前提下，可以有意识地将两个大的使用空间并列布置在一起，这样便可用对称的悬挑（或悬挂）屋盖来覆盖两个并列的大空间。

法国诺特尔体育中心（图 2-24），在近于方形的平面中对称地布置了两个使用面积相近的大空间（50m×20m 的游泳池和 44m×24m 的比赛厅），与此相适应，折板向两侧呈等跨悬挑。折板的固定端与起箱形梁作用的钢筋混凝土楼层结构连成一体，而自由端则以收头的加劲梁与玻璃侧墙上的一系列纤细的支柱铰接。随着弯矩有规律的变化，折板断面的高度也由固定端向铰接端逐渐减小。这样的结构布置与处理，保证了悬挑折板屋盖的平衡与稳定，同时，也使处于并列式大空间中部的箱形大梁能合理地得以利用。在这一类大空间组合中，作为特殊附属空间的“中央区”，乃是构成悬挑或悬挂屋盖结构静力平衡系统的一个重要部分。

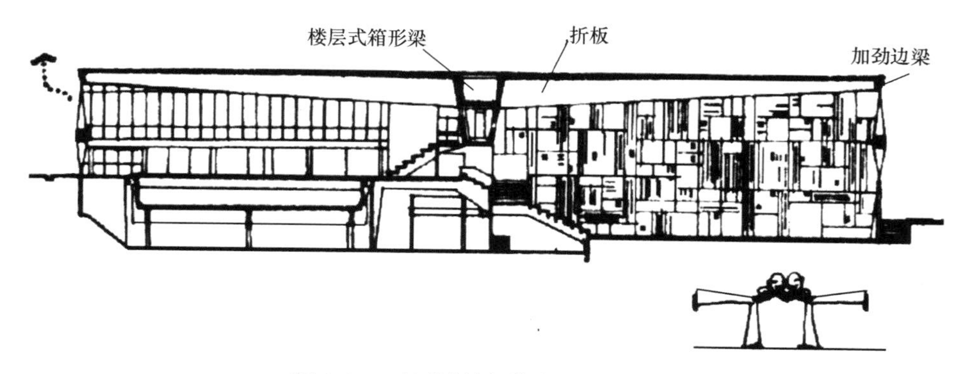

图 2-24 法国诺特尔体育中心体育馆

（4）单元式大空间与屋盖结构的静力平衡系统

通过同一类型结构单元的组合来获得较大的使用空间，这也是现代建筑大空间组合中的一个典型手法。一般来说，这种结构单元都是由一根垂直的独立支柱和一个屋盖单元构成的。此屋盖单元可以具有不同的平面与剖面形式。平面以方形、六边形等最常见。剖面则取决于屋盖的传力方式。例如，当屋盖是通过拉杆悬挂于立柱顶端时，其剖面可以为平板形（图 2-25）；当屋盖按壳体考虑并与立柱连成一体时，则多为倒伞形（图 2-26）等等。当采用帐篷结构单元时，其屋顶都具有成型简便灵巧的特点（图 2-27）。不论是哪一类结构单元，作用于屋盖上的荷载

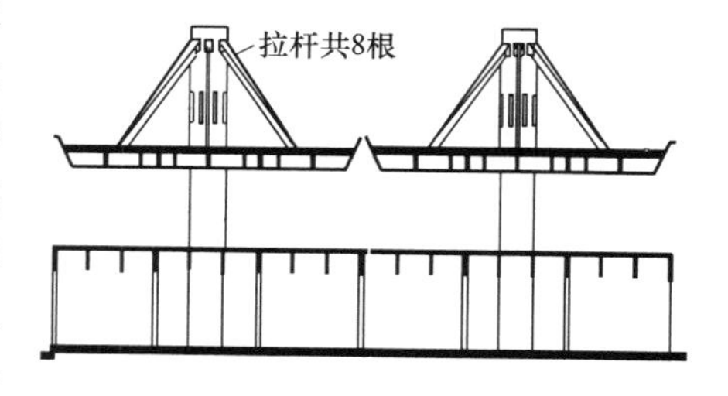

图 2-25 芬兰泰波拉市印刷厂

都能直接传递给立柱。单个的结构单元的平衡是不稳定的（如果立柱与基础的连接不作特殊处理的话），然而，通过结构单元的组合与连接，则可以保证结构的整体刚度和稳定性。这种结构方式所带来的空间组合特点是，既可以形成较大的（支柱较少的）室内空间，又能保证今后在建筑物的任何一边，以同样的结构单元灵活地进行扩建。

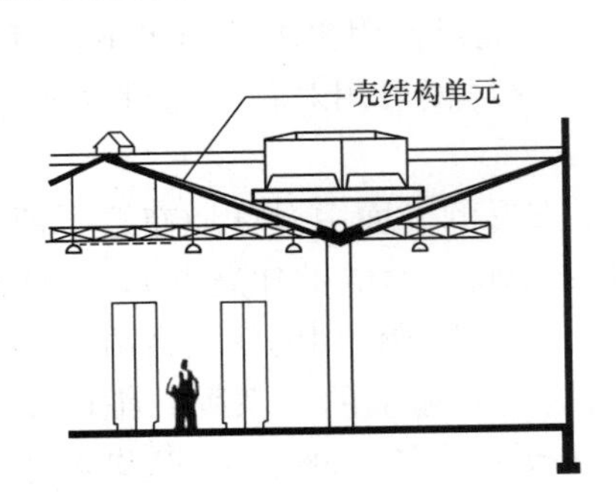

图 2-26 美国某试验厂房单元

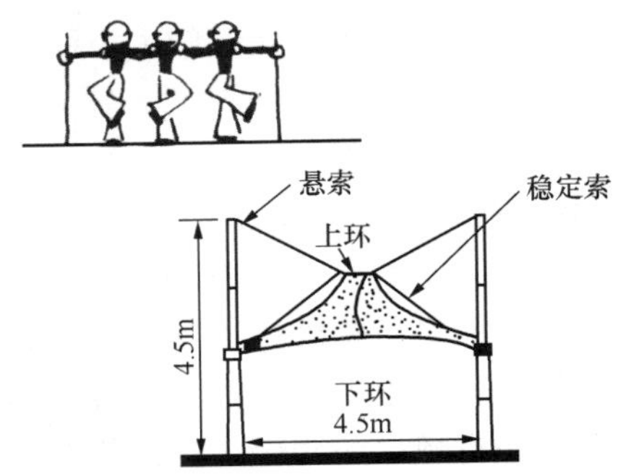

图 2-27 沙特阿拉伯吉达空港候机棚单元

（5）自由式大空间与屋盖结构的静力平衡系统

现代结构中的一些屋盖形式，由于本身能自由成型，以及用来保证其稳定与平衡的传力结构系统可以灵活组织，因此，可以覆盖极不规则的使用空间。其中，尤以帐篷结构（也称“膜结构”）在这方面的实际运用更为突出。

图 2-28 是 1967 年蒙特利尔国际博览会联邦德国馆。该馆的设计为了与自然环境协调，采用了自由式平面布局。从空间组合的这一特点和使用性质来看，以帐篷结构来建造是比较理想的。撑杆、索和锚组成了整个屋盖的静力平衡系统。11 根高低不同的金属撑杆很自由地，但却是很有节奏地穿插于不规则的建筑平面之中，使得馆内的空间组合仍有高低、疏密之分。由于这类结构的静力平衡系统组成简便、灵活，能适应建筑平面布局和地形起伏的各种变化，因而，越来越多地运用于临时性或季节性的建筑物中，如运动场、剧场（图 2-29）、候机厅、展览厅以及游艺娱乐场所等。

图 2-28 蒙特利尔国际博览会联邦德国馆

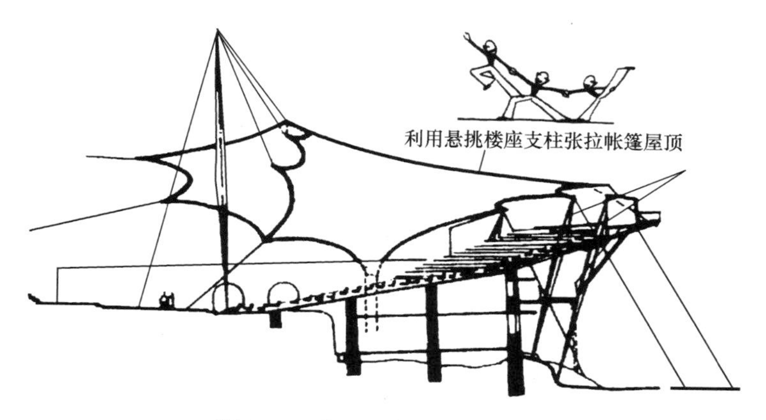

图 2-29 法国温吉德半露天剧场

(6) 开放空间与悬挑结构的静力平衡系统

悬挑结构可以避免使用空间的某侧界面上设置竖向支撑，因而是现代建筑获得开放空间的极为有效的手段之一，诸如：车站站台或停车场的雨罩、体育场看台的顶棚、观演性建筑的楼座等。一些大型库房建筑为了在侧墙上设置很大的开启面，也往往需要采用悬挑结构。而如何以合理的结构传力方式或传力系统来保证悬挑结构的平衡与稳定，这是现代建筑结构构思中十分重要而又饶有趣味的设计课题。

悬挑结构往往是与一定的竖向支撑系统连接在一起的。从平面力系来看，使悬挑结构在荷载作用下保持平衡稳定的基本途径如图 2-30 所示。这些悬挑结构在纵向重复布置，并以其联系构件而获得三维空间内的平衡与稳定。

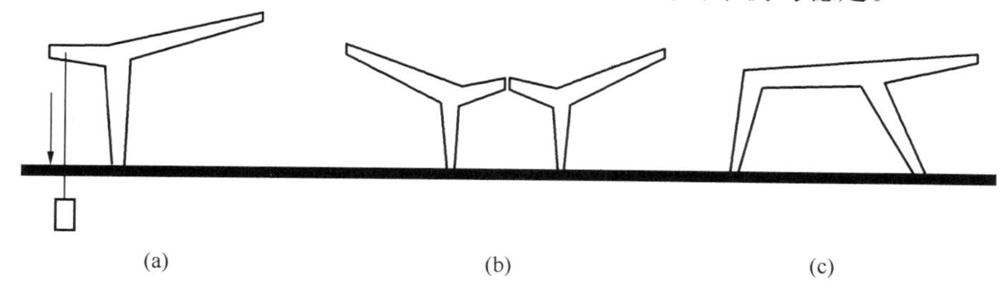

图 2-30 悬挑结构保持平衡稳定的基本途径
(a) 施加平衡力；(b) 构件组合；(c) 自平衡结构

在建筑设计中，应根据建筑功能要求、开放空间的使用特点以及工程技术条件等，因地制宜地确定悬挑结构的静力平衡系统。这里，结构构思的技巧性主要体现在以下几个方面：

①充分利用悬挑结构静力平衡系统的组成构件

如何使抗倾覆的静力平衡系统为建筑功能服务，这是悬挑结构设计构思的一个要点。图 2-31 分析比较了几个体育建筑的工程实例。意大利佛罗伦萨运动场看台（图 2-31a）利用一列“厂”形构件与一组斜撑构件组成了静力平衡的刚架系统，而这一组斜撑构件又恰好是承托阶梯式看台的大梁。摩洛哥拉伯特运动场的看台顶棚（图 2-31b）采用了一列有长、短悬臂之分的“T”形构件，为了不致倾覆，在这些构件的后端用了一排拉杆与看台的不对称悬臂刚架（此刚架可以保持自身的平衡）相连，顶棚与看台在纵向上的稳定性都是由梁、板构件的拉接来保证的。委内瑞拉卡拉卡斯运动场悬挑顶棚（图 2-31c）的构思则另有特点：悬挑顶棚既没有设置斜撑，也没有设置拉杆，而是使它与看台合为一个连续的整体，并使这个连续的整体坐落在另一个稳定、平衡的独立支撑结构系统上。这些实例说明了，不能孤立地去考虑顶棚悬挑结构的静力平衡系统，而应当把它同看台结构的布置很好地结合起来。由此，不同的建筑造型特征也会应运而生。

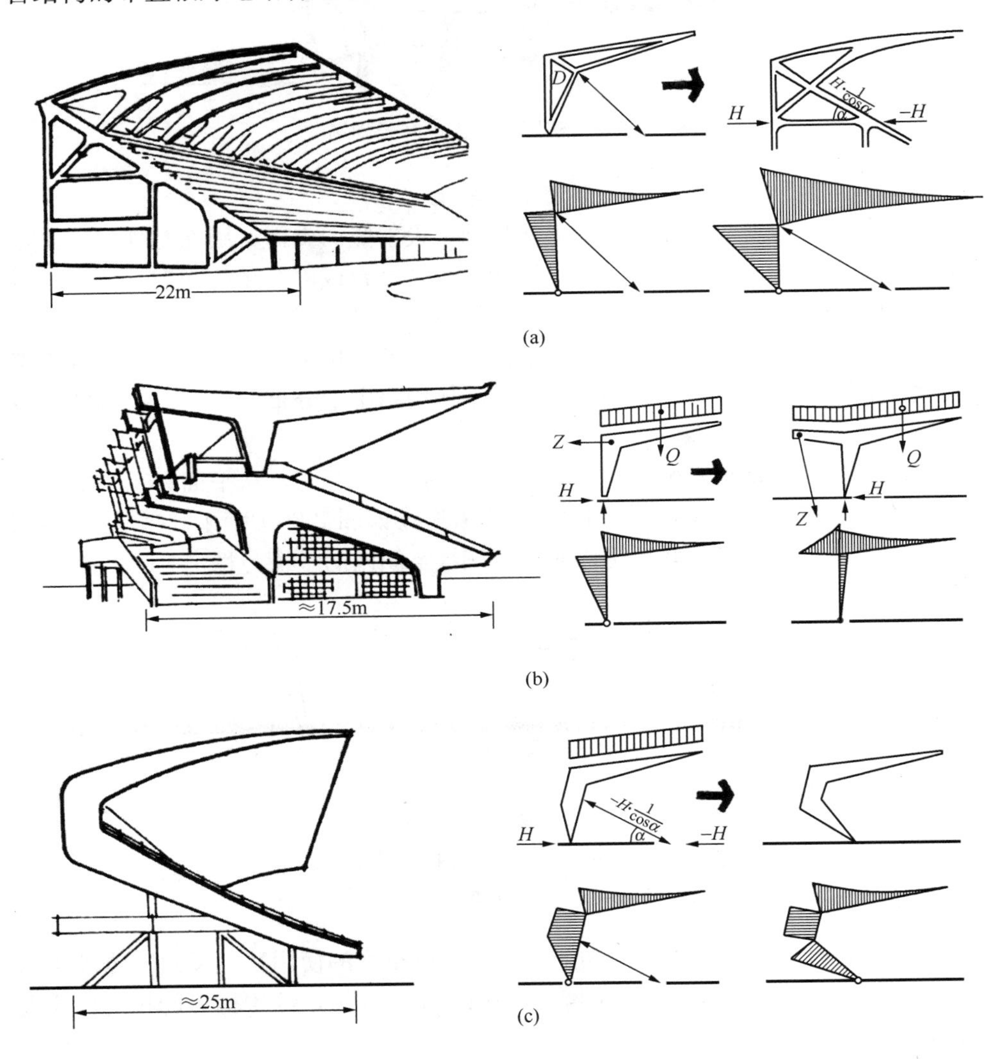

图 2-31 运动场悬挑看台设计

（a）意大利佛罗伦萨运动场看台；（b）摩洛哥拉伯特运动场看台；（c）委内瑞拉卡拉卡斯运动场看台

由西班牙著名结构工程师托罗哈设计的马德里赛马场看台顶棚结构也很有趣（图 2-32）。悬挑的薄壳顶棚后端以其拉杆与看台背面的开放式大厅曲面屋盖相连，此悬挂式屋盖的拉杆恰好就是平衡看台前端悬挑薄壳所不可缺少的结构构件。

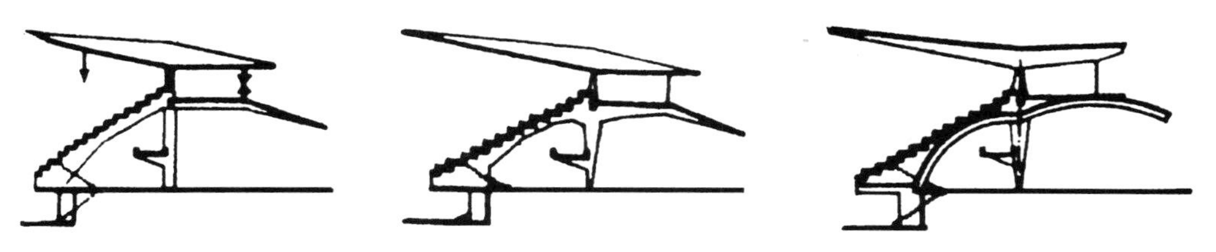

图 2-32 西班牙马德里赛马场看台结构构思发展过程

②充分利用悬挑结构静力平衡系统的附属空间

在开放空间或非开放空间的组合中，常常可以把建筑物中所需要设置的附属使用空间，与悬挑结构的静力平衡系统有机地联系起来。上面提到的马德里赛马场看台（图 2-32），其悬挑薄壳顶棚是靠后部相连的另一悬挂式曲面屋盖来平衡的，而此悬挂式曲面屋盖则又形成了赛马场“赌注厅”的顶界面。

图 2-33 是布鲁塞尔国际博览会比利时馆的箭形吊桥。它悬挂着一条人行道，供游览参观者在此俯视露天地面上用彩色马赛克拼砌的比利时地图。吊桥的主体是一个悬臂的箭形壳体结构，为了使它保持平衡，在接近支座处布置了一个圆顶下悬吊的房间——接待厅。这样安排，在结构上合乎逻辑，而空间的利用也很自然。图 2-34 所示实例也体现了类似的思路与手法。

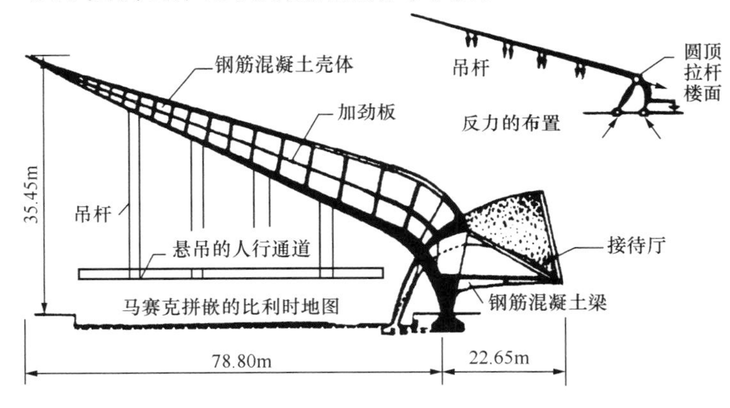

图 2-33 布鲁塞尔国际博览会比利时馆箭形吊桥

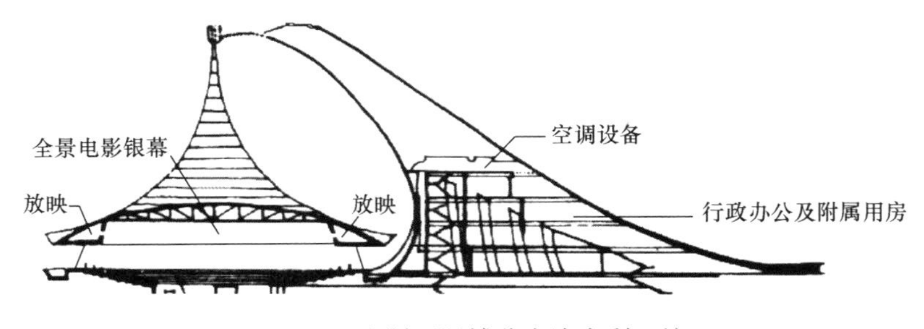

图 2-34 大阪国际博览会澳大利亚馆

③充分利用自身能保持其静力平衡的悬挑结构

避免采用繁琐的结构传力系统，充分利用自身能保持其静力平衡的悬挑结构，这对于观演性建筑——礼堂、电影院、剧院、马戏院、音乐厅或多功能厅堂的空间组合来说，是一条值得我们重视的设计思路。1400座国内多功能礼堂（图2-35）设计，从简化楼座悬挑结构的静力平衡系统出发，设计者采用了6榀8m跨两端悬挑的钢筋混凝土刚架（观众厅跨度27m）。刚架斜梁变化是根据楼座座位视线最小升高值确定的。靠观众厅一侧的刚架支腿有意向上外张，以减小结构中的弯矩作用。由于刚架本身是平衡的，故无须再另行设置抗倾覆的结构构件。刚架在观众厅跨度方向上的稳定性和刚度，可由连系梁和预制“Π”形楼板的拉结作用而得以保证。这种“自平衡”楼座结构形式的运用，不仅为紧凑地组织空间和快速施工创造了有利条件，同时，也便于观众厅主体结构作抗震设防，即脱开楼座结构的技术处理。日本东京文化会馆观众厅（图2-36）采用了“A”字形多层框架，四层挑台均由此框架挑出。尽管楼座挑台层次很多，然而，其前厅空间的构成并不复杂，这一空间组合上的特点，正是与楼座悬挑结构的自平衡方式分不开的。

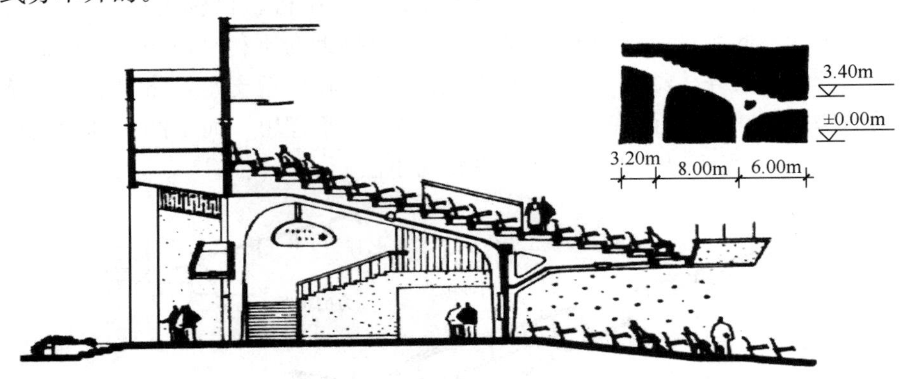

图2-35　多功能礼堂

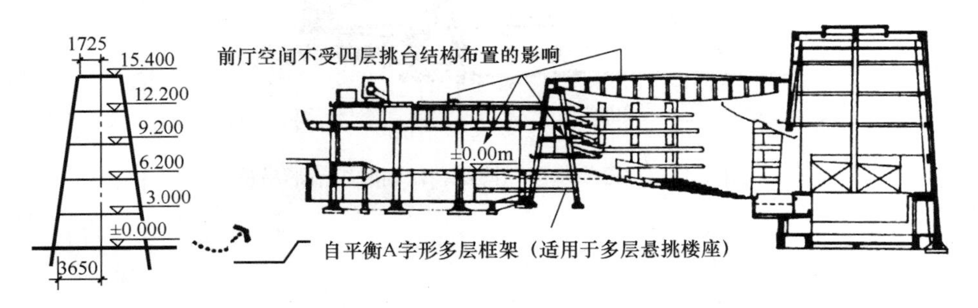

图2-36　日本东京文化会馆剧场

综上所述，不同结构的静力平衡方式体现着不同的结构构思，并导致不同的空间组合及其建筑形式。因此，作结构静力平衡分析简图，是训练我们结构构思能力及其技巧的一个重要方法。

2.1.3　根据结构的整体受力特点来考虑建筑空间组合与扩展

社会生产和社会生活对现代建筑的使用空间提出了“高”和“大”的要求，这样，借助于现代物质技术手段，便促使建筑物的使用空间分别向着垂直方向和水平方向扩展，相应地形成了高层—超高层建筑和大跨—超大跨建筑。

建筑物的空间的组合和扩展只有从结构的整体受力特点出发，使其建筑平面设计与剖面设计同所应采用的结构形式很好地结合起来，才能获得高效的建筑空间的规定性。建筑物的这种空间扩展对现代结构技术的创造与运用，产生了极其深刻的影响。

（1）空间扩展所带来的结构整体受力状况的变化

任何建筑的结构设计都要考虑竖向荷载和水平荷载的作用。然而，随着建筑物的使用空间由低层到高层或超高层，由小跨到大跨或超大跨的扩展，其结构的整体受力状况却产生了质的变化。

在低层或多层建筑中，往往是重力为代表的竖向荷载控制着结构设计，在高层或超高层建筑中，尽管竖向荷载仍对结构设计产生着重要影响，水平作用力（风荷载或地震作用等）却起着决定的作用，且水平作用力的影响随着建筑高度的增加而不断加大，并由水平作用力与竖向荷载共同控制结构设计逐渐到水平作用力成为主要控制因素过渡，同时竖向荷载的影响也相对减小，而侧向位移迅速增大。其主要原因是，一方面，因为房物自重和楼面使用荷载一般沿建筑竖向的分布是均匀的，在结构竖向构件中所引起的内力（轴力和弯矩）随建筑高度或层数也基本上是线性增长的，而水平荷载沿建筑竖向的分布是不均匀的，对结构产生的倾覆力矩，以及由此在竖向构件中所引起的轴力，是与建筑高度的两次方成正比；另一方面，对某一定高度建筑来说，竖向荷载大体上是定值，而作为水平作用的风荷载和地震作用，其数值是随结构动力特性的不同而有较大幅度的变化；其三，多层建筑竖向构件主要以承受竖向荷载引起的轴力为主，高层建筑竖向结构构件主要以承受水平荷载引起的剪力和弯矩为主，而高层建筑结构的主导材料混凝土和钢材在承受简单拉、压荷载时最能发挥其材料强度潜力，在承受弯矩、剪力作用时不能充分发挥其材料强度潜力，且弯、剪作用越大材料强度越不能得到充分发挥。

图 2-37 给出了建筑物在水平风荷载作用下的计算简图及其内力和位移与建筑物高度 H 之间的关系图，它相当于一个最简单的悬臂梁结构，基础部分是梁的固定端，当它受均布竖向荷载 p、水平均布和倒三角形风荷载 q 作用时，该悬臂结构底部轴向力 N、弯矩 M 和顶部的侧向位移 Δ 为：

竖向荷载：$$N=pH \qquad (2\text{-}1)$$

水平均布风荷载：$$M=qH^2/2 \quad \Delta=qH^4/(8EI) \qquad (2\text{-}2)$$

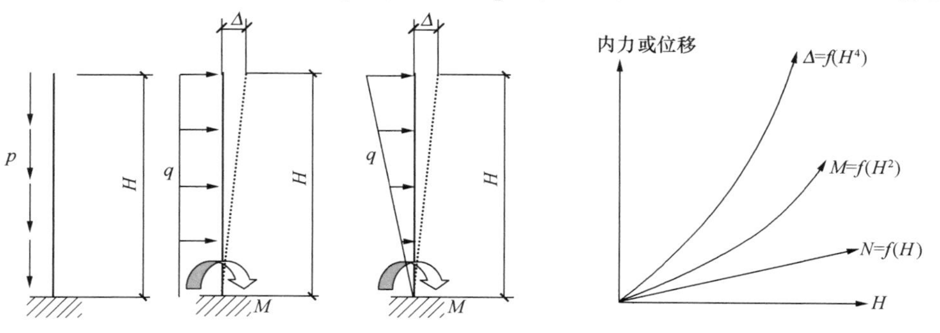

图 2-37 荷载内力和侧移及其与高度的关系图

水平倒三角形风荷载：　$M=qH^2/3$　$\Delta=11qH^4/(120EI)$　　(2-3)

式中　H——建筑物高度；

EI——建筑物刚度（E 为弹性模量，I 为惯性矩）。

由上述公式可见，随着建筑物高度 H 的增加，由垂直作用 p 产生的轴向力 N 和 H 成正比（线性关系）；但由水平作用 q 产生的弯矩 M 却与 H 的 2 次方成正比；产生的位移 Δ 则与高度 H 的 4 次方成正比，即当 H 增加 1 倍时，M 增加到 4 倍，Δ 要增大到 16 倍，而 N 才增加 1 倍。显然，水平作用对高层建筑的影响远比多层建筑大，以至成为主要控制因素。

也能很明显地看出，结构顶点侧移 Δ 随着建筑高度 H 的增长呈四次方迅速增大，结构侧移控制已成为高层建筑结构设计中的关键因素，侧向位移过大会使高层建筑产生摆动，建筑物越高，摆动也就越大。摆动幅度过大时，会使人感觉不舒服，甚至不适应，同时也会使隔墙、填充墙及内部建筑装修开裂损坏及电梯脱轨甚至房屋倾覆。所以，高层结构不仅要有效地传递水平荷载，而且，其顶端的水平位移必须受到控制（日本、美国、英国、加拿大等一般都规定风荷载产生的顶端水平位移 $\Delta \leqslant H/500$）。而侧移的控制必须要求结构具有足够的抗侧刚度，这种具有很大刚度的抵抗水平荷载的结构，在高层建筑中称之为“抗侧力结构”。建筑物越高对刚度的需求就越大，对于沿竖向越来越高的建筑设计主要解决的是适宜结构刚度获得的问题。

与上述情况不同，对于中跨、大跨和超大跨建筑来说，竖向荷载，主要是屋盖自重，始终是控制结构设计的主要因素。在中、小跨建筑中，屋盖的结构类型及其形式可以有各种各样的变化，大跨度屋盖的结构形式则受到较大的限制，而能覆盖超大跨建筑的屋盖结构形式便寥寥无几。这主要是因为，随着跨度的增大，屋盖结构的体积和自重将增加更快（通常呈平方增长）的缘故，加之屋面结构形态趋于宽扁形，其竖向刚度和承载力是结构的薄弱环节，从而使竖向作用成为结构要抵御的最重要的作用。从结构相似性理论来看，我们不能简单地把小跨度结构做几何比例上的放大后用于大跨建筑，西格尔在《现代建筑的结构和造型》一书中，曾以石板桥按比例放大后竟难以承担其自重为例，对此做过形象地论述（图 2-38）。一个连承担自重都显得吃力的结构，不是好的结构。一个高效的结构，应当能承担比自重多得多的荷载。可见，以重力为主的竖向作用对大跨结构的影响是至关重要的。

水平荷载对大跨或超大跨屋盖结构的影响作用也与高层或超高层建筑不同。这里，主要是考虑风吸力，特别是在超大跨建筑中，不仅是像悬索这样的柔性屋盖，而且像穹顶那样的非柔性屋盖，风吸力均应作为控制其结构设计的主要影响因素，而同屋盖自重一起加以考虑。

(2) 与空间扩展相适应的不同结构体系

从结构的整体受力特点来看，在高层建筑中，结构构思必须格外注意如何解决抵抗水平荷载的问题；在大跨建筑中，结构构思则必须着重地研究如何克服屋盖结构中可能产生的巨大弯矩，由此而带来的结构自重等问题。为了适应空间扩展由低层到超高层、由小跨到超大跨而带来的结构整体受力状况、受力特点的变

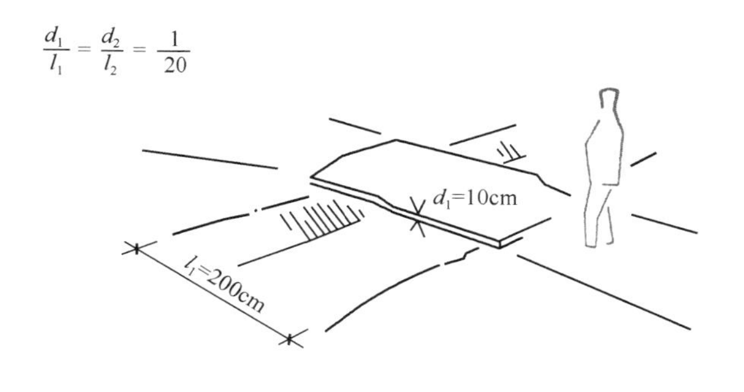

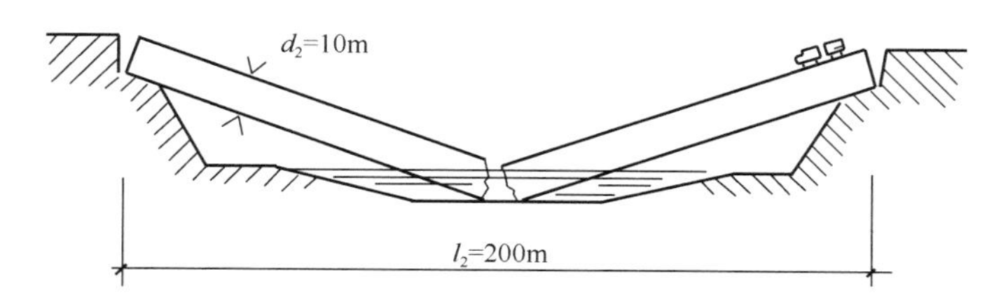

如果两块石板的比例一样，而绝对尺寸不一样，小的一块可以承受它的自重加上活载，而大的一块仅在自重下也将断裂

图 2-38 比例与绝对尺度对结构的影响

化，结构传力系统不断地由低级形式向高级形式演进、发展，见图 2-39。

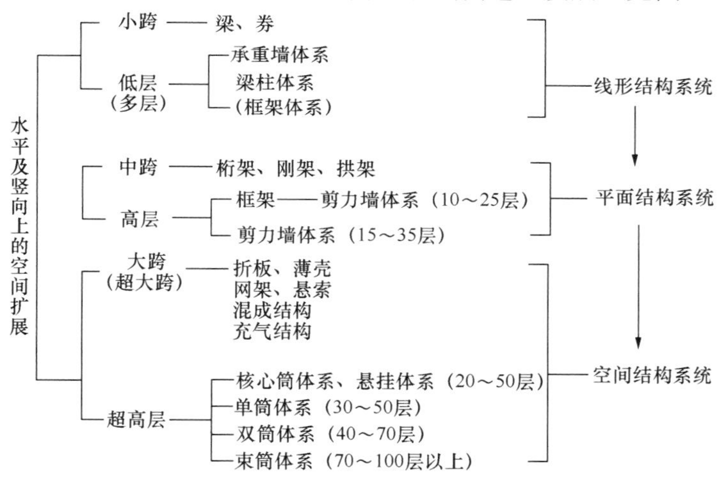

图 2-39 结构传力系统由低级形式向高级形式的演进

筒体体系是建筑物的使用空间向竖直方向扩展后，适应其结构整体受力特点、追求刚度的合乎逻辑发展的必然结果。外筒体常由间距 1～3m 的密排柱和深梁连接组成，而内筒体则直接利用电梯间、楼梯间、管道竖井或内柱等。筒体组合形式有多种变化（图 2-40），因而为平面及空间的灵活布局创造了有利条件。

（3）高层结构的整体受力特点对建筑空间组合的影响

为了有效地解决抵抗水平荷载的问题，高层建筑的平面及空间布局应体现以下一些设计原则：

①高层建筑的平面安排应有利于抗侧力结构的均匀布置，使抗侧力结构的刚度中心接近于水平荷载的合力作用线，或者说，力求使建筑平面的刚度中心接近其质量中心，以减小水平荷载作用下所产生的扭矩。

在一般情况下，风力或地震力在建筑物上的分布是比较均匀的，其合力作用线往往在建筑物的中部。如果抗侧力结构，如刚性井筒、剪力墙等分布不均匀，那么，合力作用中心就会偏离抗侧力结构的刚度中心，而产生扭矩（图 2-41）。因此，建筑物就会绕通过刚度中心的垂直轴线扭转，致使抗侧力结构处于更复杂的受力状态。对于框架-剪力墙体系来说，只有剪力墙的均匀布置，才能避免结构平面内出现刚性部分与柔性部分的显著差异，才能保证水平荷载按各垂直构件的刚度来进行分配，使剪力墙真正能承受绝大部分的水平荷载。

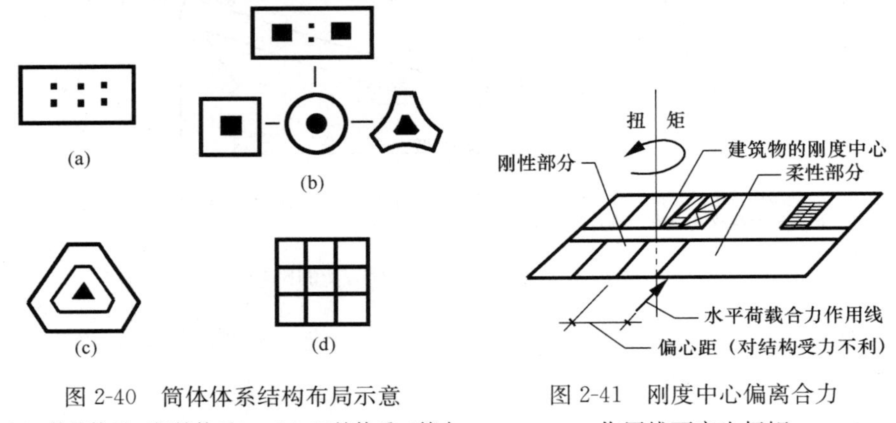

图 2-40 筒体体系结构布局示意
（a）单筒体系（框筒体系）；（b）双筒体系（筒中筒体系）；（c）三重筒体系；（d）束筒体系

图 2-41 刚度中心偏离合力作用线而产生扭矩

由此可见，在高层建筑中，简洁而对称的平面设计对于合理布置抗侧力结构是比较有利的。国外许多高层塔式建筑均多采用四角对称的抗侧力结构布置形式（图 2-42）。北京民族文化宫中部 68m 高的方形塔楼，结合平面设计呈中心对称和高塔造型坚挺有力的特点，在四个角上很匀称地布置了“∟”形钢筋混凝土刚性墙（图 2-43）。日本的许多超高层建筑采用矩形平面，它们在两个方向上的对

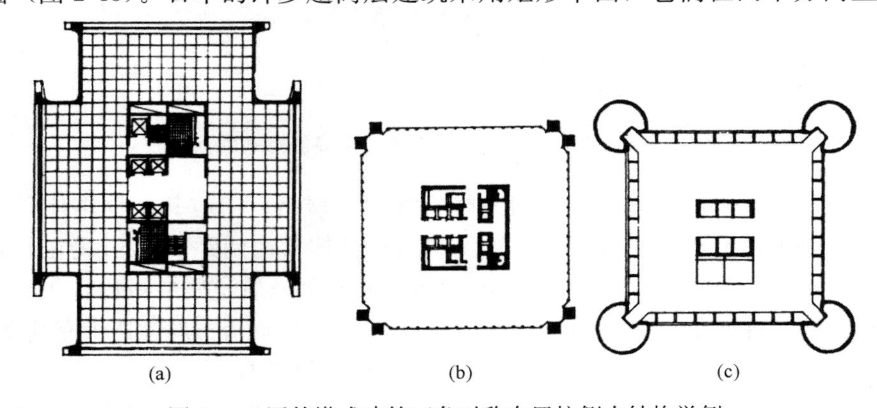

图 2-42 国外塔式建筑四角对称布置抗侧力结构举例
（a）火奴鲁太平洋中心大厦；（b）堪萨斯市政办公楼；（c）纽哈文办公楼

称性和质量的均匀性要求也是相当严格的。奈维设计的米兰皮列里大厦（图2-44），其平面为船形，两端为三角形井筒，中部设置刚性墙体，建筑造型特征与抗侧力结构别出心裁的构思同出一辙。

(a)

(b)

图 2-43　北京民族文化宫

(a) 塔楼造型；(b) 平面四角“∟”刚性墙

图 2-44　米兰皮列里大厦

由于建筑艺术方面的原因，高层建筑的平面设计有时也要突破简单规整的几何形式。例如，北京16层外交公寓（图2-45）曾作了多种方案比较，考虑到该地段建筑群空间体量构图这一因素，最后采用了错叠式矩形平面。为了使平面的质量中心仍能接近于抗侧力结构的刚度中心，在平面布局中对剪力墙和电梯井筒的分布作了适当调整。赖特设计的著名的普赖斯塔楼（图2-46）巧妙地将刚性墙体布置成风车形，使得空间和体形突破了简单几何形式的束缚。

建筑师必须掌握按抗侧力结构布置的力学原则与建筑功能要求来综合考虑空间组合的基本技巧。以筒体体系为例，一般外筒体的周围都是密排柱子，但是，许多日本高层或超高层建筑却是在一个方向上使柱子密排，而在另一个方向上加大柱距，这样，既构成了“框筒”，同时又可以灵活地布置较大的室内空间（图2-47）。

②高层建筑的剖面设计应力求简化结构的传力路线，降低建筑物的重心，避免在竖向上抗侧力结构的刚度有较大的突变。

如何布置大空间厅室是高层建筑剖面设计中的一个重要问题。其基本形式如图2-48所示。

在高层建筑的底层设置高大的厅室，如宴会厅、交易厅、餐厅等，一方面会使结构传力复杂，要以断面尺寸很大的水平构件来承受上面各层的竖向荷载；另

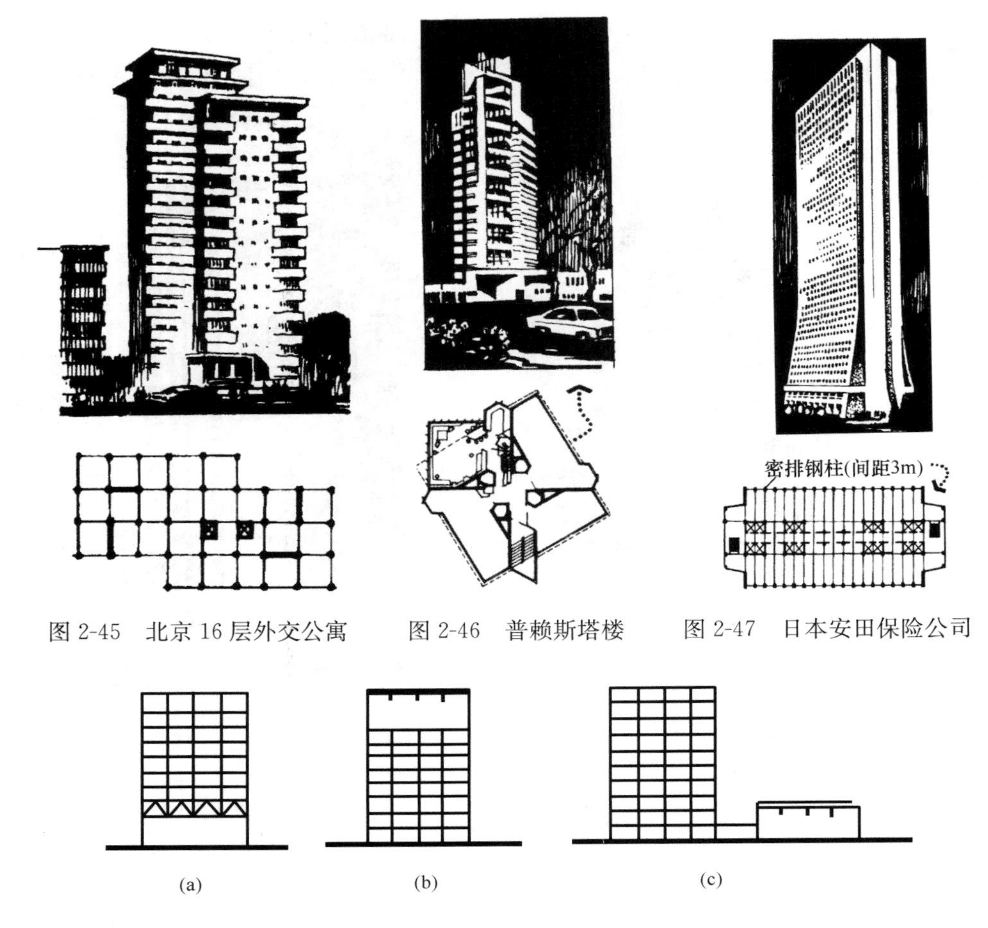

图 2-45 北京 16 层外交公寓　　图 2-46 普赖斯塔楼　　图 2-47 日本安田保险公司

图 2-48 高层建筑中大空间厅室的布置

(a) 设于底层；(b) 设于顶层；(c) 脱开处理

一方面，也会使建筑物重心上移，对高层结构抗倾覆不利。当层数很高而不宜采用一般框架结构体系时，底层大空间则又会与剪力墙、刚性筒体等的布置发生矛盾。因此，在这种情况下，一般都将大空间作脱开处理（图 2-48c），使大厅室的结构布置与高层主体相对独立。运用这种手法可以取得体量对比、轮廓线丰富的建筑艺术效果。

当厅室空间不是很大，而地段用地又紧，作单层脱开处理有困难时，也可以采用框支剪力墙结构（图 2-48a），即将底层部分做成框架，但其抗震性能较差。在高层建筑的顶层设置大厅室空间（图 2-48b），其屋顶的水平承重结构比较容易解决。但当考虑抗震设防要求时，则不宜在顶层设置较大厅室，而应使剪力墙沿竖向贯通建筑全高为好。

多层地下室对降低高层建筑的重心有利，同时也是与高层建筑宜优先采用深基础的原则相一致的。日本超高层建筑地下室结构单位面积平均重量通常是上部标准层的 10 倍左右，刚度则要大 50～100 倍。

高层建筑的剖面设计还应注意使抗侧力结构的刚度由基础部分向顶层逐渐过

渡，这样才不致由于刚度的较大突变而削弱这一部分抵抗水平荷载的能力。图 2-47 所示日本安田保险公司的剖面设计十分典型，它逐渐向上收束的结构断面体形，是与在水平风力作用下结构中弯矩分布的几何图形（直角三角形）相一致的，整个高层结构连续渐变而没有任何被削弱的部位。

③高层建筑的体形设计应力求简洁、匀称、平整、稳定，以适应高层结构的整体受力特点

简洁的建筑体形可以保证高层结构组成单一、受力明确，有利于抵抗水平风力和地震力。实践表明，平面外形复杂，高低悬殊或各部分有刚度突变等，都是导致震后开裂的因素。出于建筑功能要求或建筑空间体量构图方面的原因，建筑平面或立面的形状比较复杂，或结构刚度截然不同时，应以抗震缝分成几个体形简单的独立单元。

高层或超高层建筑的体形应有利于抗侧力结构的稳定。为了增强抗侧力结构的稳定性，高层和超高层建筑的体形设计多采用如下手法：

（a）使高层或超高层建筑的底部逐渐扩大。一般常结合底层大空间的布置而采用倾斜的框架结构（图 2-47）。

（b）使高层或超高层建筑的上部逐层或跳层收束。这种收束可以是对称的（如纽约帝国大厦，图 2-49），也可以是不对称的（如芝加哥西尔斯塔楼，图2-50）。

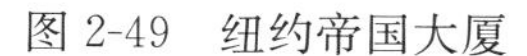

图 2-49 纽约帝国大厦

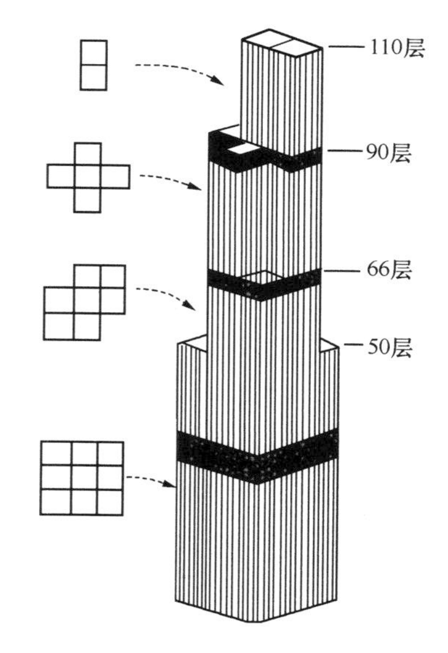

图 2-50 芝加哥西尔斯塔楼

（c）使高层或超高层建筑由下至上逐渐收分。高 100 层的芝加哥约翰·汉考克大厦明显地反映了古埃及建筑那种稳定敦实的体形特征（图 2-51），它比不收分的矩形柱状塔楼可以减少 10%～50%的侧移。在现代城市规划设计理论中，A 字形、金字塔形等结构形式，也被利用来探求各种新型的居住生活单元了（图 2-52）。这里，结构的稳定体形是与空间的组织和利用紧密联系在一起的。

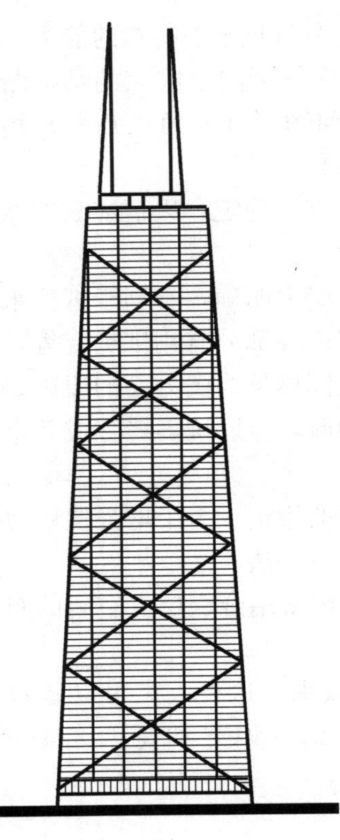

图 2-51　芝加哥约翰·汉考克大厦

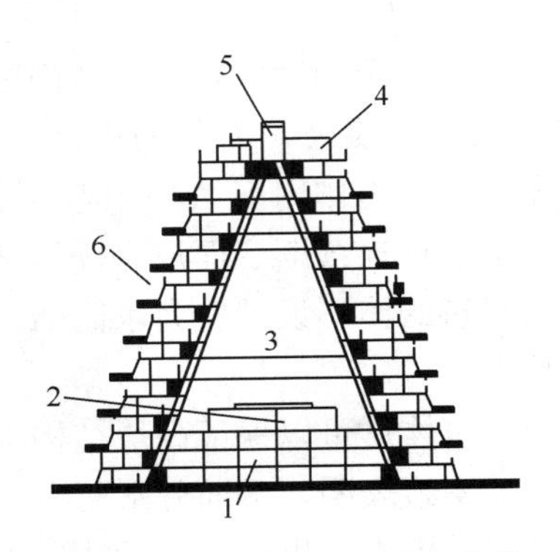

图 2-52　A 字形结构居住单位
1—500 辆汽车的停车场；2—商店、电影院等；3—体育活动中心；4—托儿所、幼儿园；5—换气通风井；6—带露台庭院的住户（共 469 户）

(d) 采用圆形、正多边形等建筑平面。这类平面形式可以增强结构在各个方向上的刚度，从而取得较好的抗侧力效果（图 2-53）。建筑物空气弹性模型实验（风洞实验）表明，圆形建筑物最好，三角形断面虽很差，但作切角处理后（即修正三角形），则要比矩形断面优越得多。圆柱形建筑由于它垂直于风向的表面积最小，因而风荷载（即风压）比方柱形建筑可减少 20%～40%。可见，现代建筑合用空间的创造，在一些情况下必须善于把结构构思同特定的简单几何体形有意识地科学地结合起来。日本坂仓准三建筑研究所设计的岐阜市会堂（图 2-54），将观众厅和舞台都统一地组织在一个圆台式的结构空间中，不仅空间紧凑，视线条件好，同时，也创造性地解决了地震区观演性建筑舞台结构通常单独高起而不利于抗震设防的问题。

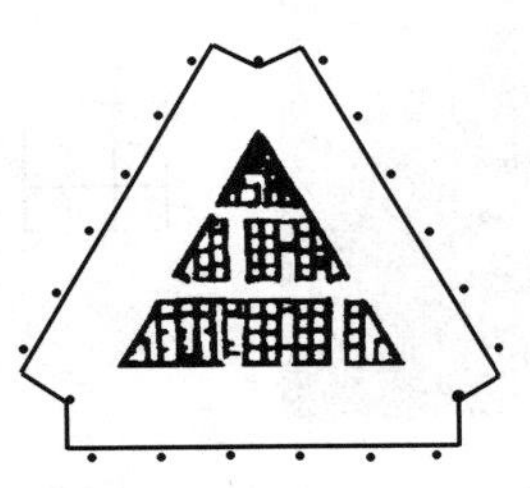

图 2-53　圆形、切角三角形等建筑平面

(4) 大跨结构的整体受力特点对建筑空间扩展的影响

如何克服屋盖结构中可能产生的巨大弯矩以及由此而带来的结构自重等问题，这是大跨度建筑结构构思的一个基本出发点。与超高层结构技术的发展相比，超大跨结构的整体受力特点对建筑剖面设计影响甚大，这主要表现在：

①超大跨建筑物的顶界面必须“起拱”或“下垂”，难以保持水平状。这是因为，只有以“拱形”结构（如穹顶、拱顶）或“链形”结构（如悬索）取代“水平形”结构（如平板网架），才能克服超大跨结构中巨大弯矩值的增加。这样，超大跨结构的“起拱度”或“下垂度”便十分可观。例如，新奥尔良体育场

图 2-54 稳定的圆柱结构体系在超高层建筑中的应用

穹顶直径为 210m，而穹顶顶部离比赛场地面高达 83m。能容 65000 人国内某运动场采用了 198m 跨度的悬索结构，悬索的"下垂度"也有跨度的 1/16（12m 多）。

②超大跨建筑物的体积过大，结构所覆盖的空间得不到很好的利用。由于悬索"下垂"而多出的室内空间比穹顶"起拱"而浪费的室内空间要小得多，所以从减小建筑体积来看，悬索体系比穹顶体系优越。再加上超大跨穹顶结构过重（如休斯敦体育场直径为 196m 的钢穹顶结构自重达 2800t），因而，国外普遍认为穹顶体系在超大跨建筑中是没有发展前途的。

③超大跨建筑的剖面设计要很好地考虑风吸力的影响，即便是非柔性结构也是如此。例如，新奥尔良体育场 210m 直径的穹顶，为了抵抗风吸力，穹顶中心悬吊了直径为 38m、重达 68t 的吊篮（吊篮上有六幅 10m×12m 的电视屏以及照明、扩音设备系统），同时，还在三排柱子之间垂直和水平刚度的组合上，考虑了最大的刚度。

2.1.4 运用合理的结构形式以满足建筑空间的质的要求

建筑物的使用要求除了空间的大小、形状及其组合关系外，还有质的要求诸如采光、通风、声学、排水等要求，这对结构几何形体都有比较直接的影响，设计师在酝酿结构方案时就必须全面综合的加以考虑，采用的结构形式既有利于满足使用要求，又要力求使结构传力简捷，避免受力状况恶化为原则。

多数建筑在侧界面上开设采光窗，这与通常的结构体系是相适应的，并不困难。但因使用要求需要采用顶部采光或顶部高侧采光方式时，选用适应采光要求的合理结构形式就需要动一番脑筋了。例如，传统的在屋盖水平构件上设置"Π"形天窗采光（图 2-55a）就不太合理。首先，屋盖结构的传力路线迂回曲折，水平构件跨中弯矩增大，受力恶化；此外，天窗和挡风板突出屋面，风荷载增加，因此柱子和基础的截面、配筋都必须加大；这种天窗还增加了无用的结构覆盖空间，而室内天然采光照度也不均匀。取得结构形式与采光相协调统一的办法很多：利用或调整屋盖结构空间开设采光口，如在桁架上下弦杆之间设置下沉式天窗（图 2-55b）；利用桁架悬挑端部的收束做采光口（图 2-56）；结合钢筋混凝土大梁布置采光井（图 2-57）。通过结构单元的适当组合形成高侧采光或采光口，在剖面设计中，屋盖结构单元组合可以按高低跨或锯齿形等方式排列（图 2-

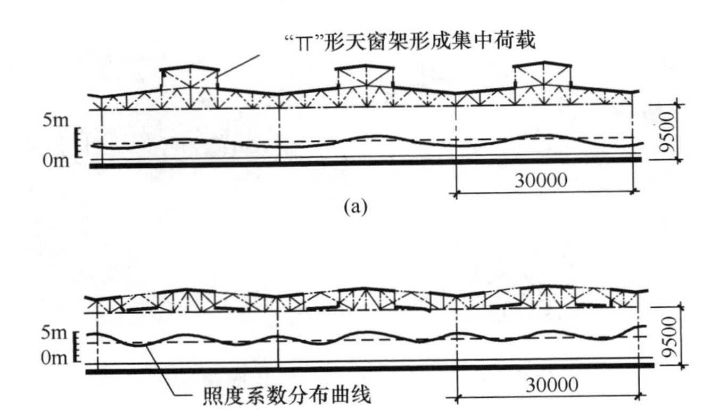

图 2-55 "Π"形天窗与"下沉式"天窗比较
(a)"Π"形天窗；(b)"下沉式"天窗

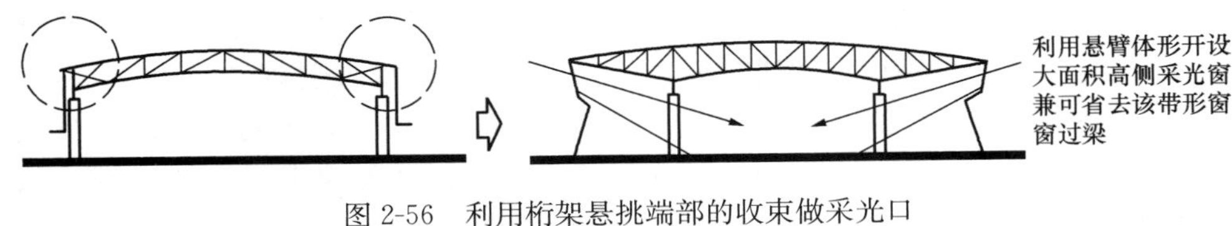

图 2-56 利用桁架悬挑端部的收束做采光口

图 2-57 结合钢筋混凝土大梁布置采光井

58a)，在平面组合中，结构单元之间可留出空当来设置采光带（图 2-58b）。直接在屋盖结构的顶界面上开设采光带（图 2-59）。

选择有利于自然通风或自然排气的结构形式是建筑构思的一个重要出发点。主要通过调整结构侧界面和顶界面的结构构成来处理：联邦德国巴伐利亚市玻璃厂熔炉车间（图 2-60）使承重骨架搭成简洁、稳定的"人"字形，以便于车间内的热空气通过向上收拢的空间体形，从屋脊通风百叶排出，骨架两侧的水平窗处理可以保证室内对流通风，并防止阳光直射。巴黎德方斯区能源站（图 2-61），其

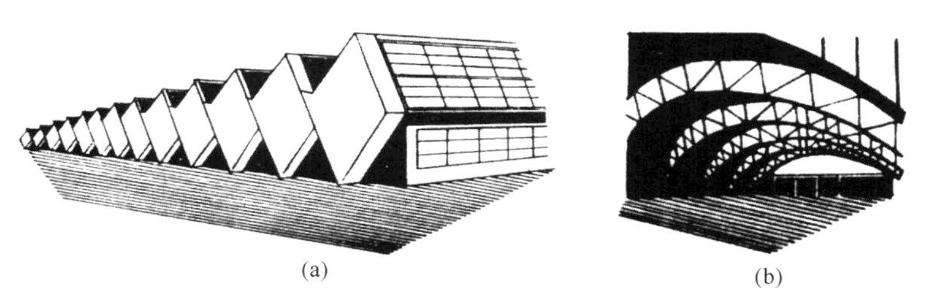

图 2-58　通过结构单元的适当组合形成高侧采光或顶部采光带
（a）采用锯齿形剖面设置采光带；（b）采用平面空当设置采光带

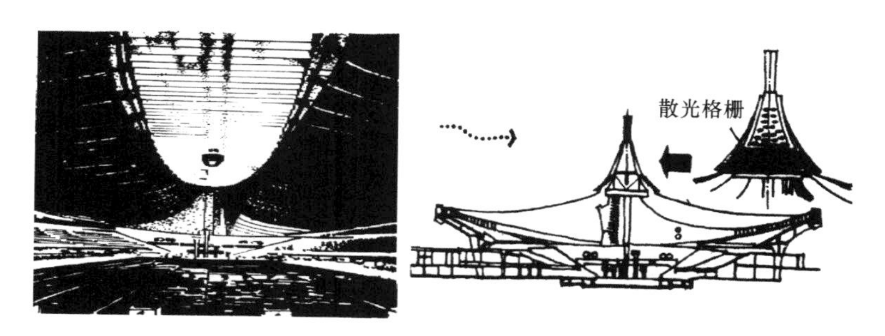

图 2-59　屋盖结构顶界面直接开设采光带

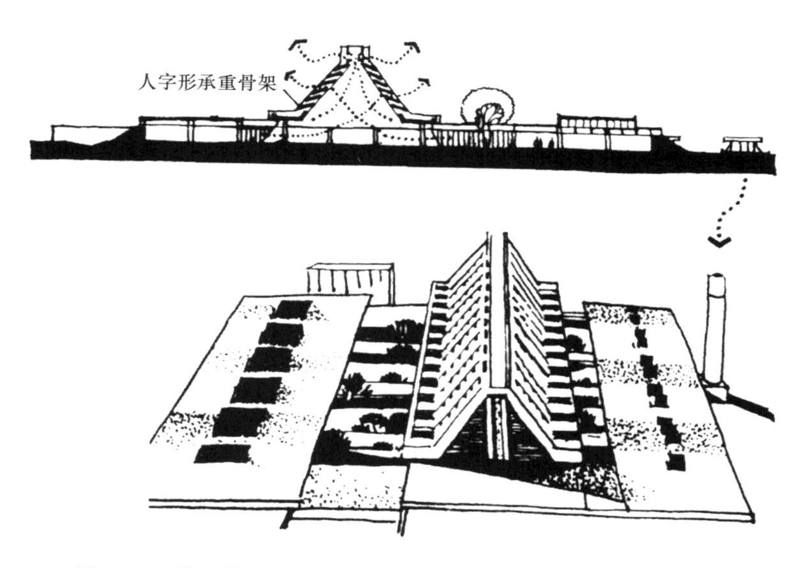

图 2-60　联邦德国巴伐利亚市玻璃厂熔炉车间——侧界面通风

纵剖面和横剖面均设计成梯形，侧墙是由工字形断面的斜钢梁构成的，体形收束的上部布置有通风百叶和排气设备。法国费津炼油厂行政管理中心试验室（图 2-62a），将屋盖钢桁架一端向上弯曲翘起，结合侧墙面上的窗洞处理，利用该桁架结构层空间来组织室内自然通风排气，构思十分巧妙。联邦德国劳莱尔炼铁厂铸工车间（图 2-62b），为了排除铸工车间内的烟气和余热，设计者使每一个独立的壳体都由两个对称的双曲抛物面单元、一个天然采光面天窗和一个“抽气斗口”组成，因此，每一个具有这样几何体形的壳体，都可以很好地起到“排气罩”的作用。

图 2-61　巴黎德方斯区能源站——侧界面通风

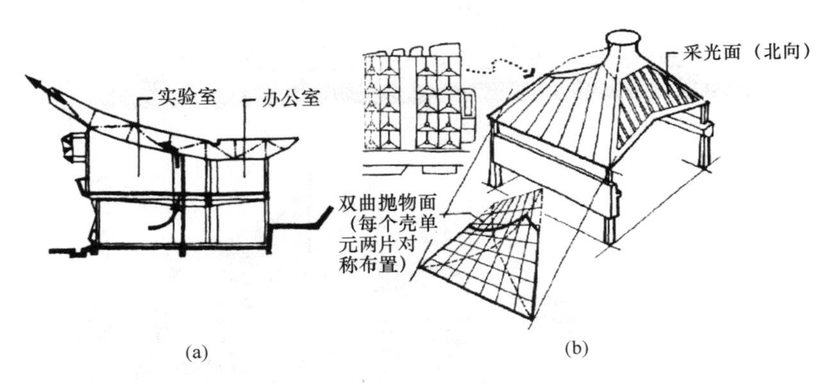

图 2-62　侧界面通风排气示例

(a) 法国费津炼油厂行政管理中心试验室；(b) 联邦德国劳莱尔炼铁厂铸工车间

声学设计要求较高的剧院、电影院、音乐厅、礼堂等建筑以及有较大噪声的火车站、体育馆、展览馆、印刷车间、冲压车间、纺织车间等空间，都应当考虑所采用的结构形式对室内声响带来的影响。采用“声学吊顶”来弥补声学欠缺的做法是十分不合适的。美国麻省理工学院二层礼堂（图 2-63），上层是剧院大厅，下层是大讲堂，整个使用空间由 1/8 球面壳覆盖着，不仅上下两个厅堂之间的隔声处理很复杂，而且，上部壳顶悬吊式吸声构造的造价比该壳体本身的造价还高。1934 年建成的苏联新西伯利亚歌舞剧院（图 2-64），观众厅采用了直径为 60m 的圆球形壳，尽管壳体仅厚 8cm，很经济，但声学效果却很差，安装吸声顶棚后，遮去了圆拱顶，以致使原来设计时考虑作天象厅、马戏场的用途均未实现。有利于声响的结构几何形体不仅可以保证观众厅中声音从四面八方传来的空间感和丰满度，而且还可以减弱室内噪声的影响。因此，直接利用各种有利的结构形式（图 2-65）来满足声学设计，乃是一种十分经济有效的设计手法。图 2-66 是结合声学设计来处理折板结构的空间顶界面与侧界面的成功案例。

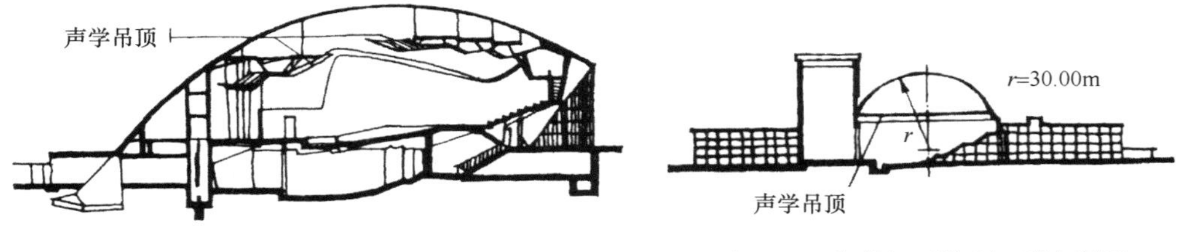

图 2-63 美国麻省理工学院礼堂

图 2-64 苏联新西伯利亚歌舞剧院

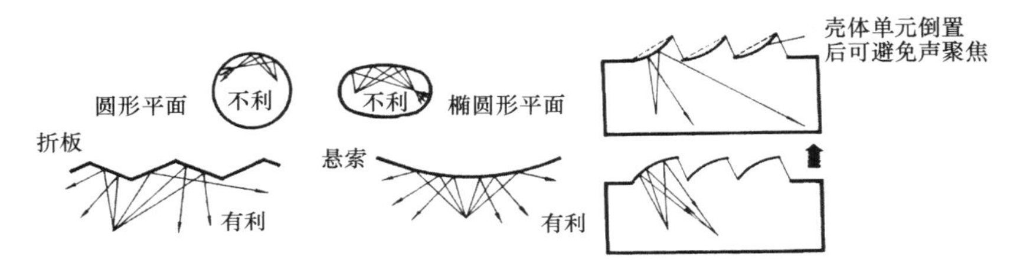

图 2-65 对声学设计有利或不利的结构体形举例

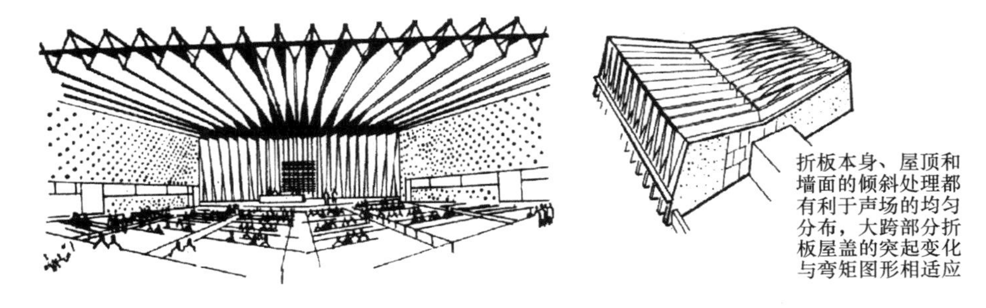

图 2-66 巴黎联合国教科文组织会议厅

排水要求往往影响到对结构合理几何体形的选择，甚至还可能影响到结构的总体布局，尤其对一些大跨度屋盖结构，其几何形体往往不易使雨水得到排除。例如，单层悬索屋盖是由下垂的柔索组成的，这样便形成了周边高、中间低、呈下凹形的顶界面，雨水在此汇集，如果在屋盖中部设置水落管，则势必影响使用空间。蛇腹形折板虽然对提高结构的整体刚度和抵抗弯矩作用有利，但折板间壁形成了许多闭合的“小仓”，雨水在这些“小仓”中积蓄，反而增加了折板所承受的荷载，对结构受力不利。因此，选择建筑体形和结构形式要考虑排水要求，排水处理要在保证屋盖结构具有比较合理的几何体形的前提下，应结合使用空间形状、天然采光形式、内庭院布置以及室内垂直支撑结构的利用等，因势利导地作灵活多样的不同考虑。

综上所述，正如使用空间的大小、形状及其组成关系等因素一样，采光、通风、声学、排水等质的要求，对建筑结构方案的形成也起着十分重要的作用。因此，对建筑使用要求的深思熟虑，是建筑构思中获得创作灵感和创造性成果的一个重要源泉所在。

2.2 运用结构概念营造视觉空间

人们对建筑环境的感受是通过视觉、触觉、听觉乃至嗅觉而达到的。然而，对建筑艺术的欣赏，处于第一优势的，莫过于视觉。建筑首先是属于用视觉感受的艺术，具有形式美或艺术美的建筑形象是在视觉感受的空间中展开的。视觉空间的营造——它的来龙去脉，也像合用空间一样，是与一定的结构构思紧密地联系在一起的。根据结构和材料运用中所应遵循的客观规律，因势利导地对视觉空间进行艺术加工和艺术处理，这是现代建筑达到审美目的最本质、同时往往也是最经济的一种创作手段，也是现代建筑构思中颇能活跃创作思想而又引人入胜的一个探索领域。那种脱离结构技术，仅凭建筑构图概念来进行艺术创作或建筑评论的学院派观点，早已陈旧不堪了。

运用结构营造视觉空间主要体现在三个方面：如何围合空间范围、如何支配空间关系和如何修饰空间实体。具体的设计手法很多，如：利用结构构成的空间界面丰富空间轮廓、强调空间动势、组织特有的空间韵律；在结构线网中分割空间、向结构线网外延伸空间、在结构线网上开放空间，以及通过结构所具有的各种形式美去增强空间造型的艺术表现力等。作为一个创作技巧成熟的建筑师，要悉心地去探求和挖掘合理的结构本身，为视觉空间的艺术创造提供各种潜藏的可能性。

2.2.1 结构构成与空间限定

如何以空间界面（顶界面、侧界面、底界面）来限定空间（Define Space），这是现代建筑视觉空间艺术创造中具有头等重要意义的问题。虽然一些非承重的围护结构和室内装修也可视为空间界面（如玻璃幕墙、轻质隔断墙、天花吊顶、室内庭院水面等），然而，空间界面的变化以及由此而带来的空间限定的特点，在很大程度上则还是要取决于承重结构中线、面、体的构成。因此，遵循结构运用中的客观规律（其中包括结构中的力学规律）因势利导地利用结构的合理几何形体来限定人们视觉感受的空间范围，造成不同的空间轮廓、空间动势与空间韵律，这乃是与结构技术发展相适应的现代建筑艺术表现技巧的基本特点之一。

（1）利用结构构成的空间界面以丰富空间轮廓

空间界面不仅是建筑物内部与外部环境的“临界面”，而且也自然而然地构成了人们身临其境的“视野屏障”。不同空间界面按不同方式围合而成的空间轮廓，给人以不同的心理作用，并产生不同的视觉艺术效果。事实上，人们对视觉空间的总体印象——也是最初印象，首先总是具体地来自建筑物外部和内部的“空间轮廓”。

从现代建筑心理学的角度来看，由水平面和垂直面按直角交接方式围合而成的视觉空间，给人的印象和感受不免趋于平淡。迄今为止，大量运用的承重墙、框架或混合结构系统，荷载基本上都是通过相互垂直交接的结构部件，如板、梁、柱、墙等来传递的。因此，在以空间界面所限定的矩形断面的平行六面体即为许多人称谓“方盒子”的现代建筑中，视觉空间的创造不得不更多地借助于其他的艺术表现手段。

实践表明：通过结构的合理运用，哪怕只要使得空间界面的某一部分（或顶界面，或侧界面，或底界面）获得相应的变化，那么，人们对视觉空间的异样感受就会产生。更为有趣的是，一旦我们把两种或两种以上的空间界面各自相应的变化加以组合时，就会产生奇妙的空间轮廓（Wonderful space outline），上述那种人们对视觉空间的异样感受就会因此而“强化”。图 2-67 从现代建筑心理学的角度，分析了结构构成、空间轮廓与视觉感受之间的相互关系。

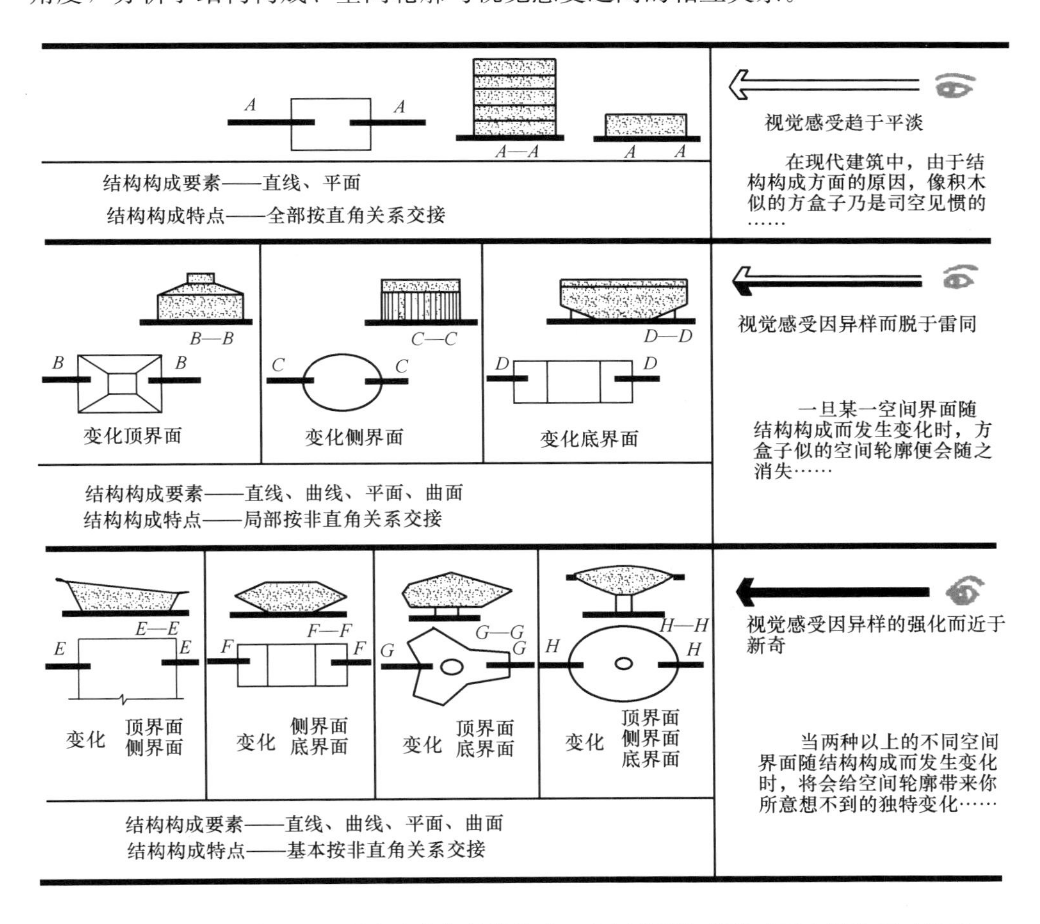

图 2-67 从现代建筑心理学角度分析结构构成、空间轮廓与视觉感受之间的相互关系

以空间界面来限定空间，创造丰富多彩的空间轮廓，不仅要适应结构中线、面、体的构成，而且往往还要综合考虑其他方面的因素，这样才能顺理成章，使创作技巧更臻成熟。有许多成功的建筑作品（图 2-55～图 2-66）都是结合了建筑功能——如采光、通风、声学、排水、视线等要求来处理结构所构成的空间界面，以丰富空间轮廓的。即使是难以得到变化的底界面，由视线设计要求所形成

的楼座倾斜面也往往直接暴露在外，与变化了的顶界面或侧界面合为一体（图2-68a、图2-68b），成为现代建筑室内外空间轮廓的典型特征。

图 2-68　结合视线设计来处理结构所构成的空间顶界面与侧界面

（a）加拿大多伦多市政会议厅（结合图 2-12）；（b）苏联扶龙芝列宁体育宫

结合自然环境来考虑结构形式及其空间界面所形成的空间轮廓，这是现代建筑视觉空间艺术创造的一条重要思路。图 2-69（a）是日本横滨建在山坡树林中的一座儿童寄宿学校，其校舍小屋（Cabin）设计成由中心支撑（楼梯间）向三个方向外挑的阁楼形式，这样，既能适应 25°的山坡地形，又可避免蛇虫的侵害。钢筋混凝土楼板向上倾斜悬挑，受力比水平悬挑有利，而倾斜的楼板又恰好可以利用来布置宽面阶梯。儿童们在分散坐落的小屋中住宿和上课，宽面阶梯既是铺位，又是座位，从室内看上去，坡屋顶、斜楼板和菱形侧窗构成了内容紧凑、气氛亲切的生活空间。由黑川纪章设计的横滨国立儿童公园安徒生纪念馆（图2-69b）采用了木结构，其结构构成、空间界面的艺术处理，以及以大屋顶为特征的空间轮廓等，都与公园的自然环境十分协调。

图 2-69　结构构成及其空间轮廓与自然环境相结合

（a）日本横滨儿童寄宿学校；（b）横滨国立儿童公园安徒生纪念馆

从以上论述中我们可以得到一个重要的启示：不要轻易地用吊顶和装修墙面去搞“人造的立方体”！要尽可能以结构所构成的空间界面去丰富空间轮廓，甚至于以此有意识地去强化人们对视觉空间的异样感受。应当铭记，这是打破建筑模式、克服千篇一律，从而达到现代建筑审美要求的十分有效而又经济的创作手法。

（2）利用结构构成的空间界面以强调空间动势

现代建筑中的所谓“空间的流动”，可以按照建筑构图原理，去直接利用结构本身所具有的受力合理的曲线或曲面几何体形而形成的。建筑师布劳亚

(M. Brouer) 在其名著《阳光与阴影》(Sun and Shedow) 一书的“空间中的结构”中写道:“有意思的是，构成我们新建筑的两个最重要的、独立发展的方面，都是以流动、运动的概念作为它们的基础的：空间的流动形成空间的连续、结构中内力的流动形成连续的结构。我们好像已经逐渐感受到这里面存在着的一种内在逻辑了，这种内在逻辑正在一些相互联系的现象中展现出来——空间同结构两者都是连续的，同时也是浮动着的。”可见，直接利用结构的曲线或曲面体形来构成建筑物的空间界面，是造成视觉空间“连续”与“浮动”(即“流动”) 艺术效果的一个重要原因。

现代建筑的空间构图，常常可以借助于结构体形所形成的空间界面的变化，来造成和增强视觉空间向前、向上、旋转、起伏等动势感 (图 2-70～图 2-73)，这不仅能显示出人类现代文明生活中的速度感与节奏感的加快，适应人们审美心理的变化，同时，在许多情况下，这种动势感在空间序列中还具有吸引与组织人流的功能作用。华盛顿杜勒斯航站楼 (图 2-70) 就是一个典型的例子：该单向悬索屋盖是用 15cm 厚的钢筋混凝土板在缆索之间铺设而成的。为了更有效地抵抗来自屋盖的拉力，两排相隔 45m 的支柱 (柱距 12m) 均向外倾。顺应支柱，玻璃墙面也自然呈斜面布置。加之靠广场的列柱较高 (19.5m)，靠机坪的列柱较低 (12m)，这就更加突出了与航站楼建筑性格相协调的“向前欲飞”的空间动势；同时，由此而造成的指向机坪方向的空间导向性，也恰好反映了登机方式所

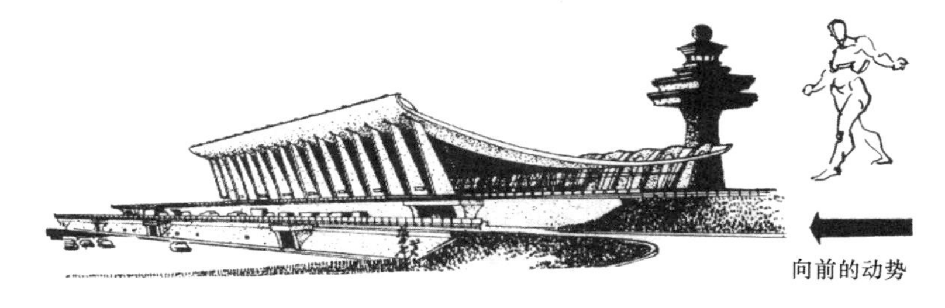

图 2-70　华盛顿杜勒斯国际空港航站楼

——利用结构构成的空间界面造成向前的空间动势

图 2-71　东京代代木体育馆副馆 (篮球馆)

——利用结构构成的空间界面造成旋转向上的空间动势

带来的使用特点：旅客通过“一”字形大厅，可以迅速地进入专供等候上机用的异型汽车。这里，由倾斜屋顶与墙面所造成的空间动势很自然地反映了结构构成的特点，并与该建筑物的使用性质与艺术风格十分相称。

图 2-72 游泳馆坐落在崎岖不平的山岩上，设计者结合地形环境和空间利用采用了曲线形连续梁，随着大梁的起伏，本身就呈曲面的马鞍形壳板在纵向上所形成的动势感，恰好与游泳池的水浪呼应，更增加了室内空间的流动感觉。耶鲁大学冰球馆（图 2-73）状似海龟的马鞍形悬索屋盖，其支承木屋面板的主要承重索悬挂在中间钢筋混凝土拱和两侧钢筋混凝土曲线形边墙之间。令人称道的是，设计者机敏地利用了巨型拱在两端头的自然起翘和弧形侧墙在相应位置自然转为向外伸展的结构体形，造成了向冰球馆两端进出口处“收缩”、“吸引”（从馆外看）和“扩展”、“开放”（从馆内看）的空间导向性与动势感，使得该体育建筑的出入口设计颇有特点而不落俗套。

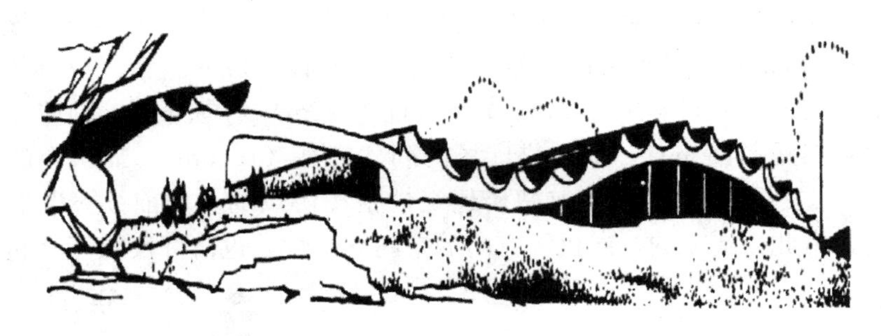

图 2-72　法国魁北隆海水治疗中心游泳馆
——利用结构构成的空间界面造成流动的空间动势

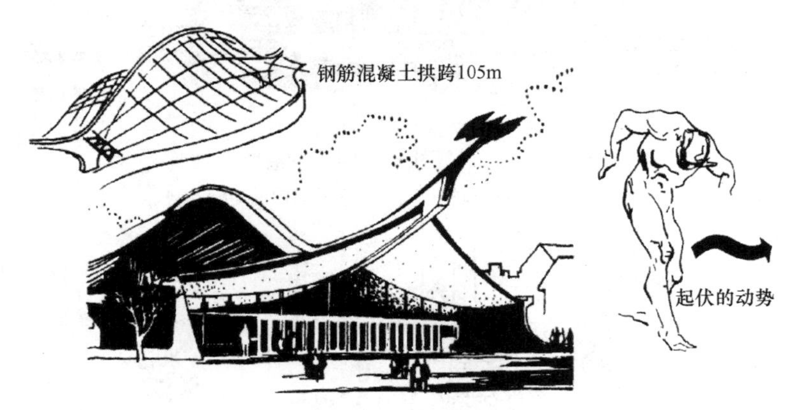

图 2-73　美国耶鲁大学滑冰馆
——利用结构构成的空间界面造成起伏的空间动势

（3）利用结构构成单元以组织特有的空间韵律

如果说，空间轮廓变化的有意强化形成了空间动势的话，那么，空间轮廓特征的有意重复便形成了特有的空间韵律。建筑构图中的韵律是建筑师再熟悉不过的了，然而，这里并非是指建筑中类似梁柱、门窗、阳台等构图元素的排列组合，而是指空间轮廓所构成的能从视觉空间总体上影响人们审美情趣的三度空间韵律。例如，北京火车站（图 5-19）高架进站大厅，五个双曲扁壳间隔升起，是中轴线上广厅大跨扁壳的自然延续。以这些壳体所构成的空间顶界面来限定空间，带来了室内空间韵律的节拍有轻重、缓紧之分的特点。

值得注意和借鉴的是，为了适应现代结构及其施工技术的发展，不仅在工业建筑中，而且在民用与公共建筑中，国外也越来越多地重复采用同一结构单元来进行空间组合，这些结构单元的平面多取正方形、六边形、三角形或圆形等，尽管它们的体形与尺寸都是一样的，然而，通过平面上的交错组合或剖面上的高低布置，仍然可以造成富于变化并具有一定结构空间韵律的视觉空间艺术效果。图 2-74～图 2-76 所示均为利用同一类结构单元组织特有的空间韵律的案例：威尼斯的一座汽车旅游馆利用结构单元拼成“L”形平面，并在一角构成该旅馆的象征性标志物；武藏野美术学院以每一个三坡屋顶通过方形边梁相连，中间穿插庭院和旋转楼梯，其空间格局恰似“棋盘式”的规矩图案；耶路撒冷国立艺术博物馆则是从适应地形和分期分批修建考虑，将结构单元疏密有致地组织成十分活泼的自由空间韵律。

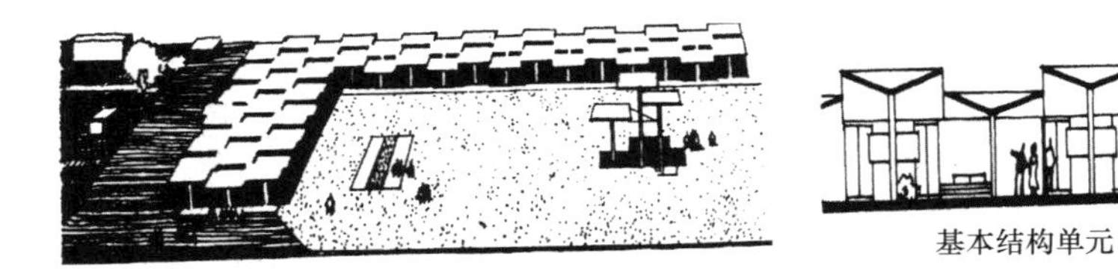

图 2-74 威尼斯一座汽车旅游旅馆

图 2-75 日本武藏野美术学院

图 2-76 耶路撒冷国立艺术博物馆

2.2.2 结构线网与空间调度

与合用空间一样，视觉空间同承重结构的关系亲如骨肉，承重结构的布置可以通过建筑平面中的结构线网反映出来。所谓“结构线网”，就是平面图上承重结构轴线所交织构成的格网，在图纸上以“开间”、“进深”、“柱距”、“跨度”等尺寸来表示。现代建筑中有关空间组织的艺术手法，如空间的分割、穿插、延伸、开放等，都可以归结于“空间调度”这个范畴。

规整简洁的结构线网可以使结构承受的荷载分布比较均匀，构件断面趋近一致，整体刚度相应提高，同时，也便于结构计算、设计和施工。因此可以说，在合理的结构线网这个“舞台”上，通过建筑师灵活而精彩的空间调度来取得丰富多彩的视觉空间艺术效果，这是与结构技术发展相适应的现代建筑艺术表现技巧的基本特点之二。

(1) 在结构线网中分割、穿插空间

从结构的观点来看，使结构线网规整划一是经济合理的，但如果使视觉空间也随之“规整划一”，那就会使人感到单调乏味了（实际上，由于建筑功能方面的因素变化，即使是合用空间的组织也不可能总是那么规矩）。如何来解决结构技术与建筑艺术之间的这一矛盾呢？答案是“分割空间”——在“不变”中求“变”。

现代建筑的厅室空间多采用整齐的方形柱网或近于方形的矩形柱网，工业建筑是这样，民用及公共建筑也如此。在这样规矩的统一柱网中，可以造成怎样的视觉空间艺术效果，这就要取决于分割空间的基本技巧。密斯·凡·德·罗是最早善于在方整的柱网中分割空间的建筑大师，图 2-77 表现出了他在规则柱网中分割出复杂空间的精炼手法。

在现代民用及公共建筑的厅室柱网中，空间分割一般都是结合人流流线和使用要求，通过巧妙地穿插布置出入口、门斗、楼梯、电梯、自动扶梯、通道、服

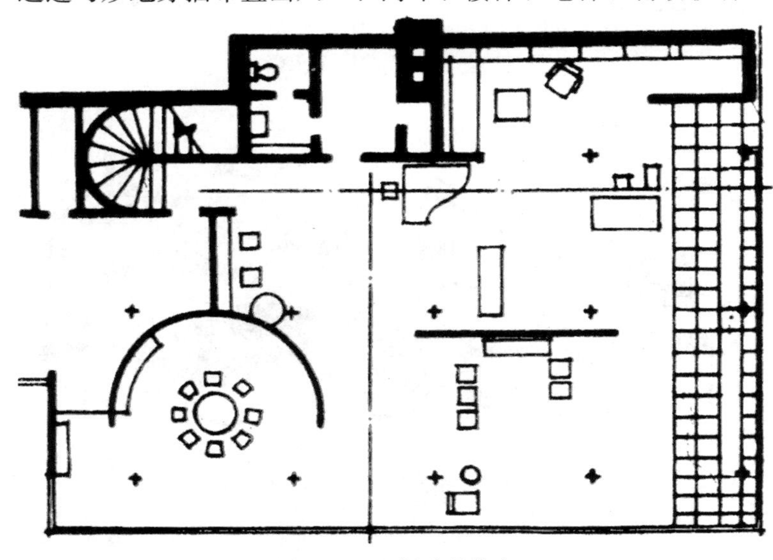

图 2-77 吐根哈特住宅

务台、凹室、实墙面、轻质隔断乃至家具等来达到的。以各种构图要素的灵活穿插安排来打破合理柱网本身的规矩和单调，这是许多成功实例中运用空间分割手法的共同特点。伦敦海波因特一号公寓（图 2-78）在规矩的柱网中“外延”的空间处理与“收进”的空间处理同时并用，很好地弥补“方盒子”建筑在视觉空间创造中的先天不足。

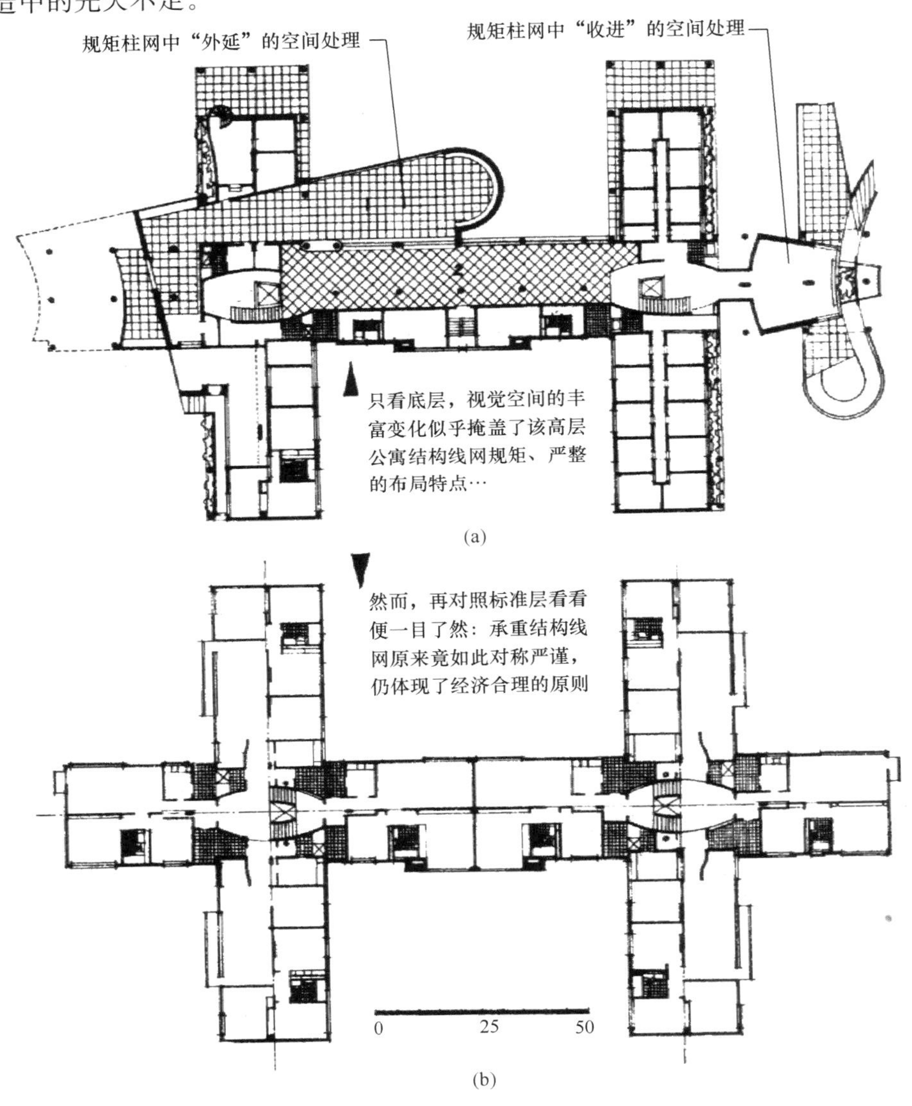

图 2-78　伦敦海波因特一号公寓的柱网布局与空间分割

（a）底层平面图；（b）标准层平面图

为了承袭传统的构图章法而去改变合理的统一柱网，这已是被历史所淘汰的设计手法了。在现代高层建筑中，设有大厅室空间的底层，其柱网在保持与上面各标准层一致的情况下，底层厅室通过灵活的空间分割仍可取得丰富的变化。图 2-79 所示的是日本的一座高层公寓设计，尽管这座塔式建筑的柱网上下左右都严整对应，但其底层和二层厅室空间的布置却变化有方。如底层不承重的外墙面脱开四根柱子呈45°角斜向收进，既打破了建筑方整的外轮廓，增添了空间上的活泼感，同时，又使得上层楼盖外挑，成为托幼和茶室的室外遮阴避雨之处。

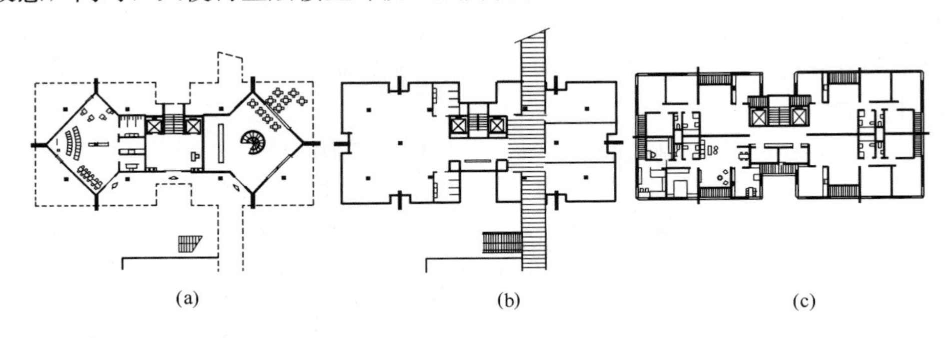

图2-79 日本某高层公寓设计

（a）底层平面——托幼、茶室；（b）二层平面——安排办公、服务用房；（c）标准层平面——安排住户

在合理的统一柱网中创造视觉空间，虽不宜改动柱网尺寸，但却可以在统一柱网之外，结合功能分析，引进“附加单元体”。例如，北京和平宾馆由于在主体结构的外侧附加了门斗、休息凹室（这一部分为单层）和楼梯间，因而使得底层大厅空间既紧凑、富于变化，同时又保持了高层框架结构合理柱网的独立性（图2-80）。

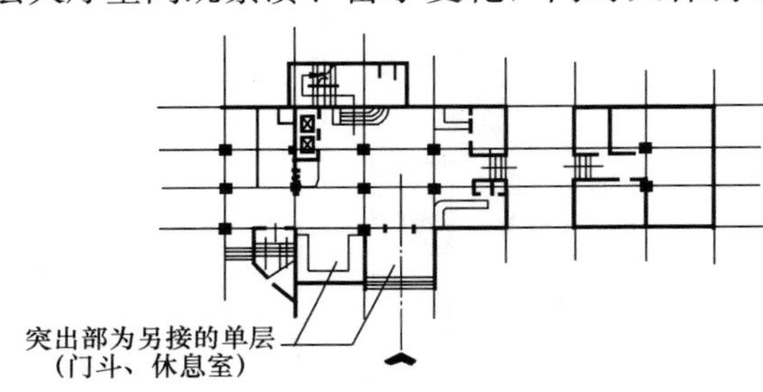

图2-80 北京和平宾馆

（2）向结构线网外延伸空间

在底层（或标准层）合理结构布局的基础上，通过传力结构系统的局部变化（这种变化也是基于力学原理之上的），使二层和二层以上的室内空间向底层（或标准层）结构线网外延伸，这不仅能进一步满足建筑物的使用要求，而且，在室内外视觉空间的创造上，还可以取得独特的建筑艺术效果。根据连续梁端部悬挑的力学原理，使底层以上的空间逐层向周边悬挑，这是现代建筑结构构思中延伸空间的一种典型设计手法。

贝尔格莱德现代艺术博物馆（图2-81），在结构构思和视觉空间的创造方面都有它独到之处。在面积不大的方形柱网中，底层是一个简洁的矩形平面，二、三层空间没有像通常情况那样沿周边外挑，而是利用了方形柱网在45°方向上仍呈直线排列的特点，将悬挑梁布置在这个斜向上，在45°方向上延展楼层的展厅空间，使得延伸的空间打破了矩形边界。扩大了的使用面积很适于安排展线和展面，室内空间小巧玲珑，别致有趣，外部造型也朴实可亲，而整个结构线网却异常之简洁。东京都国际会馆是采用斜撑式构架延伸室内空间的一个佳例（图2-82）。从该会馆主要厅室空间构思的发展过程可以看出，日本著名建筑师大谷幸夫是从结构系统的“变异”着眼来求得空间系统上的突破的：为了增加使用空间而又不多占基底面积（当然，同时也渗透了建筑美学方面的原因），他在八字形构架两侧分别对应设置了向上的斜撑构件，以使上部的室内空间得以延伸。由结

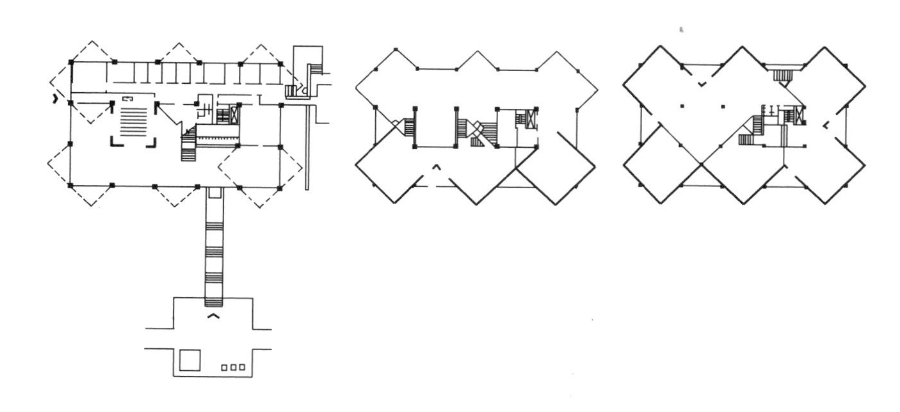

图 2-81 贝尔格莱德现代艺术博物馆

构体形而形成的倾斜侧墙面，既对声学有利，又增强了主体空间（会议厅）与附属空间（报道室、翻译室等）之间的亲近感。

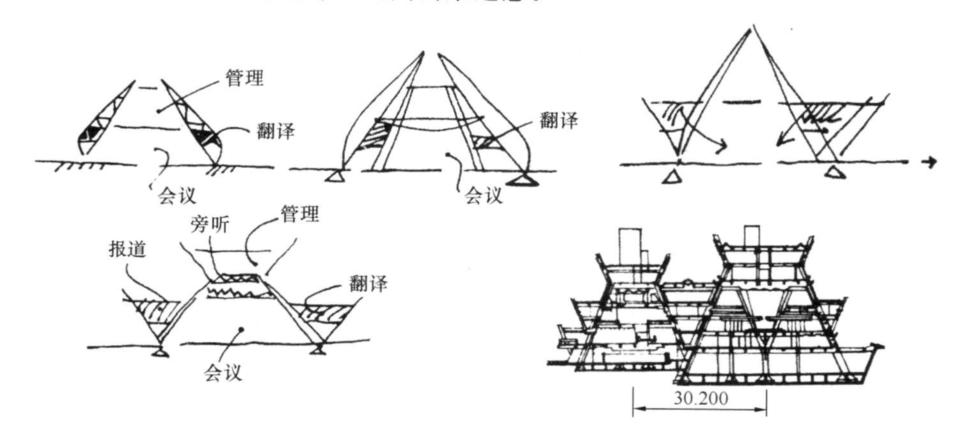

图 2-82 东京都国际会馆

在顶层延伸空间，这是充分显示现代建筑艺术与结构技术得以统一的一个有趣标志。东京新大谷旅馆（老馆）在第 17 层设置了一个悬挑的圆形旋转餐厅（图 2-83），它与四周环境——海岸、公园以及皇宫这些景物有着有机的联系。该实例结构构思的成功之处在于，设计者是有意识地利用三叉形平面有利于结构稳定以及与平面中心垂直的交通枢纽可起刚性井筒作用的特点，按中心对称关系来

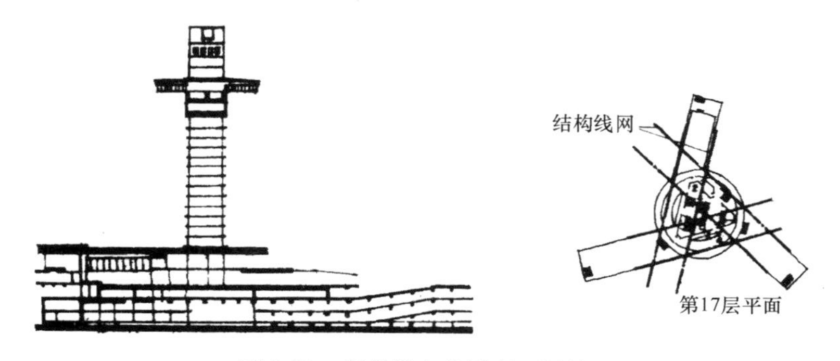

图 2-83 东京新大谷饭店（旧馆）

设置圆形旋转餐厅的悬挑结构。这里，与环境设计密切相联的视觉空间的创造，同结构逻辑之间有一种内在的“默契”。北京长城饭店八边形屋顶餐厅，由围绕交通枢纽（接近建筑物的刚度中心）的竖向结构向四周悬挑，这与东京新大谷旅馆（老馆）的构思可谓是异曲同工（图 2-84）。

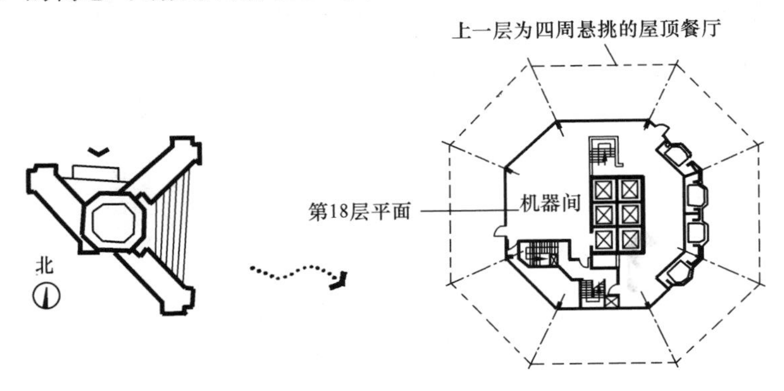

图 2-84　北京长城饭店第 19 层屋顶餐厅

（3）在结构线网上开放空间

由于结构技术提供的方便与可能，在现代建筑的艺术创作中，更有条件去充分考虑人们视觉活动及其观赏过程中空间序列与时间进程之间的综合作用。为了使建筑物或建筑群与室外自然环境相互渗透、相互融合，在规整的结构线网上，因地制宜地开放某些空间界面，这也是现代建筑视觉空间创造中常常采用的艺术手法。

结合建筑物的使用性质和要求，根据结构形式反映在结构线网中的特点，对它所能形成的空间界面作各种灵活的开放处理，这也是现代建筑视觉空间艺术创新的一个“绝招”。墨西哥人类学博物馆和布鲁塞尔国际博览会美国馆，便是两个比较突出的例子。墨西哥人类学博物馆（图 2-85）为四合院（也可以视为“三合院”）式的布局，在与报告厅毗邻的一端和南北陈列馆出入口人流交汇处，设计者大胆地采用了独立柱支撑的悬挂式屋盖结构，形成了侧界面全部开放、顶界面为倒棱锥体的过渡空间：一方面可以挡雨遮阳，供人们休息；另一方面，也使得狭长庭院的顶部有封闭与开敞之别，体现了以简洁的结构构思来丰富空间层次的艺术意图。显然，如果这个“伞盖”改成由四根柱子来支撑，那么，就会由于“画蛇添足”而达不到现在所取得的开放空间处理的艺术效果。布鲁塞尔国际博览会美国馆（图 2-86）则是在圆形悬索结构线网中局部地开放顶界面的一例。这里，承受拉力的圆形内环是由放射形拉索均匀分布、均匀受力的要求所形成的。结合建筑物的使用性质和功能要求，该展览馆圆形内环的顶部没有封闭，而是敞开；与此露空圆环相对应，在馆内中央设置了一个圆形水池，阳光可以射进，雨水可以落入；水池周围种植了高大的树木，人在馆内，似在室外，真是“异想”

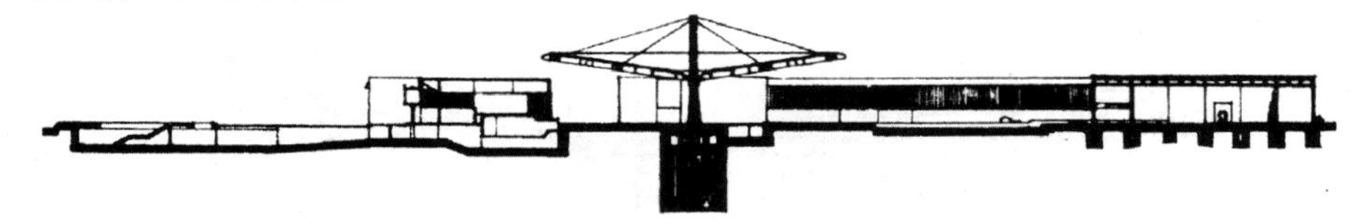

图 2-85　墨西哥人类学博物馆

而得“天开”！这个圆形悬索屋盖顶界面局部开放的艺术处理，给该馆室内视觉空间的创造带来了自然生机和生活情趣。

图 2-86 布鲁塞尔国际博览会美国馆

“悬浮空间”是开放空间处理中的一种特殊形式。当室内空间的划分采用悬吊结构时，下面无柱，四周无墙（代之以吊杆），只有作为上层空间的底界面。这样一来，在人们的心理上就会产生“悬浮”的感觉和印象。在空间组织和利用方面，“悬浮空间”也有它独到之处。在建筑设计中，特别是在公共建筑设计中，我们都有这样的体会：处于显要位置的楼梯，它的下部支撑结构往往难以处理——这类支撑既有碍于视觉空间的观感，也会给使用上造成很大的“死角区”。采用悬吊的结构方式，不论楼梯（或坡道）有多长，都可以避免在其下部设置支撑结构。这样，楼梯、坡道变成了“悬浮”的，可以更加突出视觉空间的新颖与完整，且底层的空间利用也要自由、灵活得多（图 2-87、图 2-88）。

图 2-87 墨西哥一体育馆悬吊结构坡道

图 2-88 美国一办公楼悬吊结构的楼梯

2.2.3 结构形式与空间造型

在现代建筑结构构思的全过程中，首先既要从大的关系，即空间限定和空间调度方面来把握视觉空间的艺术创造，还必须进一步深入考虑和解决好有关空间造型方面的各种问题，以使视觉空间的艺术表现具象化。

历史上一些优秀的建筑体系，如我国古代木构架建筑、古罗马石拱券穹隆建筑、西欧文艺复兴之前的哥特建筑等，都在建筑空间造型中突出地反映出了结构形式的基本特征和结构运用的基本技巧。值得深思的是，这些优秀建筑体系兴起与衰落的发展过程，大都揭示出了这样一条客观规律：当结构技术的运用受到建筑艺术创作中雕琢与堆砌的影响，而得不到继续发展的时候，那么，这也往往就是建筑艺术的生命力开始枯竭的时候。

在现代结构技术的条件下，建筑物的空间造型艺术也是不断推陈出新的，其总的趋向和原则仍是要同现代结构技术的演进与发展相适应。因此可以说，充分利用结构形式中对建筑审美的有利方面，着眼于空间造型的整体感和逻辑性，摒弃繁琐的雕琢与堆砌，以简求繁，立新于创，这乃是与结构技术发展相适应的现代建筑艺术表现技巧的基本特点之三。

（1）结构的形式美与空间造型

在现代建筑的空间造型中，可以充分利用结构中符合力学规律和力学原理的形式美的因素，来增强建筑艺术的表现力。大体上说，结构所具有的这些形式美可以归纳为以下几个方面：均衡与稳定、韵律与节奏、连续性与渐变性、形式感与量感等。

①结构的均衡与稳定。由于力学要求，对称或不对称的结构形式都必须保持均衡与稳定，这同建筑构图中形式美的规律是一致的，也是使建筑形象趋于完美的一个必备条件。

现代建筑中的许多构筑物，如桥梁、大坝、高架渡槽、圆柱形筒仓、冷却塔、电视塔等，虽然体形简单，也没有什么装饰物，但在均衡、稳定的基础上，根据结构中应力分布的规律或结合结构合理受力的要求，仅仅对其体形轮廓进行适当的艺术加工，便能给人以美感（图 1-4、图 1-5、图 2-89～图 2-91）。

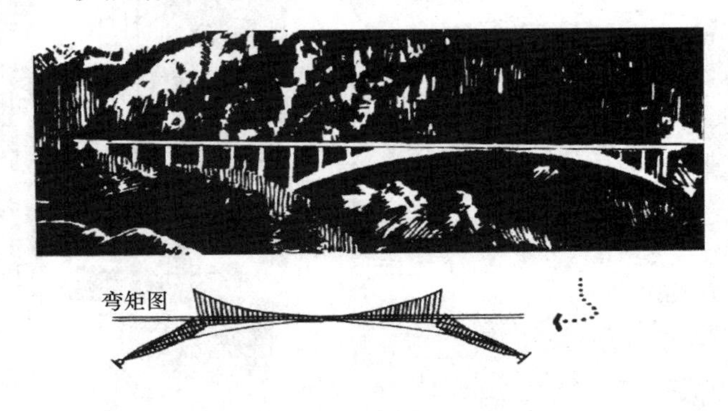

图 2-89 瑞士萨金纳-托贝尔桥

图 2-92～图 2-93 示例说明了结构稳定的不同方式可以赋予塔的空间体量构图以不同的造型特征。西雅图“宇宙针”瞭望塔在塔身周边均衡地布置了三组斜向支撑，先由支座处逐渐向塔身上部收束，然后再转向塔端张开，并承托圆形悬挑的塔端楼层。洛杉矶航站塔式餐厅，由于塔身较矮，设计者别出心裁地采用了十字交叉的抛物线拱来增强塔台的稳定性，构思既新颖大胆，空间体量构图又颇富于时代感。

图 2-90 芝加哥冶金公司贮液罐

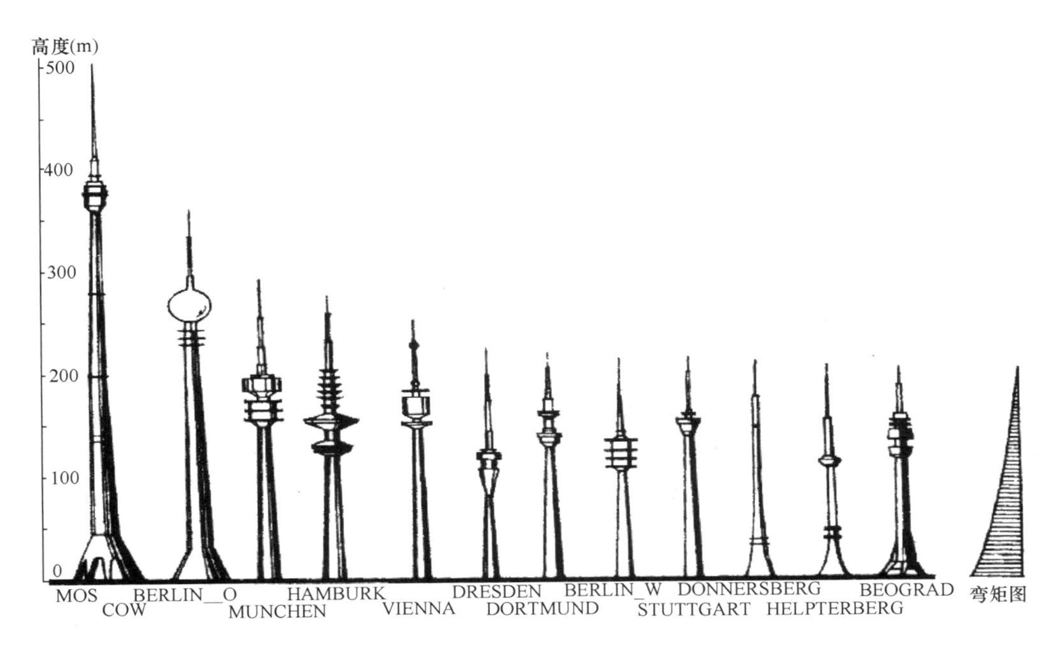

图 2-91 国外建造的一些电视塔

图 2-92 西雅图“宇宙针”瞭望塔

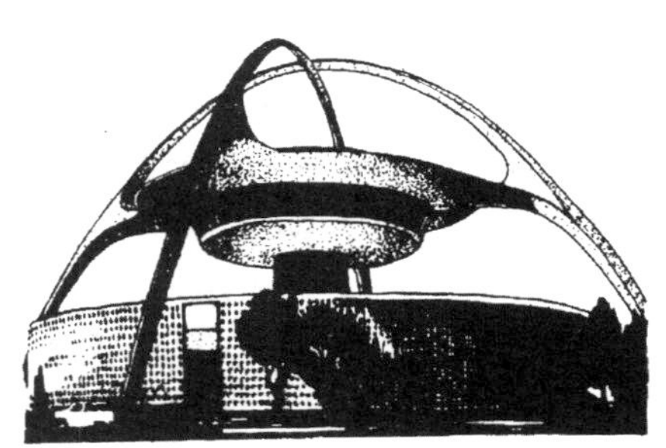

图 2-93 洛杉矶航空港圆形塔式餐厅

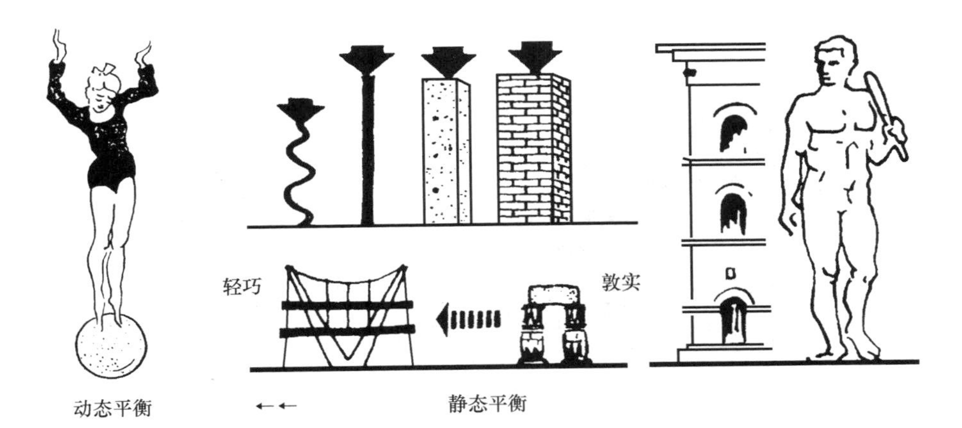

图 2-94 静动态平衡改变建筑空间造型

结构稳定是建立在静力平衡的基础上的。不论是从力学的角度，还是从美学观点来看，“静态平衡”、“对称平衡”是“平衡”中的一种比较简单的形式，而“动态平衡”、“非对称平衡”的平衡则要复杂得多（图 2-94）。随着现代建筑中新材料、新技术、新结构的广泛运用，“平衡”与“稳定”这些概念的内涵更加丰富了。长期以来，建筑师和结构工程师多半都是按照“把一个实体构件放在另一个实体构件之上”的原则来解决结构的承重问题。这样，所谓“平衡”与“稳定”的概念也就必然和敦厚、庞大、稳重、雄伟以及“上轻下重”、“上小下大”等这样一些视觉感受、视觉印象紧密联系在一起。然而随着高强材料的出现，“拉力”在结构的平衡与稳定中起着越来越大的作用，带有“索”的各种结构系统，如悬索结构、悬挂结构、帐篷结构、索杆结构等，从根本上改变了传统建筑基于受压力学原理之上的空间造型特征，不仅会变得轻巧、雅致，甚至给人以飘然失重的感觉，而且在一些情况下还富有奇妙、惊险之类的戏剧性艺术效果。1951 年英国伦敦国际博览会标志塔（图 2-95），其烟草卷叶状的主体高 76.2m，由十二个面的钢骨架构成，向两端收束，中央部分直径为 4.3m。如何使这样一个塔身竖立起来取得平衡与稳定，这是创作构思的关键所在。建筑师通过三根向外倾斜的细杆，用钢索来承托和固定两头尖的塔身，造成了强烈的浮游空中的“动态平衡”的视觉印象。正如奈维所说的那样，“在某些情况下，表面上的不稳定性又可能创造出一种特殊的美感……”。图 2-96 所示是结构设计大师林同炎结合自然环境创造的“漂浮之桥”的绝美之作。

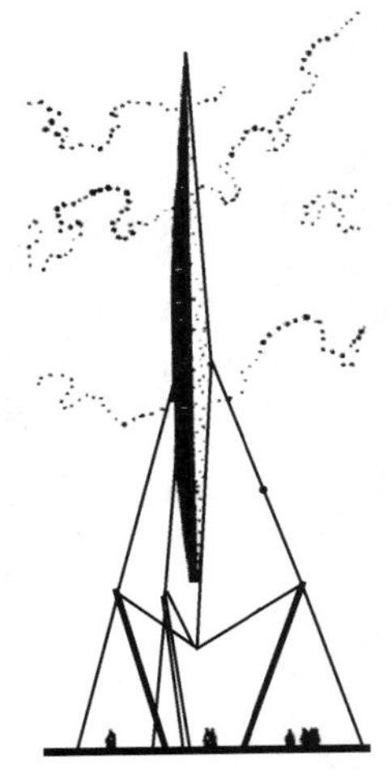

图 2-95 英国伦敦国际博览会标志塔

②结构的韵律与节奏。结构部件的排列组合都以一定的规律进行，这样不仅结构简化、受力合理，有利于快速施工，而且，还可以使空间造型获得极富变化的韵律感与节奏感。根据这一原理，我们在做建筑设计时，应当从建筑整体出发，慎重处理结构掩蔽与暴露的关系，在美学上能够加以发挥和利用的结构因素，就不要轻易地让它从视觉空间中“消失”。应当说，合乎情理的外露结构本身乃是最自然、最经济的一种建筑装饰手法。这种“骨子里的美”在中外许多传

图 2-96 加利福尼亚勒克阿-朱盖桥

统建筑中都有着充分而完美的表现。

各种承重结构构件，如立柱、楼板、挑梁、刚架、拉索、桅杆等，是使建筑物立面构图获得某种韵律与节奏的最活跃的基本要素，而这些有规律排列的结构构件，又往往使建筑物的空间造型具有该结构形式的一些基本特征。图 2-97 所示从室内看上去，穹窿网架的六边形棱锥体结构单元尺度合适，晶体般的图案自然而然地由天花板延展至墙面，就是很好的一例。在现代建筑的室内装修设计中，新材料、新技术、新结构的运用，可以使得富有韵律的露明结构的艺术表现充满生气而令人惊叹和遐想。1970 年在大阪举行的国际博览会上采用扁曲形充气结构的美国馆（图 2-98）：金属构架、充气薄膜及其接缝构成的弧形天花，给人以朴实无华、清新明快的艺术感受。贝聿铭设计的华盛顿国家艺术陈列馆东厅（图 2-99），把三角形大厅顶部的采光大棚设计与结构构思结合起来，使三角锥结构单元组合不仅具有图案趣味，而且还为优美的厅内空间增添了瞬息多变的光影效果。这里，被誉为“第三种建筑材料”的阳光倾泻而下，似乎把图案般的天棚结构化成了动人的音符，显映在三角形大厅的墙壁、栏板和地面上，使人身临其境感到兴奋和欢快。应当说，贝聿铭的这种洗练的艺术表现手法，正是巧妙地再现了结构韵律的魅力所在。

图 2-97 蒙特利尔国际博览会美国馆

图 2-98 大阪国际博览会美国馆

装配构件本身的形式美，以及装配构件排列组合后形成的韵律感，对于工业化和体系化建筑的空间造型艺术效果来说，具有特殊的重要意义。工业化和体系化建筑的构件设计，不仅要尽量减少型号（构件尺寸、构造、强度等），尽量扩大适应范围（适应不同建筑类型和不同结构部位），而且，还应当力求使这些构件同时具有结构承重和建筑造型的两种不同的功能，既要符合力学原理，便于预制和安装，同时又要考虑到这些构件组合以后的比例、尺度、体形轮廓、阴影效果以及由此而形成的韵律感等。所以，这类构件的造型设计是使建筑师和结构工程师颇费心思的事情。图 2-100 是丹下健三主持设计的东京因缘文化幼儿园，该建筑物因其屋盖结构所造成的轮廓线和韵律感而出类拔萃。这里，屋盖是由预制预应力构件组成的，每两个构件对拼，断面形如蝴蝶。由于构件可长可短、可收

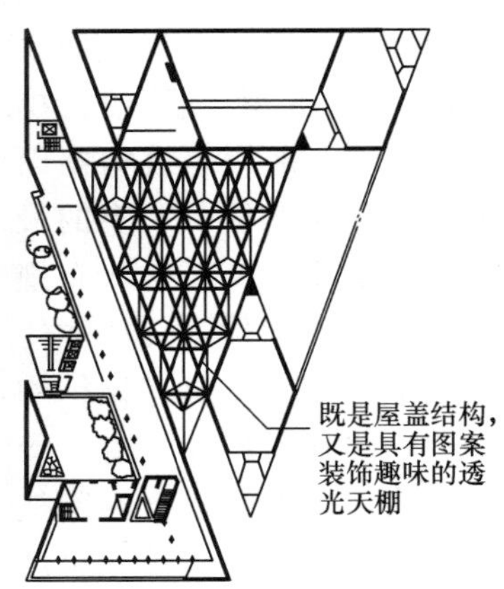

图 2-99 华盛顿国家艺术陈列馆东厅

图 2-100 东京因缘文化幼儿园

可放（由一端向另一端外张），因此能适应扇形建筑平面，并可根据缓坡地形的特点分层布置。该建筑的另一个优点是，每层都直接利用构件的悬臂部分作大挑檐，不仅加强了水平向的节奏感，而且也大大简化了檐口部分的结构设计。除此之外，柱子、托梁、楼板乃至窗栏墙的造型都根据其受力特点而加以精心推敲，组装以后不仅使建筑物的外观别开生面，而且也打破了室内空间的“方盒子”的局限性，突出地表现出了建筑结构构件合为一体所带来的韵律美和造型特点。

上述分析告诉我们，建筑师仅仅懂得有规律地排列结构构件是远远不够的，只有同时从力学、美学及施工工艺学的角度深入研究结构体系和结构构件的体形设计时，才能真正有效地发挥和利用结构本身所具有的韵律与节奏等形式美因素，取得简洁凝练的建筑艺术效果！

③结构的连续性与渐变性。结构的连续性是指结构构件各部分之间连接的整体性，而构件断面形状无突变的连续过渡，则是其渐变性。结构的连续性与渐变

性是受自然界中力学作用的结果。由于结构的连续性和渐变性往往与结构给人的稳定、轻巧、流畅等感受联系在一起，因而这也是现代建筑空间造型中可以充分利用和发挥的形式美的因素。

首先，结构的连续性和渐变性可以提高结构的整体刚度。一根高大的烟囱是从底部向顶端由粗逐渐变细的，因而看上去使人感到稳定。如果在中间的某一个地方突然变细，那么，在交接处结构的刚度就会发生急剧的变化，这样一来，烟囱在水平风力作用下就很容易在此薄弱处破坏。这种力学上的分析是同我们的直观感受相一致的。此外，结构的连续性和渐变性有利于受力构件中弯矩的合理分配，从而提高其承载能力。例如，一般的简支梁与柱子的连接是比较“松动”的，如果把梁柱接头做成刚接的形式，构成门式刚架，那么水平构件中的弯矩就会大大减小（一部分弯矩可由垂直构件来承担），因此，其结构断面也必相应减小。换言之，正是这种结构上的连续性，才使得门式刚架的造型较之于一般梁柱结构轻巧。结构的连续性和渐变性还表现在构件几何体形的局部处理上。例如，上述门式刚架的两个“拐弯”处的内侧如果由直角形改变成弧形，不仅造型较为自然柔和，而且可以使“力流”较顺畅地通过，不致出现应力集中的现象。

值得注意的是，在许多情况下，结构的连续性和渐变性往往可以造成或加强结构体形中的曲线美。这里，我们不妨回过头来再回味一下前面已经列举过的一些典型实例，如华盛顿杜勒斯航站楼、东京代代木体育中心、魁北隆海水治疗中心、耶鲁大学冰球馆等（图 2-70～图 2-73）。从这些实例中，我们可以看出，结构的连续性和渐变性既可以体现于整个结构系统，也可以体现在结构整体中的某个局部；既可以反映在直线与直线、直线与曲线（或平面与平面、平面与曲面）的交接区间，又可以反映在曲线与曲线（或曲面与曲面）的交接区间。总之，如何发挥结构的连续性和渐变性在建筑造型艺术中的作用，这还是要从合理组织结构传力系统来统一考虑。

④结构的形式感与量感。形式感属美学研究的范畴，它在建筑艺术中也是客观存在的。形式感是指艺术领域中形式因素本身对于人的精神所产生的某种感染力。建筑中的各种形式因素，如线条、空间界面、空间体量、材料质地及其色彩等等，在一定条件下都可以产生一定的形式感。金字塔的正三角形体给人以稳定、庄严的感觉，但如果倒过来则会使人感到危险和不安。垂直线条给人的感受是肃穆、高昂，而水平线条却恰恰相反——亲切而委婉。波形构件可以产生流动感、跳跃感；悬挑构件则可以产生灵巧感、腾越感，如此等等。量感是充满生命活力的形体所具有的生长和运动状态在人们头脑中的反映，即被塑造的形体本身所具有的对外力的抵抗感、自在的生长感和运动的可能性。对建筑空间造型的结构而言，所谓“对外力的抵抗感”可理解为“力感”，而“运动的可能性”也就是上面提到的“流动感”、“跳跃感”、“腾越感”等等。所以，量感在建筑结构中也是客观存在的，只不过是特指的“形式感”而已。

从心理学来分析，上述形式感的产生是同人们对外界事物，特别是对自然界的联想分不开的。例如，水平线条会使人联想到平静的水面，一望无际的平原；而垂直线条则使人联想到向上生长的树木、挺立苍穹的高山等等。基于同一原理，形式因素的运用还可以使人直观地对某一特定的事物产生美好的联想。例如，半圆曲线会使人联想到腾空而起的彩虹，两个半圆曲线的组合又会使人联想到展翅飞翔的海鸥，这样的例子不胜枚举。结构的形式感可以通过"诱发因素"造成联想，使人们对建筑艺术的审美心理得以深化，从而更加增强其建筑艺术的表现力与感染力。结构的形式感在视觉空间创造中的作用归纳如下：

（a）结构的形式感与自然环境的协调：如何使现代建筑的空间造型与自然环境协调、使建筑美与自然美相得益彰？我们借助于结构的形式感往往可以较好地解决这个问题。

莱特很善于把材料和结构的运用同自然生态联系起来。建在亚利桑那沙漠中的西塔里埃森建筑物（图 2-101）背山临野，面临着与美国中西部草原完全不同的自然景色。这里，赖特应变的创作才华突出地表现在他对结构形式感的特殊敏感力上。他采用了倾斜的红木门式刚架，并且见棱见角地裸露在外（这与干燥少雨、夏季奇热冬季温暖的气候条件相适应）。红木刚架表面不作细工处理，更显得粗犷有力。侧墙面用各种色彩、质地的粗石由水泥粘结而成，同时也有意地做成倾斜的体形，这是一种古老的承重墙结构的造型处理手法。由于结构和材料所表达的这些建筑语言比采用垂直-水平的结构形式更能反映出当地山石的特征，因而使建筑与沙漠奇异的自然景色相匹配。

图 2-101　莱特设计的西塔里埃森

一般来说，用现代结构技术手段来仿造某一特定形象是不足取的。但如果从现代环境建筑学的范畴来看，也有不可否认的例外情况。悉尼歌剧院坐落在班尼朗半岛港湾，是各国进港船只的必经之地，南面是政府大厦、植物园，西面则与长虹横贯的大拱桥相望。因此，地处四面八方观赏视线焦点上的该剧院，其空间造型——特别是"第五立面"（屋顶）就显得更为重要。正是从这一特定环境着眼，丹麦建筑师伍重在结构的形式感上大做文章。由钢筋混凝土肋骨拼接而成的两组壳体状屋顶确实给人们带来了丰富的联想：白帆、贝壳、莲花、海浪……尽管对这一建筑还存在着各种争议，但是，从它已成为世界上令人向往的游览胜地这一事实，可以预言，它的审美价值也将像耗尽了巨大人力和物力资源的古代金字塔那样而载入现代建筑的史册（图 1-7）。

（b）结构的形式感与室内空间气氛的创造：现代建筑空间造型的艺术处理既要着眼于外部自然环境，又要服从于室内空间气氛的创造，在结构的形式感则如同催化剂一样，可以使建筑师所要创造的室内空间气氛更加强烈和感人。图 2-102 所示的意大利都灵劳动宫：每边长 160m 的正方形厅堂屋顶被划分成 16 块相互分离的方形板，它们各由一组以 20 根放射形悬臂薄壁钢梁与十字形钢管混凝土柱组成的伞状结构支撑着。从馆内看上去，这些伞状结构很像一棵棵高大的棕榈树，使人觉得新鲜、有趣。图 2-103 意大利罗马俄雪亚疗养所餐厅：带放射状菱形肋的独柱伞壳，正如有人把它比作一朵大蘑菇那样，的确富有大自然联想的情趣。图 2-104 美国伊利诺伊州海军训练中心休息厅：跨度 17m 的胶合木刚架的造型与纹理十分醒目，加上深色木梁和白色天花板的相互衬托，恰似一支古代木制战船，而这种联想却又是与该建筑物的使用性质相协调的。

图 2-102 意大利都灵劳动宫

图 2-103 意大利罗马俄雪亚疗养所餐厅

图 2-104 美国伊利诺伊州海军训练中心

（c）结构的形式感与纪念性主题的表现：建筑艺术中所要表现的纪念性主题是多种多样的，但不论怎样，首先都要通过一定意境的创造来体现纪念意图。在纪念性建筑中，结构的几何体形特征所具有的形式感可以造成一定的意境，如肃穆、庄严、永恒等，而在某些情况下，又可以通过直观的联想点明纪念性主题。

图 2-105～图 2-108 清楚地反映了现代纪念碑（塔）的创作趋向，即尽可能采用简洁的几何体形的结构，并充分地利用它所具有的鲜明的形式感来为表现纪

念性主题服务。小沙里宁设计的圣路易市杰弗逊纪念碑是一个坐落在三角基础上、高 192m 的不锈钢抛物线拱。他的基本意图是，运用这种横贯长空的彩虹一样的几何体形结构，创造一个像古代埃及金字塔那样的永恒形式，以使人们登高远眺，缅怀百年前先民由此出发拓荒西部的伟业。南斯拉夫 M·日夫科维奇设计的“1941 年被枪杀的中学生纪念碑”为“V”形悬挑结构，刻有少年们浮雕头像的“V”形碑身以开阔的草地和天空为背景，恰似被伤害的飞鸟展翅掉落在大地上，寓意深刻而含蓄，取得了“此时无声胜有声”的艺术效果。获得第一届阿卡·汗建筑奖的科威特市水塔和埃及开罗无名英雄纪念碑，其几何形体也都是十分简单的“结构构件”的组合，但由于形式感的巧妙利用而使得表现纪念性主题的建筑语言极其精练。

图 2-105　圣路易市杰弗逊纪念碑

图 2-106　南斯拉夫枪杀纪念碑

图 2-107　科威特市水塔

图 2-108　埃及开罗无名纪念碑

由此我们不难领悟到，即使对那些完全没有或很少有其内部空间的纪念性建筑来说，其结构构思也可以激发起我们在造型艺术创作方面的灵感和想象力。

（2）结构形式的特征与建筑形象的个性

建筑形象的个性（individuality）是指同一类型建筑反映在视觉空间上的差异特征，即可识别性。建筑形象的个性是由建筑创作所依据的不同客观条件（自然条件、物质条件、技术条件、经济条件等）和主观条件（专业技能、创作思想、文化修养等）所带来的。正因为如此，所以说现代结构技术的发展并非就必然导致建筑形象的创造千篇一律和“冷酷无情”。奈维生前就曾赞美“钢、钢筋混凝土以及能使其合理利用的结构理论，是建筑师可以任意指挥的新乐器，他可以利用这些新乐器创作出远比过去曾有过的一切建筑更为丰富多彩的建筑交响乐来”。

在现代建筑的空间造型中，我们应当努力去发掘结构形式的特征与建筑形象个性之间的内在联系。无疑，这是我们克服建筑创作中模式化（即公式化）弊病的一条重要途径。

①从单体建筑的背景着眼，利用结构形式的特征来表现建筑形象的个性。像创作一幅画一样，你所着力刻画的主体总是脱离不开画面的背景。利用结构形式的特征来表现建筑形象的个性，也必须与它的“背景”取得有机的联系。所谓建筑背景，就是与你所设计的建筑物相衬映的周围景物，即环境。但建筑背景的层次是可以随着人们平视、仰视和俯视的不同情况而变化的。从主次关系上看，构成建筑背景的大体上有以下两种画面：主要是以自然景物为建筑背景的画面；主要是以建筑群体为建筑背景的画面。

人们的建筑审美经验表明，巧妙地摹想和利用结构形式的特征，努力使别开生面的建筑造型的艺术美与婀娜多姿的自然美相“匹配”，这是环境建筑设计获得成功的诀窍所在。悉尼歌剧院（图 1-7）这个特殊的例子说明了这一点；而图 2-109 以天空为背景，面向主景方向的双曲抛物面壳给人以“登高远望”的预示与期望；图 2-110 采用新结构的屋盖形式，同时考虑了环视和俯视的观赏效果；图 2-111 的组合式曲面壳已成为当地游览环境中的一个独特标志；图 2-112 灵活多姿的帐篷结构不仅与地段相适应，而且具有海滨游乐场的气氛和特色。从美学的角度来讲，环境建筑设计对结构构思提出的一个要求就是，遵循因地制宜的原

图 2-109　日本佐世保城观景台

图 2-110　苏联黑海边索城马戏院

则，使结构形式的基本特征同建筑背景中的自然景物相得益彰。试想，如果我们把图 2-112 中的圆形帐篷结构用在图 2-109 所示的观景台上，那将会产生什么样的视觉空间效果？同样，图 2-111 所示的那个坐落在弯曲的海滨公路之旁的餐厅，如果采用双曲抛物面壳，恐怕也难以与该环境及其地段取得协调。可见，即使是以大自然为背景，新结构形式的特征也并不是可以随意加以利用和发挥的。

图 2-111 墨西哥霍契米尔柯餐厅

图 2-112 日本海滨公路餐厅

自然风景区的新型建筑不仅应当给人以轻松、愉快的视觉感受，而且在可能条件下，还应当努力使结构形式的特征富于“科学美”的时代气息。墨西哥结构大师康德拉在设计举世闻名的霍契米尔柯餐厅（图 2-111）时就想到了，要通过壳体构件单元组合所形成的“壳谷”，以及壳面双向弯曲的几何形状来保证整个壳体的空间刚度，从而有意避免了在壳的周边附加各种形式的加劲构件的做法。从示意图可以看出，“壳谷”所起的结构作用恰似三铰拱。每一个壳体构件单元在波峰处均向外挑出 6m，这样，既加大了遮荫面积，又突出了该结构形式的基本特征，在水面倒影相映和树丛绿阴衬托之下，该餐厅建筑形象的个性更为鲜明突出，并成了墨西哥当地游览的一个独特标志。

在许多情况下，建筑师在“画面”上接触到的“背景”是建筑群体。现代建筑的设计与施工正向着工业化和体系化的方向发展，因此，大量性的工业建筑、居住建筑和一般民用建筑所具有的“规整划一、体形简洁”的共性越来越突出。正是在这样的人工建筑环境的背景下，我们更应当注意在城市建筑群的空间布局中，尽可能地利用少量的公共建筑的结构形式特征，来打破“方盒子”建筑群的单调感，并使得这些起着视觉调节作用的建筑物能很好地发挥其个性。例如，使具有新型屋盖结构形式的公共建筑与周围的高层建筑形成对比，并辅之以广场和绿化设计，这已成为现代城市规划中群体建筑艺术的典型手法。法国巴黎德芳斯国家工业技术中心展览馆（图 2-113）以高层建筑为其“背景”，充分显示出它在巴黎德芳斯区空间构图中的重要作用。该展览馆采用了每边跨长 218m、高 48m 的三角形平面装配式壳。尽管它的空间利用不足，但仍以其结构形状的显著特征而引人注目。

此外，小品建筑，如汽车加油站、地下铁道站台出入口、报刊亭、水果摊、冷饮店、出租汽车站、陈列室、露天演奏舞台等，其结构形式的特征也很值得注意。当物质技术条件许可时，宜多采用一些新结构形式。这样，不仅可以使它们

图 2-113 法国巴黎德芳斯国家工业技术中心展览馆

本身的艺术造型丰富多彩，而且，也可以像活跃的音符一样，为城市建筑交响乐章增添生气与活力（图 2-114、图 2-115）。

图 2-114 民主德国柏林电视塔附近的展览厅入口

②从单体建筑的整体着眼，利用结构形式的特征来表现建筑形象的个性。在现代物质技术条件下，符合建筑功能和建筑经济要求的结构方案往往不只限于一两种。因此，在一些情况下，本着经济有效的原则（这也是相对的），去探求和确定更有利于表现建筑性格、突出建筑个性的结构形式是无可非议的。建筑构思时应注意以下基本要点：要从结构的传力系统、传力方式来分析和摹想

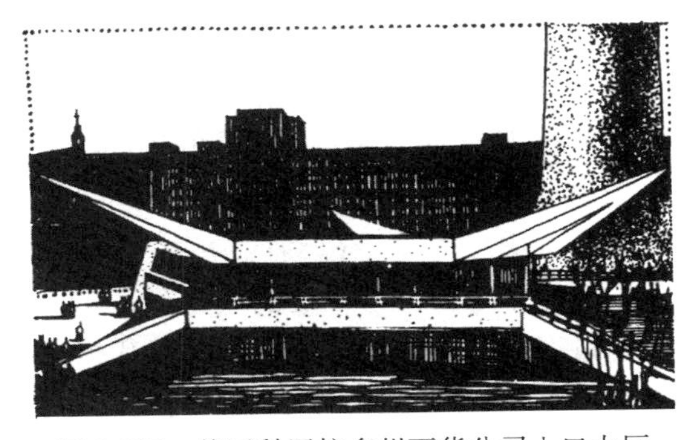

图 2-115 美国科罗拉多州百货公司入口大厅

结构形式的基本特征；要注意这些结构形式的基本特征是出现在建筑物整体的哪一个部位，如屋盖部分、屋身部分或基座部分等；要从建筑物整体的空间造型艺术效果，恰到好处地反映处于建筑物不同部位的结构形式特征。

现在，越来越多的眼光敏锐的建筑师注意到了，不仅不同的结构系统会给建筑空间造型带来不同的艺术面貌，而且，即使是在同一类型的结构系统中，由于力学方面的考虑，其结构形式特征的变化，以及由此而衍生出来的建筑空间造型方面的差异也是层出不穷的。以大空间建筑的新型屋盖结构而言，有利于抗震的悬索结构系统在日本运用较广，然而日本建筑师和结构工程师并不是简单地去套用现成的一些悬索结构形式，而是在创作实践中不断地进行新的探索，特别是着力于在索网的张拉方式及其传力系统上做文章，并因势利导地把结构方案上的这些特点同建筑空间造型的艺术加工、艺术处理和谐地联系在一起，而这恰恰是获得建筑形象个性表现的重要源泉所在。例如，武基雄设计的吉川市民会馆（图 2-116），并没有简单地按悬索结构布置承重结构，而是充分考虑了正方形平面的特点，在四角设置了四片三角形支撑墙体，借此来平衡索网拉力，起抗倾覆作用。与受拉状况相一致，索网四边的主索呈自然曲线，颇似传统建筑檐口的造型特征。这里，结构形式的特征，不仅仅表现在屋盖部分，而且也直接影响到屋身部分。从各个方向看上去，三角形支撑墙体犹如端庄的“门柱”，使得这座别致的会馆富有浓厚的纪念意味。前面已提到的东京代代木体育中心主馆和副馆的强烈个性，更是同它们独特的悬索静力平衡方式分不开的（图 1-14）。

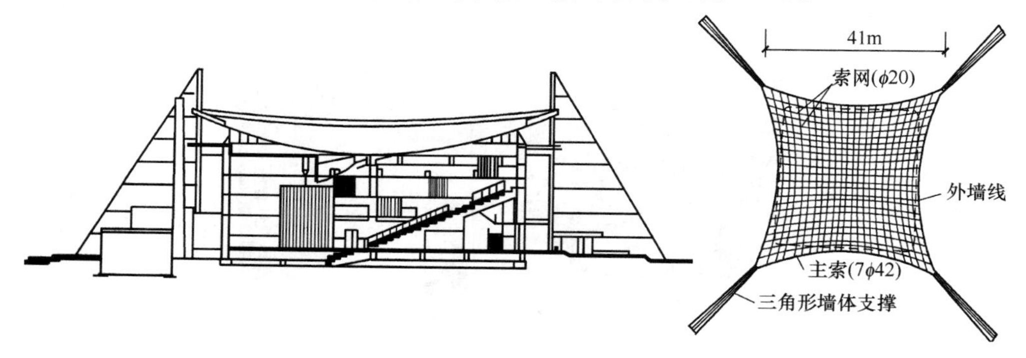

图 2-116　日本吉川市民会馆

高层或超高层建筑虽然在屋盖部分不可能有什么引人注目的变化，但它们的垂直承重结构的形式特征，同样可以赋予建筑形象以不同的个性表现，芝加哥的 60 层玛利娜圆塔公寓和 110 层西尔斯塔楼（Sears Tower）就是很有创造性的例子。有“城市中的小城市”之称的玛利娜圆塔公寓（图 2-117）采用了有利于建筑施工的最稳定的筒形结构。圆塔四周细长的支柱与直径为 10.5m 的钢筋混凝土中心筒呼应，塔身下部约四分之一的部分与上面各层分开，组织成不同的韵律：下部停车场为坡度很缓的圆形斜面的重叠，而 20 层以上的住房则以连续布置的圆弧形阳台像花瓣似的向四周展开。在这具有不同建筑功能的两个部分的体量交接处，是一段露出中心圆筒和四周支柱的透空层，这一“休止音符”的运用，大大活跃了双塔在竖向构图上的节奏感，把结构形式的基本特征表露得淋漓

图 2-117 芝加哥玛利娜圆塔公寓

尽致，而圆塔形象的个性艺术表现也因此而得到加强。超高层的西尔斯塔楼（图 2-118）从有利于提高建筑物的整体刚度和稳定性出发，在正方形平面上用了 9 个细方筒体，构成了一个向上呈不对称收束的高塔整体。每个细方筒体单元的平面尺寸为 22.9m×22.9m，这些细方筒体单元分别在 50 层、66 层和 90 层的地方停顿下来，最后剩下两个方筒体上升至 443.5m 的高度。因此，从各个角度看上去都很挺拔利索、错落有致。应当说，西尔斯塔楼设计在建筑艺术方面，是密切结合结构形式的基本特征，打破了一般高层和超高层建筑体量构图概念的大胆创举。

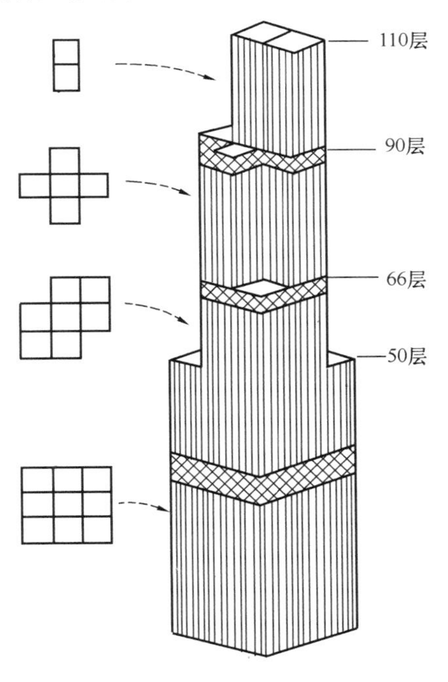

图 2-118 美国芝加哥西尔斯塔楼

富有独创性的建筑形象的个性表现，是建筑师潜心研究了结构形式为视觉空间艺术造型所提供的各种可能性的结果。从传统的建筑构图概念来看，一些结构形式中的合理构件往往是“多余”而令人“讨厌”的。其实不然，在许多情况下，这些容易被“抹杀”的结构构件正是加强建筑形象个性表现的有利因素，问题在于建筑构图手法的运用是否有灵活性和独创性。美国明尼阿波利斯银行大楼（图 2-

119）的艺术造型之所以比一般悬挂式结构楼房给人以更加深刻的印象，一个重要的原因就是，建筑师结合该结构传力系统中的“悬链线”，对悬挂部分的墙面和楼面作了别开生面的精心处理。巨型钢桁架下的“悬链线”与密排拉杆共同受力，将十层楼板的荷载传至矩形平面两端的支座上。本来，这条“悬链线”在立面构图上是起“破坏”作用的，但由于设计者因势利导，采取了以“悬链线”为界，使楼板和玻璃墙面分别外延和内缩至工字钢拉杆装修柱的里、外两侧，反而造成了十分醒目而又有趣的图案效果。特别是加层之后，上下两部分在构图上仍相呼应，合为一体，更见其匠心不凡。

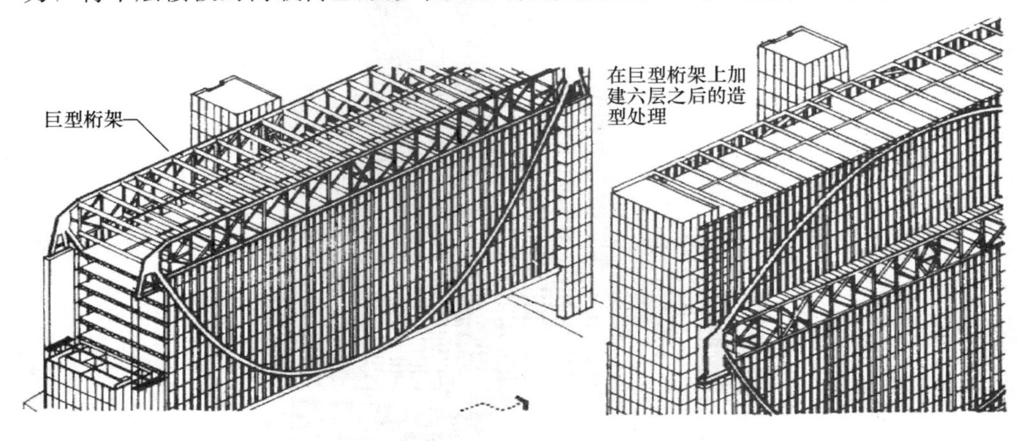

图 2-119　美国明尼阿波利斯银行大楼

③从单体建筑的局部着眼，利用结构形式的特征来表现建筑形象的个性。当规整的结构线网或结构形式使得建筑物的空间造型难于在整体上求得变化时，宜采取以“整体的不变”衬托“局部的变”这种手法，来增强建筑形象的可识别性。这里，我们可以把“不变的整体”看作是“背景”，而“变化的局部”则是由此“背景”相衬的“小建筑”，二者相辅相成。许多现代建筑实例都是将新结构形式画龙点睛地用于主体建筑的出入口处（如雨篷、门廊），或脱开主体的某个附属部分（如较大的公共厅室等）。这样局部突出结构形式特征的空间构图，可以使得简洁规矩的建筑整体在人们的审美心理上，造成“似相识又不曾相识”的独特艺术效果，如图 2-120 入口新结构雨篷的造型处理；图 2-121 为入口新结构门廊的造型处理。

图 2-120　巴黎联合国教科文组织办公楼

从艺术心理学的角度来看，一些自身具有一定体形特征的结构构件可以像“符号”一样，起到传递“美学信息”的作用。斗拱是我国古代木构建筑的象征，半圆拱和尖券则分别是古罗马建筑和哥特建筑的突出标志。梁、柱、券、拱、弯窿……这些不同的结构构件都可以构成不同的“符号系统”。值得注意的是，在建筑物的局部将某种结构构件作为“符号”来加以利用，不单会加深人们对建筑

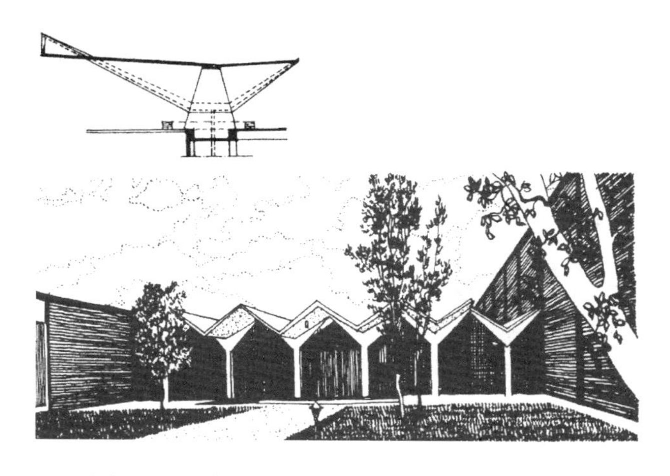

图 2-121 美国得克萨斯州加兰德工程技术中心

物的视觉印象，而且，还能在相当大的程度上体现建筑师所力求创造的某种建筑风格。例如，在建筑物的重点部位或某些局部强烈地显示出梁架构件的粗犷体形，这是同日本许多现代建筑的个性表现与风格创造分不开的。日本建筑界后起之秀矶崎新设计的获奖作品——大分县图书馆，就是一个鲜明的例子（图 2-122）：承受“Ⅱ”形屋面板的一排粗犷有力的箱形梁悬挑在外，既显示其结构功能，又使人在审美中感受到传统构架技术的长足发展。这一视觉符号给人传递着这样的信息：这是日本的现代建筑！我们还可以看到，一些著名建筑师在自己的不同作品中，常常重复地运用一种具有一定形式特征的结构构件，作为建筑形象个性表现的艺术母题。路易斯·康和雅马萨奇就是经常运用这种创作手法的代表人物。路易斯·康乐于运用砖石材料，对砖拱有一种特殊的亲近感（图 2-123）；而雅马萨奇则很推崇哥特建筑，对尖券十分欣赏（图 2-124）。这样，传统建筑中的这些“拱”和“尖券”便构成了他们许多作品可识别的造型标记，成为传递他们各自不同艺术风格信息的固有“符号”。不过，雅马萨奇对于尖券的运用多流于装饰，有很大的局限性，纽约世界贸易中心就是一个典型的例子。就建筑创作手法的高明和有效而论，恐怕还是那些使结构技术与建筑艺术紧密结合在一起的“符号系统”，才更富于时代感，更代表着现代建筑的发展方向。

图 2-122 日本大分县图书馆箱形梁结构部件

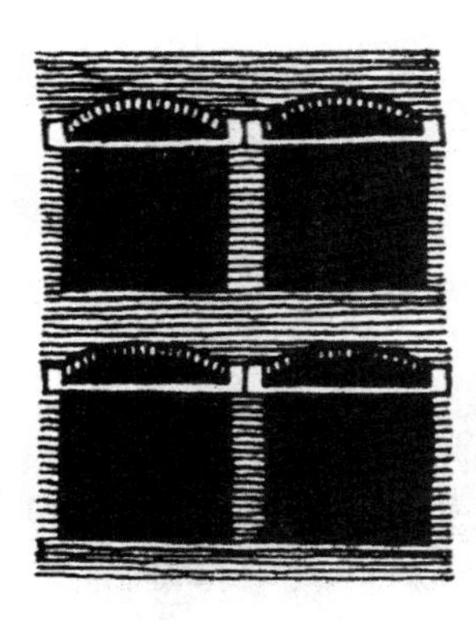

图 2-123 阿默达贝德行政大学清水砖拱与预制梁组合件

图 2-124 纽约世贸大厦铝合金尖券

以上从不同方面、不同角度分析了如何利用结构形式的特征来表现建筑形象的个性问题。当然，建筑形象的个性表现还广泛地涉及使用价值与经济价值的创造问题。然而，上述分析在一定程度上也说明了，那些能打破雷同的视觉印象、富有空间造型艺术表现特点的成功实例，往往是以结构为本、巧于构思使然。

(3) 借助于结构的建筑艺术处理

不论是在古代、近代，还是在现代建筑中，都有许多结构的技术性与建筑的艺术性结合得很好的例子。事实上，使人们对结构的精巧构思和高超技艺有所了解，有所赞赏，从而更加增强建筑艺术的表现力与感染力，这已成为现代建筑审美中举足轻重的问题。布洛伊尔在解释“为什么我们喜欢表现结构”时说得好：“每个人都对去了解是什么东西在使一件事物起作用而感兴趣，都对事物的内在逻辑感兴趣……凡是有可能而又能使人觉得很自然时，那就应该表现结构。”

人们主要是通过对结构外露部分（室外或室内）的观赏，来领悟结构构思及其营造技艺、获得美的艺术感受的。这里，对结构外露部分的艺术加工与艺术处理，也必须要有一个明确的艺术意图——视觉空间的创造应当造成一种什么样的气氛，显示一种什么样的性格，给人们一种什么样的感受等等。同时，也要体现重点处理与一般有别的原则。根据建筑物的使用性质，结合结构形式、结构用材以及结构部位的不同情况，可以采取灵活多样的艺术处理手法。

①对比手法的运用。为了突出结构的轮廓线以及结构形式的基本特征，可以广泛地采取虚实、明暗、粗细、轻重以及色彩等对比手法。

图 2-125 布加肋斯特航站楼筒壳屋盖

新型屋盖，如筒壳、折板等，其外露的端部往往为人们所注目，因此是应予重点处理的地方。国外常在薄壳或折板端头的下部采用玻璃墙面，横隔板或加肋构件布置在其端头的上方，从而使壳面或板面与玻璃直接相交（图 2-125～图 2-

126)。这样，可以强烈地衬托出新结构的轻巧与优美，同时也颇耐人寻味：为什么玻璃能承受钢筋混凝土屋盖？来自屋盖的荷载是怎样传递的？为了加强这种虚实对比效果，还可以有意地加厚薄壳或折板边缘。

图 2-126 苏联列宁格勒少年体育学校折板屋盖

各结构部件的交接处常常是造型艺术处理画龙点睛之处。图 2-127 是用于大跨度平板网架结构与支柱的交接处理的例子，将梁柱接头做成“点”式，即梁不是直接放在柱子上，而是通过断面很小的高强材料与柱头

图 2-127 纽约肯尼迪机场航站楼

相连，在此造成强烈的粗细对比，使人产生柱头上部构件“浮起”的感觉。这样处理，可以使来自上面的荷载能沿着柱子的中轴线传递，从力学观点来看，比梁柱直接相连更符合结构计算时的假设条件。这种结构造型手法已为现代建筑所广泛采用。美国 SOM 建筑事务所擅长运用十字形柱组成的预制“格子墙”结构，在十字形柱构件竖向交接的节点处，也具有形体呈“点”状收束的特征（图 2-128)。著名的比利时布鲁塞尔兰姆勃尔脱银行设计（图 2-129)，在确定构件细部处理时，考虑了一个重要问题：如何能使十字形柱既与楼板连接、又彼此相互连接？即如何做一个能承受力矩的节点？如图 2-129 (b)、图 2-129 (c) 所示，十字形柱构件上下端采用了

图 2-128 堪萨斯市汉考克大楼

铰链，它具有两重意义：一是简化了计算分析，大大减少了结构上的超静定次数；二是使在两个铰链间的柱子构件便于预制和安装。可见，这种新颖的结构造型细部，也是有其技术上的科学根据的。

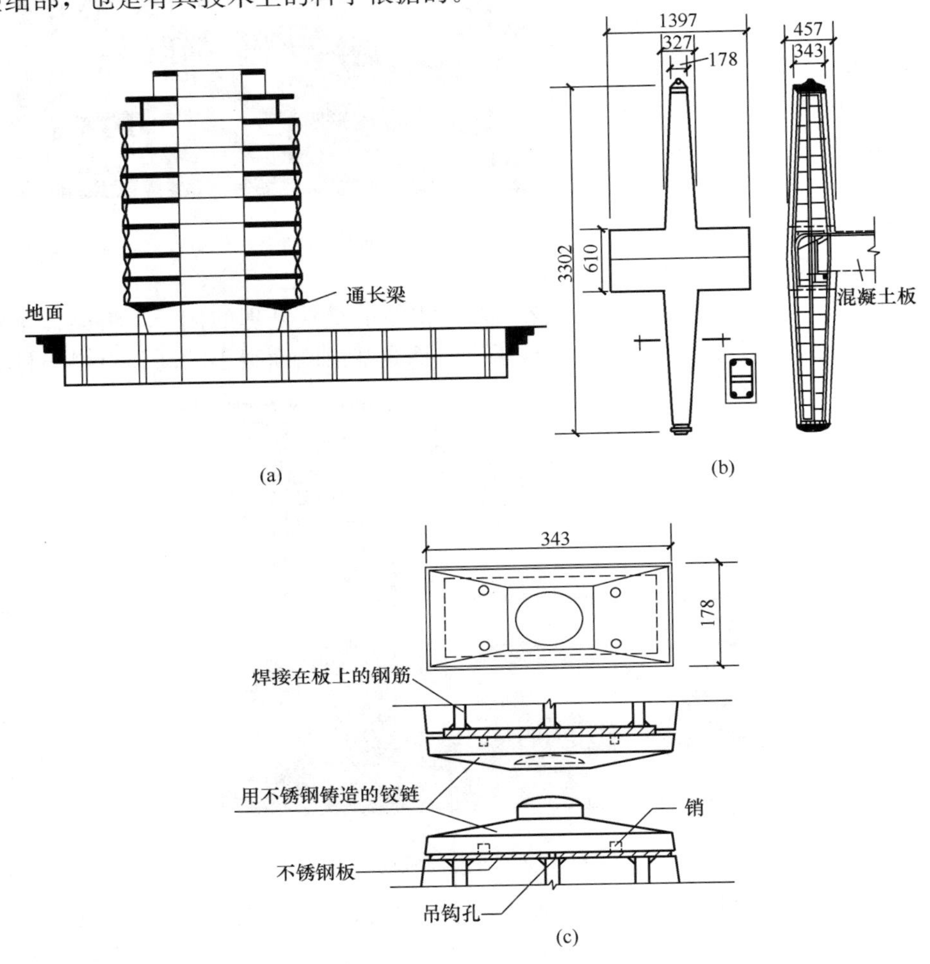

图 2-129　布鲁塞尔兰姆勃尔脱银行大楼的剖面及十字形柱构件设计

(a) 剖面；(b) 十字形柱；(c) 连接节点

色彩对比在钢结构和木结构的艺术处理中尤为重要，如何结合防锈、防腐的功能要求，施以何种涂料和色彩，这是值得很好斟酌的。例如，采用悬挂式钢屋盖结构的美国斯克山谷奥运会滑冰场，就是以“色彩装饰”而取胜的。该建筑物的内部及外部，分别施用了金黄、深绿、印第安红和煤黑这些不同色彩，在山谷中与白雪形成了鲜明的对比。其中，室内的钢屋面板喷以绿色塑胶，而支撑屋盖的钢柱则采用了印第安红。日本佐贺县罐头厂厂房内的十字交叉钢管桁架，也大胆地涂以白色油漆，在屋面天花的对比下，显得轻快而没有压抑感，特别是与十字形天窗的自然采光相结合，使得室内视觉空间格外豁朗。由此可见，那种不分具体情况，把外露的钢（或木）结构统统施以灰色、墨绿色的常用作法，是一种人为的框框。

②装饰手法的运用。装饰手法用于公共及民用建筑中结构的重要部位或画龙点睛的地方，可以采用雕刻、绘画及其他饰面装饰，要注意运用得巧妙、自然，并体现出一定的艺术特色。

前面曾提到墨西哥人类学博物馆在庭院空间组合中运用悬挂式屋盖结构的例子。该屋盖结构的独柱必须具有较大的横断面，以保证悬挂式屋盖结构的刚度和稳定性。设计者抓住了这一特点，因势利导地在粗大的柱身上，做满了具有墨西哥古代文化艺术风采的浮雕，使得这根位置显要的巨柱不仅具有支撑悬挂式屋盖的结构功能，而且，它本身就很自然地成了该博物馆中的一件引人入胜的艺术展品（图 2-130）。华盛顿旷野湖畔周末旅馆餐厅也是一个成功的例子。餐厅室内空间的中部是一根造型独特的巨柱，并围绕此柱安排了单梁旋转楼梯。显然，巨柱位于交通中心，成为室内最引人注目的结构部件。设计者结合柱头悬挑装饰构件的造型处理，在柱身上模仿印第安民族的图腾，用丰富的色彩绘满了各种有趣的图案，既突出了此巨柱的结构作用，又使它成了这座旅馆最有特色的标志之一（图 2-131）。上述两例也说明了，在某些具体情况下，运用雕刻或绘画手段来装饰外露结构中的重要观赏部位，不仅可以避免像古典建筑那样到处复用繁琐装饰，而且，又能使现代建筑的造型艺术在画龙点睛的地方，仍可反映出鲜明的民族风格或地方特色。

图 2-130 墨西哥人类学博物馆的独柱造型

图 2-131 华盛顿周末旅馆餐厅的独柱造型

当室内外露的屋面结构具有独特的图案效果时，往往可以结合功能方面的考虑，采取类似于“衬托”或“点缀”的手法，使装饰物与露明结构相得益彰。上海文化广场观众厅在靠近整个三向网架的下弦平面内，悬吊了 260 片正三角形“浮云”吸声板，每片“浮云”边长 4.5m，与网架下弦杆之间离开 40 多厘米，在提高了吸声效率的同时，又保留了网架下弦杆及其球节点所构成的图案。上海体育馆练习馆三个 35m×35m 的综合练习房，其网架全部作露明处理。配合照明设计，又在网架下均匀地吊挂了 36 块两平方米左右的湖绿色吸声灯具板，这也不失为一种简洁而经济的艺术处理手法。

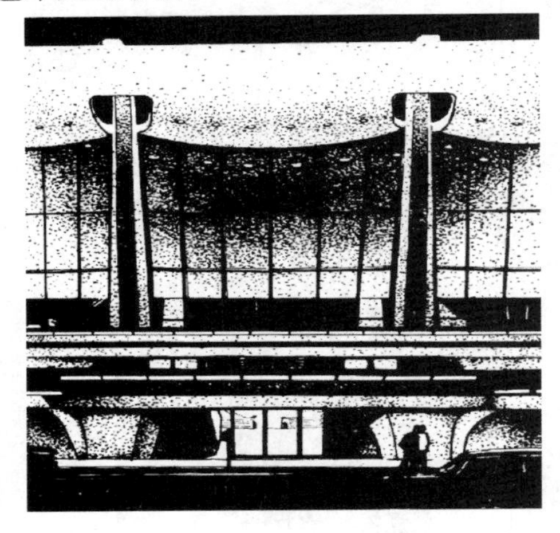

图 2-132 华盛顿杜勒斯机场航站楼

③照明手法的运用。照明设计在现代建筑结构的艺术表现中，也起着一定的作用。运用照明手法，可以使建筑物在夜景中，仍能生动地反映出结构的体形特征，使人们在夜晚可以方便地判别出一些重要的公共建筑，如航空港、车站、影剧院、商场等。从这一点来说，在新型屋盖结构的下部避免采用封闭实墙是比较有利的。值得注意的是，巧妙地利用结构形式的特征，可以增强建筑物在夜景中的艺术照明效果。美国华盛顿杜勒斯机场航站楼，前后两排斜柱自然弯曲的上端，都通过一个长形的孔洞与屋盖相连，这一细部设计反映出了结构连续和材料可塑的特点（图 2-132），设计者有意地将照明灯具布置在檐口以上柱头的两侧壁，使光柱透过孔洞向下准确地投射在斜柱的两条边棱上，这种“见光不见灯”的特写式照明手法，既突出了斜柱上下的完整轮廓，又表现出了柱檐交接处结构设计的高超技巧，耐人寻味。

运用照明手法，还可以美化建筑物室内的外露结构。例如，反映着结构体形规律的灯光效果，可以增强这些结构部位所形成的韵律感与节奏感；通过灯具的适当组合或分布，可以使得直接形成空间顶界面的各种结构形式（如井字梁、平板网架、圆形悬索等），显得更加生动、别致。此外，室内重要部位的露明结构结合照明设计，还可以成为室内很好的中心装饰物。采用圆形悬索结构的北京工人体育馆，在中心环和上索的交接处，把顶棚做成圆弧形，而将外露的中心环设计成一个用 24 根吊杆悬挂在顶棚上的圆盘灯架。这样，在满足大空间照明要求的同时，使得人们能够清楚地看出外露中心环的结构作用，理解到它存在的必然性及其结构构思的技巧性（图 2-133）。实践证明，这种密切结合功能要求的外露结构的艺术处理手法，是经得起时间考验的。

图 2-133 北京工人体育馆

（4）悬挑结构与现代建筑的艺术造型

随着新材料、新技术的出现

和结构计算理论的不断完善，古老的悬挑结构原理在现代建筑的许多重要部位，如屋盖、楼盖、楼梯、阳台、转角窗、雨罩以及塔台等，都得到了广泛而有效地运用，并对现代建筑的艺术造型产生了巨大的影响。

悬挑结构在现代建筑艺术造型中的重要作用表现在以下几个方面：

①借助于悬挑结构，使现代建筑的体形塑造与自然景物有机地结合起来。在许多情况下，为了使建筑体形与溪流、瀑布、河谷、草地、悬岩、坡地等发生联系，协调地融为一体，悬挑结构的运用是必不可少的。从这一点也可以知道，结构构思与当今所强调的环境设计之间，也有它一脉相通之处。

②借助于悬挑结构，创造新颖的空间体量构图。这在高层建筑、大跨建筑，甚至一般建筑以及高塔等工程构筑物中，都得到了充分的体现，运用悬挑结构，既可以赋予建筑物以宁静感和亲切感，也可以造成其强烈的动势感。国外现代的一些建筑师和艺术家，还把悬挑结构大胆地运用于纪念碑设计，以表达其独特的构思和视觉空间的艺术效果。

③借助于悬挑结构，使现代建筑取得强烈的虚实对比的造型艺术效果。由于框架或梁柱结构中水平承重构件的合理悬挑，能将建筑物的外围护结构从“承重墙”中解放出来，这就为灵活处理建筑立面上“虚”的部分的构图创造了极为有利的条件。如各种玻璃幕墙或加装饰的轻质幕墙的处理，不同建筑部位上转角玻璃窗或玻璃墙的处理，甚至带形玻璃窗或大片玻璃墙面本身的外轮廓线变化的处理等。

④借助于悬挑结构，使现代建筑趋于简洁、平整的体形，能获得丰富多彩的阴影效果。不同建筑部位的结构悬挑，是造成强烈阴影效果的重要方法之一，而阴影在体形塑造中，不仅可以增强其立体感、韵律感、形式感以及装饰趣味，而且，还可以借此来突出建筑构图中的重点所在，如主要出入口，主要立面上的主要区段等。

对于建筑师来说，通过悬挑结构的运用取得一定的造型艺术效果似乎并不困难。然而，同时要做到结构上合乎逻辑，可能就不那么得心应手了。所以，这里也必须通过结构构思，把建筑造型的艺术处理与悬挑结构原理的具体运用统一起来。

不管是使建筑物哪一个部位悬挑，我们都要注意悬挑结构的静力平衡方式及其弯矩分布的情况，以便确定比较合理的方案。譬如说，像一般钢筋混凝土檐口由梁边外挑的这种情况，其结构受力是最不利的：固定端弯矩值无法调整减少，梁本身还要受扭，而加于梁上的抗倾覆平衡力也很有限。在这种情况下，挑檐不可能较大，檐口也不宜较高。由此可知，外挑的阳台、廊道，以及悬挑较大的雨罩等，都要避免采取由受扭梁外挑的这种悬挑结构方式，而应当设法利用简支梁（板）或多跨连续梁（板）合理延伸的结构布置。当然，悬挑结构抗倾覆的静力平衡方式是多种多样的，而这种“力的平衡”与建筑空间造型的关系也十分微妙，所以，只有当我们具有随机应变的能力时，悬挑结构的运用才能恰如其分，用得其所。

①楼盖的悬挑及其造型处理。采用框架结构的建筑物，二层以上的楼盖均适

于沿周边或沿其相对两边向外悬挑。这样，一方面可以相应抵消一部分跨中弯矩，另一方面，框架中角柱的承载能力也能得到最充分的利用。图 2-134 说明了悬挑楼盖的受力状况与建筑造型中比例权衡之间的内在联系：（a）悬挑距离太小，不能发挥悬挑结构受力性能，建筑比例欠佳；（b）悬挑距离适宜，弯矩分布均匀，结构受力合理，建筑比例良好；（c）悬挑距离过大，支撑端弯矩剧增，结构受力恶化，建筑比例失调。

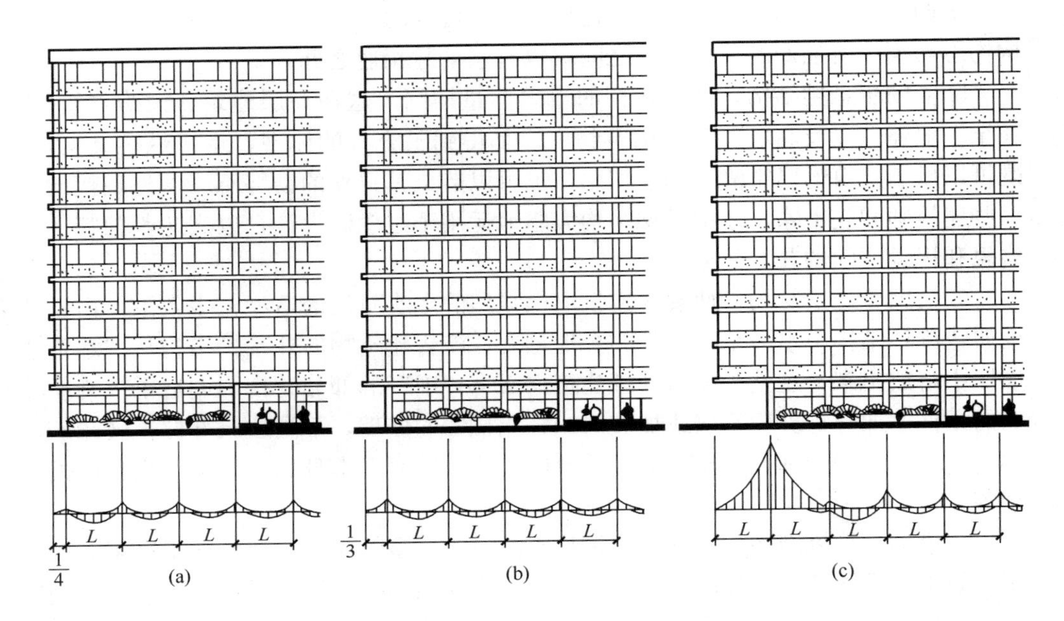

图 2-134　悬挑楼盖的受力状况与建筑造型中比例权衡的内在联系
（a）悬挑距离太小；（b）悬挑距离适宜；（c）悬挑距离过大

多层建筑中的楼盖逐层向上外挑时，其比例权衡也应当与力学分析结合起来。日本津山文化中心（图 2-135），借鉴古代木构建筑中斗拱悬挑的结构方式，采用钢筋混凝土树杈形构件，造成了类似三重檐大屋顶的造型艺术效果，这也是日本现代建筑对东方风格的一种探求。结构分析简图表示了各层挑梁的长度比例和树杈形构件的布置，以及结构中总弯矩分配的相互关系。

②楼梯的悬挑及其造型处理。随着结构理论和计算手段的进步，现代建筑中室内外悬挑楼梯的运用已相当广泛。这些形式多样的悬挑楼梯，由于省去了平台的支承构件，加之往往由连续的线与面构成，因而造型简洁、轻巧并富于动势。

影响悬挑楼梯造型艺术效果的两个重要因素是悬挑距离和楼梯坡度，而这两个因素又是相互制约的。悬挑距离过小，楼梯坡度则陡，虽然对悬挑结构受力较为有利，但造型欠佳，人上下楼梯也感到不适。悬挑距离过大，楼梯趋于平缓，尽管便利了交通，然而，这将使悬挑结构受力状况恶化，同时，在造型上也会产生不稳定感。如图 2-136 所示，一般来说，当层高小于 4m，而楼梯悬挑距离 $L\approx H+\frac{B}{2}$时（H—层高，B—楼梯宽度），悬挑楼梯的总体轮廓线比较优美，结构也

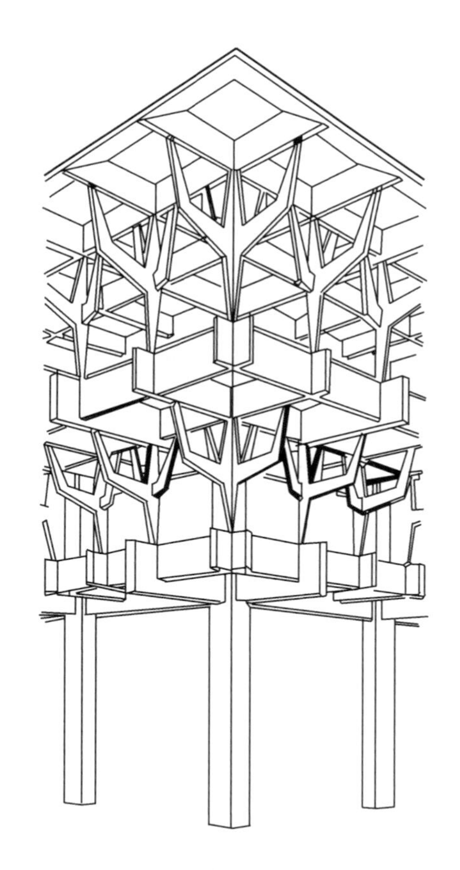

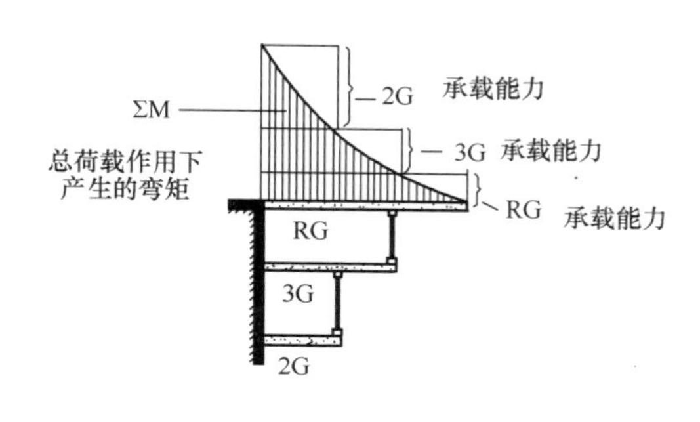

图 2-135 日本津山文化中心的斗拱悬挑及其结构分析简图

比较合理。同时，这样接近 2∶1 的楼梯坡度对人来说也是适宜的。图 2-137 一例中：(a) 楼梯坡度平缓，则悬挑距离过大，结构受力恶化，造型上也会给人以不稳定感；(b) 若减少悬挑距离，则楼梯坡度变陡，走起来累，看上去也不舒服；(c) 设计者为了缩短悬挑距离，同时又使楼梯的总体轮廓线仍能保持上述公式所反映的那种关系，设计者有意地抬高了悬挑楼梯的起步标高，使悬挑楼梯放置在一个高台上，从而相应缩短了垂直交通的距离，巧妙地解决了造型要求与结构要求之间的矛盾。

③转角窗梁的悬挑及其造型处理。在墙面转角处不设置承重构件，使玻璃窗或玻璃墙面自然转折，可以突破传统建筑中转角敦实的构图概念，造成另一番新颖别致的造型艺术效果。

为了取消转角处的承重支柱，必须在相互垂直的墙面上部分别布置水平挑梁。在均布荷载作用下，向两端对称悬挑的简支梁，当悬挑距离接近支点间距（跨度）的 1/4 时，可以使

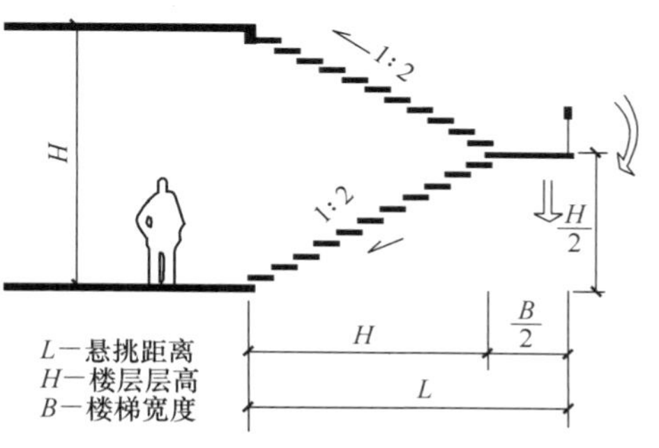

图 2-136 综合考虑结构与造型因素、悬挑楼梯尺寸之间的协调关系

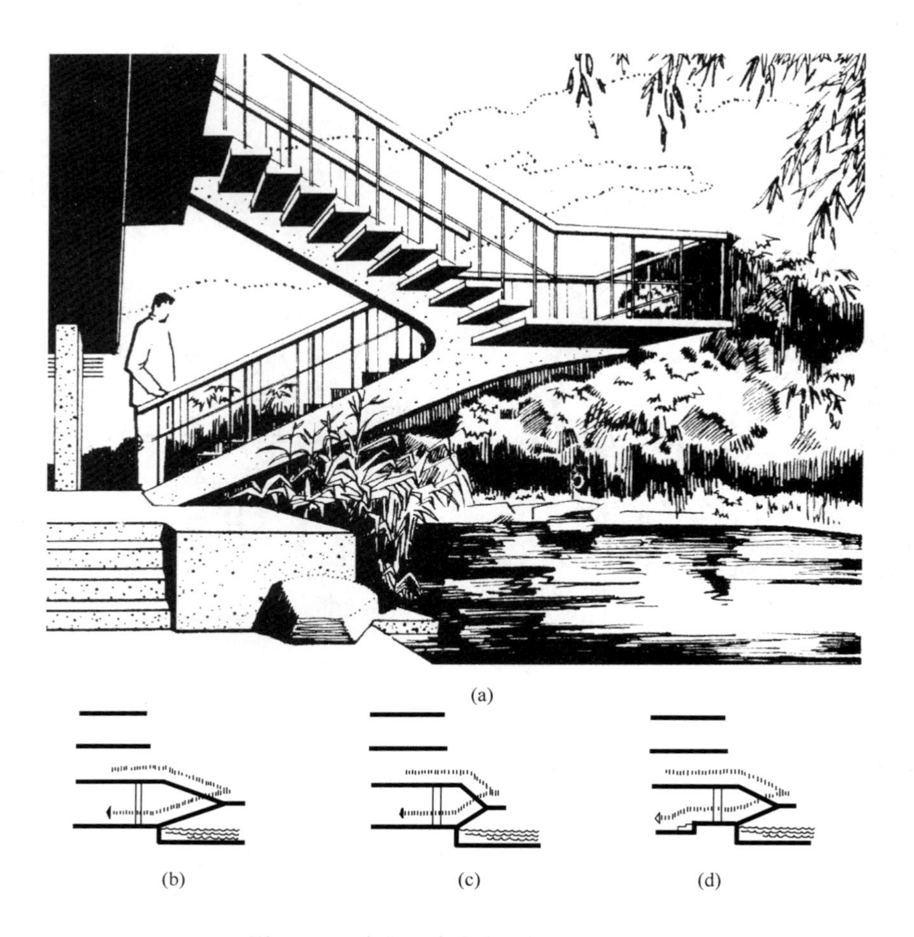

图 2-137　广州矿泉客舍悬挑楼梯的构思
(a) 外景；(b) 楼梯坡度平缓；(c) 减少悬挑距离楼梯坡度变陡；(d) 采取措施使造型与结构完美统一

支座处弯矩与跨中最大弯矩接近（即水平悬挑梁处于最有利的受力状况），从而能相应减小其结构断面。这一原理，对于我们灵活解决转角窗或玻璃转角墙面设计中的具体问题，是十分有用的。例如：已知悬挑梁支座间的距离，确定向两端延伸的玻璃面的宽度（即水平构件悬挑的合理长度）；根据预先确定的转角玻璃面的宽度，反过来确定悬挑梁支座的合理间距和位置；按照所提供的悬挑梁支座的合理间距，整体地去处理大面积的虚实构图关系等等。

在多层或高层的塔式建筑中，转角窗梁的悬挑，结合框架和楼板结构体系统一考虑，可以取得很好的效果。路易斯·康设计的理查医药研究大楼（图 2-138）就是一个突出的实例。塔楼单元转角处的悬挑梁处理，如实地反映了结构体系的特点和弯矩分布的规律，在清水墙面和玻璃窗的衬托下，这些转角悬挑构件成了这座著名建筑物上十分别致的视觉符号，即使是在塔楼的入口设计中也加以重复运用。

④雨罩的悬挑及其造型处理。主要出入口处的雨罩，在建筑功能和建筑艺术方面，都起着重要的作用，而要做到结构合理、造型优美，也是要煞费心机的。

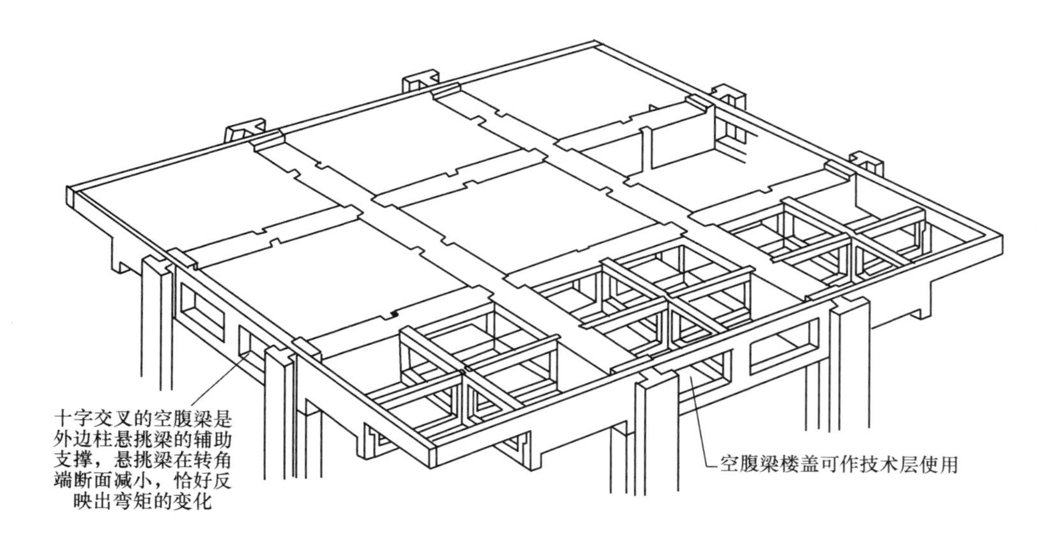

图 2-138　美国理查医药研究大楼所采用的悬挑结构及其转角造型处理

无支柱悬挑雨罩，如果从“压梁”即受扭梁一侧外挑，则必须保证梁上有足够高度的实墙来施加抗倾覆力，悬挑越大，则要求实墙越高。这样，就将使建筑立面构图受到很大制约，而且，雨罩悬挑的距离也十分有限。如果能结合剖面设计，改进无支柱悬挑雨罩抗倾覆的静力平衡方式，例如，或使水平梁从厅室的夹层部分向室外延伸，或使悬挑雨罩的固定端由起拉杆作用的柱子连至基础，或在轻质悬挑雨罩的上部另加斜向拉杆等等，则可有效地相应加大无柱悬挑雨罩的进深尺寸。有柱悬挑雨罩，无论是从结构受力分析，还是从建筑比例权衡来讲，由支柱向前悬挑的部分均不宜过小。

悬挑雨罩厚度（即边沿高度）的造型要求，也往往使结构设计为难。在许多情况下，较厚的雨罩挑檐是比较合宜的，但从结构计算来讲，则要考虑最不利的受力情况，即要按出水口被堵塞后，雨罩上满积雨水或冰冻时的荷载条件来进行计算。因而，雨罩边缘上翻的高度越小，对结构设计就越有利。根据这一原理，现代建筑悬挑雨罩的造型处理可以采用一些新的设计手法。例如，使雨罩前沿向上作较高的翻卷（曲线形或直线形），而雨罩的两侧则仍保持较小的高度，如南京五台山体育馆、鄂城电影院等。在钢筋混凝土雨罩周边都加高的情况下（如 500mm 以上），则可以将出水孔设计成簸箕式泄水口，或在出水管的正上方，另开一个有装饰趣味的大圆形溢水口等等。这些具体手法都可以相应减小悬挑雨罩的最不利计算荷载，而同时也丰富了现代建筑中悬挑雨罩的造型艺术处理。

⑤塔台的悬挑及其造型处理。塔台作为高塔（如水塔、电视塔、瞭望塔等）顶端所安排的一个主要使用空间，乃是塔身造型的“画龙点睛”之处，也正是高塔建筑个性得以表现的地方。塔台的悬挑应有利于竖向荷载的传递和塔身的稳定，所以较大的塔台底面一般都尽可能避免和塔身垂直相交，而其平面和空间布

置也多以中心对称关系来考虑较为有利。具体地说，塔台悬挑的结构构思可借鉴以下几种常见的形式：

锥形悬挑塔台——塔台底部呈斜向向上张开，构成各种富于变化的倒圆锥或倒棱锥体形（图 2-139，加拿大一水塔）；

带斜撑的悬挑塔台——斜撑式柱子可以分担一部分来自塔台的荷载，同时也使得塔身的造型得以变化（图 2-140，巴黎奥里航空港指挥塔）；

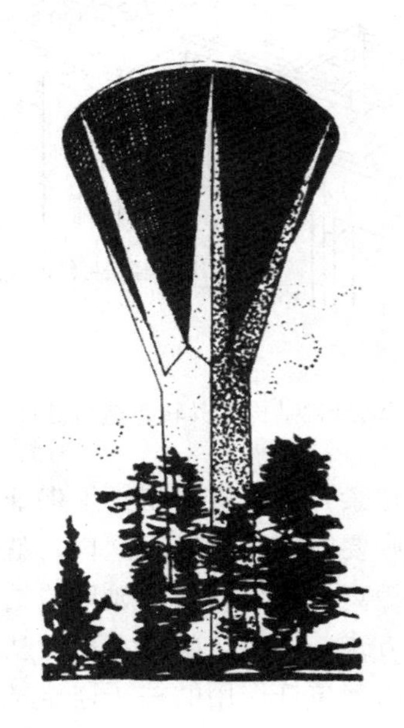

图 2-139　锥形悬挑塔台

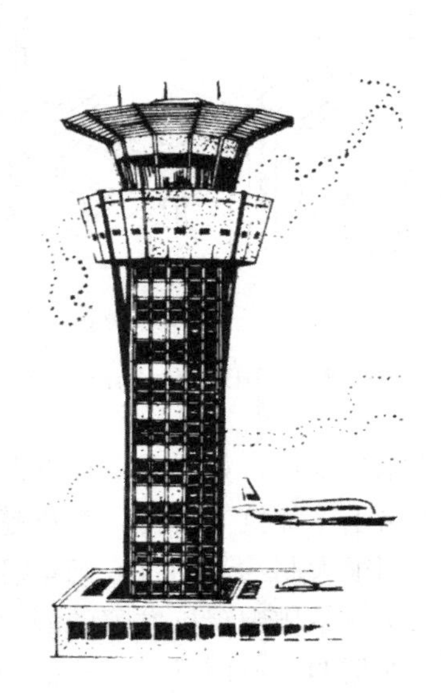

图 2-140　带斜撑的悬挑塔台

球形悬挑塔台——具有较大容积的使用空间，而与塔身的交接仍能大体保持斜面过渡的关系（图 2-141，民主德国柏林电视塔）。

平面旋转布置的悬挑塔台——使塔台平面在塔身平面上作相应旋转布置，可以构成丰富的多层塔台的空间轮廓，同时也有利于设置塔台的悬挑构件（图 2-142，瑞典斯托克霍姆塔）。

从总体来看，现代结构技术的发展，在为有效地解决建筑功能与建筑经济问题奠定了坚实基础的同时，也为现代建筑空间的创造，提供了更大的灵活性和自由度。那种认为强调结构技术就必然导致建筑艺术千篇一律、冷酷无情的观点，实是一种偏见。结构有其科学美的内容和形式，视觉空间则有艺术美的内容和形式，科学美与艺术美的统一，这是当今和未来主流的建筑精神所在。只有有效地掌握了结构技术，从如何围合空间、支配空间和修饰空间这三个基本方面，去潜心挖掘结构与视觉空间之间那些直观的与非直观的全部内在联系时，才能对建筑艺术有一番真正的创造。

图 2-141 球形悬挑塔台

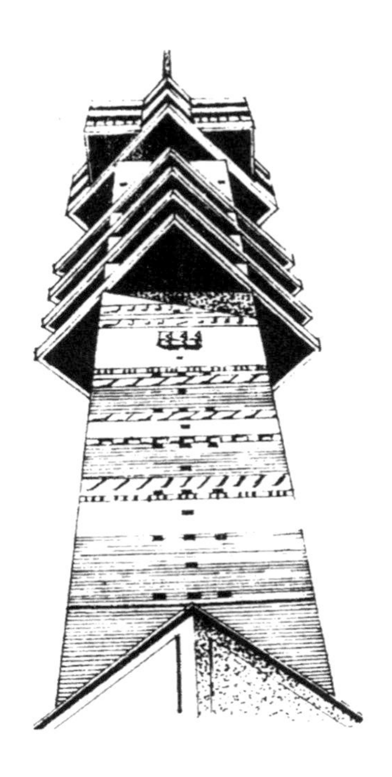

图 2-142 平面旋转布置的悬挑塔台

3 一些重要的结构概念

简单地说，“结构概念”是人们对建筑结构的一般规律及其最本质特征的认识。任何事物都有其普遍规律及其自身的特殊性，正确的结构概念使人们能深刻理解结构的受力特性，组成更有效的结构体系，使设计更加完善。现代建筑的结构构思离不开结构传力中的力学规律。结构是力学原理在建筑中的运用。

3.1 建筑结构上的作用力

建筑结构必须能抵抗建造和使用过程中受到的建筑物本身和外来的各种作用，满足使用要求并具有足够的安全度。作用在建筑结构上的力通常可能由直接作用的荷载（例如结构自重荷载和作用在结构上的风荷载、雪荷载以及活荷载等）引起，也可能是由于结构变形或地面变形（例如地基沉降变形、结构收缩或温度变化引起的变形、地震引起的地面运动等）等间接作用引起结构的内力。这些作用力有些是永久作用，如结构自重、土压力、预应力等，其荷载值及作用位置几乎不变；有些是可变作用，如活荷载、风荷载、雪荷载、温度作用等，其荷载值和作用位置、方向等经常变化；还有一些是偶然作用，如爆炸、地震、撞击力或其他偶然事件引起的作用，这些偶然作用往往很少出现且作用时间很短，但一旦出现，其作用力的值很大。荷载是结构设计的最基本数据之一，它们的取值及其组合问题直接关系到结构的安全和经济，这些荷载的精确计算均可根据现行《建筑结构荷载规范》的有关规定和方法进行确定。

上述荷载按作用方向可分为竖向荷载和水平荷载，竖向荷载包括结构自重、楼（屋）面使用活荷载、雪载和施工荷载等。水平荷载有风荷载和水平地震作用。与多层建筑相比，高层建筑层数多、高度较大，其竖向荷载的影响是与建筑高度成正比的线性关系，而水平作用所产生的作用效应随建筑高度成非线性的增长，并逐渐成为设计控制指标。而大跨结构的竖向自重荷载是主要的结构设计控制因素。

荷载代表值是指为了方便设计给荷载规定一定的量值。包括：标准值、组合值、频遇值和准永久值。其中标准值指正常情况下在设计基准期（如 50 年）内可能出现的最不利荷载值，是荷载的基本代表值，而其他代表值是采用相应的系数乘以其标准值得出。系数查现行《建筑结构荷载规范》。永久荷载应采用标准值作为代表值；可变荷载应根据设计要求采用标准值、组合值、频遇值或准永久值作为代表值；偶然荷载应按建筑结构使用特点确定其代表值，但也是以标准值为基础的。荷载设计值是指荷载代表值与荷载分项系数的乘积。荷载计算通常是计算出各种荷载标准值后，按两个方向荷载分别计算出相应的内力和位移再进行荷载效应组合。

3.1.1　竖向作用力的估算

竖向作用力主要有结构自重、楼屋面活荷载、雪荷载等。

（1）永久荷载的计算

永久荷载应包括结构构件、维护构件、面层及装饰、固定设备、长期储物的自重，土压力、水压力以及其他需要按永久荷载考虑的荷载。在计算面层及装饰自重时必须考虑二次装修的自重。固定设备包括：电梯及自动扶梯，采暖、空调及给水排水设备，电器设备，管道、电缆及其支架等。

结构或非结构构件的自重是建筑结构的主要永久荷载，其自重标准值可按结构构件的设计尺寸与材料单位体积的自重计算确定。《建筑结构荷载规范》的附录 A 给出了常用材料和构件的自重。一般材料和构件的单位自重可取其平均值，如：钢筋混凝土容重取 $25kN/m^3$、普通砖取 $19kN/m^3$、钢取 $78.5kN/m^3$。对于自重变异较大的材料和构件，自重的标准值应根据对结构的不利或有利状态，分别取上限值或下限值。

（2）活荷载的计算

《建筑结构荷载规范》给出了民用建筑楼屋面均布活荷载及雪荷载的标准值及其组合值、频遇值和准永久值系数，各类活荷载的取值根据该规定确定。例如对于民用建筑楼面均布活荷载（表 3-1），住宅、宿舍、旅馆、办公楼、医院病房楼等民用建筑，其楼面均布活荷载标准值及其组合值、频遇值和准永久值系数分别为：$2.0kN/m^2$、0.7、0.5、0.4。

民用建筑楼面均布活荷载标准值及其组合值、频遇值和准永久值系数　表 3-1

项次	类别	标准值（kN/m^2）	组合值系数 ψ_c	频遇值系数 ψ_f	准永久值系数 ψ_q
1	（1）住宅、宿舍、旅馆、办公楼、医院病房、托儿所、幼儿园	2.0	0.7	0.5	0.4
	（2）试验室、阅览室、会议室、医院门诊室	2.0	0.7	0.6	0.5
2	教室、食堂、餐厅、一般资料档案室	2.5	0.7	0.6	0.5
3	（1）礼堂、剧场、影院、有固定座位的看台	3.0	0.7	0.5	0.3
	（2）公共洗衣房	3.0	0.7	0.6	0.5
4	（1）商店、展览厅、车站、港口、机场大厅及其旅客等候室	3.5	0.7	0.6	0.5
	（2）无固定座位的看台	3.5	0.7	0.5	0.3
5	（1）健身房、演出舞台	4.0	0.7	0.6	0.5
	（2）运动场、舞厅	4.0	0.7	0.6	0.3
6	（1）书库、档案室、贮藏室	5.0	0.9	0.9	0.8
	（2）密集柜书库	12.0	0.9	0.9	0.8
7	通风机房、电梯机房	7.0	0.9	0.9	0.8

续表

项次	类别			标准值（kN/m^2）	组合值系数 ψ_c	频遇值系数 ψ_f	准永久值系数 ψ_q
8	汽车通道及客车停车库	（1）单向板楼盖（板跨不小于2m）和双向板楼盖（板跨不小于3m×3m）	客车	4.0	0.7	0.7	0.6
			消防车	35.0	0.7	0.5	0.0
		（2）双向板楼盖（板跨不小于6m×6m）和无梁楼盖（柱网不小于6m×6m）	客车	2.5	0.7	0.7	0.6
			消防车	20.0	0.7	0.5	0.0
9	厨房	（1）餐厅		4.0	0.7	0.7	0.7
		（2）其他		2.0	0.7	0.6	0.5
10	浴室、卫生间、盥洗室			2.5	0.7	0.6	0.5
11	走廊、门厅	（1）宿舍、旅馆、医院病房、托儿所、幼儿园、住宅		2.0	0.7	0.5	0.4
		（2）办公楼、餐厅、医院门诊部		2.5	0.7	0.6	0.5
		（3）教学楼及其他可能出现人员密集的情况		3.5	0.7	0.5	0.3
12	楼梯	（1）多层住宅		2.0	0.7	0.5	0.4
		（2）其他		3.5	0.7	0.5	0.3
13	阳台	（1）可能出现人员密集的情况		3.5	0.7	0.6	0.5
		（2）其他		2.5	0.7	0.6	0.5

3.1.2 水平作用力的估算

房屋的水平作用力有风荷载、地震作用、土压力、水压力、吊车或其他车辆的制动力等，对于一般房屋，在方案阶段的整体分析中最重要的水平作用力为风荷载和地震作用。

1. 风荷载

空气流动形成的风遇到建筑物时，在建筑物表面产生的压力或吸力，这种风力作用称为风荷载。风荷载的主要特征：风作用是不规则的，风荷载带有随机性，风压随着风速、风向的紊乱变化而不停地改变着，是随时间而波动的动荷载，它将使建筑物产生动力反应，在高度较大的刚度较小的高层建筑中应考虑风荷载的动力效应影响；风荷载与建筑物的尺寸大小、体形和其表面情况密切相关，平面为圆形、椭圆形与正多边形的规则建筑体形受到的风力较小，对抗风有利，相反，平面凸凹多变的复杂建筑体形受到的风力较大，易产生扭转效应，对抗风不利，对高层建筑宜优先选用对抗风有利的建筑体形；风力在建筑物表面分布不均匀，一般随高度的增大而增大，且在角区和凹入区域风力较大；风力受建筑物周边环境影响较大，处于高层建筑群中的高层建筑，有时会出现因不对称遮挡而使风力偏心产生扭转，以及相邻建筑物之间风力增大而使建筑物产生扭转等受力不利情况；与地震作用相比，风荷载相对较小，持续时间较长，其作用效用更接近静力荷载，在建筑物使用寿命期间出现较大风力的次数较多，记录与观测样本较多，对风力大小的估计比地震作用大小的估计较可靠，抗风设计具有较大的可靠性。

（1）主体结构风荷载标准值

在非地震区，风荷载是房屋主要的水平力，在方案阶段的总体分析中，一般只需考虑作用在房屋上的风荷载合力 H_w，它是作用在房屋迎风面及背风面 A_w 上风荷载标准值 w_k 的合力：

$$H_w = w_k A_w \tag{3-1}$$

根据《荷载规范》：

$$w_k = \beta_z(\mu_{s1} - \mu_{s2})\mu_z w_0 \tag{3-2}$$

式中　w_0——基本风压，按《荷载规范》给出的50年一遇的风压值采用，但不得小于0.3kN/m^2；

μ_z——风压沿高度的变化系数，与周围环境有关；

μ_s——风荷载体型系数；房屋体型不同将直接影响风的方向和流速，改变风压大小；一般迎风面的风荷载为压力，背风面的风荷载为吸力（μ_s 为负值），房屋受到的总的风荷载应为迎风面风荷载和背风面风荷载的叠加，即式中 $\mu_{s1} - \mu_{s2}$，如图3-1所示；

β_z——Z高度处的风振系数，它考虑了高耸结构风压脉动的影响。

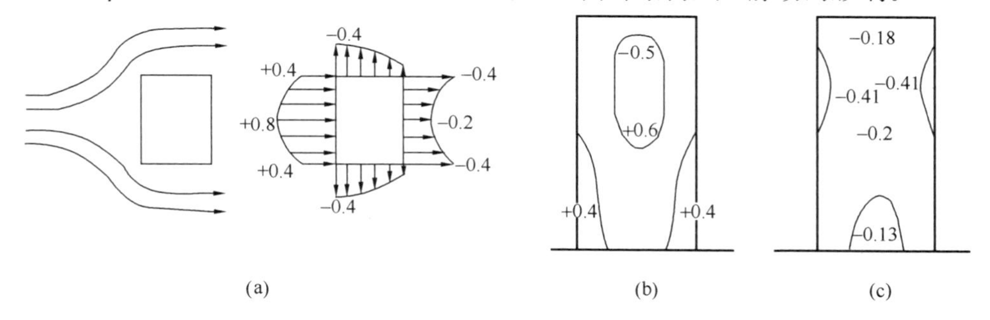

图3-1　风压分布

（a）空气流经建筑物时风压对建筑物的作用（平面）；
（b）迎风面风压分布系数；（c）背风面风压分布系数

1）风压高度变化系数 μ_z

风速大小与高度有关，一般近地面的风速较小，越向上风速逐渐加大。同时，风速的变化与地貌及周围环境有关：在近海海面和海岛、海岸、湖岸及沙漠地区（A类地面粗糙度），风速随高度增加最快；在田野、乡村、丛林、丘陵以及房屋比较稀疏的乡镇（B类地面粗糙度），风速随高度的增加减慢；而在密集建筑群的城市市区（C类地面粗糙度）及有密集建筑群且房屋较高的城市市区（D类地面粗糙度），风的流动受到阻挡，风速减小，因此风速随高度增加更加缓慢一些。风压高度变化系数应根据地面粗糙度类别按表3-2确定。

风压高度变化系数 μ_z　　表 3-2

离地面高度(m)	地面粗糙度类别			
	A	B	C	D
5	1.09	1.00	0.65	0.51
10	1.28	1.00	0.65	0.51
15	1.42	1.13	0.65	0.51
20	1.52	1.23	0.74	0.51
30	1.67	1.39	0.88	0.51
40	1.79	1.52	1.00	0.60
50	1.89	1.62	1.10	0.69
60	1.97	1.71	1.20	0.77
70	2.05	1.79	1.28	0.84
80	2.12	1.87	1.36	0.91
90	2.18	1.93	1.43	0.98
100	2.23	2.00	1.50	1.04
150	2.46	2.25	1.79	1.33
200	2.64	2.46	2.03	1.58
250	2.78	2.63	2.24	1.81
300	2.91	2.77	2.43	2.02
350	2.91	2.91	2.60	2.22
400	2.91	2.91	2.76	2.40
450	2.91	2.91	2.91	2.58
500	2.91	2.91	2.91	2.74
≥550	2.91	2.91	2.91	2.91

2）风荷载体型系数 μ_s

风荷载体型系数是指实际风压与基本风压的比值。风在建筑物表面的实际风压可以通过实测得到。图 3-1 为风流动经过建筑物时，对建筑不同部位会产生不同的作用，有压力（体型系数用+表示），也有吸力（体型系数用−表示）。可以看出：沿房屋表面的风压值并不均匀，风压作用方向与表面垂直；迎风面受正压力，中间偏上为最大，两边及底部最小；背风面全部承受负压力（吸力），两边略大、中间小，背面负压力分布较均匀；当风平行于建筑物侧面时，两侧承受吸力，近侧大，远侧小，分布不均匀。

计算主体结构的风荷载效应时，风荷载体型系数 μ_s 按《荷载规范》，也可近似按下列规定采用：

①圆形平面建筑取 0.8；

②正多边形及截角三角形平面建筑按 $\mu_s=0.8+\frac{1.2}{\sqrt{n}}$，其中 n 为边数；

③高宽比 H/B 不大于 4 的方形、矩形、十字形平面建筑物取 1.3；

④弧形、V形、Y形、双十字形、井字形、L形、槽形、高宽比 H/B 大于4的十字形、高宽比 H/B 大于4且长宽比 L/B 不大于1.5的矩形、鼓形平面建筑取1.4。

3）风振系数 β_z

风是不规则的，风速、风向不停变化，从而导致风压不停变化。通常把风作用的平均值看成稳定风压，即平均风压，实际风压是在平均风压上下波动着，如图3-2所示。平均风压使建筑物产生一定侧移，波动风压则使建筑物在平均侧移附近左右摇摆。波动风压会在建筑物上产生一定的动力效应，由于风载波动的基本周期往往很长（甚至超过60s），与一般建筑物的自振周期相差较大，但是，风载波动中的短周期成分对于高度大、刚度较小的高层建筑会产生一些不可忽略的动力效应，目前考虑该效应的方法是采用风振系数 β_z 加大风荷载，把动力问题化为静力计算，按静力作用计算风荷载效应。

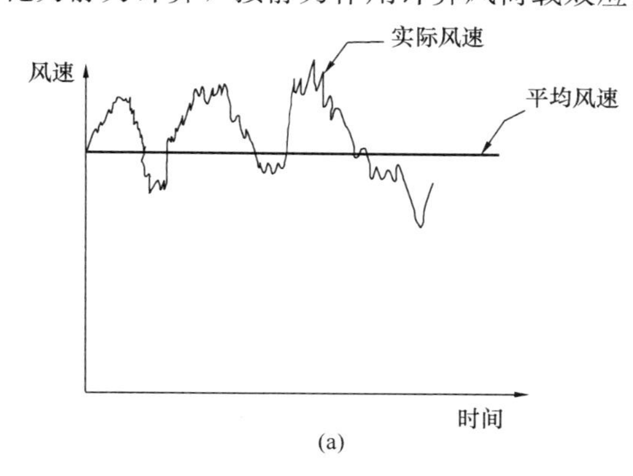

(a)

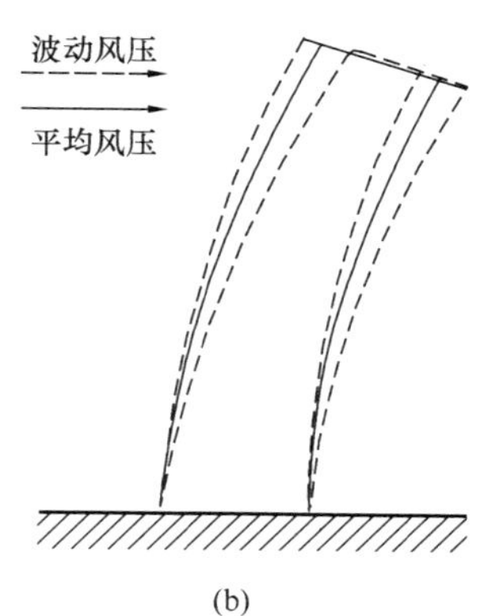

(b)

图3-2　平均风压与波动风压

（a）实际风速波动图；（b）波动风压下建筑变形图

高层建筑结构顺风向风荷载的 Z 高度处风振系数 β_z 可按下式计算：

$$\beta_z = 1 + 2gI_{10}B_z\sqrt{1+R^2} \tag{3-3}$$

$$R = \sqrt{\frac{\pi}{6\zeta_1}\frac{x_1^2}{(1+x_1^2)^{4/3}}} \tag{3-4}$$

$$x_1 = \frac{30f_1}{\sqrt{k_w w_0}}, x_1 > 5$$

$$B_z = kH^{a_1}\rho_x\rho_z\frac{\phi_{1(z)}}{\mu_z} \tag{3-5}$$

$$\rho_x = \frac{10\sqrt{B+50e^{-B/50}-50}}{B} \tag{3-6}$$

$$\rho_z = \frac{10\sqrt{H+60e^{-H/60}-60}}{H} \tag{3-7}$$

式中　R——脉动风荷载的共振分量因子；

β_z——脉动风荷载的背景分量因子；

ρ_x——脉动风荷载水平方向相关系数；

ρ_z——脉动风荷载竖直方向相关系数。

其中：g 为峰值因子，可取 2.5；I_{10} 为 10m 高度名义湍流强度，对应 A、B、C、D 类地面粗糙度，可分别取 0.12、0.14、0.23 和 0.39；k_w 为地面粗糙度修正系数，对 A、B、C 和 D 类地面粗糙度分别取 1.28、1.0、0.54 和 0.26；ζ_1 为结构阻尼比，钢筋混凝土及砌体结构取 0.05，钢结构取 0.01，有填充墙的钢结构房屋取 0.02；H 为结构总高度（m），对 A、B、C 和 D 类地面粗糙度，取值分别不大于 300m、350m、450m 和 550m；B 为结构迎风面宽度（m），$B \leqslant 2H$；k、a_1 为系数，对 A、B、C 和 D 类地面粗糙度的高层建筑分别取 0.944、0.670、0.295 和 0.112 及 0.155、0.187、0.261 和 0.346；f_1 为结构第 1 自振频率（Hz），$f=1/T$，T 为结构自振周期（s）；钢筋混凝土结构可按表 3-3 结构自振周期经验公式计算；$\phi_{1(z)}$ 为结构第 1 阶振型系数，按表 3-4 确定，也可按 Z/H 值直接近似确定。

结构自振周期实测统计经验公式 **表 3-3**

结构形式	以层数 n 为参数
混凝土框架	$T=(0.10-0.12)n$
混凝土框架一剪力墙（核心筒）	$T=(0.08-0.10)n$
混凝土剪力墙	$T=(0.07-0.09)n$
混凝土筒体	$T=(0.06-0.08)n$
钢结构	$T=(0.12-0.15)n$

振型系数 $\phi_{1(z)}$ **表 3-4**

相对高度	振型序号			
Z/H	1	2	3	4
0.1	0.02	−0.09	0.22	−0.38
0.2	0.08	−0.30	0.58	−0.73
0.3	0.17	−0.50	0.70	−0.40
0.4	0.27	−0.68	0.46	0.33
0.5	0.38	−0.63	−0.03	0.68
0.6	0.45	−0.48	−0.49	0.29
0.7	0.67	−0.18	−0.63	−0.47
0.8	0.74	0.17	−0.34	−0.62
0.9	0.86	0.58	0.27	−0.02
1.0	1.00	1.00	1.00	1.00

（2）围护结构风荷载标准值

风荷载除了会引起房屋的倾覆以外，局部吸力也是引起房屋破坏的重要原因，尤其是对坡屋顶的破坏。

根据现行国家标准《荷载规范》有关风荷载体型系数的规定，当屋面坡度 $\alpha=30°$ 时，迎风坡屋面风荷载近似为 0；当 $\alpha>30°$ 时，为压力；当 $\alpha<30°$ 时，为

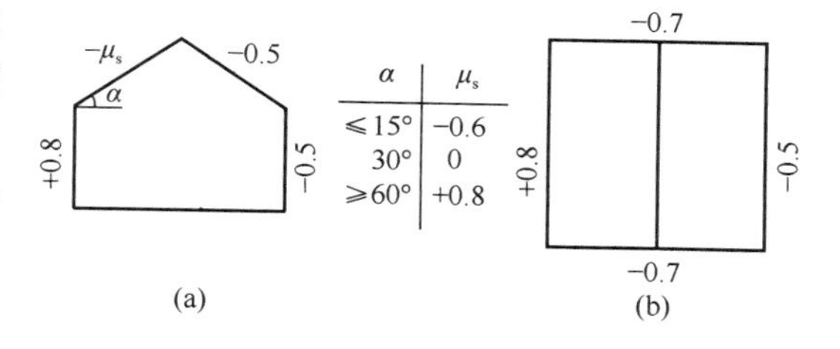

图 3-3　封闭式双坡屋面风荷载体型系数
(a) 双坡屋面结构横剖面；(b) 双坡屋面结构平面

吸力。如图 3-3 所示，对于常见的坡屋面，一般 $\alpha<30°$，可见屋面在风荷载作用下通常承受吸力。有一个典型的工程实例，原设计为平屋顶，因屋面防水没有做好，经常发生漏水，后在平屋顶上用木梁改造为 $\alpha<30°$ 的白铁皮屋面，在一次大风中这个屋面被风荷载完整地吸起，搬到了马路上。原因很简单，后改造的木屋盖和铁皮屋面自重很轻，又没有和墙体拉结好，故在风荷载吸力作用下被掀起。通常，设计者比较注重常规荷载下结构承载力的计算，但往往忽视风荷载吸力这一类局部破坏作用，这一点必须引起重视。

风压在建筑表面上的分布是不均匀的，空气流动还会产生涡流，使建筑物局部有较大的压力和吸力。如迎风面的中部及一些凹陷部位，因气流不易向四周扩散，其局部风压往往超过平均风压，在风流侧面房屋的角隅处及房屋顶部风流的前沿部位吸力较大等。在计算总体风荷载时，取风压平均值；在验算围护构件、悬挑构件及其连接时，应考虑采用局部加大的风压。

对于围护结构（幕墙或各类围护构件等），由于其刚性一般较大，在结构效应中可不必考虑其共振分量，此时可仅在平均风压的基础上，近似考虑脉动风瞬间的增大因素，通过局部风压体型系数和阵风系数的调整来计算风荷载。垂直于围护结构表面上的风荷载标准值，按下式计算：

$$w_{kl}=\beta_{gz}\mu_{sl}\mu_z w_0 \tag{3-8}$$

式中　β_{gz}——围护构件高度 z 处的阵风系数，按表 3-5 确定；

μ_{sl}——风荷载局部体型系数；檐口、雨篷、遮阳板、阳台边棱处的装饰条等突出水平构件计算局部上浮风荷载时取－2.0；其他围护结构的局部体型系数及折减按《建筑结构荷载规范》的有关规定；设计建筑幕墙时，风荷载尚应按国家现行有关建筑幕墙设计标准的规定采用。

阵风系数 β_{gz}　　**表 3-5**

离地面高度（m）	地面粗糙度类别			
	A	B	C	D
5	1.65	1.70	2.05	2.40
10	1.60	1.70	2.05	2.40
15	1.57	1.66	2.05	2.40
20	1.55	1.63	1.99	2.40
30	1.53	1.59	1.90	2.40
40	1.51	1.57	1.85	2.29
50	1.49	1.55	1.81	2.20

续表

离地面高度(m)	地面粗糙度类别			
	A	B	C	D
60	1.48	1.54	1.78	2.14
70	1.48	1.52	1.75	2.09
80	1.47	1.51	1.73	2.04
90	1.46	1.50	1.71	2.01
100	1.46	1.50	1.69	1.98
150	1.43	1.47	1.63	1.87
200	1.42	1.45	1.59	1.79
250	1.41	1.43	1.57	1.74
300	1.40	1.42	1.54	1.70
350	1.40	1.41	1.53	1.67
400	1.40	1.41	1.51	1.64
450	1.40	1.41	1.50	1.62
500	1.40	1.41	1.50	1.60
550	1.40	1.41	1.50	1.59

(3) 风荷载计算示例

南京市区，矩形建筑：$B_{xL}=12.5\text{m}\times45\text{m}$，高 $H=100\text{m}$，34 层剪力墙结构。

计算过程如下：

高宽比 $H/B>4$，则 $\mu_s=1.4$。

$H=100\text{m}$，C 类地面粗糙度，查表 3-2：$\mu_z=1.5$。

剪力墙结构自振周期：$T_1=0.08n=2.72\text{s}$（表 3-3），$f_1=1/T_1$，$k_w=0.54$，南京地区 $w_0=0.4\text{kN/m}^2$，$\zeta_1=0.05$，$k=0.295$，$a_1=0.261$，建筑顶部 $\phi_{1(z)}=1$，$g=2.5$；$I_{10}=0.23$。

$$x_1=\frac{30f_1}{\sqrt{k_w w_0}}=23.7>5$$

$$R=\sqrt{\frac{\pi}{6\zeta_1}\frac{x_1^2}{(1+x_1^2)^{4/3}}}=1.125$$

$$\rho_x=\frac{10\sqrt{B+50e^{-B/50}-50}}{B}=0.96$$

$$\rho_z=\frac{10\sqrt{H+60e^{-H/60}-60}}{H}=0.72$$

$$B_z=kH^{a_1}\rho_x\rho_z\frac{\phi_{1(z)}}{\mu_z}=0.45$$

$$\beta_z=1+2gI_{10}B_z\sqrt{1+R^2}=1.78$$

主体结构顶部风荷载标准值：$w_K=\beta_Z\mu_s\mu_Z w_0=1.78\times1.4\times1.5w_0=3.74w_0$

顶部局部构件（如阳台、雨篷等）风荷载标准值：β_{gz}查表3-5，$\mu_{sl}=2.0$

$$w_{Kl}=\beta_{gZ}\mu_{sl}\mu_{Z}w_0=1.69\times2\times1.5w_0=5.07w_0$$

可见，结构风荷载标准值相比于当地基本风压放大较多，且随高度增加而增大，对于沿海地区由风荷载控制的高层建筑结构应予以足够重视。计算的风荷载量值也可供结构方案设计阶段参考。

2. 地震作用 F_{EK}

地震作用是地震时地面运动加速度引起的房屋质量的惯性力。设计中可近似认为建筑物的质量都集中在各层楼面标高处，地震作用的大小与地震烈度、建筑物的质量、结构的自振周期以及场地土的情况等许多因素有关，通常地震时既有水平震动又有竖向震动，对于通常的建筑结构，承受竖向荷载的承载力很大，也有较大的安全储备，故在抗震设计中主要考虑水平地震作用引起的惯性力的影响。通常建筑物顶部质量的惯性力最大，向下逐渐减小，地面及地面以下为0。在方案阶段的总体分析时，一般只考虑房屋水平地震作用合力 F_{EK} 的作用标准值，可采用底部剪力法按下式估算（图3-4）：

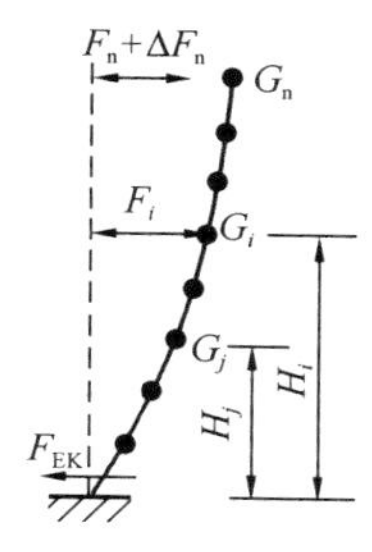

图3-4 结构水平地震作用计算简图

$$F_{EK}=\alpha_1 G_{eq} \tag{3-9}$$

式中 F_{EK}——结构总水平地震作用标准值；

G_{eq}——结构等效总重力荷载；单质点应取总重力荷载代表值，多质点可取总重力荷载代表值的85%；

α_1——相应于结构基本自振周期的水平地震影响系数。

各楼层（质点 i）的水平地震作用标准值可按下式计算：

$$F_i=\frac{G_iH_i}{\sum_{j=1}^{n}G_jH_j}F_{EK}(1-\delta_n)(i=1,2,\cdots,n) \tag{3-10}$$

式中 F_i——质点 i 的水平地震作用标准值；

G_i、G_j——分别为集中于质点 i、j 的重力荷载代表值；

H_i、H_j——分别为质点 i、j 的计算高度；

δ_n——顶部附加地震作用系数，估算时可近似取0。

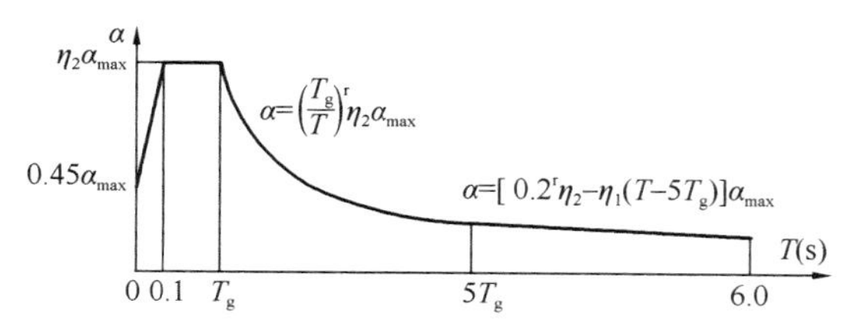

图3-5 地震影响系数曲线

α—地震影响系数；α_{max}—地震影响系数最大值；T—结构自振周期；T_g—特征周期；γ—衰减指数；η_1—直线下降段下降斜率调整系数；η_2—阻尼调整系数

（1）水平地震影响系数 α_1：按图3-5取值，估算时：阻尼比 $\zeta=0.05$，曲线下降段的衰减指数 $\gamma=0.9$；直线下降段的斜率调整系数 $\eta_1=0.02$，阻尼调整系数 $\eta_2=1$。

其中，结构基本自振周期 T 的计算可按下式计算：

$$T_1=1.7\psi_T\sqrt{\mu_T} \tag{3-11}$$

式中 T_1——结构基本自振周期（s）；

μ_T——假想的结构顶点水平位移（m），即假想把集中在各楼层处的重力荷载代表值作为该楼层水平荷载计算的结构顶点弹性水平位移；

ψ_T——考虑非承重墙刚度对结构自振周期影响的折减系数。

结构基本自振周期也可以采用根据实测资料并考虑地震作用影响的经验公式（按表 3-3）估算。

（2）特征周期 T_g：应根据场地类别（表 3-7）和设计地震分组按表 3-6 采用。

特征周期 T_g（s） **表 3-6**

设计地震分组＼场地类别	Ⅰ₀	Ⅰ₁	Ⅱ	Ⅲ	Ⅳ
第一组	0.20	0.25	0.35	0.45	0.65
第二组	0.25	0.30	0.40	0.55	0.75
第三组	0.30	0.35	0.45	0.65	0.90

各类建筑场地的覆盖层厚度（m） **表 3-7**

等效剪切波速（m/s）	场地类别				
	I_0	I_1	Ⅱ	Ⅲ	Ⅳ
$v_s>800$	0				
$800\geqslant v_s>500$		0			
$500\geqslant v_{se}>250$		<5	≥5		
$250\geqslant v_{se}>150$		<3	3～50	>50	
$v_{se}\leqslant150$		<3	3～15	15～80	>80

（3）其水平地震影响系数最大值 α_{max}：应按表 3-8 采用，计算罕遇地震作用时，特征周期应增加 0.05s。

水平系数影响最大值 α_{max} **表 3-8**

地震影响	6 度	7 度	8 度	9 度
多遇地震	0.04	0.08（0.12）	0.16（0.24）	0.32
设防地震	0.12	0.23（0.34）	0.45（0.68）	0.90
罕遇地震	0.28	0.50（0.72）	0.90（1.20）	1.40

注：7、8 度时括号内数值分别用于设计基本地震加速度为 0.15g 和 0.30g 的地区。

（4）例题

二层钢筋混凝土框架结构（图 3-6）建造在设防烈度为 8 度的 I_1 类场地上，设计地震分组为第一组，结构的阻尼比 $\zeta=0.05$，已知各层质量为 $m_1=60t$，$m_2=50t$，$T_1=0.36s$，试计算层间地震剪力（考虑多遇地震）。

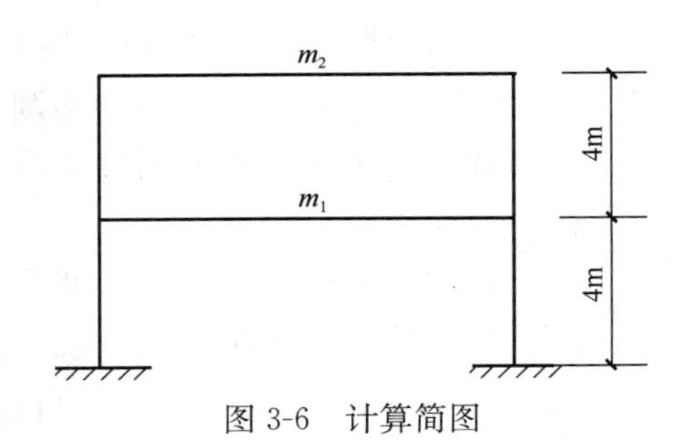

图 3-6 计算简图

解：1）计算水平地震影响系数 α_1

对于基本振型，Ⅰ$_1$ 类场地，第一组，查表得：$T_g=0.25$s。8 度，0.20g，多遇地震，查表得：$\alpha_{max}=0.16$，$5T_g>T_1=0.36\text{s}>T_g=0.25\text{s}$，所以水平地震影响系数为：

$$\alpha_1=\left(\frac{T_g}{T_1}\right)^{0.9}\eta_2\alpha_{max}=\left(\frac{0.25}{0.36}\right)^{0.9}\times1.0\times0.16=0.115$$

2）结构等效总重力荷载 G_{eq}

$$G_{eq}=0.85\sum_{i=1}^{2}m_ig=0.85\times(60+50)\times9.8=916\text{kN}$$

3）结构总水平地震作用标准值

$$F_{EK}=\alpha_1G_{eq}=0.115\times916=105.3\text{kN}$$

4）各质点的地震作用标准值（图 3-7a）

$$F_1=\frac{G_1H_1}{G_1H_1+G_2H_2}F_{EK}=\frac{60\times9.8\times4}{60\times9.8\times4+50\times9.8\times8}\times105.3=39.5\text{kN}$$

$$F_2=\frac{G_2H_2}{G_1H_1+G_2H_2}F_{EK}=\frac{50\times9.8\times8}{60\times9.8\times4+50\times9.8\times8}\times105.3=65.8\text{kN}$$

5）各楼层地震剪力标准值（图 3-7b）

$$V_2=F_2=65.8\text{kN}$$

$$V_1=F_1+F_2=39.5+65.8=105.3\text{kN}$$

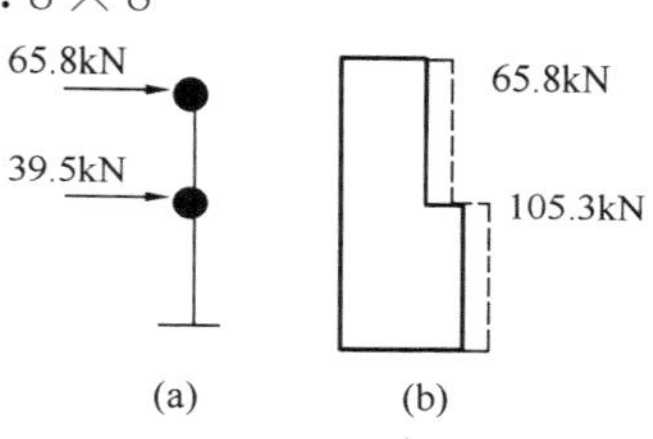

图 3-7 计算结果
（a）F 图；（b）V 图

3.1.3 荷载效应组合

由荷载引起结构或结构构件的反应，称为荷载效应，例如内力、变形和裂缝等。荷载效应组合是指按极限状态设计时，为保证结构的可靠性而对同时出现的各种荷载产生的效应加以组合而求得组合后的总效应的规定。显然，全部荷载效应按标准值简单叠加组合在一起是很保守的。不同种类的作用，其出现与否及其值的大小和作用时间等的不同，对建筑结构的影响及造成的后果也不一样。永久作用力作用时间很长，会引起结构材料的徐变变形，使结构构件的变形和裂缝增大，引起结构的内力重分布；可变作用因时有时无，时大时小，有时其作用位置也变化，可能对结构各部分引起不同的影响，甚至引起完全相反的作用效应，故设计中必须考虑其最不利组合作用的影响；对偶然作用因其作用时间很短，材料的塑性变形来不及发展，其实际强度会有一定提高，且因瞬时作用，结构的可靠度也可以适当取小一点。通常，对各种不同的荷载作用分别进行结构分析，得到内力和位移后，再用分项系数与组合系数加以组合。荷载效应组合在结构概念设计阶段主要应用类型有：

（1）基本组合

荷载基本组合的效应设计值 S_d应从下列组合值中取最不利值确定。

1）由可变荷载控制的效应设计值：

$$S_d=\sum_{j=1}^{m}r_{G_j}S_{G_jK}+r_{Q_1}r_{L_1}S_{Q_1K}+\sum_{i=2}^{n}r_Qr_{L_i}\psi_{Q_i}S_{Q_iK}\tag{3-12}$$

式中 γ_G——永久荷载的分项系数；

γ_{Q_i}——第 i 个可变荷载的分项系数，其中 γ_{Q_1} 为主导可变荷载 Q_1 的分项系数；

S_{G_jK}——按永久荷载标准值 G_{jK} 计算的荷载效应值；

S_{Q_iK}——按可变荷载标准值 Q_{iK} 计算的荷载效应值，其中 S_{Q_1K} 为诸可变荷载效应中起控制作用者；

ψ_{Q_i}——可变荷载 Q_i 的组合值系数；

m——参与组合的永久荷载数；

n——参与组合的可变荷载数；

γ_{L_i}——第 i 个可变荷载考虑设计使用年限的调整系数，其中 γ_{L_1} 为主导可变荷载 Q_1 考虑设计使用年限的调整系数。

2）由永久荷载控制的效应设计值：

$$S_d = \sum_{j=1}^{m} r_{G_j} S_{G_jK} + \sum_{i=1}^{m} r_{Q_i} r_{L_i} \psi_{Q_i} S_{Q_iK} \tag{3-13}$$

基本组合中的设计值仅适用于荷载与荷载效应为线性的情况。当对 S_{Q_1K} 无法明显判断时，应轮次以各可变荷载效应作为 S_{Q_1K}，并选取其中最不利的荷载组合的效应设计值。

上述两个基本组合公式可综合等效表述为《高层建筑混凝土结构技术规程》的持久设计状况和短暂设计状况下的荷载基本组合的效应设计值公式：

$$S_d = r_G S_{GK} + r_L \psi_Q r_Q S_{QK} + \psi_W r_W S_{WK} \tag{3-14}$$

式中 S_{WK}——风荷载效应标准值；

ψ_W——风荷载组合值系数；

γ_W——风荷载的分项系数。

3）基本组合的各分项系数，应按以下规定采用：

①永久荷载的分项系数 γ_G

当其效应对结构不利时：对由可变荷载效应控制的组合，应取 1.2；对由永久荷载效应控制的组合，应取 1.35。

当其效应对结构有利时：应取 1.0；对结构的倾覆、滑移或漂浮验算，可按建筑结构有关设计规范的规定确定，一般取 0.9。

②可变荷载的分项系数 γ_Q、γ_W

可变活荷载的分项系数 γ_Q 一般情况下应取 1.4；对标准值大于 $4kN/m^2$ 的工业房屋楼面结构的活荷载应取 1.3。对于某些特殊情况，可按建筑结构有关设计规范的规定确定。风荷载的分项系数 γ_W 应取 1.4。

③可变荷载考虑设计使用年限的调整系数 γ_L

设计年限为 50 年时取 1.0，设计年限为 100 年时取 1.1。设计年限为中间数值时，调整系数 γ_L 可按线性内插确定。

④楼面活荷载组合值系数 ψ_Q 和风荷载组合值系数 ψ_W

当永久荷载效应起控制作用时应分别取 0.7 和 0.0；当可变荷载效应起控制作用时应分别取 1.0 和 0.6（可变荷载中活荷载主导）或 0.7 和 1.0（可变荷载中风荷载主导）。对书库、档案馆、储藏室、通风机房和电梯机房，上述楼面活荷载组合值系数取0.7的场合应取为0.9。

4）从上述规定可看出：对于仅有恒活荷载参与的组合，分别考虑恒载起控制作用、不起控制作用、有利，荷载基本组合的效应设计值S_d有3种可能的最不利组合方式：$1.35S_{GK}+\psi_Q\times1.4S_{QK}$，$1.2S_{GK}+1.4S_{QK}$，$1.0S_{GK}+1.4S_{QK}$；考虑风荷载组合时，有12种可能的最不利组合方式：$1.2S_{GK}\pm1.4S_{WK}$，$1.0S_{GK}\pm1.4S_{WK}$，$1.2S_{GK}+1.4S_{QK}\pm0.6\times1.4S_{WK}$，$S_{GK}+1.4S_{QK}\pm0.6\times1.4S_{WK}$，$1.2S_{GK}+\psi_Q\times1.4S_{QK}\pm S_{WK}$，$1.0S_{GK}+\psi_Q\times1.4S_{QK}\pm S_{WK}$。

（2）偶然组合

地震设计状况下，荷载和地震作用基本组合的效应设计值应按下列规定确定：

$$S_d=\gamma_G S_{GE}+\gamma_{EH}S_{EHK}+\gamma_{EV}S_{EVK}+\psi_W\gamma_W S_{WK} \tag{3-15}$$

其中：S_{GE}为重力荷载代表值产生的荷载效应，重力荷载包括全部自重、50%雪荷载、50%～80%使用荷载；S_{EHK}，S_{EVK}分别为水平和竖向地震作用标准值的效应，尚应乘以相应的增大系数、调整系数；ψ_W为风荷载的组合值系数，取0.2；γ_G、γ_W、γ_{EH}、γ_{EV}分别为重力荷载、风荷载、水平和竖向地震作用的分项系数，按表3-9取值，当重力荷载效应对结构的承载力有利时γ_G取1.0。

地震设计状况时荷载和作用的分项系数　　表3-9

参与组合的荷载和作用	γ_G	γ_{EH}	γ_{EV}	γ_W	说　明
重力荷载及水平地震作用	1.2	1.3	—	—	抗震设计的高层建筑结构均应考虑
重力荷载及竖向地震作用	1.2	—	1.3	—	9度抗震设计时考虑；水平长悬壁和大跨度结构7度（0.15g）、8度、9度抗震设计时考虑
重力荷载、水平地震及竖向地震作用	1.2	1.3	0.5	—	9度抗震设计时考虑；水平长悬壁和大跨度结构7度（0.15g）、8度、9度抗震设计时考虑
重力荷载、水平地震及风荷载	1.2	1.3	—	1.4	60m以上的高层建筑考虑
重力荷载、水平地震作用、竖向地震作用及风荷载	1.2	1.3	0.5	1.4	60m以上的高层建筑，9度抗震设计时考虑；水平长悬壁和大跨度结构7度（0.15g）、8度、9度抗震设计时考虑
	1.2	0.5	1.3	1.4	水平长悬壁结构和大跨度结构7度（0.15g）、8度、9度抗震设计时考虑

注：1. g为重力加速度；

2. “—”表示组合中不考虑该项荷载或作用效应。

从本条规定可看出：对于仅考虑水平地震作用不考虑风荷载及竖向地震作用时，荷载和地震作用基本组合的效应设计值S_d有4种可能的最不利组合方式：$1.2S_{GE}\pm1.3S_{EHK}$，$1.0S_{GE}\pm1.3S_{EHK}$；对于考虑水平地震作用及风荷载而不考虑竖向地震作用时，有4种可能的最不利组合方式：$1.2S_{GE}\pm0.2\times1.4S_{WK}\pm1.3S_{EHK}$，$1.0S_{GE}\pm0.2\times1.4S_{WK}\pm1.3S_{EHK}$；对于考虑水平地震作用及竖向地震作用而不考虑风荷载时，有8种可能的最不利组合方式：$1.2S_{GE}\pm1.3S_{EVK}$，$1.0S_{GE}\pm1.3S_{EVK}$，$1.2S_{GE}\pm1.3S_{EHK}\pm0.5S_{EVK}$，$1.0S_{GE}\pm1.3S_{EHK}\pm0.5S_{EVK}$；三种作用均考虑时有4种可能的最不利组合方式：$1.2S_{GE}\pm0.2\times1.4S_{WK}\pm1.3S_{EHK}\pm0.5S_{EVK}$，$1.0S_{GE}\pm0.2\times1.4S_{WK}\pm1.3S_{EHK}\pm0.5S_{EVK}$。

（3）标准组合

对于标准组合，荷载组合的效应设计值S_d应按下式采用：

$$S_d=\sum_{j=1}^{m}S_{G_jK}+S_{Q_1K}+\sum_{i=2}^{n}\psi_{Q_i}S_{Q_iK} \tag{3-16}$$

（4）结构设计规定

结构为了实现建筑的安全性、适用性和耐久性的三个功能要求，采用两个极限状态（承载能力极限状态和正常使用极限状态）的设计计算来保证。

对于承载能力极限状态，如抗弯、抗剪、抗压、抗扭等承载力设计中的弯矩、剪力、压力、扭矩等作用效应设计值等，应按荷载的基本组合或偶然组合计算荷载组合的效应设计值，并应采用下列设计表达式进行设计：

$$r_0S_d\leqslant R_d \tag{3-17}$$

式中 γ_0——结构重要性系数；

S_d——荷载组合的效应设计值；

R_d——结构构件抗力的设计值，应按各有关建筑结构设计规范的规定确定。

对于正常使用极限状态，如挠度、变形、裂缝等计算，应根据不同的设计要求，采用荷载的标准组合、频遇组合或准永久组合，并应按下列设计表达式进行设计：

$$S_d\leqslant C \tag{3-18}$$

式中 C——结构或结构构件达到正常使用要求的规定限值，例如变形、裂缝、振幅、加速度等的限值，应按各有关建筑结构设计规范的规定采用。

上述式中的可变荷载的组合值、频遇值、准永久值均是采用相应荷载标准值乘以其组合系数、频遇系数、准永久系数得到。

3.1.4 总作用力及其反应

以最简单的矩形塔楼为例，各标准层的竖向荷载基本相同，为了简化计算，我们只分析在均匀分布的水平风荷载作用下的情况，将建筑物简化为固定在地基上一根悬臂杆，其整体结构的内力和变形反应如下（如图3-8）：

（1）结构的竖向荷载N

由于各标准层的层高和楼层荷载基本相同，故结构的竖向荷载与计算截面以上的楼层数成正比，也可以说是与结构总高度成正比。如图3-8（b），结构底部竖向荷载最大值N（包括楼面自重、墙柱及设备重以及楼面活荷载等），进行近似估算：

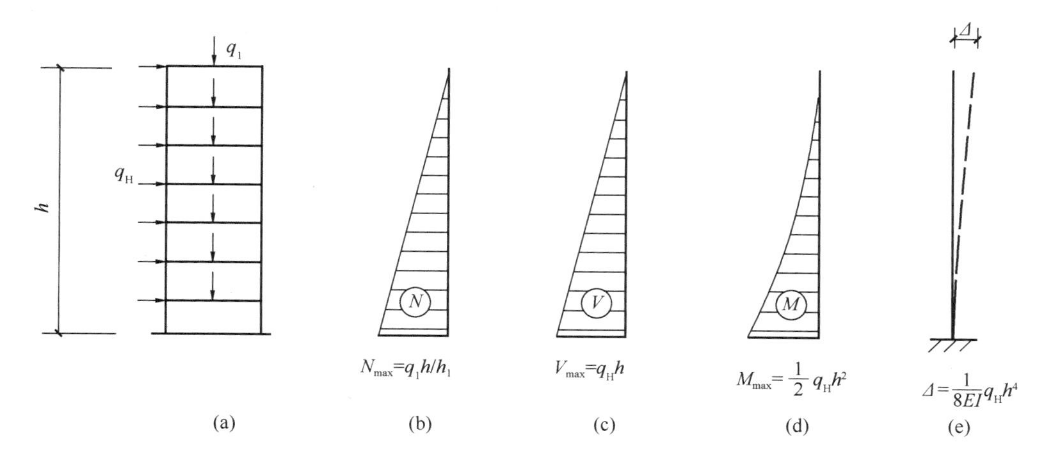

图 3-8 房屋高度对结构内力和侧移的影响

$$N=\sum_{i=1}^{m}q_iA_in_i \tag{3-19}$$

式中 A_i——相同荷载 q_i 的楼层面积；

n_i——相同荷载 q_i 的楼层层数；

q_i——由统计资料提供的某类房屋的楼面折算荷载值；

m——楼层面积及荷载不同的类型数。

q_i 值对于钢筋混凝土结构约为 12～16kN/m²（其中活荷载约占2～3.5kN/m²），估算时可取 15kN/m²；对于钢结构约为 6～10kN/m²（其中活荷载约占 2～3.5kN/m²），估算时可取 8kN/m²。应当指出 q_i 值随房屋所在地区、采用的结构形式、建筑材料等出入较大，设计中应参考当地的统计资料，必要时可对当地同类房屋进行统计分析。

估算墙、柱及基础荷载时，通常可近似地不考虑上部结构的连续性，即认为上部结构是简支梁板，墙、柱只承受每侧一半跨度传来的荷载。估算时可按跨度的一半划分墙柱的承受荷载面积，再根据上述楼面恒、活荷载估算墙、柱及基础的荷载，如图 3-9 所示。

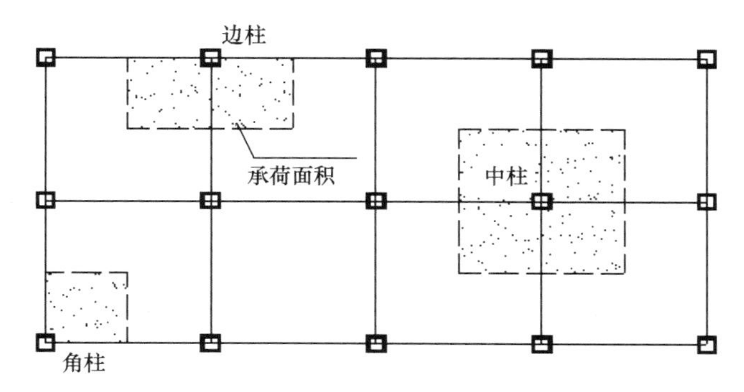

图 3-9 墙、柱的竖向荷载估算

设计中需要根据墙、柱荷载和轴压比来确定墙柱的截面尺寸，轴力 N 可按式（3-19）估算。轴压比 μ_N 是指墙、柱组合的轴力设计值与墙、柱的全截面面积和混凝土强度设计值乘积之比。轴压比直接影响墙、柱破坏时的延性，故《建筑抗震设计规范》根据房屋的结构类型、抗震设防烈度及抗震等级规定了相应的轴压比限值 $[\mu_N]$，设计中应严格遵照执行。以现浇钢筋混凝土框架结构为例，按有关规范，其相应的抗震等级及柱轴压比限值 $[\mu_N]$ 见表 3-10。

现浇钢筋混凝土框架结构的抗震等级和轴压限值 $[\mu_N]$　　表 3-10

	地震等级				
	7 度		8 度		9 度
框架房屋高度（m）	≤24	>24	≤24	>24	≤24
抗震等级	三级	二级	二级	一级	一级
轴压比限值 $[\mu_N]$	0.85	0.75	0.75	0.65	0.65

规范要求：

$$\mu_N = \frac{N}{A_c f_c} \leqslant [\mu_N] \tag{3-20}$$

式中　N——框架柱轴力设计值；

μ_N——框架柱的轴压比；

A_c——柱截面面积；

f_c——混凝土的轴心抗压强度设计值（表 3-11）；

$[\mu_N]$——框架柱的轴压比限值。

混凝土的轴心抗压强度设计值　　表 3-11

混凝土强度等级	C20	C30	C40	C50	C60	C70	C80
f_c（N/mm²）	9.6	14.3	19.1	23.1	27.5	31.8	35.9

（2）结构的水平剪力 V（图 3-8c）

在均布水平荷载作用下，结构水平剪力 V 与计算截面以上高度成正比，底部最大剪力：

$$V_{max} = q_H h \tag{3-21}$$

式中　q_H——假设均匀分布的计算单元的水平风荷载。

（3）结构的总弯矩 M（图 3-8d）

结构截面弯矩与计算截面以上高度成平方比，底部最大弯矩为：

$$M_{max} = q_H h^2/2 \tag{3-22}$$

（4）房屋的顶部侧移（图 3-8e）

由结构力学知识，若假定各层结构截面不变，则承受均布荷载的悬臂柱的顶端位移：

$$\Delta = q_H \times h^4/(8EI) \tag{3-23}$$

以上是在均布水平荷载下的剪力、弯矩和顶端侧移的关系式。可看出，顶端侧移相应于高度成四次方增长。对于高层房屋，随房屋高度 h 的增加，如何解决结构的刚度和侧移问题将转化为主要矛盾。从位移计算公式（3-23）可见，要减小侧移只有增大结构的截面抗弯刚度 EI。对于高层建筑来说，事实上水平风荷载和地震水平力都是按倒三角形分布的，且墙柱截面通常沿高度向上逐渐减小，情况将更为不利。

3.2 结构成立的总体要求

为了实现抵抗可能施加在建筑物上的任何荷载以安全支撑建筑物，结构必须具有四种特性：必须处于平衡状态；必须稳定；必须具有足够的强度；必须具有足够的刚度。

3.2.1 平衡性

结构必须能够在外部施加荷载作用下达到一种平衡状态，这就要求在所有外加荷载作用下结构及其构件的内力必须与基础所产生的反力完全达到平衡。手推车提供了一个简单的涉及这种原理的证明。当手推车不动时，它处在静力平衡状态。由自重和它里面装的东西的重量所产生的重力垂直向下作用，与作用于车轮和其他支承处的反作用力准确地保持平衡。当推车人在车轮上施加了一种水平力时，手推车就水平向前移动，为此它就不再处于静力平衡状态。这种情况之所以发生，是因为车轮与地面的接触面不能够产生水平反作用力与所施加的水平力平衡。手推车既是结构又是机械：在重力荷载作用下它是结构，在水平荷载作用下它是机械。尽管一位著名的建筑师曾说过“建筑是居住的机器”，然而建筑毕竟不是机器。因此，建筑结构必须要在所有荷载方向上达到平衡且是静止不动的平衡。

建筑结构是承受称为荷载的这种外力作用的刚性物体。如果结构不受力，则它可以被看作处于静止状态也就是平衡状态，如果它承受单个力，或合力不为零的一组力，它就在力的作用下运动（更确切地说是加速运动），运动的方向与单个力或合力的作用线方向一致，其加速度取决于结构的质量和力的大小之间的关系。如果结构上由一组合力为零的力的作用，那么这组力将使结构保持静止，其“力的三角形”或“力的多边形”是一个闭合图形，即处于一种静力平衡状态。合力为零是静力平衡对作用在实体结构上的力系所要求的条件，要求力系不存在合力是平衡所必要的但不是充分的条件。

作用在实体结构上的荷载自身很少构成一种平衡布置，其平衡是通过结构与它们的基础之间的反力来建立的。这些反力事实上是由作用于结构上的荷载引起的，结构的承载力与它们在基础上产生的反力之间所存在的关系可以用一个简单的实例加以阐述。在图 3-10（a）中，一个力 F（荷载）被施加到这个物体上，并且假设该物体位于一个无摩擦的平面上（在冰上的一个木块可以演示这种实例），不可能出现反向力，所以它沿力的方向运动。在图 3-10（b）中，物体遇到阻止物体运动的阻力 R 时，如同把物体推向一个固定的物体，就会产生反力，反力的大小 R 随固定物体上压力的增大而增大直到它等于作用力的大小 F。反力这时使系统平衡，平衡由此被建立。在这种情况下，由于提供阻力的物体恰好位于作用力的作用线上，因此只需要一种阻力来产生平衡。倘若物体不在图 3-10（c）

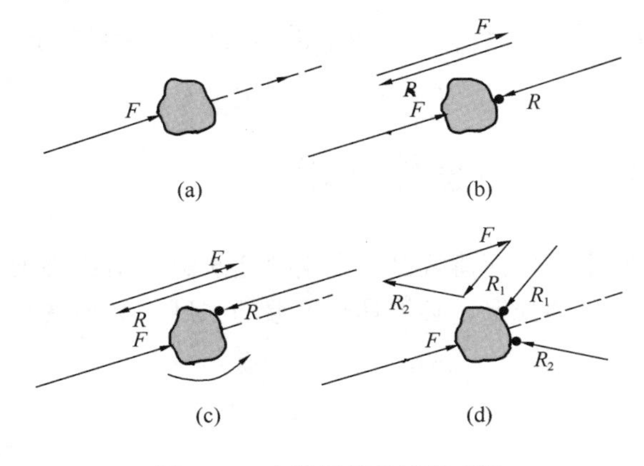

图 3-10　力的平衡系统示意图

所示的力的作用线上，反作用力仍然会形成，但是合力 F 和反力 R 将会产生导致物体旋转的效应。这时将需要另一个反力 R_2 来阻挡物体以建立平衡（图 3-10d）。这种新的反力的存在会导致最初反力的大小发生改变（$R \rightarrow R_1$），但总的力系仍然是合力为零，正如我们从力的多边形中看到的一样，因此总的力系能够达到平衡。在此种情况下，力不在物体上产生纯旋转效应，合力也为零，所以存在一种平衡状态。

图 3-10 所示的简单系统表明了作用在建筑结构上的力系所具有的许多特性。第一种特性是结构的基础提供平衡力。每一种结构都必须被基础支撑，基础能够产生足够的反力以平衡荷载。如果作用在结构上的荷载改变，则反力改变。如果要使结构在所有可能的荷载组合条件下都处于平衡状态，它就必须被基础支撑，因为基础将在所有受力条件下的支承点上形成所需要的反力。第二个特性是，如果一个力系处于平衡状态，它就必须满足一定的条件。事实上，只有两个条件：力系在任何方向上必须合力为零；力在结构上不存任何纯旋转效应。如果作用在构件上的力在任意两个方向上被分解后处于平衡状态（合力为零），第一个条件就得到满足；如果在平面内的任意点的合力矩为零，则第二个条件就满足。一般将力分解成两个正交方向（通常是垂直和水平方向），采用代数方法验证受力系统的平衡，因此在二维系统中的平衡条件可以概括为以下三个方程：

所有力的垂直分量和为 0：$\sum F_{\mathrm{V}}=0$；

所有力的水平分量和为 0：$\sum F_{\mathrm{H}}=0$；

所有力矩之和为 0：$\sum M=0$。

图 3-11（a）演示了装满酒的酒瓶和带圆孔的木板所组成的平衡系统，平衡的原理是：①木板与酒瓶的重量等于桌子提供的支承反力大小；②两个作用力

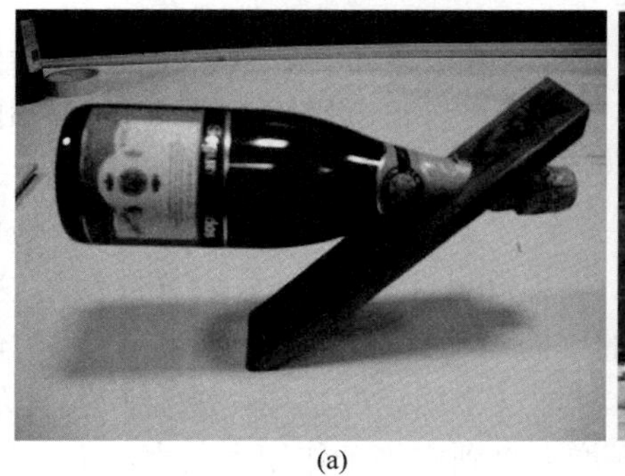

(a)　　(b)

图 3-11　平衡系统

（a）木板-瓶组合系统的平衡状态；（b）舞台上的平衡

(即木板的重量与瓶的重量)关于支承点的力矩之和为零。换一种说法，是因为板-瓶组合系统的重心恰好位于木板支座的上方。图 3-11 (b) 演示了两个表演者的身体能够处于平衡状态是因为她们身体的重心恰好落在一个演员的脚上，这种平衡展示了表演者的力量与姿态美。

在建筑结构的受力分析中，共平面力系中的静力平衡所需要的两个条件是所有基本结构计算的基础，由它们所推导出的三个平衡方程是所有基本结构分析方法依赖的基本关系。由这三个平衡方程能够完全求解的结构称为静定结构；而结构所包含的内力数量大于考虑所有“隔离体图”的平衡所推导出的独立方程数，不能通过平衡方程直接求解，必须另外考虑变形连续条件，才能完全求解的结构称为超静定结构。结构工程师在这两种结构类型中选择哪种适宜的形式必须有清醒的意识，因为这种选择将影响结构的细部尺寸，也会影响结构材料的选择。

建筑的高宽比是对整体建筑结构平衡性的控制。对于一般矩形平面的房屋，较长方向比较稳定，较短方向易失去平衡而倾覆，所以这时高宽比的“宽”是指房屋较短方向的结构尺度。悬挑部分或围护结构对抗倾覆没有作用，不应计算在内。

以双列柱构成的房屋为例，水平力 H 引起的倾覆力矩必须由支承体系的竖向反力组成的力偶来抵抗，如图 3-12 所示：

$$Ha = Hch = Vd \tag{3-24}$$

$$V = Hc\frac{h}{d} \tag{3-25}$$

式中 c——水平力 H 作用点的相对高度，与房屋体型和水平力分布有关，称倾覆力臂系数，$c=a/h$。

很明显，支承体系的竖向反力 V 与结构宽度 d 成反比，与房屋高度 h 成正比，可见房屋的高宽比 h/d 是建筑结构抗倾覆能力的重要指标。

建筑结构同时还要承受竖向荷载 W，对于对称的双列柱，竖向荷载将由竖向支承平均分担。同时承受竖向荷载 W 和水平荷载 H 时，可以进行简单的叠加，也可用等效偏心力来代替，其偏心距（详见图 3-12c、图 3-12d）：

$$e = \frac{Hch}{W} \tag{3-26}$$

房屋结构的地基一般只承受压力，若要地基受拉，则必须设抗拔桩或抗拔锚杆，这将大大提高建筑造价，增加施工难度。所以，一般情况下可认为地基不能抗拉，即在竖向荷载 W 和水平荷载 H 共同作用下，支承体系底部不得产生拉力，否则房屋将会失去平衡而倾覆。从图 3-12 可见，对于双列柱的情况，偏心距 e 最大不能超过 $\frac{d}{2}$，即最大偏心距 $e_{max} = e_b = \frac{d}{2}$，此时为临界状态，或倾覆极限状态。

现引入相对偏心距（或叫偏心比）e_r 的概念：

$$e_r = e/e_b \tag{3-27}$$

式中 e——水平荷载 H 和竖向荷载 W 引起的荷载偏心距；

e_b——相应建筑结构倾覆临界状态下偏心距，对于双列柱 $e_b=\dfrac{d}{2}$；

e_r——反映了荷载偏心距 e 与抗倾覆极限偏心距 e_b 的比值；很明显，当 $e_r<1$ 时，地基无拉力，结构稳定；$e_r=1$ 时，结构处于倾覆极限状态；$e_r>1$ 时，地基要承受拉力，若不设抗拔桩或抗拔锚杆，结构将倾覆。

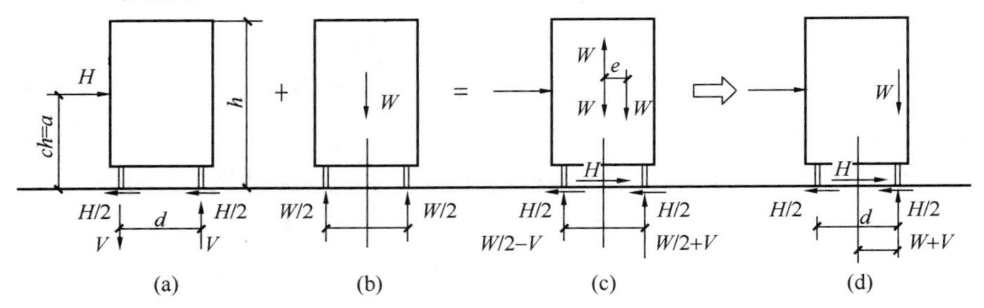

图 3-12 房屋高宽比与抗倾覆

对于双列柱结构，$e_b=\dfrac{d}{2}$，与式（3-26）一起代入式（3-27），得：

$$e_r=\frac{Hch}{W}\frac{1}{d/2}=2\frac{H}{W}c\frac{h}{d}=2\beta c\frac{h}{d} \tag{3-28}$$

式中 β——水平荷载与竖向荷载之比 $\beta=\dfrac{H}{W}$；

c——水平荷载合力作用点的相对高度，与房屋形状及水平荷载分布有关 $c=a/h$；

$\dfrac{h}{d}$——房屋的高宽比。

当房屋的总体形式（矩形、三角形或金字塔形等）确定后，上述系数 β 和 c 就不会有太大的变化，高宽比 h/d 就成为影响结构抗倾覆能力的重要因素了。高宽比 h/d 不仅对结构的抗倾覆有着重要的影响，而且还直接影响结构内力和变形，尤其在高层建筑抗震设计中，房屋结构的高宽比是一个比房屋高度更重要的参数，高宽比越大，地震作用下的侧移越大，地震引起的倾覆越严重，巨大的倾覆力矩在柱中引起的附加拉力和附加压力就很难处理。1985 年墨西哥地震时，一幢九层钢筋混凝土大厦因倾覆力矩而倾倒，埋深 2.5m 的箱形基础被翻转 45°，甚至基础下的摩擦桩也被拔了出来。在 1967 年委内瑞拉的加拉加斯地震中，一幢 11 层旅馆由于倾覆力矩引起的巨大压力使柱的轴压比大大增加，降低了柱截面的延性，使柱头发生剪压破坏；另一幢 18 层框架结构 Caromay 公寓，由于巨大的倾覆力矩，使地下室柱中引起很大的附加轴力，许多柱的混凝土被压碎，钢筋弯曲成灯笼状。为此，各国设计规范对房屋高宽比都有相应限制。日本 1982 年批准的《高楼结构抗震设计指南》指出：高楼的高宽比决定了地震中剪切变形和弯曲变形的比例，通常以高宽比小于 4 的建筑物为设计对象，对于高宽比大于 4 的高楼，在抗震设计中一般采取加大地震作用的等效静力来考虑倾覆效应和 P-Δ 效应的影响。新西兰 Dowrick 教授建议，为避免地震中倾覆力矩的严重影响，地震区房屋的高宽比不宜大于4。我国《高层建筑混凝土结构技术规程》对高层建筑结构高宽比也作出了严格规定，如表4-5所示。

在建筑设计的方案阶段，建筑师和结构工程师必须认真控制好高宽比 h/d 。当然，除上述分析外，在抗倾覆计算中还必须考虑结构抗倾覆的安全度，要留有余地，不能直接按倾覆的极限状态来设计。工程中抗倾覆的安全系数一般取为1.5。

3.2.2 几何稳定性

几何稳定性是指保持结构的几何形体不变并使结构的构件共同工作，用于抵抗任意方向荷载的性质。稳定性和平衡之间的区别以通过图3-13所示的排架来证明，图3-13（a）所示具有四个铰接点的排架能够在重力荷载作用下达到平衡状态。然而，这种平衡是不稳定的，因为如果柱受到任何轻微的侧向扰动都将导致这个排架的倒塌，这是典型的几何可变体系。图3-13（b）通过加设对角支撑构件形成稳定三角形布置而成为几何不变体系，但对角构件对抵抗重力荷载没有直接作用，只是为了保证几何稳定性。

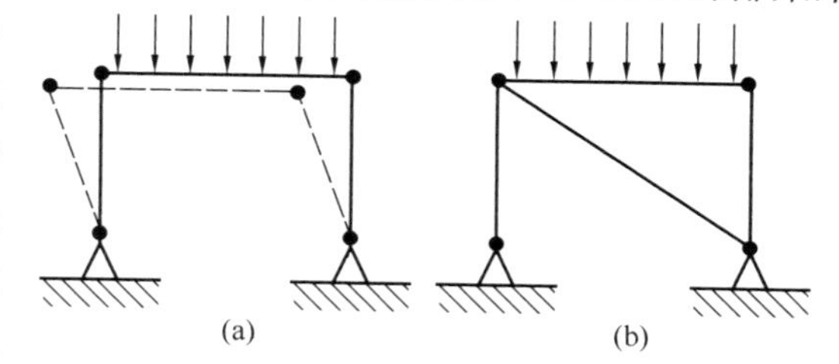

图3-13 稳定性与平衡的区别

（a）平衡但不稳定结构；（b）稳定结构

这种简单的布置表明，就任何体系的稳定性来说，关键的因素是少量的干扰对于它的影响。在结构范畴内，图3-14（a）通过比较受拉和受压构件，非常清楚地证明了这一现象。如果两条初始定线中有任何一条线受到干扰，受拉构件就会随着扰动介质的移动而后移对齐，但受压构件，一旦它的初始定线被改变，它就会移到一个全新的位置。这里稳定性的基本问题得到了证明，即稳定系统受到轻微的干扰时能返回到它们的原始状态，而不稳定系统则进入一个全新的状态。

倾向于不稳定的结构部分是那些受压力作用的构件，因此在考虑结构布置的几何稳定性时，必须特别注意这些构件，简单排架中的柱是这方面的例子（图3-13）。图3-14（b）中的三维桥梁结构表明了另一个潜在的不稳定系统。当大桥承担着穿过大桥的物体重量时，压力就出现在桥梁框架上部的水平构件上。由于这些受压构件缺乏足够的约束，该系统是不稳定的，任何偏心率的出现都会造成失稳破坏，因为内压力会不可避免地因为某种程度的偏心率而产生，它们往往使上部构件偏离定线，从而导致整个结构破坏。

假如考虑了结构布置对于水平荷载的反应，图3-13（a）和图3-14（b）中的这种布置的几何不稳定性则是明显的（图3-15）。这表明了对于任意构件布置的几何稳定性的基本要求之一，就是结构必须能够抵抗来自正交方向的荷载（平面布置有两个正交方向，三维布置有三个正交方向）。如果平面二维系统在抵抗来自两个相互垂直方向上的力时能够达到平衡，它就是稳定的（图3-15a），三维系统能够抵抗来自三个方向上的力，它就是稳定的（图3-15b）。因此，通过考虑各

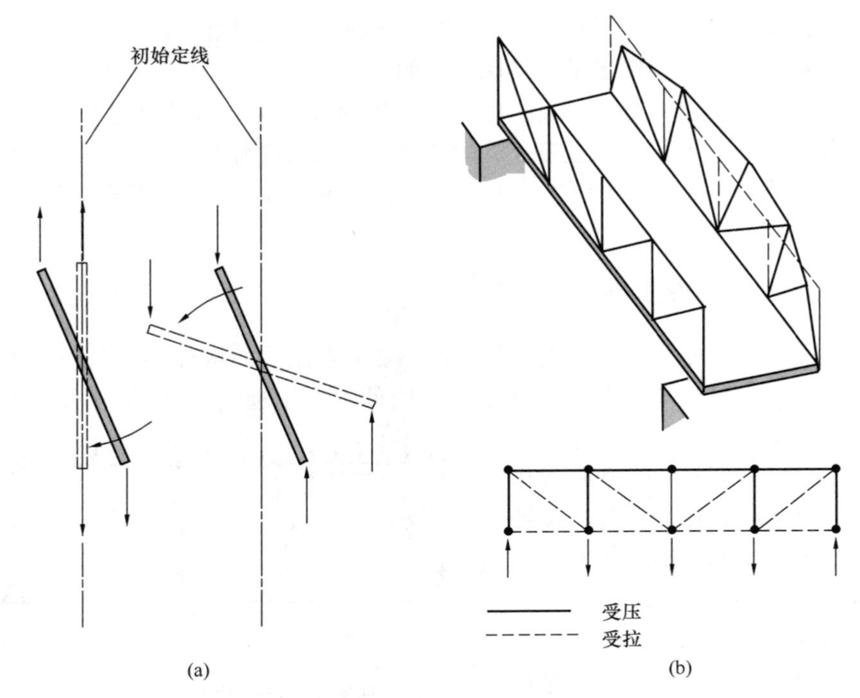

图 3-14 结构稳定性分析图

（a）受拉构件与受压构件；（b）桥梁顶部的水平构件

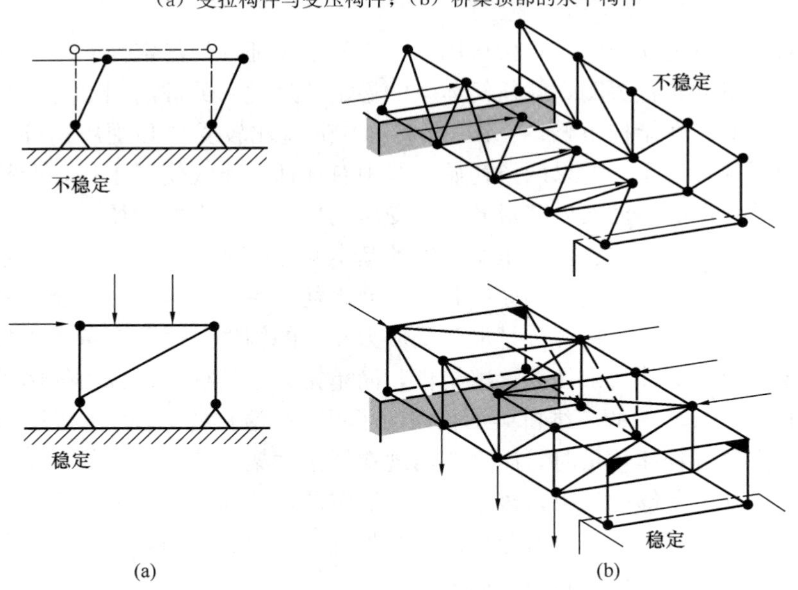

图 3-15 排架稳定性的条件

（a）二维系统；（b）三维系统

组相互垂直作用力对于某种构件布置的影响，就能够判断稳定性或者假设布置上的稳定性，其判断法为：不管在使用中真正所施加的荷载模式是什么，对三维系统，如果这种布置能够抵抗三个方向上的全部作用力，那么它就是稳定的；相反，如果构件布置不能抵抗来自三个正交方向上的作用力，那么它在使用中就是不稳定的，尽管实际中所施加的作用力往往来自一个方向。

在建筑设计中为了能够满足其他建筑功能的要求，必须采用有可能是不稳定的几何形体。例如，最简便的房屋结构几何形状之一是排架，正如已经表明（图3-13a）的一样，在最简单的铰接形式中它是不稳定的。这种几何形体的稳定性能通过使用刚性结点或插入斜撑杆件或采用填充框架内部的刚性薄墙来实现（图3-16），事实上，这也是建筑结构中各种结构类型的来源所在—框架结构、排架结构、剪力墙结构，但这几种情况各自都有缺陷。从空间布置的观点看，刚性结点（如钢筋混凝土框架结构）是最方便的，但从结构角度看，使结构成为超静定结构带来设计复杂、建造困难以及因温度变形、基础沉降变形而造成永久性内应力等问题；斜撑杆件（如钢框架、排架结构）和刚性薄墙（如砌体、混凝土剪力墙结构）填充，会使空间布局变得复杂化，然而在多跨布置中，可能不必要填充每一跨而达到稳定性。例如，图3-17中的连续排架就是通过插入一根斜撑杆件而达到稳定的。事实上，如果排架某跨通过图3-16中任一种方法来连接，则连续排架都是稳定的。图3-18中，在排架相互平行的位置，如果两个主方向上的少量跨在垂直面上是稳定的，并且其余的排架通过斜撑杆件或刚性薄墙在水平面上与这些跨相连，则三维布置也是稳定的。因此，三维框架能够通过在垂直和水平面上使用有限的斜撑杆件或刚性薄墙来实现稳定性。在建筑各楼层布置中，必须在每一楼层提供这种系统。

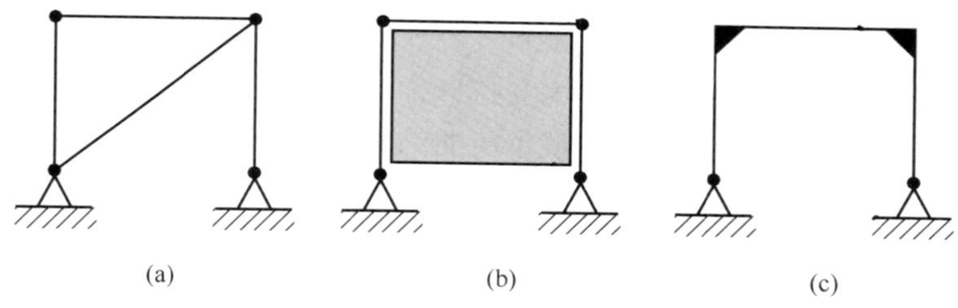

图3-16 排架稳定的实现

（a）加入斜撑杆件；（b）加入斜刚性薄墙；（c）提供刚性结点

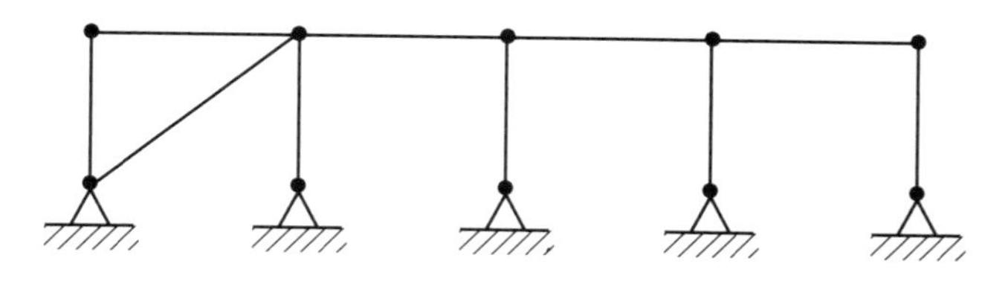

图3-17 连续排架的稳定

为了达到图3-18中的矩形框架的稳定性而添加的构件中，没有一个可以直接用来抵抗重力荷载（即承重，包括结构自重和结构所支承的构件重量或其他物体的重量），这类杆件称为支撑杆件。不需要支撑杆件布置的结构叫做自支撑结构，这是因为它们基本上是稳定的，或者说稳定性是由刚性结点所提供的。多数结构含有支撑杆件，它们的出现常常影响初期设计和建筑物的最终形状。因此，稳定性问题，特别是支撑系统的设计，是影响建筑物形式的重要因素。

当结构承受来自不同方向的荷载时，相对于主荷载，仅仅用于支撑的杆件往

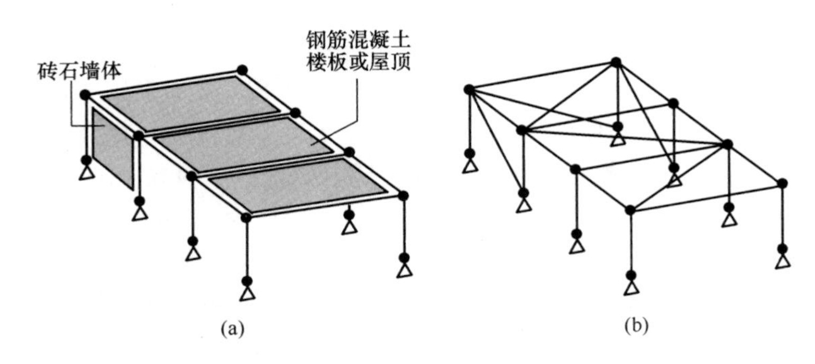

图 3-18 排架满足稳定所需的最少斜撑杆数
(a) 加入刚性薄墙；(b) 加入斜撑杆件

往在抵抗次荷载方面起着直接作用。例如，图 3-18 的框架中的斜撑杆件常常直接参与抵抗水平荷载，如由于风效应可能产生的荷载。因为实际结构通常承受来自不同方向的荷载，所以杆件只用于支撑的情况是不多见的。

支撑杆件的内力性质取决于失稳发生的方向。例如在图 3-19 中，如果排架偏向右侧，斜撑杆件则被放在受拉方向上；如果排架偏向左侧，斜撑杆件则被放在受压方向上。因为失稳导致的偏移方向在设计结构时不能预测，单一的支撑杆件常常做得非常坚固以同时能够承拉或承压。然而，抵抗压力所需的截面尺寸要比抵抗拉力所要求的更大，特别是当杆件很长时，这是确定杆件大小的关键因素。通常情况下，在排架中插入两根斜杆件（交叉支撑）比只插入一根杆件，要经济得多，并把两根杆件都设计成为受拉杆件。这样，当排架因失稳偏移时，放在受压方向的杆件只是轻微压曲，整个压曲约束是由受拉斜杆件提供的。

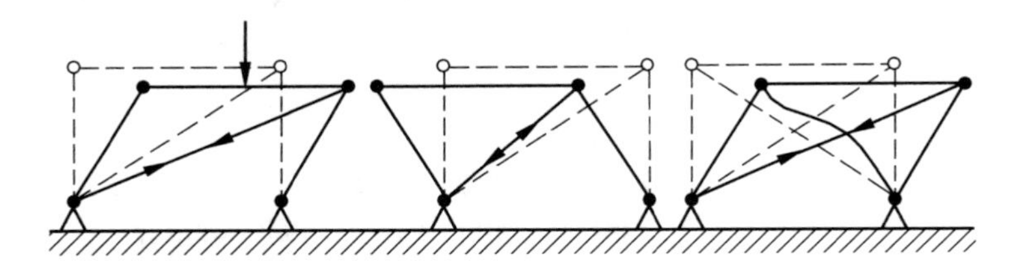

图 3-19 交叉支撑

常见的作法是提供比实际需要的支撑杆件数量要多的杆件，以提高三维框架对于水平荷载的抵抗力。例如图 3-18 中的框架，尽管从理论上讲是稳定的，但在外加水平荷载作用下也时常发生大幅度的变形，水平荷载与顶面平行，并作用于框架的节点上。框架在这样的水平荷载作用下也会发生一定量的变形，因为在顶面水平力作用下，通过顶面支撑传递，节点不可避免地会发生运动。在实践中，如果在框架两端都提供垂直支撑，框架的稳定性则更加令人满意（图 3-20）。这比仅满足稳定条件所需要的约束多，从而使结构具有超静定性，但这样可以使水平荷载在其施加到结构的位置上受到抵抗。另一个需要实际考虑的因素是三维矩形框架的支撑

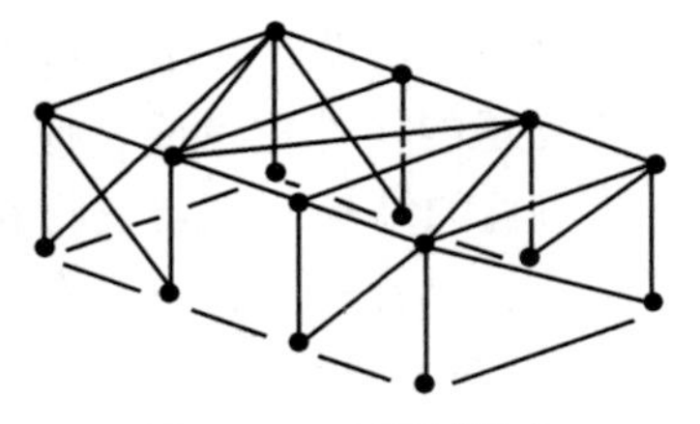

图 3-20 实际提供多余支撑的框架

斜杆件的长度。这些杆件在它们的自重作用下会下垂，因此将它们做得尽量短些是比较有利的。由于这个缘故，支撑杆件常常被局限到它们所处跨的某一个位置上，图 3-21 所示的框架就包括了这种布置。

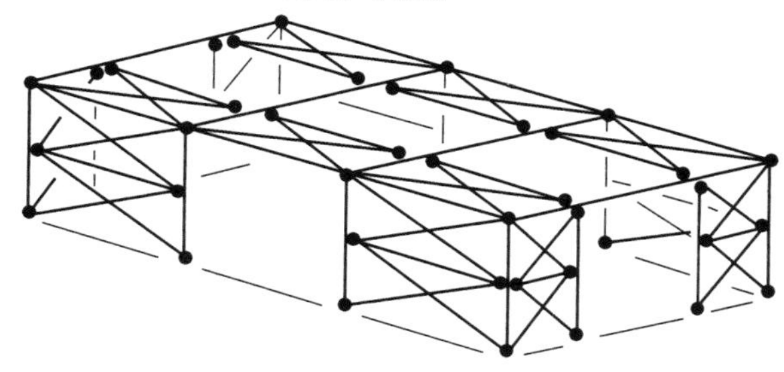

图 3-21 限制支撑杆件位置的框架

图 3-22 是典型的多层框架体系，垂直平面支撑被用于有限的开间内，并且在平面上对称布置，其他的开间都通过各层水平面上的斜杆件与垂直平面支撑相连。图 3-23 表示另一个常用的布置，在这个布置中，楼板用作为与垂直平面杆件相连的水平面上的横隔板式支撑。当采用刚性节点方法时，常见的作法是将所有节点都刚性化，从而保证各跨都具有稳定性，这就完全排除了对于水平杆件的需要。刚性节点法是在钢筋混凝土框架中常用的一种方法。在钢筋混凝土框架中，能够轻易地通过杆件之间的刚性连接达到连续性；但是在某些类型的钢筋混凝土框架的垂直面和水平面中，也采用刚性隔墙（板）—剪力墙作为支撑。

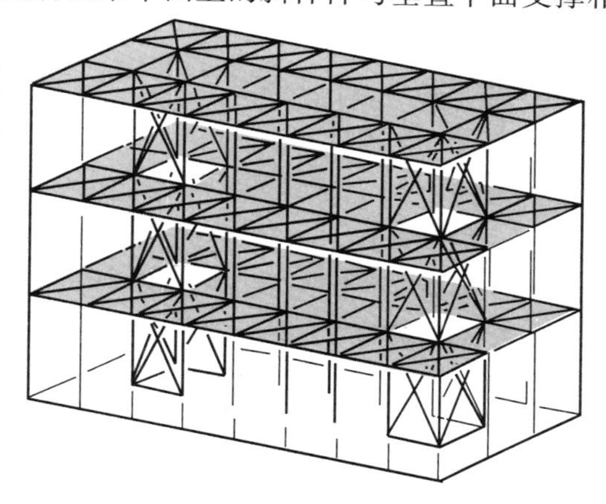

图 3-22 常用的多层框架支撑方案

承重墙结构是指那些用作为垂直结构构件的外墙和屋内隔墙，一般称为剪力墙。它们通常是由砌体、钢筋混凝土或木料建成，这些材料也能混合使用。在所有这些情况下，墙和楼板之间的节点通常不能抵抗弯曲作用（换言之，它们表现出铰接性能），缺乏刚性框架的连续性。其稳定性由墙本身作为支撑来提供。

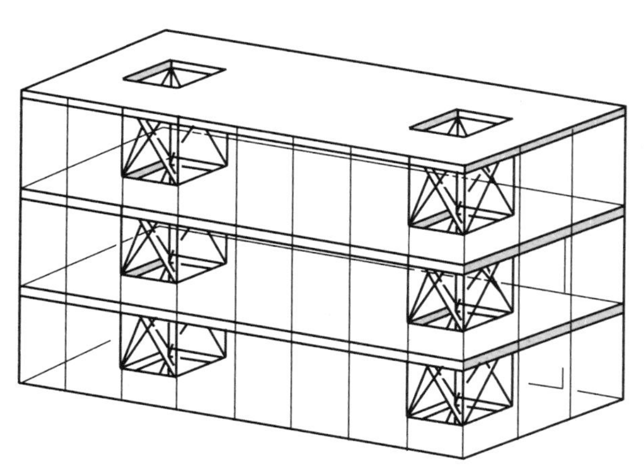

图 3-23 楼板作为水平支撑的结构

剪力墙在自身的平面内是稳定的，但在超出这个平面方向上则它是不稳定的

（图 3-24）；因此，垂直墙板必须彼此成直角摆放以便提供相互支撑。为了达到这一点，墙板之间的垂直节点内所提供的结构连接必须能够抵抗剪力。因为承重墙结构通常需要开洞，在两个正交方向上提供足够数量的垂直平面支撑墙板是必需的（图 3-25），所以支撑会对建筑物内部空间形成小开间永久固定分割，这对建筑物的内部设计会产生很大影响，也是形成剪力墙结构空间不灵活的特点的原因所在。

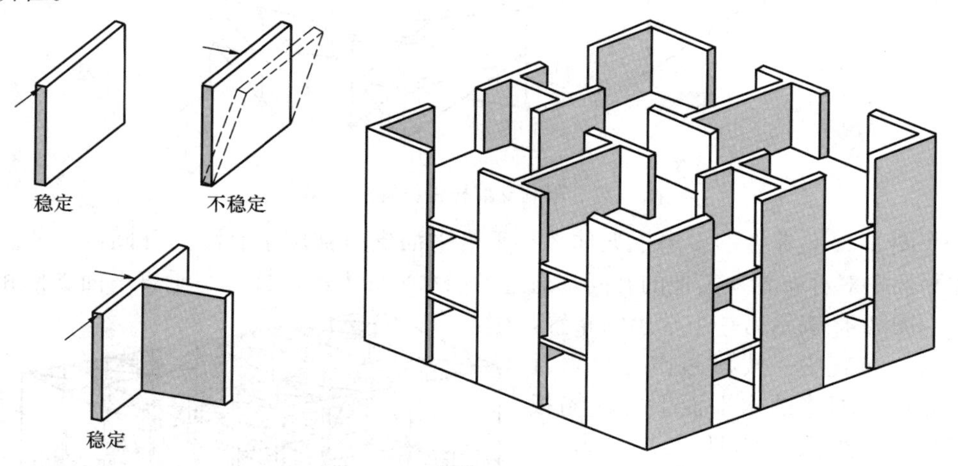

图 3-24　墙体的稳定性　　图 3-25　两个正交方向设置墙体的承重墙结构

3.2.3　强度

强度是指结构体系能抵抗荷载而不致完全破坏的一种性质。荷载施加到结构上，会在构件中产生内力，而在基础部分产生外部反力，因此，构件和基础必须有足够的强度来抵抗这些力，当施加最大荷载时，它们一定不能产生破坏。强度计算是结构设计的第一极限状态（承载能力极限状态），一旦因强度不足而破坏，结构将丧失承载能力或失稳、倾覆等，会造成生命和财产的重大损失。因此要求最大荷载作用下，在结构的不同构件中所产生的各截面应力大小均不应超出构件的材料强度。计算时，可通过调节构件截面尺寸来满足强度要求。

（1）结构分析

结构分析的目的是确定所有内力和外力的值，它们是在最不利的荷载条件出现时在结构内部和表面所产生的力。结构分析时，计算由外荷载产生的杆件中的内力和作用在基础部分的外部反力，需要了解结构传力体系的组成部分并利用平衡、稳定等概念。

图 3-26 给出了一个简单结构的分析运算过程，在已确定了结构上作用的荷载和外部反力后，通过对杆件之间的节点做出“假想切割”，结构被分为屋顶桁架（或梁）、柱、基础等主杆件，这样便形成一系列的“隔离体图”，通过这些图可计算出主杆件之间通过的力，再对每个杆件进一步应用“假想切割”分析杆件内力，从而确定出结构中所有杆件的截面内力。大型复杂的超静定结构中，内力大小受到构件截面尺寸和形状以及组成材料的特性的影响，同时还受到荷载和结

构的整体几何形体的影响，计算时需要将超静定结构通过变形协调方程转化为静定结构，再按上述方法进行。或采用计算机程序辅助分析。

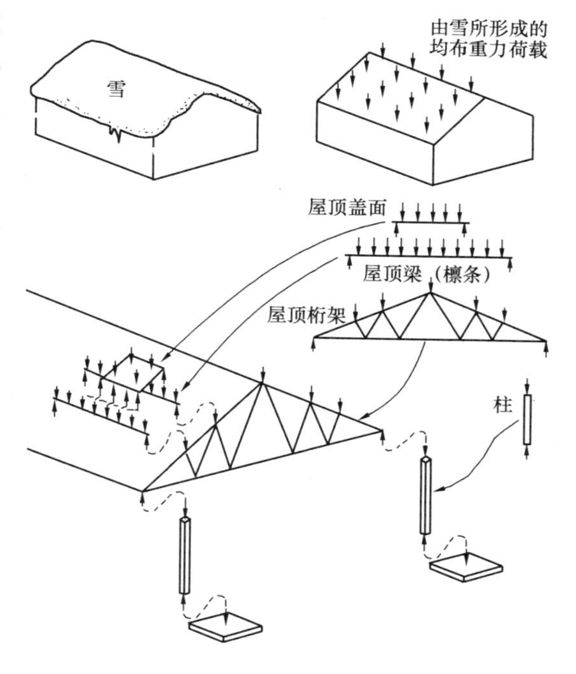

图 3-26　建筑物屋面荷载传力模式

“假想切割”是为了便于分析而将内力分割成为作用于结构部分脱离体的外力的方法。这种技术由两方面组成，一是假想在需要确定内力的点上切开结构构件，二是假想被切割的两部分构件中，有一部分被移走。如果这种方法用于实体结构中，剩余的部分当然就会因不平衡而破坏，但是在采用这种技术时，只是假想剩余部分依旧保持原来位置的平衡状态，不可缺少的力会施加到切割面上。可以推导出这些力在切割之后必须完全等于作用在结构截面上的内力，因此，通过将内力分割成一部分结构的外力的“假想切割法”，可以使平衡分析得以进行。内力会出现在被切割部分结构的“隔离体”中，并且能够由平衡方程计算出来。“隔离体图”是一个刚性物体即“自由体”图，在结构分析中，“隔离体图”概念与结构平衡方程一起用来计算结构中的力的大小。作用在“隔离体”上的所有力都被标于这个图上。“隔离体”可以是整个结构或部分结构，如果它处于平衡状态（它肯定是），作用在它上面的力必须满足平衡条件。因此，能够写出标于隔离体图中的力的平衡方程，可以求出任何未知力的大小。

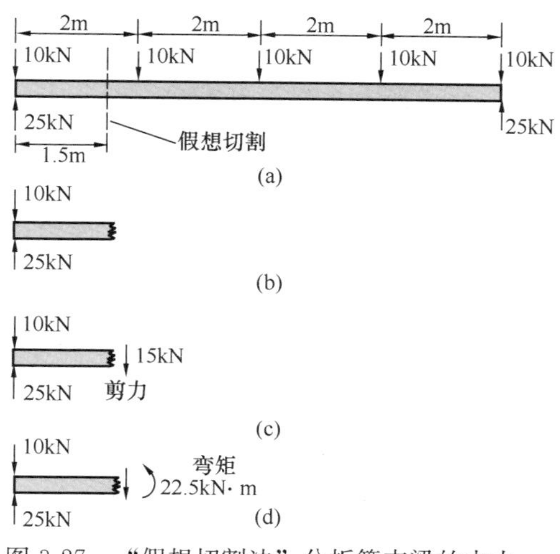

图 3-27　“假想切割法”分析简支梁的内力

在图 3-27 中，一个构件在特定的截面处被切割。图 3-27（b）标出了所产生的其中一个隔离体的外力。如果这些力的确是作用在这部分构件上唯一的力，则构件将处于不平衡状态。为了使之达到平衡，这些力就必须平衡，需要一种额外的垂直力来保持平衡。由于在这部分构件上没有其他的外力出现，所以额外的力必须作用在产生切割的截面上。尽管这个力是在这部分构件之外的力，但就整个构件而论，它仍是一种内力，称其为“剪力”。它在截面切割处的大小是构件截面左端的外力之间的差。一旦剪力被增加到图形中，可以再次检查隔离体的平衡问题。事实上，构件仍处于不平衡状态，因为此时所作用的这组力将在截面一边产生出一个转动影响，从而使它以顺时针方向旋转（图 3-27c）。为达到平衡，需要一个逆时针力矩（图 3-27d），并且和以前一样，这个力矩必须作用在切割点的截面上，因为没有其他外力出现。作用在切割点上用来建立旋转平衡的力矩称作切割截面上的弯矩。它的大小是由隔离体图的力矩平衡方程获得的。一旦在图上增加了弯矩，体系将处在静力平衡状态，因为平衡所需要的所有条件现在都已被满足。

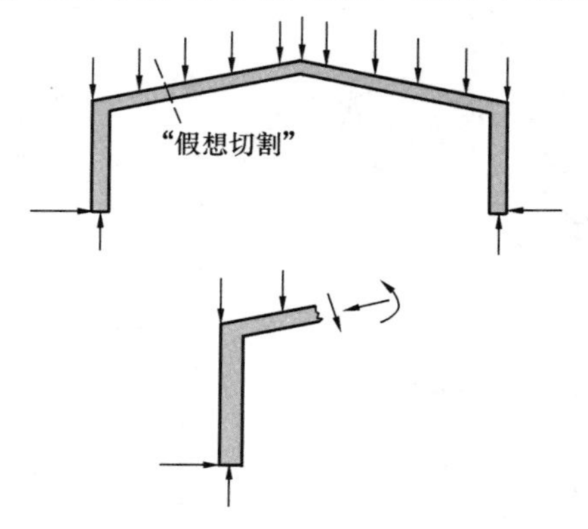

图 3-28 “假想切割法”揭示的轴力

剪力和弯矩是发生在结构构件内部的力，它们定义如下：构件内某一位置的剪力，就是作用在该位置一边的外力在垂直于构件轴线方向上分解时产生的不平衡的量；构件内某一位置的弯矩，就是作用在该位置一边的平面内任何一点处的外力力矩产生的不平衡的量。剪力和弯矩发生在由外荷载作用而发生弯曲的结构构件内，梁和板就是这类构件的例子。还有一种内力能够作用在构件的截面上，即轴向力（图 3-28）。轴向力定义为：沿构件轴线方向上分解时产生的不平衡的量。轴力可以是拉力或压力。一般情况下，结构构件的任一截面都有这三种内力作用，即剪力、弯矩和轴力。在有外扭矩作用下，构件截面也会产生出现受扭。在计算构件尺寸时，首先确定截面尺寸，以保证这些力产生的应力不会过大。抵抗这些内力的效率取决于截面的形状。

结构构件中内力值在长度方向是不等的，但任何截面上的内力总能够通过在那点上进行“假想切割”产生的隔离体来找到。重复性地在不同截面上应用“假想切割”技术（图 3-29），可以对整个内力模式进行估算。在今天的实践中，这些计算是通过计算机来完成的，每一结构构件的计算结果用弯矩、剪力和轴力图来表示。弯矩、剪力和轴力图的形状对于结构构件的最终形状是极为重要的，因为它们表示了所需要的最大强度的位置。弯矩通常在跨中附近和刚性节点跗近最大；剪力在支承点附近最大；轴力通常沿结构构件长度方向上不变。

（2）强度计算

结构构件强度计算需保证相应截面的最大内力值不超过构件截面所提供的抗力值，即材料强度与截面面积的乘积。在材料选定，其强度为一定值的情况下，可通过调整截面面积来达到强度控制要求。构件的基本受力状态可以分为拉、压、弯、剪、扭五种，如图 3-30 所示，一般构件的受力状态都可以分解为这几种基本受力状态；反之，由这五种基本受力状态可以组合成各种复杂的受力状态。

1）轴心受拉、轴心受压（图 3-30a）

轴心受拉是最简单的受力状态。不论构件截面形状如何，只要外力通过截面

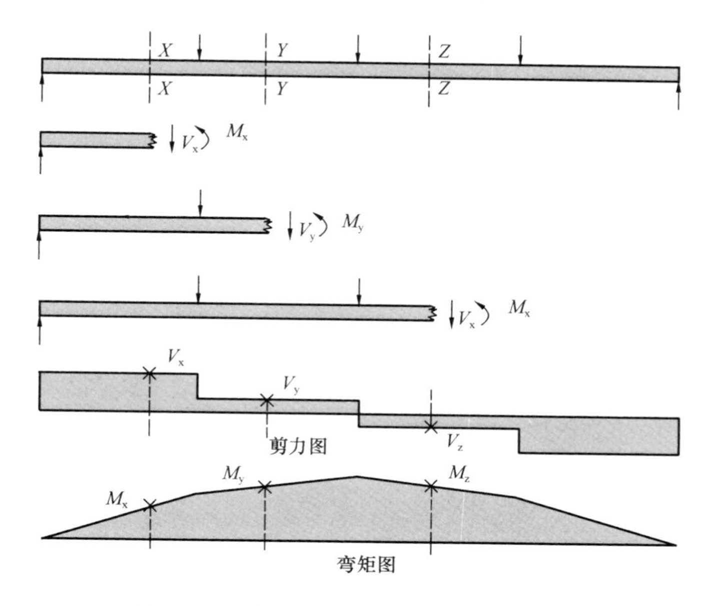

图 3-29 “假想切割法”揭示的简支梁内力

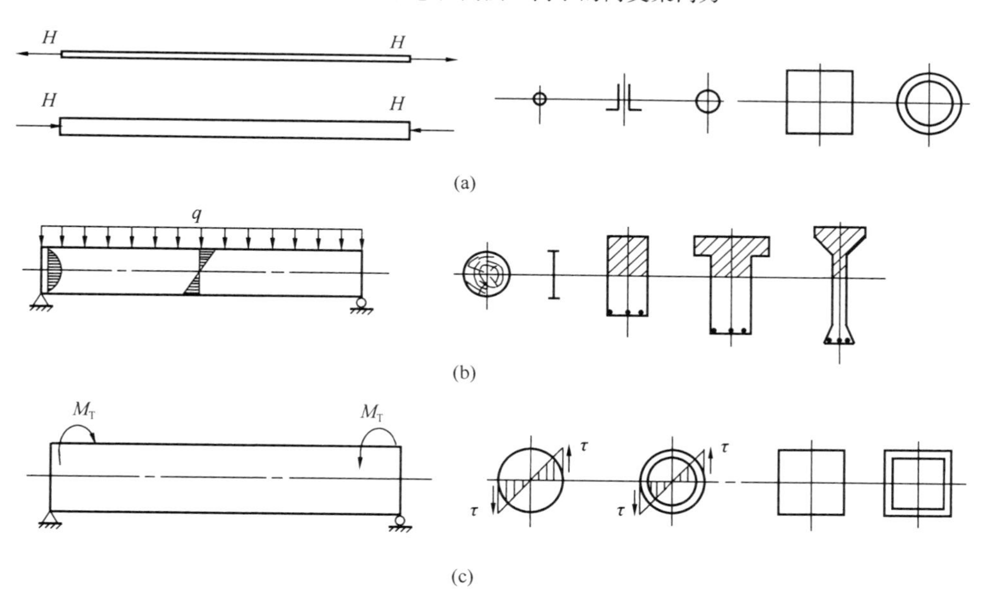

图 3-30 受力基本状态

(a) 拉、压；(b) 弯、剪；(c) 扭

中心，截面上各点受力均匀，构件上任意一点的材料强度都可以被充分利用。以有明显屈服点的钢拉杆为例，轴力作用下的应力 σ 可表达为：

$$\sigma = \frac{N}{A} \leqslant f_y \tag{3-29}$$

式中 N——轴力设计值；

A——拉杆截面面积；

f_y——材料屈服强度。

上式也可以写为：

$$N \leqslant Af_y \tag{3-30}$$

由此可见，对于适合抗拉的材料（如钢材），轴心受拉是最经济合理的受力状态。

目前，我国生产的高强钢丝强度已达 $1860N/mm^2$，一根 7ϕ5 钢绞线的截面面积为 $139mm^2$，还没有手指粗，而其最大负荷可达 259kN。新型碳纤维的抗拉强度更高，自重更轻。可见，在结构构件中利用受拉应力状态是最合理的。

轴心受压与轴心受拉相比截面应力状态完全相同，截面上应力分布均匀，只是拉压方向相反，对于适合受压的材料（如混凝土、砌体以及钢材等）也是很好的受力状态。但受压构件较细长时会有稳定问题（图 3-31），偶然的附加偏心会降低构件承载力，甚至引起失稳。抗压承载力 N 可表达为：

$$N \leqslant \varphi Af \tag{3-31}$$

式中 N——压杆的压力设计值；

A——压杆截面面积；

f——材料抗压强度设计值；

φ——随杆件长细比 λ 增大而减小的强度折减系数。

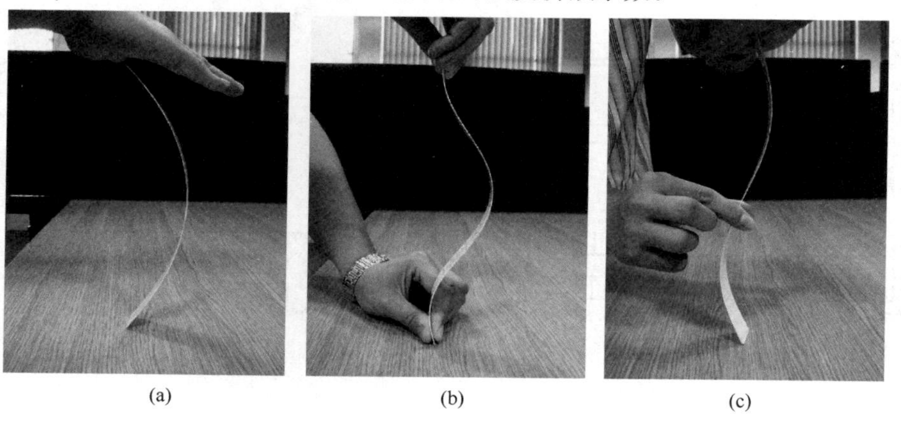

(a) (b) (c)

图 3-31 不同边界条件下的塑料尺模拟柱屈曲变形

（a）两端铰支；（b）两端固结；（c）两端铰支且跨中侧向约束

长细比 λ 为构件计算长度 H_0 与回转半径 i 的比值，即：

$$\lambda = H_0/i$$

$$i = \sqrt{\frac{I}{A}}$$

式中 I——截面惯性矩；

A——截面面积。

可见，为使系数 φ 增大，在构件截面不变的情况下必须尽可能增大截面回转半径 i。

由于压杆失稳总在截面回转半径最小的方向发生，所以对于轴心受压构件，环形截面是最合理，圆形或方形截面也较为合理。工字形截面、角钢或双角钢等也可以作压杆使用，但由于其两个方向的回转半径不同，往往首先在回转半径小的方向发生失稳。

现代结构构件通常先考虑使用混凝土或钢材作为抗压材料，混凝土以成本低、强度高而得到普遍采用。目前，我国已能生产C80（或C85）高强度商品混凝土，其立方体抗压强度标准值达80N/mm²（或85N/mm²）。混凝土自重较大，限制了它的使用范围，因而轻质高强混凝土的研究有着广阔的前景。钢材自重轻、强度较高，价格也较高，因而主要用在大跨结构、重型结构或超高层建筑中。

2）弯和剪（图3-30b）

弯和剪往往同时发生，工程中纯弯或纯剪的情况很少。以常见的简支梁为例，跨中弯矩最大，支座附近弯矩很小；而剪力是支座附近最大，跨中很小。内力M和V沿构件长度的分布很不均匀。

在弯矩M作用下，截面正应力的分布规律可表达为：

$$\sigma=\frac{M}{I}y \tag{3-32}$$

式中　σ——截面正应力；

M——截面上作用的弯矩；

I——截面惯性矩；

y——所求应力点距中性轴的距离。

从上式可见，截面上、下边缘离中性轴距离（y）最远处应力最大。截面中间部分应力很小（中性轴处$y=0$，应力为零），材料强度不能充分利用。若用圆木做梁，圆截面最宽的部分应力很小，不能充分利用材料，而应力最大的截面上、下边缘宽度反而较小，可见用圆木做梁是很不经济的。工字形截面的上、下翼缘较厚，腹板较薄，作为受弯构件就比较合理。对于钢筋混凝土受弯构件，受拉区混凝土的抗拉能力可以忽略，由钢筋来承担拉力，可见受拉区混凝土不仅强度不能被充分利用，而且由于自重较大，还成了自身的负担。所以，对于较大跨度的钢筋混凝土梁，应该做成T形截面或受拉翼缘较小的工字形截面。

从上式还可看出，截面上任一点弯曲应力的大小取决于截面惯性矩I值的大小。截面惯性矩I值是指整个截面所有各部分的惯性矩之和，绕中性轴的任何部分的惯性矩等于这部分面积乘以它到中性轴的距离的平方。中性轴是指相对于受弯梁的上部纤维缩短、下部纤维伸长，中间必有一层纤维既不伸长也不缩短的中性层，此中性层与横截面的交线即是中性轴（图3-32）。

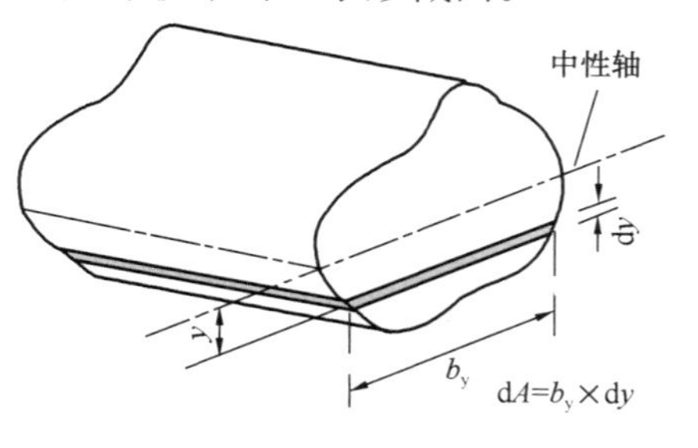

图3-32　截面惯性矩计算原理

若中性轴位于截面形心处，则截面惯性矩：

$$I=\int y^2\,dA \tag{3-33}$$

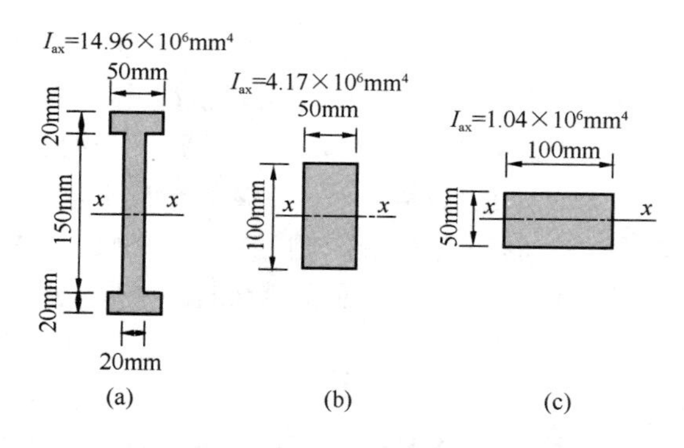

图 3-33 相同截面面积的惯性矩相差很大

对于矩形截面：$I=\int y^2 \mathrm{d}A=\int_{-h/2}^{h/2} y^2 b\mathrm{d}y=\frac{bh^3}{12}$

圆形截面：

$$I=\frac{\pi d^4}{64}$$

图 3-33 中三个梁的截面面积都为 5000mm^2 且形心轴以上的截面面积也相同，但各梁的相对于 x-x 轴的惯性矩值相差甚远，图（a）大于图（b），图（b）大于图（c），其中图（a）约为图（c）的 14 倍。也可看出：增加截面远端边缘材料面积可大幅提高截面惯性矩；增加截面高度比增加截面宽度有效地多。

若中性轴不位于截面形心处，则截面惯性矩可采用平行移轴定理计算：

$$I_{\mathrm{p}}=I+Ad^2 \tag{3-34}$$

式中 d——中性轴到截面形心的距离。

若中性轴置于矩形截面的顶或底部时：$I_{\mathrm{p}}=I+Ad^2=\frac{bh^3}{12}+bh\left(\frac{h}{2}\right)^2=\frac{bh^3}{3}$

可见，此种状况下其截面惯性矩是中性轴位于截面形心处的 4 倍，这同样是“增加截面远端边缘材料面积可大幅提高截面惯性矩”的应用。

截面惯性矩 I 值强烈地影响着结构概念中的强度和刚度这两个指标：惯性矩越大，弯曲应力就越小，抵抗外荷载的能力就越强；惯性矩越大，结构或构件刚度（EI）就越大，结构的变形就越小。从前述的抗压强度计算公式（3-31）也可看出，截面惯性矩 I 影响着回转半径 i，I 越大，则受压杆件越不易失稳，其抗压承载力就越高。因此，无论在建筑方案阶段还是在结构设计方案阶段，采用消耗较少的建筑材料获得较大的惯性矩的平面或截面形式一直是设计师要着重考虑的问题。

剪力在截面上引起的剪应力也是很不均匀的，根据材料力学知识，剪应力沿截面高度的分布规律可表达为：

$$\tau=\frac{VS}{Ib} \tag{3-35}$$

式中 τ——剪应力；

V——截面剪力；

I——截面惯性矩；

b——截面宽度；

S——所求应力点以上部分截面的静矩。

由此可见，剪应力在截面中和轴处最大，截面上、下边缘处为零。

对于矩形截面梁，无论受弯或受剪，截面的材料强度都不能充分利用。由于弯矩 M 和剪力 V 沿构件长度分布也不同，弯矩 M 跨中最大、支座处为零，而剪力 V 支座处最大、跨中为零。所以，对于等截面受弯受剪构件，材料的利用率比压杆或拉杆要差得多。当然，做成 T 形或工字形截面要相对合理一些。无论从承载力或刚度考虑，适当提高截面惯性矩是合理的。

3）扭（图 3-30c）

构件受扭时由截面上成对的剪应力组成力偶来抵抗扭矩，截面上的剪应力在边缘处大，中间处小；截面中间部分的材料应力小，力臂也小。计算和试验研究表明，空心截面的抗扭能力和相同外形的实心截面十分接近。受扭构件采用环形截面为最佳，方形、箱形截面也较好。例如，电线杆在安装电线过程中由于拉力不对称，可能形成较大的扭矩，所以一般都采用离心法生产的钢筋混凝土管柱，环形截面对抗扭是合理的。

综上所述可以看出，轴心受拉是最合理的受力状态，尤其对高强钢丝等抗拉强度高的材料特别合理。目前，悬索、悬挂结构得到广泛应用，就是采用了轴心受拉的合理受力状态。在悬挂式房屋建筑中，采用高强度钢绞线组成的拉索截面很小，甚至可以隐蔽在窗框内，这样可以为人们提供十分开阔的视野；轴心受压虽然要考虑适当采用回转半径较大的截面形式，但由于其截面材料得以较充分利用，也是很好的受力状态，尤其对石材、混凝土、砌体等抗压强度较高而抗拉性能很差的材料。这类材料一般可就地取材，价格较低。例如石拱桥就是充分利用了石材抗压的特点，结构经济合理。弯和剪也是常见的受力状态，但对截面材料的利用不充分。这种受力状态在工程中不可避免，选用合理的截面形式和结构形式就很重要。对于较大跨度的梁，如果改用桁架，梁中的弯矩和剪力便改变为桁架杆件的拉、压受力状态，材料强度得以充分利用。桁架和梁相比可节省材料，自重将减轻许多，因而可跨越更大的跨度，但需要较高的结构高度。扭转是对截面抗力最不利的受力状态，但工程中很难避免。例如，吊车梁是受弯构件，主要承受弯矩和剪力，但当厂房使用多年发生变形后，吊车荷载有可能偏离梁截面的中心，尽管偏心距 e 可能不大，但竖向荷载 D_{max} 很大，形成扭矩 $M_T = D_{max}e$，有可能使吊车梁发生受扭破坏。另外，如框架边梁、旋转楼梯等，都存在较大的扭矩，设计中应引起注意。除了选用合理的截面形式外，更应注意合理的结构布置，尽量减小构件的扭矩。

3.2.4　刚度

刚度是指结构体系能够限制荷载作用下的变形的一种性质。例如，一根钓鱼竿可形象地看成是一个结构，它必须具有足够的防止断裂的强度，但又应具有足够的能产生相当大变形的韧性。但是一幢建筑物在荷载作用下，它既不应发生倒坍破坏，也不应出现过大的变形。过大的变形会使装饰材料开裂甚至剥落，影响电梯正常运行，直接影响加工车间的产品加工精度，严重时还会使人感到不适，这些都会影响房屋建筑的正常使用。因此，将刚度控制的变形验算作为结构设计的第二极限状态（正常使用极限状态）加以控制。随着高层建筑的发展，房屋越来越高，同时由于高强度材料的应用，结构构件的截面做得更小更细，因此结构的刚度和变形问题就越来越突出。

（1）刚度的概念

结构工程中刚度的运用和控制是贯穿始终的一条主线。力、刚度、变形（或延性）是结构工程最重要的概念，其关系可以用胡克定律 $F=KX$ 表达。其中，F 是外部荷载或作用产生的“力”，是外因；X 是结构或构件的变形，是外因通过内因而引起的反应；很明显，架越这二者之间的桥梁——结构自身的刚度 K 是内因，是当然的事物本质所在。从大学阶段学习的结构力学可以看出，刚度一方面可控制结构或构件的变形能力，另一方面，对超静定结构而言，结构的内力分布也是通过相对刚度的大小来控制的，也就是说，外力在结构内部产生的效应、力的传递与分配以及所引起的结构变形都是通过刚度来控制的。事实上，建筑师对刚度概念的理解深度直接影响建筑构思阶段的建筑体型、合用空间与视觉空间的创作以及建筑经济性等方方面面，而结构工程师从结构方案阶段的结构布置和选型、结构的计算模型、结构构件的设计和调整，以至于到简单的楼面板配筋的结构设计全过程中，都是在寻求科学合理的刚度，而一栋建筑物设计质量的优劣关键在于结构的整体刚度和构件的相对刚度控制得是否恰当合理。

刚度是产生单位变形所需要的力，其中“力”和“变形”都是广义的，“力”可以是应力、轴力、弯矩、剪力或扭矩等，“变形”可以是应变、位移、曲率、剪切角、扭转角等，刚度包括截面刚度、杆件刚度、结构刚度。

1）截面刚度

截面刚度是指截面产生单位应变所需的相应内力，由材料的弹性模量（E）或剪变模量（G）与截面面积（A）或截面惯性矩（I）的乘积组成，E、G 是材料的自身属性。按受力状态可分为轴向刚度（EA）、弯曲刚度（EI）、剪切刚度（GA）、扭转刚度（GI_p）等。

2）杆件刚度

杆件都具有一定的长度，杆件刚度除了考虑截面刚度中的截面尺寸（A 或 I）和材料特性（E、G）外，还需考虑第三方向的尺度（L），也称为线刚度，杆件线刚度主要有轴向刚度、弯曲刚度、剪切刚度、扭转刚度等。

轴心受压（拉）下的变形：$\Delta_N=\dfrac{N}{\frac{EA}{L}}$，可知轴向受压（拉）杆件线刚度为 $\dfrac{EA}{L}$。

弯矩作用下杆件产生弯曲变形，曲率 $\dfrac{1}{\rho}=\dfrac{M}{EI}$，小变形下 $l=\theta\rho$，则弯曲转角：$\theta=\dfrac{M}{\frac{EI}{L}}$，可知，杆件弯曲刚度为 $\dfrac{EI}{L}$。

剪力作用下产生相对剪切变形：$d\eta=\gamma_0\cdot ds$，则小变形下剪切位移：$\eta=\gamma_0\cdot s=\dfrac{\mu Q}{GA}\cdot L=\dfrac{\mu Q}{\frac{GA}{L}}$，可知杆件剪切刚度为 $\dfrac{GA}{L}$。（式中，μ 是在计算平均剪切应变 γ_0 时由于考虑剪应力在截面上分布不均匀而加的修正系数，是一个与截面形状有关的无量纲参数，$\mu=\dfrac{A}{I^2}\int\dfrac{s^2}{b^2}dA$，对矩形截面 $\mu=1.2$）。

扭矩作用下产生扭转变形，扭矩 $M_n = GI_p\phi$，ϕ 为单位扭转角，则小变形下扭转角：$\theta = \phi \cdot L = \dfrac{M_n}{\dfrac{GI_P}{L}}$，可知杆件扭转刚度为 $\dfrac{GI_P}{L}$。

可以看出，各种状态下，杆件越长，杆件刚度越小，其变形越大。对于内力一定的状况下，杆件线刚度越大，则变形越小；而对于变形一定的情况，刚度越大，内力越大。这也是支座位移（沉降）、温度变化、材料收缩、制造误差等引起的结构变形，欲通过加大截面尺寸来改善结构受力状态并不是一个有效途径的原理所在。

3）结构刚度

结构是由若干杆件组成的，结构刚度可采用特定荷载下特定方向的变形 Δ 来表征：

$$\Delta = \sum_{i=1}^{m}\left(\int \frac{\overline{N}N_p}{EA}ds + \int \frac{\overline{Q}Q_p}{GA}ds + \int \frac{\overline{M}M_p}{EI}ds + \int \frac{\overline{M}_n M_{np}}{GI_p}ds\right) \tag{3-36}$$

Δ 越小则结构刚度越大，由公式可以看出，获得更大结构刚度的途径主要有：①缩短结构的传力路径，使求和号及积分号后的项数减小；②改变约束条件使结构内力值（如 $\overline{M}M_p$，$\overline{N}N_p$）变小、内力分布更均匀，从而使积分值趋小；③截面刚度（如 EI）更大。杆件的线刚度是形成结构刚度的基本元素，其相对比值控制着结构的内力分布及其内力值的大小。一般情况下，桁架结构以轴向力控制的变形为主，梁、柱或墙组成的刚度主要由弯曲变形控制。结构刚度主要有表征结构整体弯曲变形的抗弯刚度和表征结构层间局部梁柱弯曲变形的抗侧刚度。

（2）如何获得适宜的刚度

1）刚度的从无到有

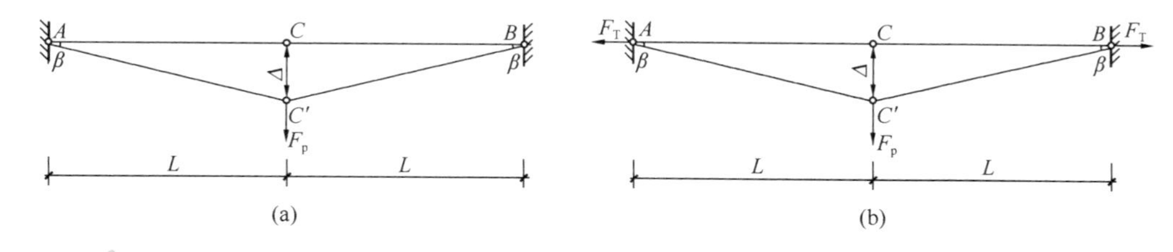

图 3-34　计算简图

（a）瞬变体系；（b）预应力体系

瞬变体系如图 3-34（a），杆横截面面积均为 A，材料的弹性模量均为 E，由于对称性，节点 C 在竖向荷载 F_p 作用下只产生竖向位移，相应的，杆 AC、BC 各自绕着节点 A 和 B 发生大小相等而方向相反的转动，设转角 θ，结点 C 的竖向位移为 Δ，则由几何关系并考虑 θ 为微量这一因素，可得：

$$\Delta = l \cdot \tan\theta \approx l \cdot \theta$$

杆 AC 和 BC 伸长为：$\delta = l(\sec\theta - 1) \approx \dfrac{l}{2}\theta^2$

杆 AC 和 BC 的内力为：$F_{NAC}=F_{NBC}=\frac{EA\delta}{l}\approx\frac{EA}{2}\theta^2$

杆件变形后节点 C 移动 C'，在这个位置上考虑其平衡条件，不难得到：

$$F_p = 2F_{NAC}\sin\theta \approx EA\theta^3$$

可得： $\frac{\Delta}{\delta}\approx\frac{2}{\theta}$；$\frac{F_{NAC}}{F_p}=\frac{F_{NBC}}{F_p}=\frac{1}{2\theta}$；$K_1=\frac{F_p}{\Delta}=\frac{EA}{l}\theta^2$

可以看出：①在瞬变体系中，构件的变形（δ）和体系的位移（Δ）不是一个量级，构件微小变形时，能使瞬变体系产生显著位移。也就是，与变形 δ 相比，位移 Δ 为无穷大。反过来，若位移 Δ 为微量，则变形 $\delta=\Delta\theta/2=\Delta^2/2L$ 是高阶微量。②与荷载 F_p 相比，内力 F_{NAC} 和 F_{NBC} 为“无穷大”。③瞬变体系（或几何可变体）刚度为二阶微量，可以忽略，或简单的说，在其可变方向上没有刚度，不能用于工程结构来承受荷载。

图 3-34（b）为引入预应力 F_T 后，杆件中相应的预应力 $\sigma=F_T/A$，体系承受荷载 F_p 时，杆件发生转动，预张力在体系变形后的位置上与荷载平衡，即：

$$F_P = 2F_T\sin\theta \approx 2F_T\theta$$

其刚度：$K_2=\frac{F_P}{\Delta}\approx\frac{2F_T}{l}$

很明显，施加预应力后，体系刚度与预张力成正比，不再是施加预张力前与位移有关的高阶无穷小量，具有了与一般工程结构相同的力学特征。同理，悬索是几何可变的，自身几乎没有刚度，引进预应力后，形成了具有一定刚度几何不变的悬索体系。图 3-35 为稳定索施加预应力，与承重索共同组成具有刚度及承载能力的悬索体系。预应力可以有效地提高结构的刚度，预应力产生的附加力矩与外力弯矩（或偶然弯曲）方向相反，还可提高结构的稳定性。预制长柱、长桩施加预应力也是这个原理。但从材料强度角度看，预应力不能提高结构或构件的承载力，提供刚度是其典型特点，而没有刚度是不能承载的。

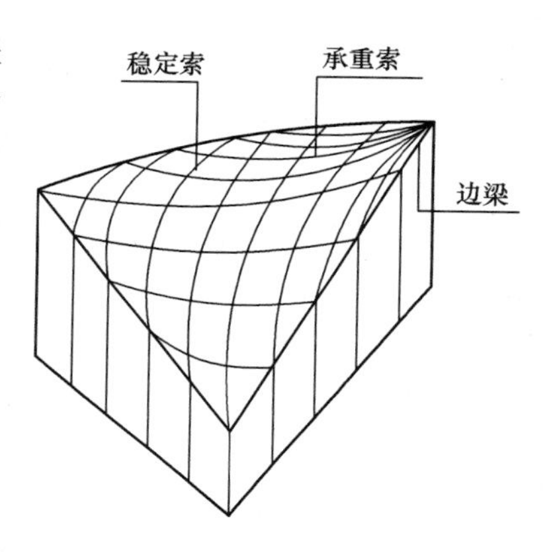

图 3-35 双曲抛物线索网

2）改变结构的传力路径以获得更大的刚度

如图 2-36 所示的桁架，设 EA=常数，在荷载作用下，将桁架上弦中点的挠度取为衡量刚度的指数，挠度越小则刚度越大，图 3-36（a）、(b）分别为外荷载作用下桁架 1、桁架 2 的轴力图，单位荷载下轴力图只保留中间节点处 $F_p=1$ 类似运算即可得出，则桁架 1 上弦中点的竖向位移为：

$$\frac{F_pa}{EA}\times\left\{2\times\left[(-0.5)^2\times1+\left(\frac{\sqrt{2}}{2}\right)^2\times\sqrt{2}+(-1.5)\times(-0.5)\times1\right]\right.$$

$$\left.+(-1)^2\times1\right\}=(3+\sqrt{2})\frac{F_pa}{EA}\approx4.414\frac{F_pa}{EA}$$

桁架 2 上弦中点的竖向位移为：

$$\frac{F_{\mathrm{p}}a}{EA}\times 2\times\left[(0.5)^{2}\times 1+\left(-\frac{\sqrt{2}}{2}\right)^{2}\times\sqrt{2}\right]=(0.5+\sqrt{2})\frac{F_{\mathrm{p}}a}{EA}\approx 1.914\frac{F_{\mathrm{p}}a}{EA}$$

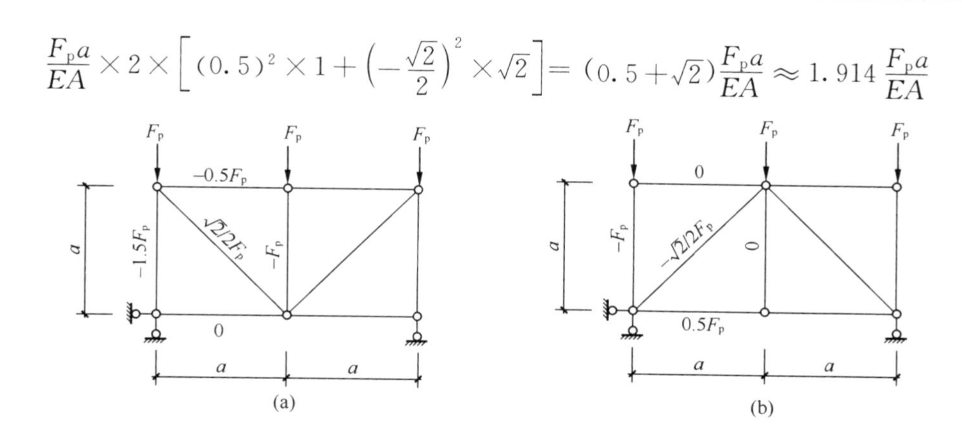

图 3-36　桁架轴力图

（a）桁架 1；（b）桁架 2

桁架 1 和 2 仅改变了两根斜腹杆的位置，使桁架刚度提高了 1 倍以上，主要是因为两个桁架的“传力路径”有很大的不同。桁架 1 为中间竖杆→斜杆→边竖杆→支座，同时引起上弦杆的压缩；桁架 2 为斜杆→支座，同时引起下弦杆的拉伸。桁架 2 的传力路径要比桁架 1 直接得多，涉及的杆件少得多，由桁架位移的计算公式：$\Delta=\Sigma\frac{\overline{F_{\mathrm{N}}}F_{\mathrm{NP}}l}{EA}$ 可知，各项乘积符号相同，求和号后的项数越少、内力越小越均匀，则所求位移的绝对值越小，也就是说，在同样的荷载作用下，传力路径越短、越直接，结构的刚度就越大。

因此，在结构布置时，尽量缩短传力路径，从而获得较大的结构刚度，是结构体系设计中的一条重要原则。工业厂房排架柱之间总是设有一定数量的“剪力撑”，其作用是保证结构纵向稳定性以抵抗水平荷载。剪力撑的设置应尽量靠近直接承受风荷载的山墙，这样可以缩短传递路径，从而增大厂房结构在风荷载作用下的纵向水平刚度，即是基于这个原理。当然剪力撑的数量还应综合考虑其他因素，例如温度应力、吊车的制动作用等，所以对于一般的纵向较长的工业厂房，部分纵向剪力撑也会设置在靠近厂房的中段处。

3）改变约束条件以调整刚度

在竖向均布荷载下，简支梁最大挠度 $\left(\frac{5ql^{4}}{384EI}\right)$，为一端固定另一端铰支梁 $\left(0.00542\frac{ql^{4}}{EI}\right)$ 的 2.4 倍，为两端固定梁 $\left(\frac{ql^{4}}{384EI}\right)$ 的 5 倍，从结构刚度的角度看，改变杆件端部约束条件，可以提高结构刚度。而改变约束条件实质是调整结构内力值及内力在结构中的分布。内力分布越均匀、内力值越小，则结构刚度越大，这是结构体系设计中的另一条重要原则。

图 3-37（a）、（b）分别为柱顶铰接排架及柱顶固接框架，两结构其他条件均相同，对铰接（排架）柱顶侧移 $\Delta_{1}=\frac{1}{3EI}\left(\frac{H}{2}\right)h^{3}$，对固接框架，横梁刚度很大时，反弯点在柱中点，柱顶侧移相当于被反弯点分开的两段悬壁短柱侧移的总和 $\Delta_{2}=2$

$\times \frac{1}{3EI}\left(\frac{H}{2}\right)\left(\frac{h}{2}\right)^3=\frac{1}{4}\Delta_1$ 。可见，改变柱顶约束条件，结构抗侧刚度提高 4 倍。

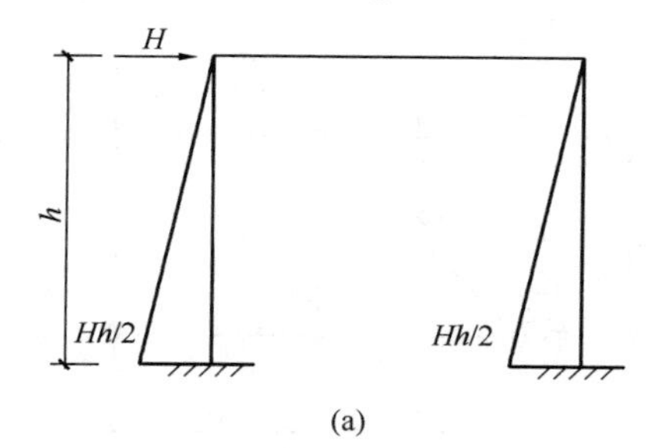

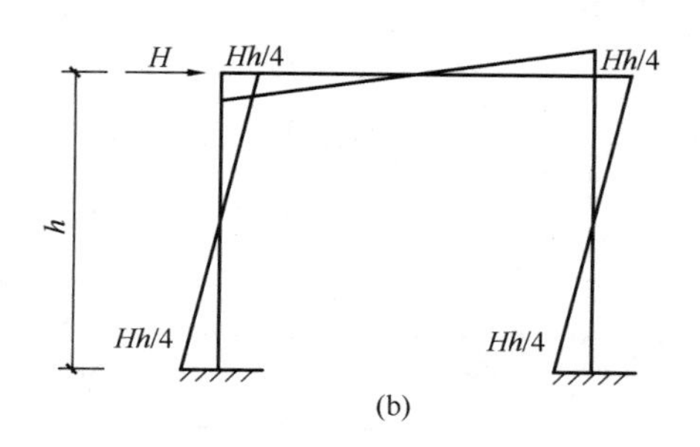

图 3-37 刚架计算简图及其弯矩

(a) 铰接刚架；(b) 固接框架

而刚度提高的本质原因也是结构内力值变小变均匀了。对图 2-37（b）的框架还可采用增设内柱 $\left(\frac{1}{2m}\Delta_1\text{，}m\text{ 为总柱数}\right)$，增加框架横梁 $\left(\frac{1}{4n^2}\Delta_1\text{，}n\text{ 为横梁总数}\right)$，加大框架梁、柱截面高度（增大惯性矩）等措施，改变其约束条件提高刚度。

4）结构刚度的演变

下面我们讨论一座小塔楼的几种结构方案，研讨如何提高结构刚度。如图 3-38 所示，设塔楼平面尺寸相同，边长均为 5.2m，结构截面面积均为 $4m^2$。

方案 1：由四根 $1m^2$ 的小柱组成（图 3-38a），其截面刚度为四根柱截面刚度的总和：

$$EI_1=4\left(\frac{1}{12}\times 1^3\right)E=\frac{4}{12}E \quad (m^4)$$

方案 2：若将四根小柱合并为一根大柱（图 3-38b），则刚度为：

$$EI_2=\frac{2}{12}\times 2^3E=4EI_1 \quad (m^4)$$

方案 3：若将四根 $1m^2$ 的柱"拍扁"，做成四片独立的墙，每片为 0.2m×5m（图 3-38c）。由于墙体出平面的刚度很小，而平面内的刚度比出平面刚度要大得多，在水平荷载作用下，垂直荷载的方向墙的刚度可以忽略不计，荷载仅由沿着荷载方向的两片墙来承受，故其刚度为：

$$EI_3=2\left(\frac{1}{12}\times 0.2\times 5^3\right)E=12.5EI_1 \quad (m^4)$$

方案 4：若将上述四片墙在墙角处连成整体，形成箱形截面（图 3-38d），根据材料力学知识：

$$EI_4=\frac{1}{12}(5.2^4-4.8^4)E=50EI_1 \quad (m^4)$$

比较以上几种结构方案可以看出，尽管截面面积相同（使用相同数量的建筑材料），合理改变结构形式可以大大提高刚度。

经过分析对比可见：

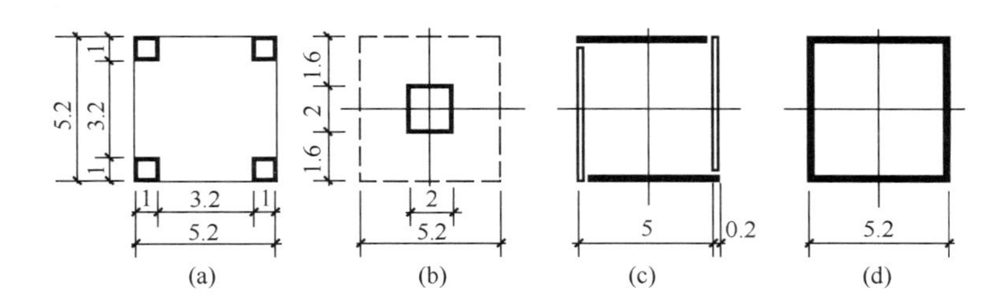

图 3-38　结构刚度的比较（m）

① 将小柱合并成大柱，可有效地提高抗侧移刚度，这是结构设计中所谓材料集中使用的原则。

② 结构墙的平面内刚度要比柱大得多，利用结构墙可大大提高房屋的抗侧移刚度。

③ 垂直荷载方向的墙体在独立工作时处于出平面受弯状态，其抗弯刚度与平面内抗弯刚度相比小得可以忽略不计。然而，当组成整体箱形截面后，它是作为箱形截面的“翼缘”参加抗弯工作，内力臂很大，是箱形截面抗弯刚度的主要部分，大大提高了抗弯刚度。

④ 对比方案 3 和方案 4，刚度相差 4 倍，而实际上差别仅在将四片独立墙体连系起来，使其整体共同工作，形成一个完整的箱形截面（即筒体），截面变形符合平面假定。由此也可以看出墙体间连接构造的重要性，如果连接失效，方案 4 又会恢复为方案 3，抗弯刚度又降为四分之一。

⑤ 上述几种结构布置方案，尽管所用材料的截面面积相同，但构件的平面分布不同或约束状况不同，其整体抗弯刚度是大相迥异的。总体呈现：把材料放在远离中和轴位置的平面分布是效用高的形状；连接约束强的结构刚度大于松散的结构。这就是将实心矩形截面变化设计成“L”形、槽形、“H”形、圆环形截面以及将一字形平面弯折一下形成圆形、弧形、“Y”形、“H”形连体等平面形式的原因所在。

上述方案都只是在结构平面上的改进，其实还可在立面上想想办法。若能将方案 1 的四柱加上刚性连系使其共同工作，截面变形符合平面假定，则刚度还可提高。

方案 5：如图 3-39 所示，若在四根小柱的顶端加上刚度很大的连系梁，形成框架，保证四根小柱像整体截面一样共同作用，成为方案 5，则其截面抗弯刚度：

$$EI_5=\left(4\times\frac{1}{12}\times1^3\right)E+(4\times1\times2.1^2)E=\left(53.92\times\frac{4}{12}\right)E=53.92EI_1\quad(\mathrm{m}^4)$$

方案 5 的抗弯刚度要比方案 4 还大。我们来分析一下方案 5 的受力状态。例如在左侧水平荷载下，若没有刚性横梁，则两排柱都将像独立悬臂柱一样自由侧移。若在柱顶加上“刚性”横梁，刚性横梁与柱刚性连接，刚性横梁在柱变形前与柱垂直相交，在柱变形后仍要保持与柱垂直相交，为此，刚性横梁中存在很大剪力，迫使左柱拉长、右柱压缩，在柱中产生轴力 V，左柱受拉、右柱受压，形成反向力矩 $V\times d$，抵消了一部分倾覆力矩。若以柱顶刚性横梁作脱离体，刚性

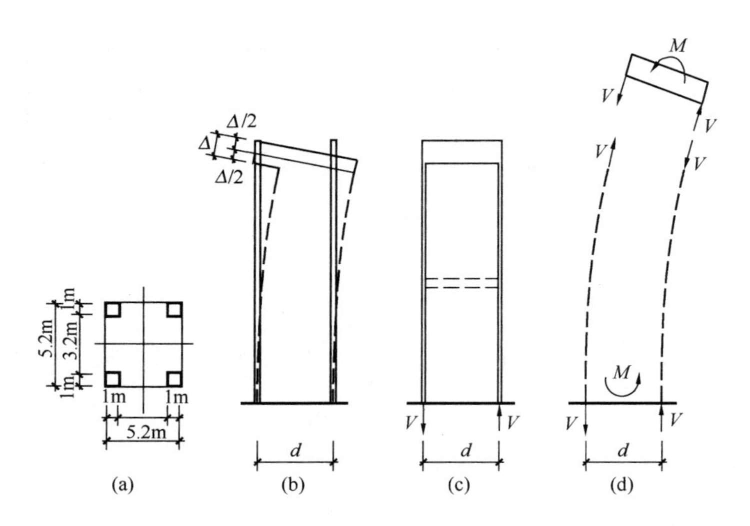

图 3-39 刚性横梁的作用

横梁受到左柱拉力和右柱压力的力矩作用，转角大大减小。可见，柱间刚性横梁使柱顶变形一致，引起柱内附加轴力，并组成反向力矩，大大减少了柱顶侧移，提高了结构刚度。高层结构中的伸臂加强层即是这个原理。

应当指出，这里我们只讨论了框架的弯曲刚度。实际上，方案 5 形成框架后虽然弯曲刚度大大提高了，但由于杆件的弯曲变形，框架的总体剪切变形将增加，总体抗侧移刚度的提高并没有这么多。其原理是：任何结构的变形都是由结构整体弯曲引起的弯曲型变形与结构层间局部梁柱弯曲引起的剪切型变形之和组成，以哪种形式的变形为主，要看抗弯刚度与抗侧刚度的相对比值。方案 5 中的 4 根小柱与刚性梁组成的框架的整体抗弯刚度很大，使得由柱轴向拉压产生的整体弯曲变形很小，不起控制作用。而框架中的层间小柱抗弯刚度较小，在梁柱弯矩作用下会出现较大的层间局部弯曲变形，且在结构总变形中占绝大比例，结构将由控制局部弯曲变形的剪切型的抗侧刚度主导，这也是框架结构总体呈剪切型变形的原因。若是剪力墙结构，则剪力墙自身刚度较大，层间局部弯曲变形较小，则其整体弯曲变形居于控制地位，剪力墙结构变形总体呈弯曲型。因此，各类结构体系的剪切型、弯剪型和弯曲型变形都是由整体结构和局部构件的相对刚度决定的。

层间局部弯曲变形下，柱、墙的抗侧刚度：$D=\alpha\dfrac{12i_c}{h^2}, i_c=\dfrac{EI}{l}$。

方案 6：形成框架。

方案 5 实际上是一榀带刚性横梁的单层框架，单层框架的抗侧移刚度比独立柱好得多，但若柱子过长过高，受压过程中容易失稳。为此，我们可以增设中间横梁，形成多层框架，以减少柱的计算长度，防止柱子失稳，并可较有效地提高框架的抗侧移刚度，如图 3-40（a）、图 3-40（b）、图 3-40（c）所示。

方案 7：形成桁架体系。

方案 6 这种多层框架的杆件内力以弯矩为主，而杆件的弯曲变形是比较大的。若在多层框架中加上交叉支撑，形成桁架体系，则构件内力以轴力（拉压）

为主，弯矩大大减小，从而大大提高了结构的抗侧移刚度，如图 3-40（d）所示。

方案 8：让塔楼体形接近弯矩图。

桁架体系减少构件弯矩，以轴力为主，大大提高了结构的抗侧移刚度，但一座塔楼就像一根嵌固在地上的悬臂梁，在水平均布荷载下的弯矩图近似为抛物线，而上述塔楼抗侧移结构的外形为三角形。很明显此桁架弦杆的底部内力大，顶部内力小，显然结构不太合理。若在立面上把立柱的外形也做成接近抛线形，则弦杆内力几乎处处相同，结构就比较合理了，如图 3-40（e）所示。

不难看出，这几种方案先从平面上改进，又从立面上改进，在材料用量基本不变的情况下，结构刚度越来越大，受力更加合理。可见作为一名建筑师或结构工程师，运用所学的力学知识和结构知识，在建筑结构设计中是可以大有作为的。经过上述不断改进的塔楼越来越像本书第 1 章中介绍的巴黎埃菲尔铁塔，也就再一次证明了巴黎埃菲尔铁塔结构的合理性。

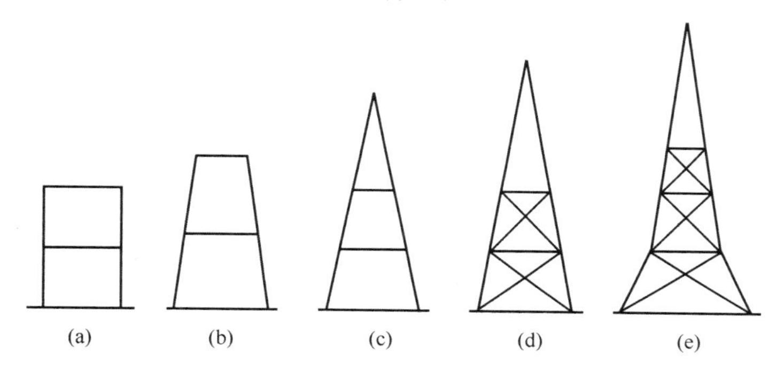

图 3-40　立面外形的改进

（3）刚度对建筑构思的影响

建筑构思阶段需要考虑结构体系的整体刚度的选择、调整和确定，平面及竖向局部刚度的均衡等。该阶段属于概念设计范畴，关系到结构的安全，同时也决定着设计的经济合理性。

1）刚度要求决定了结构体系的选择

随着建筑高度的不断增加，结构的侧移随结构高度呈四次方增长，相应也就要求结构整体刚度不断增大，结构体系由框架结构，逐步演变出整体刚度越来越大的框架一剪力墙、剪力墙结构、框架一筒体、筒中筒、束筒结构等，就是为了适应建筑物高度和层数增加的刚度需求。刚度的匹配合适与否，是选择结构体系时首先要考虑的内容，对于高度不大的 6 层办公楼可选择刚度较小的框架结构，而 30 层住宅结构需考虑采用刚度较大的剪力墙结构，对于 300m 的超高层则需考虑采用刚度更大的筒体结构，必要时还需采用伸臂加强层来提高其刚度。可以预见，未来的结构体系创新也是围绕着结构刚度创新而产生的。《建筑抗震设计规范》给出的各类结构体系最大适用高度体现了该结构体系所能提供的最大刚度，而结构的长宽比、高宽比限制实质是对结构整体刚度的宏观控制。

2）刚度均衡性需要建筑平面及竖向的规则性

结构平面布置要求简单、规则、均匀，竖向体型要求规则、均匀，实质上是对结构平面与竖向刚度变化的概念控制。平面不规则会导致平面刚度不均匀，使“质心”与“刚心”偏离较大，产生扭转而造成破坏，对平面严重不规则结构可设置抗震缝，将结构划分为几个规则的平面刚度均匀的结构单元。竖向布置不连续不均匀会引起竖向侧向刚度突变，形成薄弱层，产生应力集中及塑性变形集中，可能导致严重破坏，甚至倒塌。框支剪力墙就是典型的沿高度方向刚度突变的结构，所以抗震规范对其转换层上下层的抗侧刚度有严格的限制。

刚度的均衡性还体现在具体结构构件的布置中。例如：调整柱截面尺寸在不同结构平面以及不同结构体系中的取值（或摆向），可以取得更为合理的结构整体刚度，使两个方向刚度均衡。在框架结构中，若建筑平面近似方形，两向跨数及跨度接近，可采用方柱；而在长方形建筑平面中，柱截面的长向 h 应平行于建筑平面的短向。尤其在高层建筑框架-筒体和外框筒-核心筒结构中，前者的侧向刚度由各榀框架-剪力墙构成，故外框柱的长向 h 应平行于框架的计算方向（图3-41a）；而后者的侧向刚度由外框筒的腹板框架构成，故其外围柱的 h 向应平行于腹板框架方向（图 3-41b）。这是通过柱截面在不同结构体系中采取不同布设，以取得更合理的结构整体刚度的典型例子。

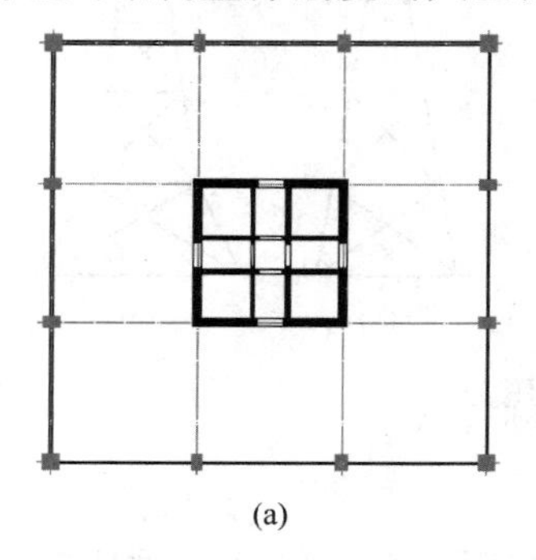
(a)

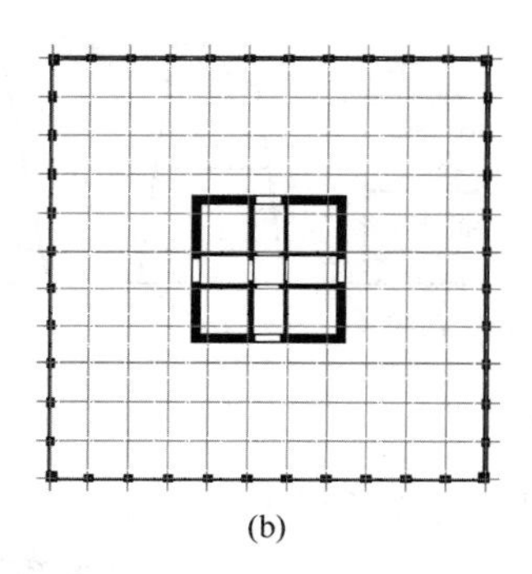
(b)

图 3-41　不同结构体系中框架柱的设置

（a）框架-核心筒；（b）外框筒-核心筒

3）合理刚度是建筑设计经济性的要求

结构方案阶段对刚度的控制水平决定了设计产品的优劣。例如，抗风和抗震对结构刚度的需求是一对矛盾。抗震设计时，结构刚度越大，周期越短，地震影响系数（α）越大，地震作用越大（$F_{ek}=\alpha G_{eq}$），所消耗的材料就越多，从抗震角度看，刚度越小越好；但在稳定风压下，结构还需满足正常使用条件下的侧移要求，按 $F=K\Delta$，则需要刚度越大越好，因此，选择同时满足抗风和抗震要求的合理刚度，是结构工程师要花心思去权衡的涉及安全和经济的难题。一般认为满足层间位移角限值的最小刚度是经济刚度。

剪力墙结构的合理布墙率即是对刚度需求矛盾恰当控制的例子。倒三角荷载作用下结构顶部位移 U 的计算公式如下：$U=\frac{11}{60}\frac{V_0H^3}{EI_{eq}}$ ，可推得地震作用最小而又能满足变形要求的结构合理等效惯性矩：$I_{eq}\geqslant\frac{1}{E}\times\frac{11\times1000}{60}\alpha\quad G_{eq}H^2$ 。控制剪力墙布置位置尽量沿建筑物周边布置，可以获得较大的等效惯性矩，也就是刚度，从而满足侧移限值要求，同时也可获得较大的抗扭刚度，减小扭转周期 T_t，平面中部剪力墙宜少（满足轴压比即可），从而增大平动周期 T，这样也较易满足周期比要求。这也是剪力墙布置宜“周边、均匀、对称、分散”的原理所在。按此原理，对南京7度抗震设防烈度的剪力墙结构布墙率（n）可以做到：高度 $H>80$m，$n\leqslant6.0\%$；$50\text{m}\leqslant H\leqslant80$，$n<5\%$；$H<50$m，$n\leqslant4.5\%$。含钢量也会较小，其他控制指标也都可较好地满足《高层建筑混凝土结构技术规程》的要求。可见，通过刚度的控制可实现安全与经济的矛盾统一。

3.3　结构材料的选择和利用

上述整体分析及计算得到结构内力后，就需要选择合适的结构材料来抵抗内力了。如图3-42所示，用几种不同性质材料做成的受弯构件，在相同受力状态下会产生完全不同的破坏状态。图3-42（a）为石材或素混凝土梁，由于其抗拉强度 f_t 远小于抗压强度 f_c，即 $f_t\ll f_c$，当拉应力 σ_t 超过材料抗拉强度时梁就开裂破坏，破坏由 $\sigma_t>f_t$ 引起。图3-42（b）所示为钢管受弯，钢材的拉压强度是相同的，即 $f_y=f'_y$，但由于受压时可能引起较薄的管壁局部失稳，当 $\sigma_c>\varphi f'_y$ 时，受压区局部屈曲而早于受拉区破坏。

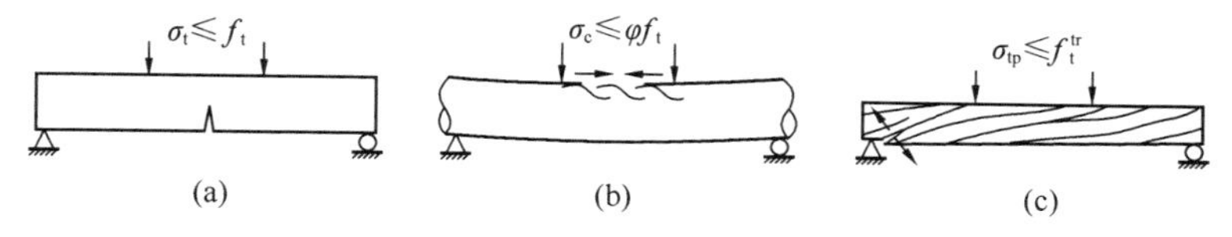

图3-42　材料对结构破坏形式的影响

（a）砖石；（b）钢管；（c）木材（斜纹）

图3-42（c）为一木梁，由于天然木材有弯曲，切割成矩形木梁时木纹与梁轴不平行，而木材的横纹抗拉强度远小于顺纹抗拉强度，在主拉应力 σ_{pt} 作用下，当 σ_{pt} 大于木材横纹抗拉强度 f_t^{tr}，即 $\sigma_{pt}>f_t^{tr}$ 时，就发生斜向撕裂。可见材料性质对构件的破坏有直接的影响。根据结构可靠度的知识，要保证结构安全可靠，应当使荷载对结构的作用效应 S 小于相应的结构抗力 R，即：

$$S\leqslant R \tag{3-37}$$

上述例子相应的表达式为应力小于强度，即分别为：

$$\sigma_t\leqslant f_t,\sigma_c\leqslant\varphi f'_y,\sigma_{pt}\leqslant f_t^{tr} \tag{3-38}$$

可见，材料的物理特性决定了它们能够承担的内力的类型，并由此决定了适宜的构件类型和形状，因此，在结构设计中应当充分考虑各种材料的特性，做到材尽其用。以下几方面的问题应在设计中给予充分考虑。

3.3.1　充分发挥材料特性

常用于建筑上的结构材料主要是砖石砌体、木料、钢和钢筋混凝土四种。

砖石砌体是由单个的砖、石头或砌块用砂浆等胶结材料垒砌而成，是一种复合材料。这些材料具有共同的物理特性，即中等的受压强度、最小的受拉强度和比较高的密度。建筑工程中主要利用这类材料的抗压能力，通常对于未加筋的砖石砌体只可以用于主内力是压力的构件，如柱、墙、拱或穹窿等。如果砖石砌体构件中存在较大弯矩，例如拱屋顶或平面外风压力对外墙产生的弯矩等，则需要通过加大截面面积而获得较大的惯性矩以保证弯曲应力尽可能小，这样就会形成非常厚的墙和柱，过大的砖石砌体体量耗费材料且占据了较大的使用空间。其他材料如焦土、夯土或不加筋的混凝土都具有类似砖石砌体的特性，由于其强度低、自重大、劳动强度高，通常只适用于多层小跨的住宅结构。

木材是一种生物体，这一事实决定了它的物理特性，即顺木纹方向具有近似相等的抗拉和抗压强度，但在与木纹垂直方向的强度只有顺纹方向的 1/10 左右，一旦在这个方向受拉或受压会很容易地被压碎或拉断，这是木材有别于其他材料的最大特征——正交各向异性。作为木材独有的问题——干燥率，影响着木材的受力性能。树在伐倒后，它的水分含量从活树中的 150%左右减少到 10%～20%，这种干燥变化会引起木材大量不均匀收缩并破坏木材功能，用作建筑材料的木材必须要对这种现象加以控制。总体来说，木材为建筑物设计者提供了一种具有综合性能的建筑材料，使它们能够建造出简单的轻型结构。但是它的强度低、基本构件尺寸小、垂直木纹方向强度更低从而得到优质节点的难度大，这些原因往往限制了可能的结构尺寸。另外，大多数木结构规格小，这就决定了结构跨度小、楼层低。目前，木材作为结构材料主要用于建筑物中木墙板结构或承重砖石结构中的水平构件。

钢作为主要结构材料的历史可以追溯到 19 世纪后叶，那时研制了大规模制造钢的廉价方法。钢是一种具有良好结构性能的材料，在抗拉和抗压方面具有高强度和等强度，可以有效地抵抗轴向拉力、轴向压力和弯曲类荷载。钢的密度高，但强度与重量之比也高，只要结构形式能保证材料被有效利用，则总体材料用量较少，造价也较节约。钢构件在工厂轧制而成，其材质均匀、质量可靠，其截面可以精确轧制成多种效能高的形状，使得相比于其他同等面积的结构材料可以获得更大的截面惯性矩，为生产出跨度长、高度大的结构提供了可能。但钢材需要解决防火性能和耐腐蚀性均较差的问题。

混凝土是将碎石、砂和干水泥按适当的比例掺合在一起，然后再加水，这样会造成水泥水解，结果使整个混合物成型和硬化，形成一种具有石料类性能的复合材料。未加钢筋的素混凝土与砖石的性能相同（密度大、抗压强度适中、抗拉强度最小）。但混凝土与砖石相比，最大优势在于在房屋建造过程中它是以半液体形式出现的，这会产生三个重要结果：首先，这意味着其他材料能够很容易地加到混凝土里面以增强它的性能。最典型的实例是将钢筋加到混凝土中形成一种复合材料—钢筋混凝土。钢筋使混凝土除了具有抗压强度外，还有抗拉和抗弯强度。其次，液体形式的混凝土可以浇筑成各种各样的形状。第三个结果是浇筑过程自然形成了节点固接的连续结构构件，具有刚结点的连续超静定结构其弯矩比同等荷载条件下的静定结构所产生的弯矩小且更加均匀，提高了材料的使用率，大大增强了结构的有效性。但混凝土自重大、抗裂差、施工环节多、周期长、拆除改造难度大。

表 3-12 为常用建筑材料的一些基本特性指标。由表中数据可见，砌体和混凝土价格相对较低，是很好的抗压材料，但自重较大，不适宜建造高层和大跨建筑。我国古代受当时建筑材料所限，有不少砌体建成的高塔。例如，著名的西安大雁塔（建于公元 952 年），如图 3-43 所示，正方形塔身底层为 25m×25m，共 7 层，高 65m。底层墙厚达 9.15m，中间只剩不到 7m×7m 左右的有效空间。大雁塔经历了 1300 多年的风风雨雨，保留至今，反映了当时我国砌体结构的设计水平（传说大雁塔是由唐代高僧玄奘设计的）。但从今天的设计角度分析，用砌体建造高塔显然不合理。

图 3-43　西安大雁塔

钢材的强度高，f/r 值很高，适用于高层和大跨结构。木材虽然也是很好的建筑材料，但是木材易腐烂、怕火、价格昂贵，为了保护生态环境，应当尽量减少木材的采伐。目前木材主要用于高级装修，很少用于结构构件。在混凝土适当部位加入钢筋改善其抗拉能力，可以获得相比于其他建筑材料更高效率的结构形式。

常用建筑材料的一些基本特性指标　表 3-12

	砌体 MU10、MU5	混凝土 C20～C40	木材	钢材
强度 f（N/mm^2）	1.58	10～19.5	12	210～1000
重力密度 r（kN/m^2）	≈19	25	≈5	78.5
f/r	≈83	420～810	2400	2675～12740
抗拉强度比 f_t/f_c	≈1/10	≈1/10	≈1/1.6	≈1
价格	低	低	高	高
适宜受力状态	受压	受压	弯、压	拉、压、弯

3.3.2　选用合理的截面形式及结构形式

选用合理的截面形式及结构形式有很大的经济意义。图 3-44 为几种工程中常见的结构形式和截面形状。就截面形状而言，受拉的悬索结构采用高强钢丝、钢绞线或钢丝束最为合理。采用天然石料建造实体拱也是很好的方案，我国南方

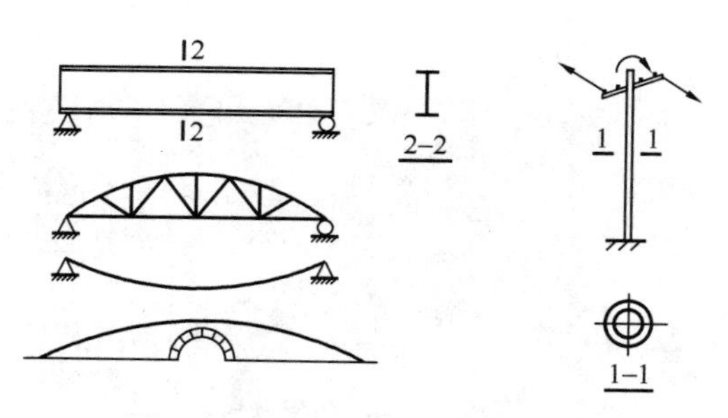

图 3-44　工程中常见的几种结构形式和截面形状

有许多石拱桥，造型美观，经济耐用。现代热轧工字形型钢作为受弯构件，较厚的翼缘主要承受弯曲正应力，较薄的腹板主要承受剪应力，与实体矩形截面相比，既节省了材料，也减轻了自重。又如，用离心法生产的管柱作电线杆，无论受弯、受剪或受扭都比较合理，光洁的表面既美观又耐久。较大型的构件形式，例如拱形桁架，由于桁架外形与弯矩图相似，可使上、下弦杆内力沿全长几乎处处相同，使用等截面的弦杆比较经济合理，在满跨荷载作用下腹杆内力几乎为零。又如平行弦桁架中内力最大的杆件是支座斜杆，如果是钢筋混凝土平行弦桁架，由于混凝土抗压性能很好，故应采用上斜式平行弦桁架，此时支座斜杆为压杆；反之，若采用钢结构，则应采用下斜式平行弦桁架，此时支座斜杆为拉杆（第 5 章图 5-1）。

这里只用简单的几个例子说明截面形状和结构形式的重要性，工程中的实例很多，读者应在日常生活中注意观察。

3.3.3　采用组合结构充分发挥材料的特性

早期的钢木桁架是典型的组合结构形式，木材虽然抗拉强度不低，但受拉节点比较复杂，所以木材主要用作压杆；桁架中的拉杆采用槽钢、角钢或圆钢，使钢木桁架比木屋架轻巧得多。目前，常见的用圆钢作拉杆和钢筋混凝土斜梁组成的三铰拱屋架也是很好的组合结构，如图 3-45（a）、（b）所示。

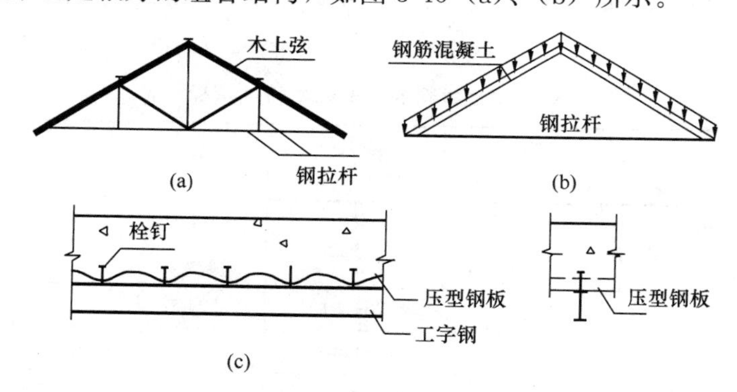

图 3-45　组合结构

（a）钢木屋架；（b）带拉杆的三角形拱；（c）组合结构楼盖

其实，钢筋混凝土结构本身也是钢筋和混凝土的良好组合，也是一种组合结构。现代建筑中采用钢梁、压型钢板和混凝土组成的楼盖系统是一种新型的组合结构，压型钢板既可作为施工时混凝土的“模板”，同时又是混凝土楼板的“钢筋”，如图 3-45（c）所示。在大型建筑结构中也可看到一些悬索结构屋面与大型钢筋混凝土拱（或框架）组成的组合结构形式。

结构和构件应当怎样结合也是值得深入研究的问题。以上述三铰拱屋架为例，斜梁不仅是三铰拱的压杆，同时承受非节点作用的屋面荷载，因此斜梁要承受较大的弯矩。如果在节点构造上稍作处理，做成偏心节点，则可大大减小跨中弯矩，甚至可减小一半，如图 3-46 所示。这仅是一个简单的例子，由此可见组合结构还有很多的潜力，有待深入研究。

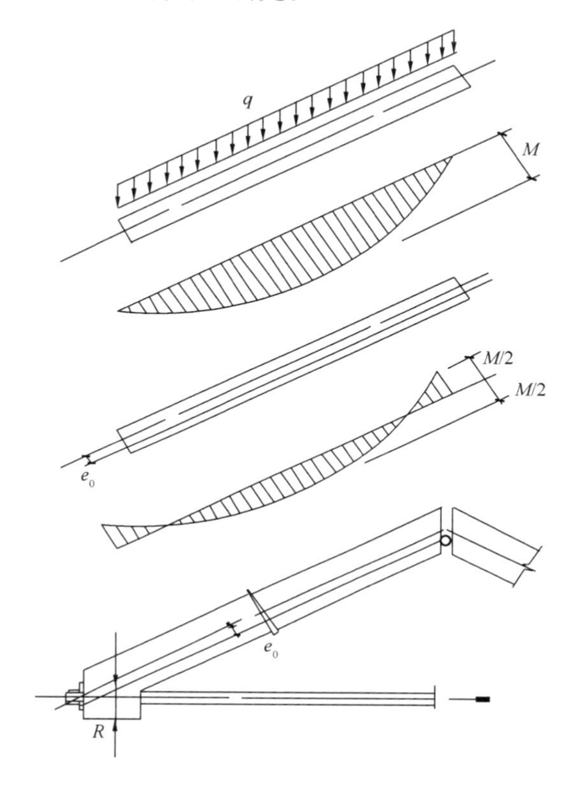

图 3-46　偏心对带拉杆三角形拱内力的影响

3.3.4　利用三向受压应力状态提高材料的强度和延性

混凝土和砌体这类脆性材料的抗压强度很高，而抗拉强度很低，二者相差悬殊。从本质上讲，混凝土受压破坏是由于受压时的横向变形超过了材料的拉伸极限变形而引起的破坏。如果对横向变形提供一些约束，将大大提高材料的抗压强度。材料在三向受压状态下不仅强度提高，其抵抗变形的能力也大大增强，利用这种特性可改善结构的承载能力和提高结构构件的延性。工程中常见的网状配筋砌体以及螺旋钢箍柱等都是利用这种原理来提高材料强度（图 3-47a、b）。抗震结构框架梁、柱节点附近往往要加密箍筋，其目的也是利用加密箍筋的横向约束对节点附近混凝土提供三向应力状态，从而大大改善节点处混凝土的塑性性能，提高结构在地震作用下的延性，增强房屋的抗震能力。在后张预应力混凝土结构的预应力钢筋锚固端附近，局部压应力很高，为了提高混凝土的局部承压强度，可在锚固端附近局部设横向钢筋网或螺旋钢筋，以提高锚头下混凝土的局部抗压承载力（图3-47d）。近年发展起来的钢管混凝土结构是在钢管中浇灌混凝土，由管内混凝土承受压力、外部钢管提供侧向约束的组合结构（图3-47c），它也是应用三向受压来提高构件承载力和延性的实例，其承载力比管中混凝土及外围钢管分别受压的承载力大得多。从受压试件可以看出，即使压到钢管屈曲起皱达10～20mm，剖开试件后内部混凝土基本完好，有时甚至没有明显的裂缝，可见三向应力状态对提高材料强度和延性都十分明显，在结构设计中应当充分利用这些特性来改善结构的受力状态。应当指出，三向受压状态提高的是材料的抗压强度，对偏心受压或长细比较大构件不适用，因为此时构件破坏往往由抗拉强度或稳定性控制。

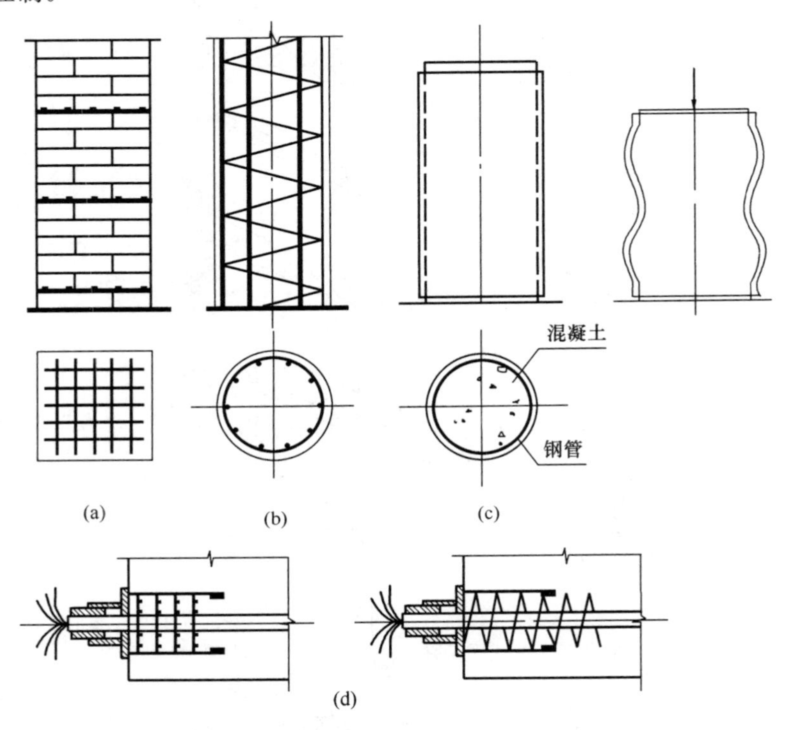

图3-47 三向受压状态的应用实例

（a）网状配筋砌体；（b）螺旋箍筋柱；（c）钢管混凝土；

（d）提高预应力筋锚头下的局压强度

3.3.5 预应力的概念

简单地说，预应力就是在构件尚未受外荷载作用前，预先对构件施加的应力。预应力一般与外荷载引起的应力相反，这样预应力可以抵消荷载引起的应力。

我国古代的木盆（木桶）就是由一块块楔形木片围成的，本身不能承受拉应力，若用铁箍从木盆直径较小一端紧紧打入，或将铁箍烧热后套入打紧，待铁箍冷却收缩时就会紧紧箍住木盆，在相邻楔形木片间产生挤压应力，将木片与木片间挤得很紧，只要这个挤压应力σ_c大于木盆盛水后产生的环向拉应力σ_t，则木盆环向始终处于受压状态，木盆也就不漏水了，如图 3-48（a）所示。长期不用的木盆如果漏水，可以先把木盆放在水里泡几天，待木片浸湿膨胀后同样也可产生预压应力 σ_c。木盆加水后产生的环向拉应力 σ_t 只是部分地减小了预压应力 σ_c，只要 $\sigma_t < \sigma_c$，木盆环向永远受压。这里，预压应力 σ_c 使不能承受拉力的木片间缝隙变得似乎可以受拉了。在日常生活中，为了从书架上搬下一叠书，人们可用手在一叠书的两端加一个压力（这个力要偏下一点），就可将整叠书一起端起来。应当说，书端起来后像一简支梁承受书自重作用（均布荷载）一样，“梁”将受弯，上部受压下部受拉。书和书之间没有连系，怎么受拉呢？这里又是预应力帮了

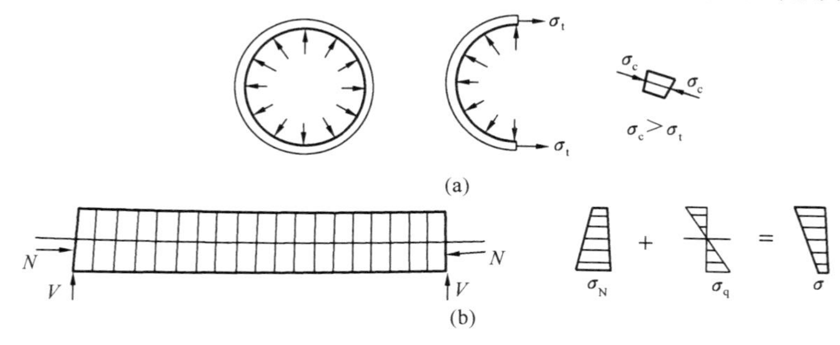

图 3-48　预应力的概念

忙，如图 3-48（b）所示，只要预压应力足够大，足以抵消弯矩产生的拉应力，书就不会散了。应用这个原理，人们创造了预应力混凝土梁，在荷载作用下将产生拉应力的地方预先用预应力钢筋对它施加压应力，用预压应力来部分或全部抵消荷载产生的拉应力，如图 3-49 所示。预应力不能提高强度和承载力，主要提高混凝土构件的抗裂性能，更充分地利用高强钢材的抗拉性能和高强混凝土的抗压性能，减轻结构自重，使混凝土结构跨度更大，混凝土结构房屋造得更高。

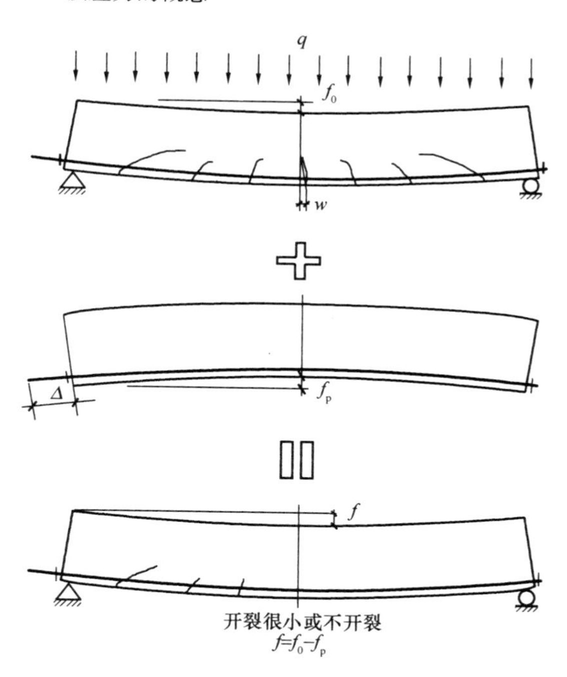

图 3-49　预应力混凝土梁示意图

应用张拉预应力钢筋对混凝土结构施加预压应力是工程中常用的方法。事实上，不用预应力钢筋也可对结构施加预应力。上述从书架上搬书的例子中就没用预应力钢筋，只是当人手压书本的同时，书本对人手有一个大小相同、方向相反的反作用力，使人体受拉，从而对书本形成反向受压。应用这个原理可以设想，如果在两山之间要建预应力桥，可先搭设临时支架，铺好预制混凝土块，用一排千斤顶对预制混

凝土块施加预应力，然后在千斤顶之间浇筑混凝土，待后浇混凝土达到必要的强度后即可卸下千斤顶，在原千斤顶位置再补浇混凝土。这样，再拆下临时支架.一座不用预应力钢筋的预应力桥梁就建成了。不过此时是两座山承受了这个预应力。当然，这只是设想，在理论上是可行的。

近年发展起来的预弯型钢组合梁也是一种新型的预应力组合结构，如图 3-50 所示。首先预制曲线形焊接工字形钢梁，对钢梁加载使钢梁变直，然后浇筑混凝土，待混凝土达到一定强度后卸下荷载，利用钢梁的回弹对混凝土施加预应力。目前，这种预弯型钢组合简支梁的跨度已达 40m。若应用二次浇筑形成预弯型钢组合连续梁，更能充分发挥这种结构的优越性，最大跨度可达 80m。这种新型预应力组合结构自重轻、承载力高、刚度大、结构高度小、易于施工，在城市立交桥中有很好的发展前景。

应当指出，预应力的概念有其更普遍的意义。上面提到预应力可使不能受拉的木盆拼缝“受拉”，同样也可使抗拉强度很低的混凝土变得似乎可以承受很大的“拉应力”。事实上，预应力只是把受拉的过程转变为预压应力减少的过程。根据同样的原理，也可施加预拉应力使不能受压的材料变得似乎可以受压。如气球薄膜本身不能受压，若充气加压先使薄膜受拉应力，只要预拉应力足够大，超过荷载作用下薄膜的压应力，则此结构即可存在。图 3-51 为圆柱形气球受弯的示意图，应用此原理可以建造各式充气结构。

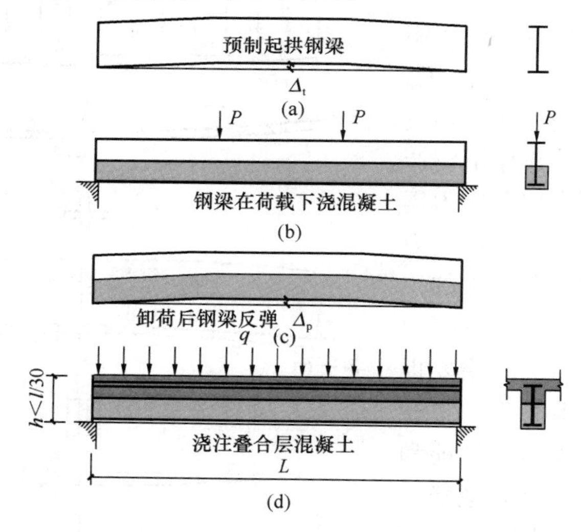

图 3-50　预弯型钢组合梁示意图

(a) 预制曲线形焊接工字梁；(b) 预加载预浇部分混凝土；
(c) 卸去预加载，钢梁反弹形成预应力；(d) 后浇叠合层混凝土

图 3-52 (a) 为气承式充气结构，气压较低。取出顶部 1m² 的屋面来分析：薄膜材料一般自重不会超过 $q=100\text{N/ m}^2$，只要内部气压 $p>q$，就可以将薄膜托起，大家知道，1 个标准大气压相当于 10m 水柱压力，即 100000 N/ m²，可见只要室内气压比室外气压高出 1/1 000，就可把薄膜托起，这样的压差只用一个普通的鼓风机就能实现。通常，只要在入口处采用密闭旋转门，并用风机不断

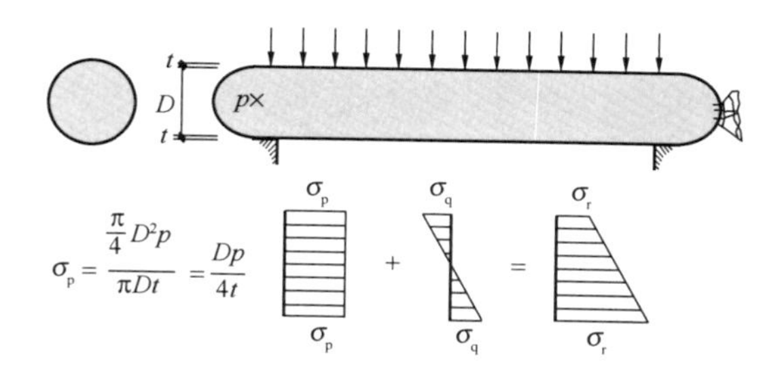

图 3-51　圆柱形气球受弯示意图

补气，保持 150～300N/ m²的气压差，就足以承受覆盖层的重力，并使薄膜中保持一定的预应力，以保证这种气承式结构的整体刚度。室内外压差只有 1.5/1000～3/1000，这一点差别人们是感觉不到的。

图 3-52（b）为气管式充气结构，气管内气压可达 1500～2000N/ m²，这种气管有一定的刚度和抗弯、抗压能力，可用来作为拱圈组合成屋盖，甚至作为梁、柱或墙使用。气管式充气结构管内压力比气承式结构大得多，但与常见的汽车轮胎内压力（约为 2.0×10⁶ N/ m²）相比，也只有 1/1000 左右。

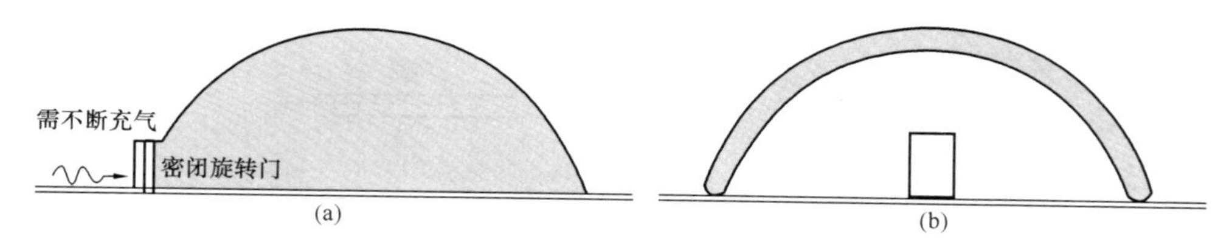

图 3-52　充气结构
（a）气承式充气结构；（b）气管式充气结构

充气结构自重轻、跨度大、造价低，便于装拆，特别适合临时性的市场、展览演出或比赛场馆等。

近年在海边旅游景点出现的张拉膜结构也是预应力概念的应用，如图 3-53 所示。预应力可有效提高张拉膜结构的刚度。此外，斜拉索结构、悬索结构、预应力钢结构等都有效地利用了预应力的概念。可见，预应力的概念有着广泛的工程应用价值。

某预应力公司制造的只有 20mm 厚的预应力薄板，有人担心预应力会不会使这么薄的板失稳。先来看一看什么是失稳。当压杆有偶然偏心或偶然侧向力作用而弯曲时，附加的力矩可能使构件越来越弯曲，甚至导致破坏，这就是失稳。当薄板或长细杆件有偶然弯曲时，由图 3-54（b）可见，轴向力产生的附加弯矩将使构件更加弯曲，这就可能使构件失稳。

预应力是一个内力，当一块预应力薄板或长细杆件发生偶然弯曲时，由图 3-54（c）可见，预应力产生的附加力矩以及弯曲后的预应力筋对混凝土板的侧向压力与偶然弯曲方向相反，将使构件伸直。可见，内力不但不会使压杆失稳，而且会使压杆伸直，更加稳定。这就不难理解为什么有时人们会对预制长柱、长桩施加预应力了。

图 3-53 张拉薄膜

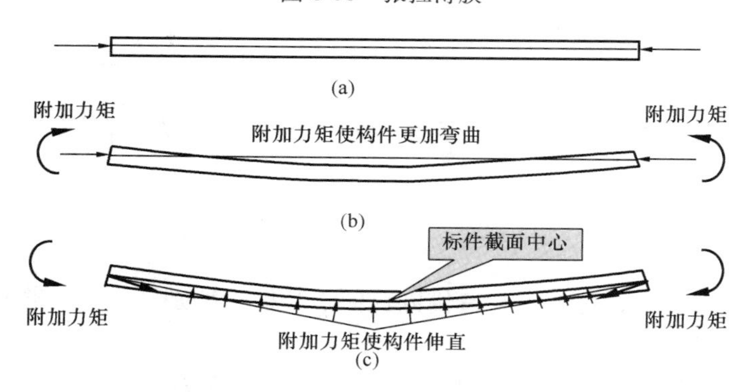

图 3-54 薄板受力失稳示意图
(a) 薄板受压；(b) 薄板偶然弯曲时轴向压力的影响；
(c) 薄板偶然弯曲时预应力的影响图

建筑物在水平向和竖向上的空间扩展，都要受到承重结构受力性能的制约。结构受力性能方面的巨大改进，必然带来建筑空间方面的某种突破。使结构的受力性能向着有利于空间扩展方向转化的基本途径有两条：一是从外部改变结构的形式，如由梁发展到桁架、刚架、拱、索等；二是从内部来控制结构中力的传递，而预应力的运用恰好可以达到这一点。因此，预应力是我们进行结构构思的一个重要手段，它可以进一步启发建筑师运用现代结构技术去创造新的建筑形式，甚至在无须改变结构外形的条件下，也可以通过预应力技术的运用，使结构的受力性能向着大跨或高层的方向转化。

高层建筑是从地面伸出的巨大“悬臂体”，预应力的运用也可以很好地控制其结构中内力的传递，为垂直方向上的空间扩展提供新的可能。美国旧金山一座

10层楼高的汽车停车库，利用从屋顶穿过建筑物而延至基础的146根28.6mm直径的高强钢筋束，施加了7000t的预应力。如图3-55示意，当1200t的水平向地震力作用在建筑物上时，便可被转换到竖直方向上，从而大大减小建筑物的侧向位移，保证了结构上的整体性。斯图加特建造的211m高的电视塔，也采用类似的预应力方法，将其锚定在基础上，以抵抗水平风力和地震力。

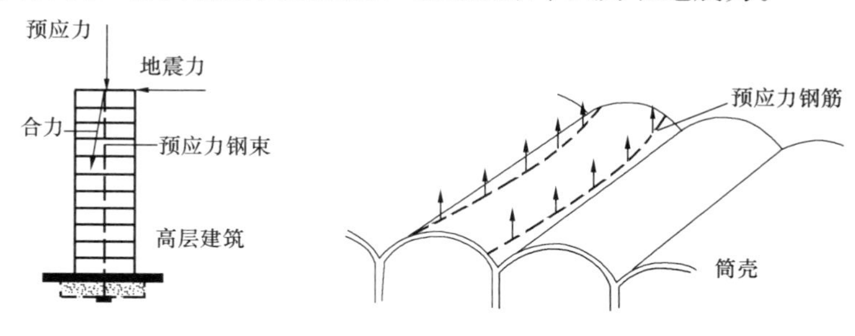

图3-55 旧金山汽车库　　图3-56 筒壳施加预应力改善受力性能

大跨空间结构同样可以运用施加预应力改善受力性能和扩张空间。如图3-56所示，在筒壳曲面中施加三向预应力后，其竖向分力可以平衡薄壳的重量，使得薄壳在自重作用下没有弯矩产生，同时，结构的变形和次应力也能减少到很小。这样，薄壳就能有效地覆盖更大跨度的使用空间。对穹顶或拱顶的圆环施加预应力还可以减小结构的“起拱度”，以避免结构覆盖空间过高而造成浪费。丹下健三设计的爱媛县会堂屋盖是很扁平的球面壳（图3-57），它直接承托在稍稍向外倾斜的支柱上。之所以如此，正是由于在薄壳周边圆环内施加了预应力的结果。该会堂大跨度薄壳结构起拱度大大减小（利用预应力降低穹顶的结构矢高），不仅让使用空间趋于紧凑，同时对声学设计也很有利。

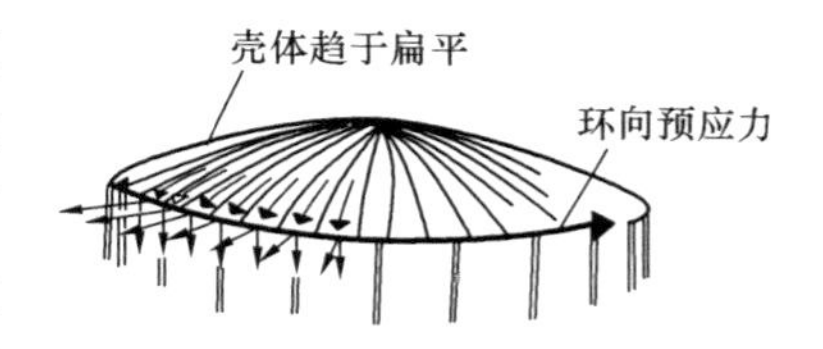

图3-57 爱媛县会堂

预应力可以有效减小水平承重结构的断面尺寸，因而，为建筑的剖面设计提供了较大的灵活性。从上海中兴影剧场改建的观众厅设计中（图3-58），可以得到有益的启示。一般来说，挑台座位呈曲线或折线形，因而横向断面是一个中间凹两端高的“阶梯”。这样，结构跨中弯矩最大的地方，即结构高度需要最大的地方，建筑上提供的净空恰恰最小。一般大梁只能利用图中h这样高的一部分空

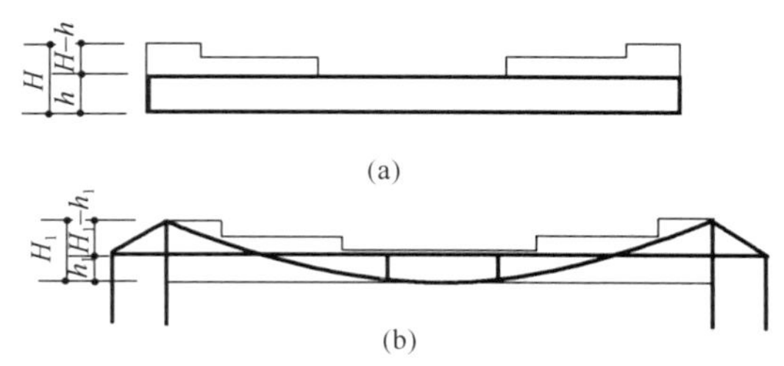

图3-58 上海中兴影剧场

（a）一般大梁的截面形式；（b）预应力大梁的截面形式

间，而 $H\text{-}h$ 这一部分空间却是无用的。中兴剧场改建增设的楼座，由于空间的限制，大梁采用了预应力结构。在该预应力梁中，h_1 可以减到最小，并且可以合理利用这一段不挡视线的结构高度。又由于 h_1 较小，预应力钢绞线锚固端可以尽量向台口方向移动，从而减轻它所分担的楼座荷载。总之，预应力相应降低了楼座挑台的设计标高，为解决结构与建筑之间的矛盾创造了有利条件。

在重力作用下，一般悬臂将产生挠曲而下垂。施加预应力，则可以使它和重力的合力通过悬臂梁轴线，从而消除结构中的弯矩。这时，整个悬臂梁在支座以外没有重量，它像“水平柱”一样，只承受轴向力，并将此力传递到竖向支柱上。委内瑞拉加尔加斯田径运动场轻巧而优美的大悬挑屋盖，就是因上述力学原理的成功运用而闻名于世的（图 3-59）。如果用一般钢筋混凝土建造，该悬挑屋盖的

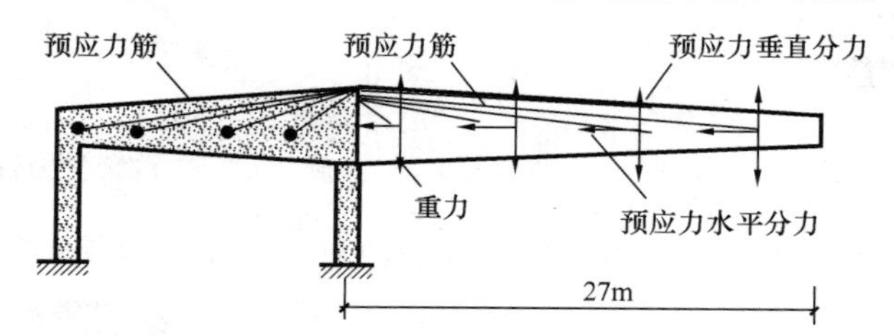

图 3-59 委内瑞拉加尔加斯田径运动场看台

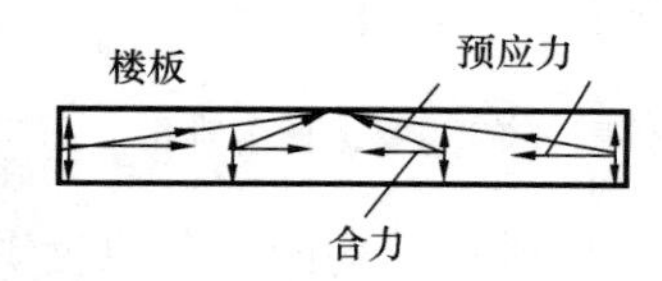

图 3-60 利用预应力改善楼板受力性能

厚度及重量至少将是目前的两倍，而且将在结构内产生不能预计的次应力，对安全不利。利用预应力还可以改进楼板的受力性能（图 3-60），使受弯构件变成为中心受压构件。

关于预应力的概念总结如下：预应力是加荷载前预先施加的应力；预应力可提高混凝土的抗裂性，充分利用材料的强度；预应力是一个内力，不会使构件失稳；预应力的概念具有普遍意义。

3.4 结构设计中的总体问题

结构设计中的总体问题应在建筑设计的方案设计阶段解决。在方案设计阶段，建筑设计人员主要是在总体规划范围内对房屋的功能分区、人流组织、房屋体型、体量、立面、总体效果等提出设计方案；结构设计人员要对建筑设计方案提供结构方案，确定结构的总体形状、体系形式、构件形式和材料品种，以求结构体系和建筑方案协调统一。在此基础上要对总体结构进行初步估算，以保证总体结构稳定可靠、结构合理，总体变形控制在允许范围内。总的来说，是要保证结构的可行性和合理性，至于结构的具体设计可放在以后进行。为此，首先要对房屋的荷载作出估计，以估算结构的总承载力、地基承受的总荷载，验算总体结构的高宽比和倾覆问题，初步估算房屋的总体变形以及结构总体系的布置方案。

3.4.1　结构的总体估算

在建筑设计的方案阶段要做一些简单的计算，以判断设计方案在结构承载力和变形方面的可行性。这种估算可以较粗略的进行，以求快速简洁。尽管如此，粗略的估算结果可使建筑师或结构工程师对方案心中有数，进而使得判断设计方案的可行性有科学根据。现以原纽约世贸中心大楼为例，说明如何对房屋结构进行简化和估算。

原世界贸易中心（The World Trade Center）位于纽约曼哈顿区，是两栋形状几乎相同的110层方形塔楼，高412m，平面尺寸为63.5m×63.5m，采用筒中筒结构，外筒为密柱框筒，底层每边有19根箱形截面钢柱，柱间距3.05m。柱箱形截面为686mm×813mm，壁厚平均为90mm，柱截面面积$A_c=0.263m^2$。角柱适当加强，如图3-61所示。世界贸易中心总体高宽比$h/d=412/63.5=6.49$。大楼位于大西洋海边，平均风荷载为2200N/m^2，风荷载较大。要求验算在风荷载作用下柱子的附加轴力和塔楼顶部侧移。

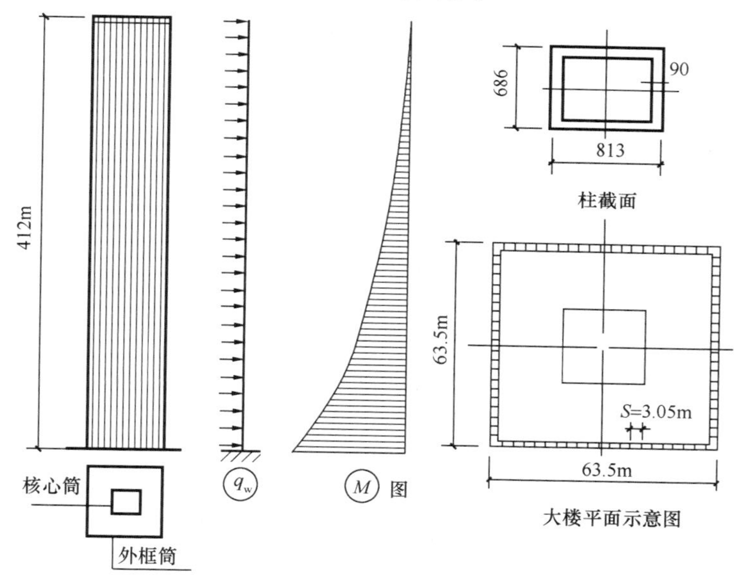

图3-61　原世界贸易中心估算简图

（1）问题的简化

1）把原世贸中心塔楼看作嵌固在地面的悬臂梁；

2）筒中筒结构在水平荷载作用下，内筒的作用主要是抗剪，其抗弯作用比外框筒小得多，近似估算时不考虑其抗弯作用；

3）外框筒结构柱间有刚度横梁相连，近似看作是共同工作的整体箱形截面，暂不考虑轴向变形的影响；

4）角柱只有四根，近似与中间柱一样对待。

（2）估算水平风荷载引起的柱的附加轴力

1）房屋结构底层总弯矩M

$$M=\frac{1}{2}q_{\mathrm{w}}h^{2}=\left(\frac{1}{2}\times2.2\times63.5\times412^{2}\right)\mathrm{kN\cdot m}=11860\times10^{3}\mathrm{kN\cdot m}$$

2）房屋结构总体截面惯性矩

为简化计算，沿风荷载方向的框筒柱近似按“拍扁”后的等效腹板计算，则腹板的等效厚度 t 及惯性矩 I：

$$t=\frac{A_{\mathrm{c}}}{S}=\left(\frac{0.263}{3.05}\right)\mathrm{m}=0.0862\mathrm{m}$$

$$I=(A_{\mathrm{c}}y^{2})\times2n+\frac{td^{3}}{12}\times2$$

式中 A_{c}——柱截面面积；

S——柱间距；

n——每边柱的数量；

y——框筒柱离截面中心的距离；

d——结构总宽。

则房屋结构的总体截面惯性矩：

$$I=\left\{\left[0.263\left(\frac{63.5}{2}\right)^{2}\right]\times2\times19\right\}\mathrm{m}^{4}+\left(\frac{0.0862}{12}\times63.5^{3}\times2\right)\mathrm{m}^{4}=13753\mathrm{m}^{4}$$

3）柱的附加轴力

边柱由风荷载引起的最大附加应力为：

$$\sigma_{\max}=\frac{My}{I}=\left(\frac{11860\times10^{3}}{13753}\times\frac{63.5}{2}\right)\mathrm{kN/m^{2}}=27380\mathrm{kN/m^{2}}=27.38\mathrm{N/mm^{2}}$$

即风荷载引起的柱内最大附加应力为：

$$\sigma_{\mathrm{w}}=27.38\mathrm{N/mm^{2}}$$

单柱由风荷载引起的附加内力为：

$$N_{\mathrm{w}}=A_{\mathrm{c}}\sigma_{\max}=(0.263\times27380)\mathrm{kN}=7200\mathrm{kN}$$

（3）估算风荷载作用下房屋顶端侧移 Δ

等截面悬臂梁端点挠度公式为 $\Delta=\frac{qh^{4}}{8EI}$，原世贸中心框筒的箱形截面柱是变截面柱，底部柱截面面积为 A_{c}，越往上截面越小，近似认为柱顶截面为 0 的均匀变截面构件，则变形要比等截面构件大些，此时的顶端侧移为：

$$\Delta\approx\frac{qh^{4}}{2EI}=\left(\frac{2200\times63.5\times412^{4}}{2\times2\times10^{11}\times13753}\right)\mathrm{m}=0.732\mathrm{m}\approx\frac{h}{560}$$

按美国规范，允许侧移为：

$$[\Delta]=0.002h=0.002\times412\mathrm{m}=0.824\mathrm{m}>\Delta$$

满足设计要求。

（4）讨论

1）在工程设计中尚应考虑地震作用、自重等荷载下的内力及变形，这里作为例题仅考虑估算了风荷载的影响。

2）原世贸中心塔楼的总体高宽比为 $h/d=\frac{412}{63.5}=6.488$。

① 假定房屋增高 10%，则 $H=1.1\times412\mathrm{m}=453.2\mathrm{m}$，若其他条件不变，则

塔楼顶端位移为：

$$\Delta_{1.1}=\frac{q}{2EI}(1.1h)^4=(1.1^4\times0.732)\text{m}$$

$$=1.072\text{m}>[\Delta]=0.002\times453.2\text{m}=0.9064\text{m}$$

不满足设计要求。

② 假定房屋宽度减少 10%，则房屋边长 $d=0.9\times63.5\text{m}=57.15\text{m}$，若柱截面和柱距不变，每边剩 17 根柱，则：

$$I=\left[0.263\left(\frac{57.15}{2}\right)^2\times2\times17\right]\text{m}^4+\left[\frac{0.862}{12}\times57.15^3\times2\right]\text{m}^4=9983\text{m}^4$$

$$\Delta_{0.9}=\frac{2200\times57.15\times412^4}{2\times2\times10^{11}\times9983}\text{m}=0.907\text{m}>[\Delta]=0.824\text{m}$$

不满足设计要求。

③ 将这三种情况列表比较如下：

序号	高度 h（m）	宽度 d（m）	h/d	Δ（m）	Δ_i/Δ_j
1	412	63.5	6.488	0.732	1
2	453.3	63.5	7.137	1.072	1.464
3	412	57.15	7.209	0.907	1.101

由以上比较可见，高宽比 h/d 对侧移Δ 的影响十分敏感，高度或宽度分别增减 10%，则侧移相差达 46.4%和 10.1%。同样，高宽比对结构内力的影响也比较大。可见，在高层房屋的方案阶段，设计人员必须认真控制好结构的总体高宽比。

3.4.2 房屋不对称的影响

图 3-62 为常见的几种房屋不对称情况。图 3-62（a）、（b）为外形不对称，图 3-62（c）为结构不对称。不对称会使竖向荷载与结构偏心，形成倾覆力矩，造成结构受力不均、倾斜或不均匀沉降，设计中应设法避免或减少这种不利影响。

对于竖向荷载的偏心可在设计中调整墙柱结构布置，以尽可能减小偏心距。对于偏心引起的不均匀沉降，在基础设计中可以调整基础性质，改变基底反力分布，以减小地基压力的不均匀。

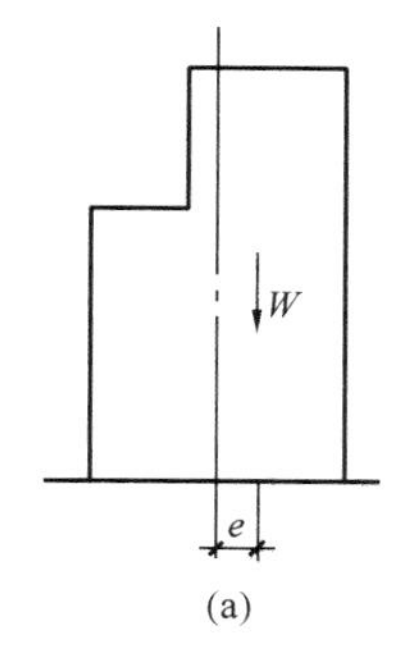

(a)

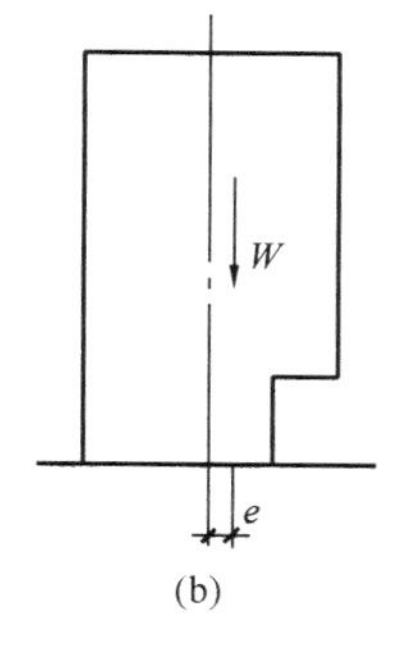

(b)

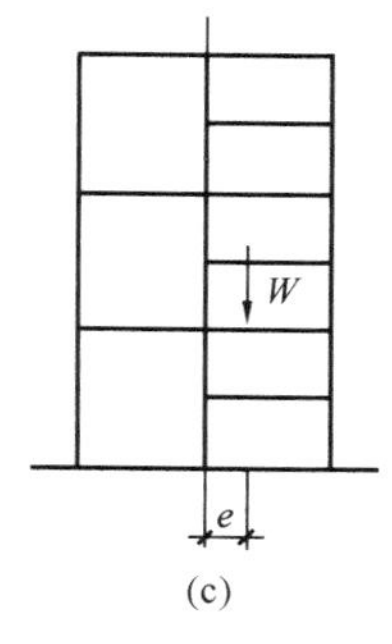

(c)

图 3-62 房屋不对称的影响

在高层建筑结构中，结构抗侧移刚度不对称会使水平荷载与结构抗侧移刚度的中心（简称刚度中心）偏心，使房屋整体发生扭转，结构在水平荷载下不仅有侧移（水平位移），还有扭转变形，如图 3-63 所示。扭转将使靠近四角的结构（柱或墙）的内力和变形增大许多，甚至发生破损或断裂，同时，整个结构沿竖轴发生扭转变形，平面内发生翘曲。设计中应通过合理的结构布置，设法避免或尽可能减小扭转变形。换句话说，应当设法使水平荷载的合力接近或通过结构的刚度中心。

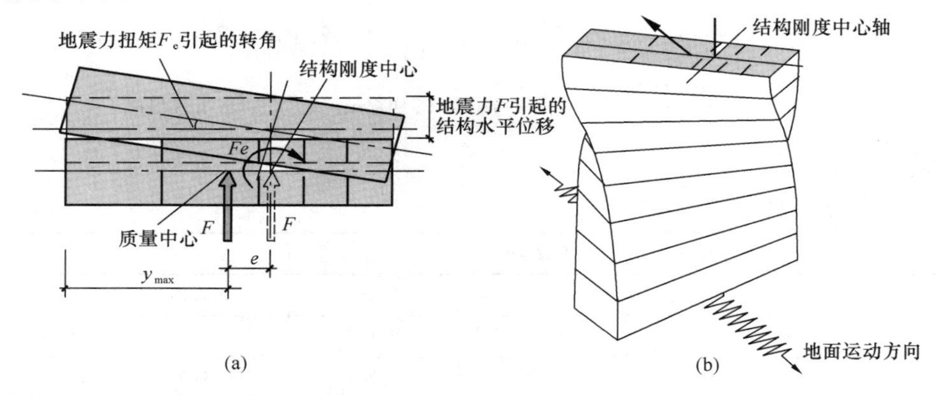

图 3-63　高层建筑结构的扭转

（a）刚度中心；（b）房屋的扭转

由结构刚度的概念我们知道，所谓结构刚度是使结构产生单位侧移所需要的力。房屋的总体刚度是有许多结构构件（如柱、框架、结构墙等）组合而成的，它们靠平面内刚度很大的楼盖（或屋盖）体系联系在一起，楼盖（或屋盖）像一个刚性盘体一样迫使与其相连的柱、框架或结构墙整体协调变形，产生平移或整体转动。假如我们将房屋结构平移一个单位位移，则每一个柱、框架或结构墙都会产生反力，这些反力就是这些个别结构的抗侧移刚度。这些反力的合力即为房屋结构抗侧移的总刚度，此反力合力的作用点即为结构的刚度中心。用这种办法可以很快找到结构刚度中心，也可用来调整结构刚度中心的位置。若水平荷载合理通过结构刚度中心，房屋就不会产生扭转。

对于一般房屋建筑，水平荷载主要是风荷载和地震荷载。风荷载的合力大致在迎风面面积的中心附近，而地震作用是一个惯性力，其合理位置大致在房屋的质量中心附近。应当指出，对于不对称房屋，这两类合力中心往往不在一起，不能同时使它们与结构刚度中心完全重合。结构设计中应尽量设法减小这种偏心。如果这种偏心不可避免，设计中应当考虑由于结构总体扭转对角部结构引起的附加内力，并对四角结构构件予以适当加强。

中央电视台新楼就是典型的不对称结构（图 3-64），无论平面还是立面都不对称，主体竖向结构还倾斜 6°，上部结构最大悬挑达 75.165m，建筑物整体偏心。虽然大楼造型独特，很有创意，利用现代施工技术也能把它建起来，但从结构工程的视角来看，似乎选择了最不合理的受力状态。特别是在强风和强烈地震

（北京地区 8°设防）作用下，建筑物将产生非常大的扭矩（约 21621600kN · m）和倾覆力矩（约 8733100kN · m），为抵抗上部偏心扭转的不利内力，基础筏板厚度达 7.5m，筏板下打入直径为 1.2m、长度为 56m 的群桩。除了结构安全和施工困难外，经济上的浪费更是可想而知。主要问题是：北京地区抗震设防烈度为 8 度，但建筑物整体偏心，抗震不稳定；悬挑长度过大，存在严重的竖向抗震问题；地基基础的抗倾覆问题；特殊体型将引起风涡流，会使风荷载增加好几倍；存在严重的结构安全问题。

图 3-64 中央电视台新楼

3.4.3 结构抗震基本概念

地震的破坏作用是巨大的，历史上发生过多次强烈地震，造成人员和财产的巨大损失。仅以 2004 年发生在印度洋的地震为例，由于海底地震，引发了海啸，致使 16 万人丧失生命；1976 年发生在中国唐山的地震，使 24 万人丧生，大量房屋被毁坏，上百万人无家可归；2008 年汶川 8.0 级地震，死亡 7 万人，震后中国政府宣布投入一万亿进行灾区重建。因此，只有对地震成因和特点有清楚的认识，进一步提高建筑工程的抗震、防震能力，才能有效地抗御地震灾害，实现社会的可持续发展。

（1）地震的基本知识

1）地震成因及其类型

根据地震的形成原因，可把地震分为构造地震、火山地震、陷落地震和诱发地震等。火山地震、陷落地震和诱发地震一般情况下强度低、影响范围小，而构造地震释放的能量大、影响范围大、造成的危害严重。工程结构设计时，主要考虑构造地震的影响。

（a）构造地震

引起构造地震的地质运动与地球的构造和运动有关。地球近似一个球体，平均半径6400m，通常认为其内部分为三层，如图3-65所示。最表面的一层叫地壳，平均厚度约30km，除表层土壤外，地壳是由沉积岩、岩浆岩和变质岩等构成的岩层；地壳以下称地幔，厚约2900km，也为岩石成分构造；最里面的叫地核，半径约3500km，物质主要成分为铁、镍等。地表以下越深，气压和温度越升高。地壳的底部地幔的上部温度增加至1000℃，气压也由一个大气压增至1300个大气压。地核温度高达4000℃～5000℃，压力大于300万个大气压。

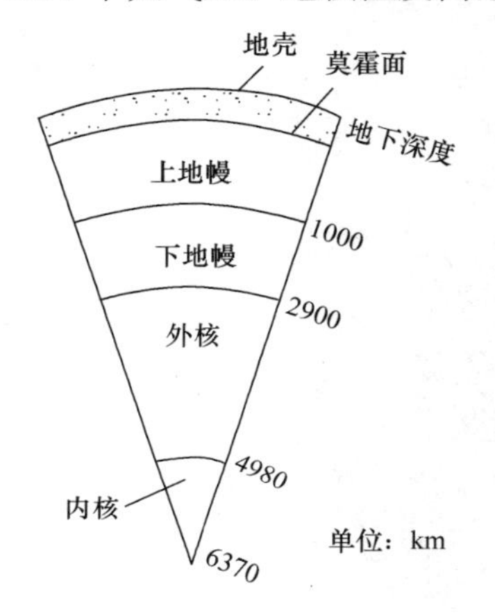

图3-65　地球构造

地球内部物质在形态、密度、压力和温度等方面均存在着显著的不均匀性。由于物质运动是永恒的，这些差别势必会使地壳和地幔不断地产生局部变形，且当变形累积到一定程度时便在其薄弱处发生突然的断裂或错位，继而引发一种所谓的构造地震（图3-66）。这种地震占地震的绝大部分且多发生在大陆内部，分布面较广，不确定性较大，有时释放的能量很大，若发生在人口密集的大城市地区或临近，则其破坏性极大。

按照地球的板块学说，全球地壳是由欧亚大陆、太平洋、美洲大陆、非洲大陆、印澳及南极板块组成，各相邻板块之间由于地壳的缓慢变形而会发生顶撞、插入等突变，并形成另一种形式的构造

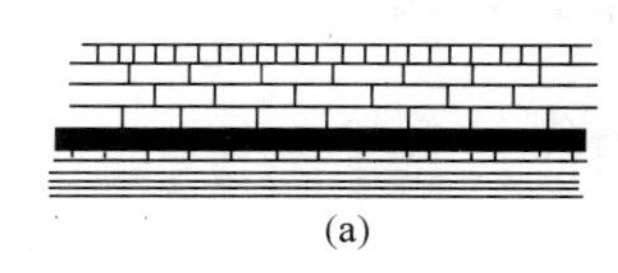

(a)

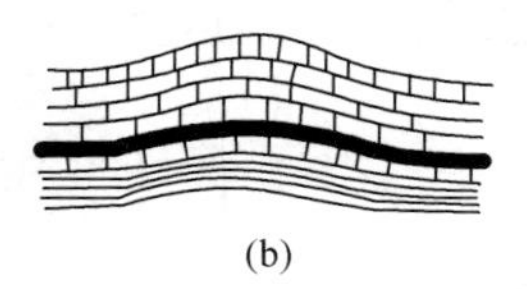

(b)

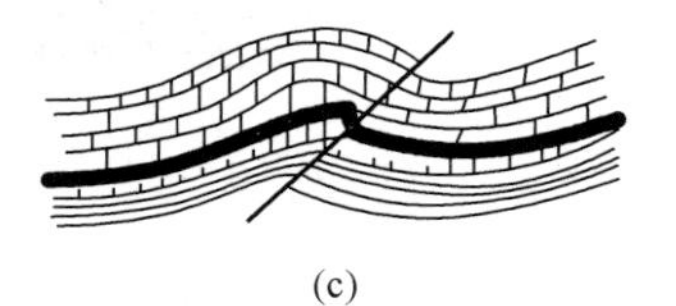

(c)

图3-66　构造变动形成地震示意图

（a）岩层原始状况；（b）受力后发生变形；（c）岩层断裂产生振动

地震。这种地震发生在各大陆板块的边缘、海域和岛屿，其影响范围和破坏程度比前一种构造地震相对要小些。

地下岩层发生断裂或错位时，整个破碎区域的岩层不可能同时达到新的平衡状态。因此，每次大地震的发生一般都不是孤立的，大震前后总会伴随有多次中、小型的地震。这种在一定时间内（几十天甚至数月）相继发生在相近地区的一系列大小地震，就是所谓的地震序列，其中最大的一次地震叫做主震。主震前发生的地震叫前震，之后发生的地震叫余震。

（b）火山地震

由火山活动所引起的地震称为火山地震。火山活动时，由于岩浆及其挥发物质向上运动，冲破附近围岩而发生地震。这类地震有时发生在火山喷发的前夕，可作为火山活动的预兆；有时则直接与喷出过程相伴随。火山地震的强度不大，震源较浅，影响范围较小。这类地震为数不多，约占地震总数的7%。

（c）陷落地震

易溶岩石被地下水溶蚀后所形成的地下空洞，经过不断扩大，上覆岩石突然陷落所引起的地震称为陷落地震。这类地震震源极浅，影响范围很小，只占地震总数的3%。地震能源主要来自重力作用，主要见于石灰岩及其易溶岩石（石膏、石盐等）广泛分布的地区。此外，山崩、地滑及矿洞塌陷也可产生这类地震。

（d）诱发地震

由于某种人为因素的激发作用而引起的地震，称诱发地震。例如：水库蓄水后，深水静压力的作用改变了地下岩石的应力状态，加上水库里的水沿岩石裂隙、孔隙和空洞渗透到岩石中起着润滑剂的作用，导致岩层滑动或断裂而引起水库地震；由于爆炸时产生的短暂巨大压力脉冲会使原有的断层发生滑动，地下核爆炸等也会诱发地震。

2）地震的几个基本概念

（a）震源、震中和震中距

地下能量聚积和释放而引发地震的区域称为震源，它在地表的垂直投影叫震中。震中是有一定范围的，它是地震破坏最强的地区，称为震中区。从震中到震源的距离叫震源深度，从震中到任一地震台站的地面距离叫震中距，从震源到地面任一地震台站的距离叫震源距。

通常将震源深度小于70km的叫浅源地震，它分布最广，占地震总数的72.5%，其中大部分的震源深度在30km以内；深度在70km～300km的叫中源地震，占地震总数的23.5%；深度大于300km的深源地震较少，只占地震总数的4%，目前已知的最大震源深度为720km。我国绝大多数地震是浅源地震，而中源、深源地震仅见于西南的喜马拉雅山及东北的延边、鸡西等地。破坏性地震一般是浅源地震，如1976年唐山地震的震源深度为12km。

（b）震级和烈度

地震震级和烈度是描述地震强烈程度的两种不同的尺度。震级表示一次地震释放能量大小的等级，一次地震只有一个震级。烈度表示某地区的地表和各类建筑物遭受地震影响的强弱程度。震级与震中烈度 I_0 的估算关系：

$$M = 1 + 2/3 I_0 \qquad (3\text{-}39)$$

震级的确定目前通常采用里氏震级，它是按美国地震学家里克特（C. F. Richter）提出的公式计算的：

$$M = \lg A \qquad (3\text{-}40)$$

式中，A 为用标准地震仪（Wood-Anderson 扭摆式地震仪，摆的自振周期0.8s，阻尼系数0.8，放大倍率2800）在震中距100km处记录到的最大水平位移振幅（μm）。

震级 M 与地震释放能量 E 之间的关系：

$$\lg E = 1.5M + 11.8 \tag{3-41}$$

由上两式可见，震级相差 1 级，地面振幅约增加 10 倍，而地震能量约相差 32 倍。汶川地震原定为 7.8 级，后修正为 8.0 级，释放的能量相差 2.0 倍。式（3-41）还表明，一次强烈地震所释放出的总能量是十分巨大的，例如一次 7 级地震相当于近 30 个两万吨级原子弹的能量。

地震烈度往往与地震震级、震源深度、震中距、地质构造等因素有关。由于同一次地震对不同地点的影响不一样，随着距离震中的远近会出现多种不同的烈度。一般来讲，距离震中近，烈度就高；距离震中越远，烈度也越低。就像电灯泡（震中）发光越远越暗相类似。各地区的地震基本烈度由国家制定的地震区划图予以规定。

（c）地震波

地震时，地下震源岩体断裂、错动产生振动，并以波的形式从震源向各个方向传播并引起地震，这种波就是地震波。地震波按其在地壳中传播位置的不同，分为体波和面波。

体波是在地球内部和表面均可传播的波，它包括纵波（又称压缩波、P 波）和横波（又称剪切波、S 波）。在 P 波由震源向外的传播过程中，介质质点的振动方向与波的前进方向一致，使介质不断地压缩和伸展（体积变形）。在空气中传播的声波就是一种纵波。纵波可以在固体和流体中传播（如在空气中传播的声波），其特点是周期短、振幅小。在 S 波的传播过程中，介质发生形状变形，其质点的振动方向与波的前进方向垂直，其中质点振动沿竖向的称为 SV 波，而沿水平向的称为 SH 波。S 波的周期较长、振幅较大。P 波波速比 S 波波速快得多。

面波是沿地球表面及其附近传播的波。一般认为，面波是体波在离开振源一定远后由自由边界条件或经地层界面多次反射、折射所形成的次生波。面波主要包括两种形式的波，即瑞雷波（R 波）和乐甫波（L 波）。R 波传播时，质点在由波的传播方向和地表法向所组成的平面内做逆时针旋转的椭圆运动，而与该平面垂直的水平方向没有振动，因而该波在地面上呈滚动形式。L 波的生成条件是地表存在软弱土层，其传播时质点在地平面内产生与波前进方向相垂直的运动，因而该波在地面上呈蛇形运动。面波的传播速度略低于 S 波波速，面波周期长、振幅大，只在地表附近传播，比体波衰减慢，故能传播到很远的地方。

地震波的传播速度，以纵波最快、横波次之、面波最慢。所以，在地震发生的中心地区人们的感觉是，先上下颠簸，后左右摇晃。当横波或面波到达时，地面振动最为猛烈，产生的破坏作用也大。在离震中较远的地方，由于地震波在传播过程中逐渐衰减，地面振动减弱，破坏作用也逐渐减轻。

在地震波的特性中，对建筑工程有重要意义的是地震波的强度（最大振幅）、频谱（波形）和持续时间三个参数，其中频谱特性可以通过对地震波信号进行富里埃变换或 FFT 处理获得，而持续时间由地震波信号上首次和末次出现达到规定加速度幅值（常取 $0.05g$，g 为重力加速度）的时差来确定。一般来说，地震波的强度越大、主频率与工程结构的自振频率越接近、持续时间越长，则工程结构遭受地震作用而破坏的可能性和破坏程度就越高。

地震时地震波产生地面运动，使结构产生振动，称为结构地震反应，包括加速度、速度与位移反应。地震波可使产生竖向与水平振动，一般对房屋的破坏主要由水平振动引起。工程设计中应该主要考虑水平作用。只有在震中附近高烈度区，才考虑竖向地震作用。

（2）工程抗震的基本原理

1）抗震设防的目标

工程结构设计和建造的基本要求在于安全性和经济性，在此前提下才能追求最大的使用功能和优美的建筑造型。为了减轻建筑遭受地震灾害的破坏，减少人员伤亡和经济损失，许多国家在总结震害和进行科学研究的基础上，都采用"小震不坏、中震可修、大震不倒"的三个水准的抗震设防目标：第一水准，当遭受低于本地区抗震设防烈度的多遇地震（小震）影响时，一般不受损坏或不需修理可继续使用；第二水准，当遭受相当于本地区抗震设防烈度的地震（中震）影响时，可能损坏，经一般修理或不需修理仍可继续使用；第三水准，当遭受高于本地区抗震设防烈度预估的罕遇地震（大震）影响时，不致倒塌或发生危及生命的严重破坏。

我国对小震、中震、大震规定了具体的概率水准。从概率意义上说，小震就是发生机会较多的地震。取50年为分析年限，当概率密度曲线（图3-67）的峰值烈度所对应的被超越概率为63.2%时，将这一峰值烈度定义为小震烈度，又称多遇地震烈度。全国地震区划图所规定的各地的基本烈度，可取为中震对应的烈度，它在50年内的超越概率一般为10%。大震是罕遇的地震，它所对应的地震烈度在50年内超越概率为2%左右，这个烈度又可称为罕遇地震烈度。通过对我国45个城镇的地震危险性分析结果的统计分析得到：基本烈度比多遇烈度约高1.55度，而较罕遇烈度约低1度。

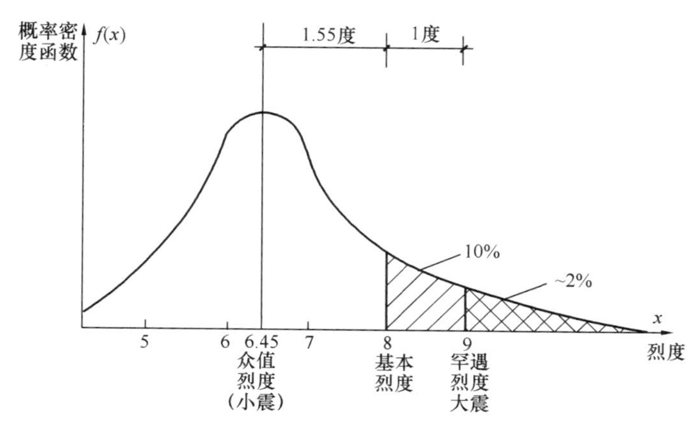

图3-67 三水准对应的地震烈度含义及其关系

2）建筑物的重要性分类与设防目标

对于不同使用性质的建筑物，地震破坏所造成后果的严重性是不一样的。因此，对于不同用途建筑物的抗震设防，不宜采用同一标准，而应根据其破坏后果加以区别对待。为此，我国《抗震规范》根据建筑物使用功能的重要性将其分为甲类、乙类、丙类、丁类四个抗震设防类别。

甲类建筑：重大建筑工程和地震时可能发生严重次生灾害的建筑，如核电站等。这类建筑如遇地震破坏会导致严重后果（如放射性物质的污染、剧毒气体的扩散和大爆炸等）或对政治、经济、社会产生不可挽回的重大影响。该类建筑必须经国家规定的批准权限核定。

乙类建筑：指地震时使用功能不能中断或需尽快恢复的建筑。如国家重点抗震城市的生命线工程，包括给水、供电、交通、电信、燃气、热力、医疗、消防等。人员密集场所如中、小学等。

丙类建筑：除甲、乙、丁类以外的一般建筑，如大量的一般工业与民用建筑。

丁类建筑：抗震次要的建筑。如遇地震破坏不易造成人员伤亡和较大经济损失的一般仓库、人员较少的辅助性建筑。

对各类建筑抗震设防标准的具体规定为：甲类建筑在 6～8 度设防区应按高于本地区抗震设防烈度提高一度计算地震作用和采取抗震构造措施，当为 9 度区时，应做专门研究；乙类建筑按设防烈度计算地震作用，但在抗震构造措施上提高一度考虑；丙类建筑应按本地区抗震设防烈度计算地震作用和采取抗震措施；丁类建筑按设防烈度计算地震作用，但其抗震构造措施可适当降低要求（设防烈度为 6 度时不再降低）。

3）抗震设计方法

在进行建筑抗震设计时，原则上应满足三水准的抗震设防要求。在具体做法上，我国建筑抗震设计规范采用了简化的二阶段设计方法，来保证三水准抗震目标的实现。

第一阶段：设计阶段——采用相应于设防烈度的小震作用计算弹性位移及内力，用极限状态方法设计配筋，并按延性采取相应抗震措施。

第二阶段：验算阶段——用罕遇地震作用计算所设计结构的弹塑性侧移变形，如层间位移超过允许值，应重新设计，直至满足大震不倒的要求为止。不计算内力，不校核强度。

第一阶段的设计，保证了第一水准的承载力要求和变形要求，而按延性采取相应抗震措施是为了满足第二水准的要求。第二阶段验算则旨在保证结构满足第三水准的抗震设防要求。

地震释放的能量，以地震波的形式向四周扩散，地震波到达地面后引起地面运动，使地面原来处于静止的建筑物受到动力作用而产生强迫振动，在振动过程中作用在结构上的惯性力大小就是地震作用的大小。因此，抗震设计中地震作用计算的准确程度主要依赖于地面运动加速度的确定。

我国规定：抗震设防烈度为 7 度的地区，其基本地震地面运动加速度为 $0.10g$。地面运动加速度每增加（或降低）一倍，则抗震设防烈度增加（或降低）约 1 度。可见，7 度 $0.10g$ 为基准值，其他烈度的加速度是按此基准推定的（表 3-13）。

弹性时程分析时输入地震加速度的最大值（cm/s^2） 表 3-13

设防烈度	6 度	7 度	8 度	9 度
多遇地震	18	35（55）	70（110）	140
设防地震	50	100（150）	200（3000）	400
罕遇地震	125	220（310）	400（510）	620

注：7、8 度时括号内数只分别用于设计基本地震加速度为 $0.15g$ 和 $0.30g$ 的地区，此处 g 为重力加速度。

多遇地震的烈度比设计基本烈度约低 1.55 度；罕遇地震的烈度比设计基本烈度约高 1 度。

则 7 度区多遇地震加速度：$2^{-1.55}\times0.10g=33cm/s^2$（gal）

7 度区罕遇地震加速度：$2^1\times0.10g=196cm/s^2$（gal）

地震影响系数曲线（图 3-6）起点为 0.45 α_{max}，此点时，自振周期为零，即频率无限高，说明该结构为刚体，所以其运动和地面的相同，其最大加速度即地面运动的加速度。7 度区多遇地震的加速度最大值为 $35cm/s^2$，即：$0.45\ \alpha_{max}\times980cm/s^2=35cm/s^2$，由此可算得 $\alpha_{max}=0.0794$，因此，抗震规范规定的 7 度区多遇地震取 $\alpha_{max}=0.08$（表 3-10）。其他均可类似推算而得。

（3）抗震设计的总体要求

实际建筑结构及其在强震作用下的破坏过程是很复杂的，目前尚难以对此进行较为精确而可靠的计算。因此，20 世纪 70 年代以来，各国标准强调了工程技术人员必须重视“结构抗震概念设计”，即根据地震灾害调查、科学研究和工程经验等所形成的基本原则和设计思想，进行建筑结构的总体布局并确定细部构造。这种设计理念将有助于明确结构抗震思想，不但有利于提高建筑结构的抗震性能，而且也为有关抗震计算创造有利条件，使计算分析结果更能反映地震时结构的实际地震反应。

1）选择对抗震有利的场地和地基

建筑物的抗震能力与场地条件有密切关系。历次地震调查表明，同类型的建筑物，由于建造场地不同，破坏程度会有很大差别。应避免在地质上有断层通过或断层交汇的地带，特别是有活动断层的地段进行建设。即：地震区的建筑宜选择有利地段，避免不利地段，不在危险地段进行工程建设。

国内外大量震害调查、地震记录与理论分析表明，同一次地震不同场地上的建筑物往往具有不同的震害特征，一般会有选择的加重自振周期与某一地区地震地面运动反应谱的主导周期（卓越周期）接近的一类建筑的震害，而放过周期相差较远的一类建筑。场地土对地震动频谱特征有着重要影响，工程中常通过对场地进行分类的方法来表征不同场地条件对地震动的影响。场地分类恰当与否直接影响到地震反应谱特征周期及地震作用确定的合理性，并将间接影响到工程结构形式选择、地震作用分析、构造措施处理等方面的恰当性及工程造价的高低。客观、科学的选择对抗震有利的场地是工程结构抗震设计的一项关键性工作。

另外应针对所选定的结构形式，处理好建筑物的地基。建筑物地基处理的好坏，对建筑物的抗震性能至关重要。同一结构单元的基础不宜设置在性质截然不同的地基上，也不宜部分采用天然地基而部分采用桩基础，以免地震时出现过大的差异沉降而损坏建筑。对液化场地上的建筑，其地基液化对建筑物的危害很大，历史上美国的阿拉斯加的地震就是由于地基液化使建筑物整体倾斜。我国辽宁海城、河北唐山大地震的灾害调查分析资料，都充分说明地基液化是造成震害的一个主要原因。因此，要严格按规范要求采取措施，消除地基液化。对软弱黏性土、新近填土或严重不均匀土等，也应估计地震时地基出现过大的差异或其他不利影响，并采取相应的措施予以防范。

2）选择合理的结构体型

（a）建筑平面体型

建筑平面形状宜简单、规则、对称，宜选用风作用效应较小的平面形状（如圆形、椭圆形与凸多边形等），不应采用严重不规则的平面形式，如对凸凹等不规则的建筑平面。虽然该类平面具有有利于功能分区、自然采光与通风等优点，但因各部分质量、刚度等的不均匀分布，而使各部分的自振特性差异较大，在地震作用时，将因各部分的不协调振动而在各部分连接的凹角处产生应力集中，随持时的增加将首先在此薄弱处引起破坏，同时，因形状的复杂性，很难使质心和刚心重合，在地震作用下，不仅使建筑产生剪切和弯曲变形，还将产生扭转变形，导致复杂的扭剪应力。剪扭的共同作用会进一步加剧地震时的破坏程度，对该类问题可采取设置抗震缝的措施将建筑平面分割成若干简单独立的部分（图 3-68）。为了防止防震缝两侧相邻的建筑物在地震时会互相碰撞而造成震害，要求防震缝应有足够的宽度：①框架结构房屋，建筑高度不超过 15m 时不应小于 100mm；超过 15m 时，6 度、7 度、8 度和 9 度设防每增加高度 5m、4m、3m 和 2m，宜增加宽 20mm；②框架-剪力墙结构房屋不应小于第①条规定的 70%，剪力墙结构的房屋不应小于第①条规定的 50%，且二者均不宜小于 100 mm；③防震缝两侧结构类型不同时，宜按需要较宽防震缝的结构类型和较低房屋高度确定缝宽。

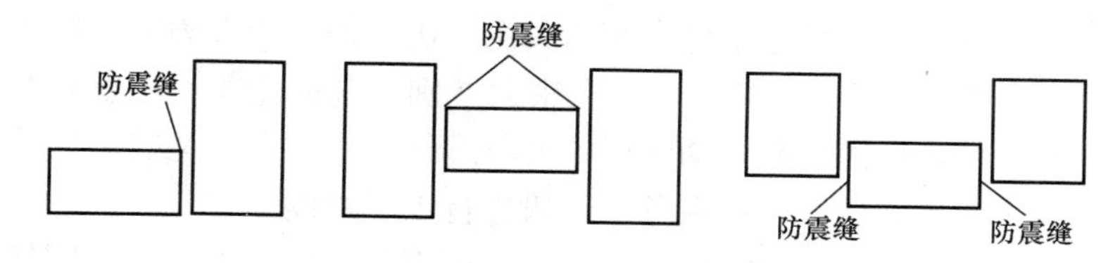

图 3-68 防震缝的设置

建筑平面尺寸及其比例关系应合理。平面长度不宜过长，否则可能会引起温度应力、预先存在或地震引起的不均匀沉降应力、地震动引起的沿长度方向异步振动及可能的扭转效应等产生的附加应力，上述应力的叠加将进一步加剧建筑结构的破坏，解决该问题的措施是采用抗震缝或伸缩缝（混凝土结构伸缩缝的最大间距见表 3-14），将较长的建筑分成若干独立的单元、将基础做成刚度较大的整体基础或通过加强上部结构的方法来解决。对抗震设计的高层建筑，不宜采用角部重叠的平面图形或细腰形平面图形，平面尺寸的长宽比及突出部分长度 l 不宜过大（图 3-69），L/B、l/B_{max}、l/b 等值宜满足表 3-15 的限值要求，否则如长宽比或凸出部分越大，楼屋面刚度相对越小且两个方向的刚度也相差越大，楼屋面板协调整体变形的能力及结构的整体性也越差，与结构分析时楼屋面无穷刚的假定不符。在强震时高振型的影响下，楼屋面还可能在水平方向产生扭转与挠曲变形及两端或凸出部分的差异运动，从而对建筑抗震不利，一般可通过限制高宽比、设置抗震缝加厚楼屋面板等途径来解决该问题。同样，对抗震设防的高层建筑钢结构，其常用平面的尺寸关系应符合表 3-16 和图 3-70 的要求，当钢框筒结构采用矩形平面时，其长宽比不宜大于 1.5∶1，不能满足此项要求时，宜采用多束筒结构。

伸缩缝的最大间距　　**表 3-14**

结构体系	施工方法	最大间距（m）
框架结构	现浇	55
剪力墙结构	现浇	45

注：1. 框架-剪力墙的伸缩缝间距可根据结构的具体布置情况取表中框架结构与剪力墙结构之间的数值；
2. 当屋面无保温或隔热措施、混凝土的收缩较大或室内结构因施工外露时间较长时，伸缩缝间距应适当减小；
3. 位于气候干燥地区、夏季炎热且暴雨频繁地区的结构，伸缩缝的间距宜适当减小。

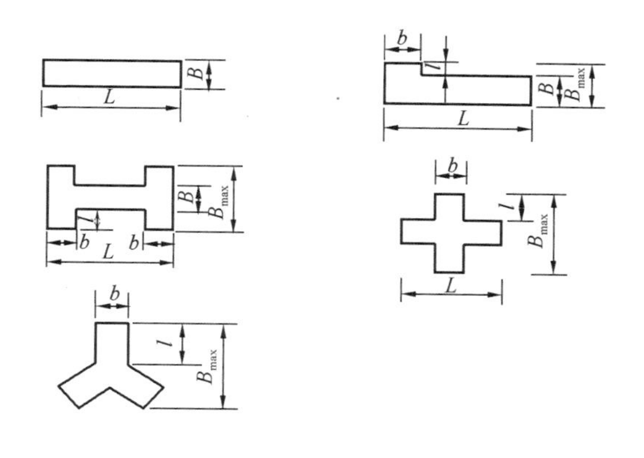

图 3-69　建筑平面

L、l 的限值　　**表 3-15**

设防烈度	L/B	l/B_{max}	l/b
6、7 度	≤6.0	≤0.35	≤2.9
8、9 度	≤5.0	≤0.30	≤1.5

L、l、l′、B′ 的限值　　**表 3-16**

L/B	L/B_{max}	l/b	l'/B_{max}	B'/B_{max}
≤5	≤4	≤1.5	≥1	≤0.5

建筑平面空间布置宜均匀对称，以尽量减小因质心和刚心不重合而引起的扭转和应力集中效应。空间在平面上的均匀分布可有效地使质量在平面上均匀分布，可能使质心与几何中心接近或重合，有利于通过结构布置使刚心与几何形心

重合；尽量使楼电梯间、设备井等主要构件对称，防止因平面对称、刚度不对称不均匀而引起的刚心与质心有较大偏移的“虚假对称”现象。

建筑平面中的洞口尺寸不宜过大，宜满足：$l\times B'\leqslant 0.3L\times B_{max}$，$B'\leqslant 0.5B_{max}$，$a_1\geqslant 2.0m$，$a_2\geqslant 2.0m$，$a_1+a_2\geqslant 5.0m$（图 3-70）。否则，楼板水平刚度突变，协调整体变形能力下降，易形成抗震薄弱环节，整体抗灾性能劣化，同时，现行抗震规范在用底部剪力法和振性型分解反应谱法计算地震作用时所采用的层单自由度（“糖葫芦串”）计算模型的假设（同一楼层的各点在同一时间的位移、速度、加速度是同相位同振幅的单自由度质点）将与实际情况有较大出入，其地震作用计算结果将失真。

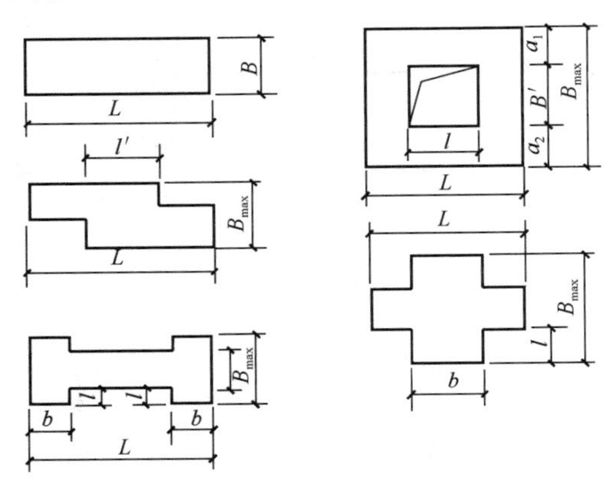

图 3-70　常用建筑平面

在烈度较高的抗震设防区，楼梯、电梯间不宜布置在结构单元的两端和拐角部分。在地震力作用下，由于结构单元的两端扭转效应最大，拐角部位受力更是复杂，而各层楼板在楼、电梯间处都要中断，致使受力不利，容易发生震害。如果楼梯、电梯间必须布置在两端和拐角处，则应采取加强措施。

（b）建筑竖向体型

建筑竖向体型应规则、均匀，避免有过大的外挑和内收，建筑的高宽比例应合适。抗震设计时，结构上部楼层相对于下部楼层收进时，收进的部位越高、收进后的平面尺寸越小，结构的高振型反应越明显，为减小这种“鞭梢”效应，当结构上部楼层收进部位到室外地面的高度 H_1 与房屋高度 H 之比大于 0.2 时，上部楼层收进后的水平尺寸 B_1 不宜小于下部楼层水平尺寸 B 的 0.75 倍（图 3-71a、b）。同时，为减小外挑结构的扭转效应和竖向地震作用，当上部结构楼层相对于下部楼层外挑时，上部楼层的水平尺寸 B_1 不宜大于下部楼层水平尺寸 B 的 1.1 倍，且水平外挑尺寸 a 不宜大于 4m（图 3-71c、d）。当不满足上述要求时，宜在建筑立面设置抗震缝，将其分为简单规则对抗震有利的建筑单元。

建筑竖向各层的空间布置宜相同或相似，当竖向各层空间布置及其质量、刚度等相差悬殊时，宜在上下空间变化层之间设置转换层，避免因竖向抗侧力构件不连续及上下层间刚度和质量突变而产生抗震薄弱层。

建筑竖向宜避免错层和夹层，各层层高宜相同或相近，当层高相差悬殊时，

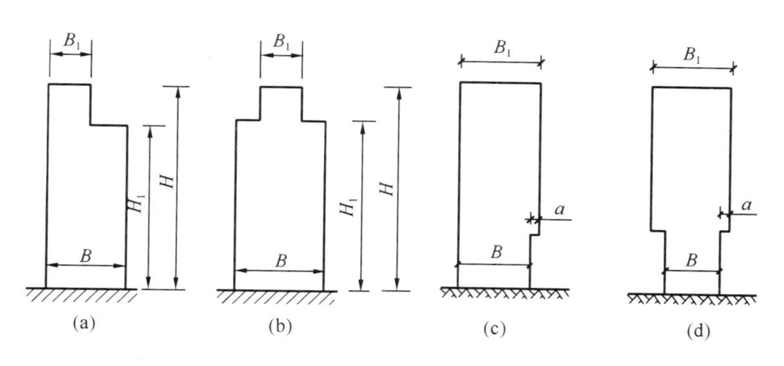

图 3-71 结构竖向收进和外挑示意

宜采取有效的结构措施，使层高变化处上下层间的线刚度接近，以防止或避免建筑结构出现抗震薄弱环节与薄弱构件。

（c）建筑高度及高宽比

一般而言，建筑高度越高，所受的地震作用和倾覆力矩越大，破坏的可能性也越大。因此，我国抗震规范对各类结构体系适用的最大房屋高度给出具体规定，见表 4-2、表 4-3、表 4-4。

建筑物的高宽比，比起其绝对高度来说更为重要。因为建筑的高宽比越大，地震作用下的侧移越大，地震引起的倾覆作用越严重，而对其在柱（墙）和基础中引起的压力和拉力往往也难于进行有效地处理。建筑的高宽比应满足表 4-5 的要求。

3）利用结构延性

按照结构抗震安全评价的能量原则：某次地震输入结构的总能量是固定值，结构耗散地震能量的能力是由承载力和变形的乘积决定的，一个结构及其构件的承载力较高，则其延性变形能力要求可有所降低；结构及其构件的承载力较低，则需要较高的延性变形能力。也就意味着，结构为了获得同等的消耗地震能量的能力，需要在承载力和变形这两个因素间权衡，而仅利用结构的弹性性能（小变形、大承载力）抗御地震是不明智的。正确的做法是通过结构一定限度内的塑性变形来消耗地震输入结构的能量。这样，利用结构弹塑性阶段比较大的变形，使得对结构承载力的需求降低，从而有效地减少结构材料的消耗。

设某一结构的外力、最大位移的关系如图 3-72 所示。图中 Δ_y 为屈服变形，Δ_e 为对应外力 P_e 的弹性变形，Δ_p 为对应 2 点的弹塑性变形，Δ_u 为结构变形极限，P_y 为结构屈服强度。若仅按弹性设计结构，则对应于三角形 0-4-5 面积的地震输入能量，要求结构至少具有 P_e 的抗力才可保证结构不破坏。在多数情况下，这将是很不经济的。而若利用弹塑性变形，结构达到变形 Δ_p，此时，只需要结构具有抗力 P_y，即可使面积 B 与 A 相等，结构所吸收的能量可保持与前一方案一致，从而使结构可以承受同样的地震作用。显然，P_y 比 P_e 小得多（图中 η 为降低系数），这样，便降低了结构截面尺寸，减少材料用量，因之降低了造价。由于允许结构出现一定的弹塑性变形所造成的损害，可以从限制结构变形处于可修的范围之内及地震发生时偶然事件两方面得到补偿。不仅如此，如果把图 3-72

中 0-1-4 看作是脆性材料的变形过程，而将图中 0-1-2-3 看作是延性结构的变形过程，则脆性材料在点 4 将破坏，而延性结构可以工作到 3 点才破坏。由此可见，脆性结构尽管抗力很大，但吸收地震能量的能力并不强，而延性结构却因可以吸收更多地震的输入能量而有利于抗御地震。这也是我国抗震设计方法之所以采用小震下计算弹性变形和内力，而中震不要求计算但须按延性采取相应抗震措施的原理所在。

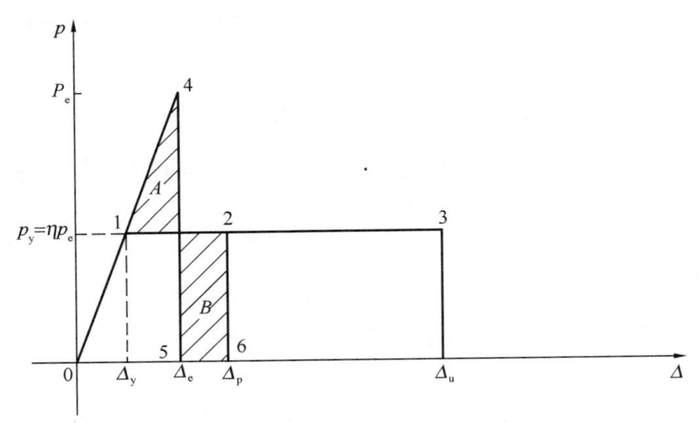

图 3-72　延性结构抗震原理

延性结构是能维持承载能力而又具有较大塑性变形能力的结构。在设计中，可以通过各种各样的结构措施和耗能手段来增强结构与构件的延性。例如，对于钢筋混凝土结构可以采取强柱（墙）弱梁、强剪弱弯、强节点弱构件的设计策略使梁以弯曲形式产生较大变形；对于砌体结构可以采取墙体配筋、构造柱-圈梁体系等措施增加结构的延性。

4）设置多道抗震防线

因为地震作用是一个持续的过程，一次地震可能伴随着多个震级相当的余震，也可能引发群震，不同大小的地震及速度脉冲一个接一个地对建筑物产生多次往复式冲击，造成累积式结构损伤。如果建筑物采用的单一结构体系，仅有一道抗震设防，则此防线一旦破坏，接踵而来的持续地震动就会使建筑物倒塌，特别是当建筑物的自振周期与地震动的卓越周期相近时。然而，当建筑物采用的是多道抗侧力体系时，第一道防线的抗侧力构件在强震作用下遭到破坏，后续的第二道防线甚至第三道防线的抗侧力构件立即接替，能够挡住地震动的冲击，从而保证建筑物不倒塌。而且，在遇到建筑物的自振周期与地震动的卓越周期相同或相近情况时，多道防线就更显示其极大的优越性；当第一道防线的抗侧力构件因共振而破坏，第二道防线接替后，建筑物的自振周期将出现大幅度的变化，与地震动的卓越周期错开，使建筑物共振现象得以缓解，从而减轻地震产生的破坏作用。

符合多道抗震防线的建筑结构体系有：框-墙体系、框-撑体系、筒体-框架体系、筒中筒体系等（图 3-73），其中框架、筒体、抗震墙、竖向支撑等承力构件，都可以充当第一道防线的构件，率先抵抗地震作用的冲击。但是由于它们在结构中的受力条件不同，地震后果也就不一样。所以原则上讲，应优先选择不负担或少负担重力荷载的竖向支撑或填充墙，或选用轴压比较小的抗震墙、实体墙之类的构件，作为第一道防线的抗侧力构件，而将框架作为第二道抗震防线。在水平地震作用下，两道防线之间通过楼盖协同工作，各层楼盖相当于一根铰接的刚性水平杆，其作用是将两类抗震构件连接成一个并联体，并参与水平力传递，如图 3-74 所示。

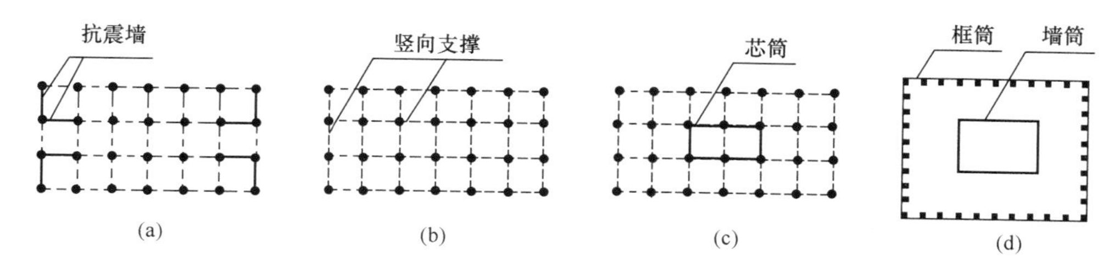

图 3-73 具有多道设防的结构体系

（a）框-墙体系；（b）框-撑体系；（c）框-筒体系；（d）筒中筒体系

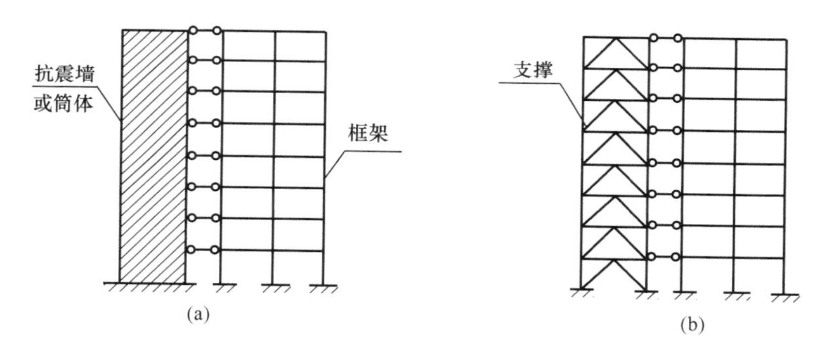

图 3-74 双重体系的结构并联体

（a）框-墙体系；（b）框-撑体系

为了进一步增强结构体系的抗震防线，可在每层楼盖处设置多根两端刚接的连系梁。在地震作用下，其不仅能够率先进入屈服状态，承担地震动的前期脉冲，耗散尽可能多的地震能量，而且由于未采用连系梁之前的主体结构已经是静定或超静定结构，这些连系梁在整个结构中属于附加的赘余杆件。因此，它们的前期破坏不会影响整个结构的稳定性。

多道设防体系一个非常典型的实例就是著名结构设计大师林同炎先生于 1963 年在尼加拉瓜首都马那瓜市设计建成的美洲银行大厦。此建筑结构设计的基本思想：在风荷载作用下，结构具有较大的抗侧移刚度，以满足变形方面的要求；当遭遇更高烈度地震时，通过某些构件的屈服过渡到另一个具有较高变形能力的结构体系。依据这一思想，该高层建筑核心筒由四个柔性筒组成（图 3-75），对称地由连系梁连接起来，在风荷载和多遇地震作用下，结构表现为刚性体系，在大震作用下，连梁的屈服，使得 4 个柔性筒相对独立工作，成为具有延性的结构体系，结构刚度剧减，整个结构的自振周期加长，错开了地震动的卓越周期，地震反应明显减弱。在 1972 年尼加拉瓜首都马那瓜市发生的强烈地震中，该市约有1万幢建筑倒塌，而美洲银行大厦虽位于震中，承受了比设计地震作用 0.06g 大6倍的地震作用而未倒塌，仅在墙面出现较小的裂缝。而附近结构布置不规则的中央银行则遭到破坏，修复费用近于建设成本。

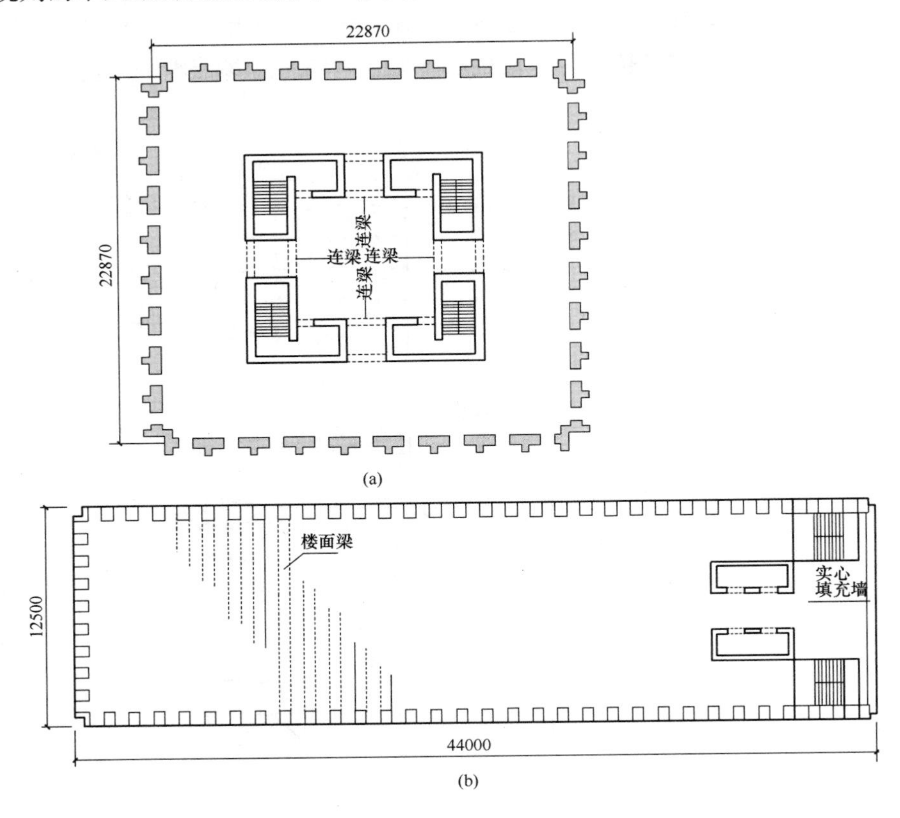

图3-75 抗震概念设计的比较

(a) 美洲银行结构平面；(b) 中央银行结构平面

5) 非结构构件的处理

非结构构件包括建筑非结构构件和建筑附属机电设备及其与结构主体的连接等。建筑非结构构件，一般是指在结构分析中不考虑承受重力荷载以及风、地震等侧向荷载的构件，如内隔墙、楼梯踏步板、框架填充墙、建筑外围墙板等。然而，在地震作用下，建筑中的这些构件会或多或少地参与工作，从而可能改变整个结构或某些构件的刚度、承载力和传力路线，产生出乎意料的抗震效果，或者造成未曾估计到的局部震害。因此，有必要根据以往历次地震中的宏观震害经验，妥善处理这些非结构构件，以减轻震害，提高建筑的抗震可靠度。

另外，房屋附属物，如女儿墙、挑檐、幕墙及装饰贴面等，在地震作用不大的情况下（例如6度左右）就可能会破坏或脱落。对一般房屋，这类装饰性的附属物应尽量不建或少建；若必须建造时，应采取防震构造措施或与主结构能有可靠连接，对于门楼、洞口等人、车经过的地方，更应予以加强。安装在建筑上的附属机械、电气设备系统的支座和连接，应符合地震时的使用功能要求，而且不应导致相关部件损坏。

3.4.4　结构总体系的构成

考虑建筑结构的总体问题时，我们把房屋看出一个整体，假定它有足够的强度和刚度，称为整体假定。即在建筑构思阶段，我们可以把房屋看成一个三维的空间块体来分析它的总体问题。对于复杂体形的房屋也可以把它划分为几块，分别研究它的高宽比、倾覆及总荷载、总刚度等，然后组合起来。

然而，建筑结构事实上都不是实心的块体，而是由许多平面结构构件组成，在初步设计阶段，我们就要对这些平面结构进行内力分析、变形分析。这些平面结构大致可以分为两类：一类是主要沿水平方向设置的，例如楼盖和屋盖等，它们本身又是由许多构件组成，所以称为结构的水平体系；另一类是竖向设置的，例如结构墙、框架柱、筒体等，它们本身也是由许多构件组成的，所以称为结构的竖向体系。也就是说，结构总体系可分为水平体系和竖向体系。在各种荷载作用下，它们不仅直接承受荷载，而且借助相互间的可靠连接形成总体结构体系，以便更好地抵抗外荷载，如图 3-76 所示。

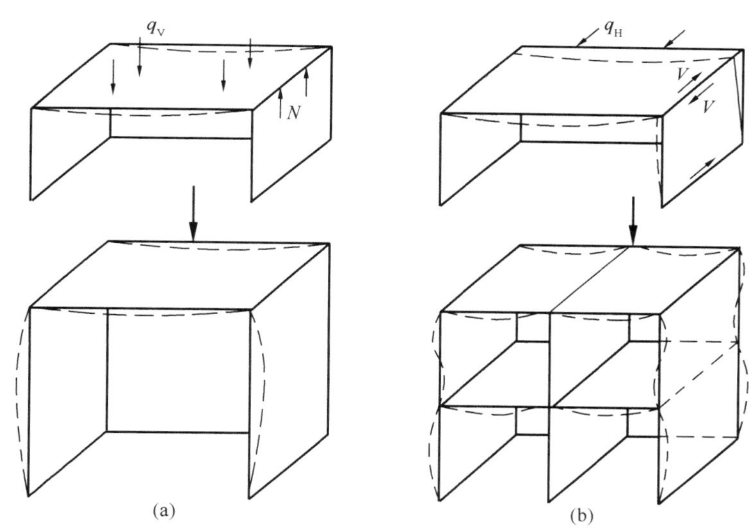

图 3-76　结构水平体系和竖向体系的关系

结构的水平体系（如楼盖体系）不仅直接承受作用其上的竖向荷载，而且还通过竖向弯、剪把竖向荷载传给竖向结构体系（如框架柱或结构墙）。在水平荷载作用下，水平结构体系还像一个平卧的受弯构件一样，把水平荷载传递给竖向结构体系。由于水平结构体系（如楼盖）在其自身平面内的刚度都比较大，它还能起到协调各竖向体系侧移的作用。通常可假定楼盖平面内的刚度为无穷大，像一个刚性盘体。此时，与楼盖相连的各竖向结构体系在楼盖平面内的变形就像刚体运动，采用这种假定可大大简化结构计算。结构的竖向体系直接承受竖向荷载把它传给基础；在水平荷载作用下，竖向结构体系是重要的抗侧力结构，它不仅要将水平荷载传递给基础，而且要有足够的抗侧移刚度，使得结构的侧移量不超过允许值。这一点对高层建筑结构尤为重要。

从图3-76还能看出，结构的竖向体系和水平体系的结合使它们互为支撑，减少了各自的计算长度和跨度，大大提高了各自的刚度和承载能力，从而也提高了房屋总体的刚度和承载力。应当指出，在建筑结构总体系中，结构构件间的可靠连接是十分重要的，只有可靠的连接才能保证构件或结构体系之间力的传递，形成结构总体系。地震震害调查表明，许多房屋虽然其主要承重构件在地震中基本上未受损害或损害很轻，但由于构件间连接不好，造成在地震中整个房屋“散架”而倒塌，合理的整体结构体系和可靠的连接将大大提高结构的抗震性能。

4 竖向结构体系

竖向结构体系的作用是承受竖向荷载和水平荷载，并把它们传给基础。竖向体系不仅要有足够的承载能力，也要有足够的抗侧移刚度。竖向结构的基本体系可以归结为三种：柱结构、墙结构及两者组合的柱-墙结构体系。柱结构有排架结构、框架结构、框筒结构；墙结构含砌体墙结构、钢筋混凝土剪力墙结构、筒体结构体系；组合结构包括：框架-剪力墙结构、框架-核心筒结构、筒中筒等。自然，每种竖向结构体系可由不同建筑材料构成，如框架结构可分为木框架结构、竹框架结构、钢框架结构、钢筋混凝土框架结构等。

4.1 框 架 作 用

柱是最简单的竖向构件，在建筑结构中通常有许多柱，当柱顶与横梁铰接时称为排架。排架节点构造简单，对房屋变形的影响不敏感。在单层工业厂房中，吊车是很大的集中荷载，常会引起厂房较大的局部变形，从而引起复杂的内力重分布，采用排架结构，构件间均为铰支，结构受力明确，设计计算和节点构造相对简单，所以单层工业厂房往往采用排架结构。当柱顶和横梁做成刚性节点时，称为框架。框架节点把柱和横梁连成整体，荷载作用下变形一致，柱的变形会引起横梁变形，他们共同工作，抵抗外部荷载。一般说来，框架受力比排架合理，刚度也较大。

下面对独立柱、排架和框架在荷载作用下的工作特点进行简单比较。

4.1.1 竖向荷载作用下独立柱、排架和框架的比较

假设各柱截面完全相同，独立柱的承载力和柱的计算长度有关，根据力学知识，杆件的计算长度相当于荷载作用下弹性变形曲线的半波长。独立柱的计算长度 $L_{01}=2h$，如图 4-1（a）所示。

排架在房屋中由于与屋盖系统的连系，各柱的侧向变形要协调，在竖向荷载作用下排架的侧向变形很小，可以忽略不计，相当于在计算简图上加上一个水平连杆支座，此时的柱相当于下端嵌固、上端为无侧移（允许竖向变形）铰支座，柱的计算长度 $L_{02}=0.7h$，如图 4-1（b）所示。由于计算长度减小，柱不易失稳，承载力将提高。

对于柱顶与横梁刚性连接的框架，柱顶的转动要受到横梁刚度的约束，如图 4-1（c）所示。横梁刚度为零时，横梁对柱没有约束，此时柱的变形与在排架中完全一样；当横梁刚度无穷大时，柱顶不能有一点转动，相当于两端嵌固，此时柱的计算长度 $L_{03}=0.5h$。可见，在框架中，横梁刚度将影响柱的计算长度，减小柱的失稳趋势，在一定程度上提高柱的抗压承载力。

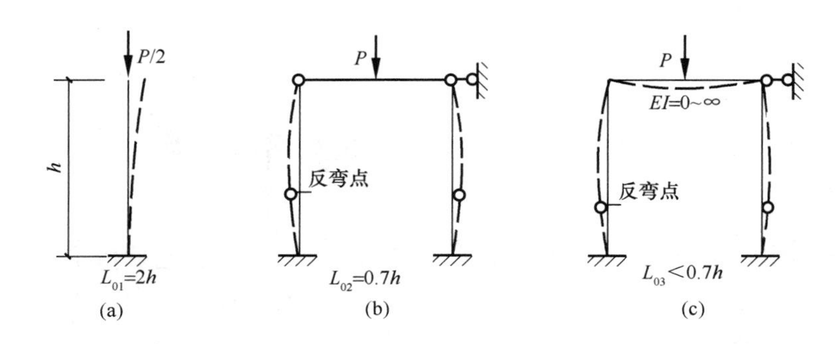

图 4-1 竖向荷载作用下独立柱、排架和框架的比较

（a）独立柱；（b）排架；（c）框架

4.1.2 在柱顶水平荷载作用下独立柱、排架和框架的比较

为了便于比较，取各柱截面刚度均为 EI，每个柱顶作用的水平力都为 $H/2$。独立柱像一根悬臂梁一样工作，如图 4-2（a）所示。排架柱顶为铰接，对柱的侧移没有约束，故其固端弯矩及柱顶侧移和独立柱完全相同，如图 4-2（b）所示。根据力学知识固端弯矩 $M_1 = M_2 = H/2 \times h$，柱顶侧移：

$$\Delta_1 = \Delta_2 = \frac{1}{3EI}\left(\frac{H}{2}\right)h^3$$

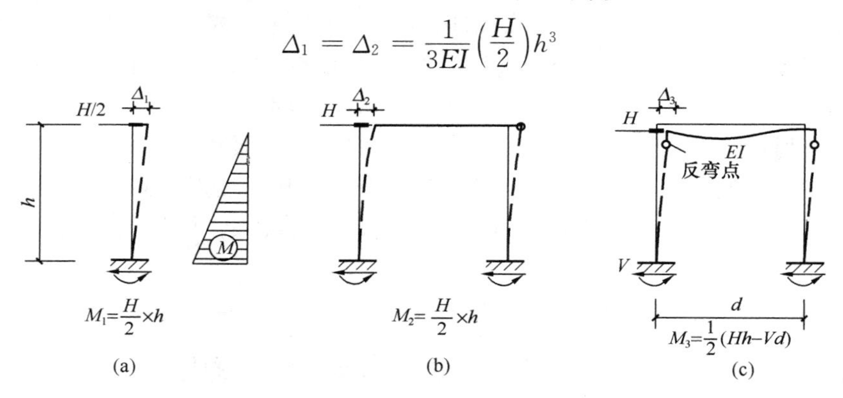

图 4-2 在柱顶水平荷载作用下独立柱、排架和框架的比较

（a）独立柱；（b）排架；（c）框架

框架柱在水平力作用下，柱顶的转角受到横梁刚度的约束，横梁对柱有一个反向力矩，横梁刚度越大，此反向力矩也越大，如图 4-2（c）所示。柱受到反向力矩作用，将在柱内形成反弯点，从而减小柱的计算长度。横梁在约束柱顶转动的同时，柱对横梁也作用一个反力矩，此力矩将在横梁中形成弯矩和剪力。由反弯点以上横梁的平衡（图 4-3）可以看出，横梁剪力将引起柱的轴向力 V，左柱受拉，右柱受压，形成力矩 Vd。从总体上看力矩 Vd 与外荷载 H 引起的倾覆力矩方向相反，可以抵消一部分倾覆力矩，从而减小柱的固端弯矩。若把反弯点以下部分取为隔离体，而反弯点处弯矩为零，则只有剪力 $H/2$。由于反弯点高度 $h_1 < h$，则框架固端弯矩：

$$M_3 = \frac{H}{2}h_1 < M_1 = M_2 = \frac{H}{2}h \tag{4-1}$$

横梁刚度越大，横梁对柱顶转动的约束作用就越大，反弯点越向下移，横梁内的剪力（即柱内竖向轴力）也越大，可以抵消更多的倾覆力矩。作为一个极端情况，当横梁刚度为无穷大时（$EI=\infty$），柱顶没有转动，相当于一个可以侧移的嵌固端，柱的反弯点位于柱高中点。

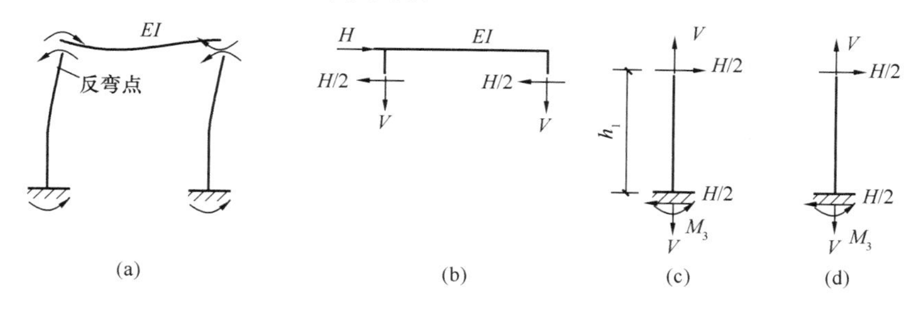

图 4-3　框架作用

（a）从梁柱节点切开的框架隔离体；（b）框架上部隔离体图；（c）框架左柱隔离体图；（d）框架右柱隔离体图

由图 4-4 可见，此时柱的固端弯矩 $M_4=M_{\min}=\frac{H}{4}h$，仅为独立柱或排架柱固端弯矩的一半。柱顶侧移相当于被反弯点分开的两段悬臂短柱侧移的总和，即：

$$\Delta_4=2\times\frac{1}{3EI}\times\left(\frac{H}{2}\right)\left(\frac{h}{2}\right)^3=\frac{1}{4}\left[\frac{1}{3EI}\left(\frac{H}{2}\right)h^3\right]=\frac{1}{4}\Delta_1=\frac{1}{4}\Delta_2 \quad (4\text{-}2)$$

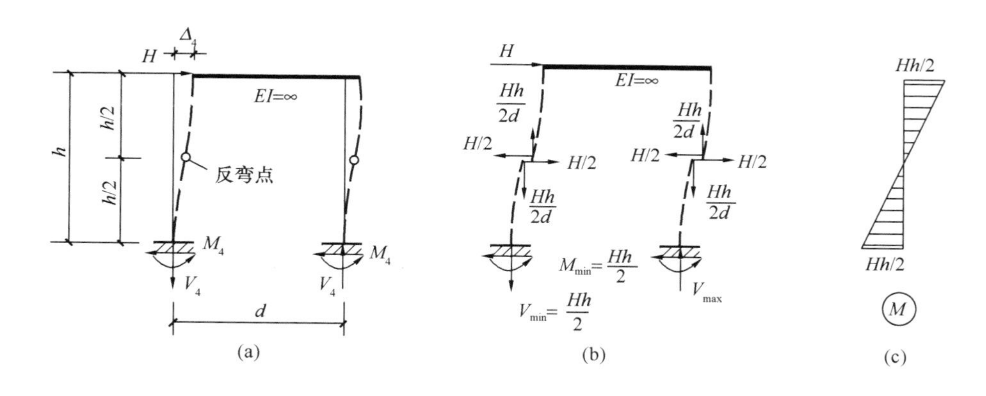

图 4-4　完全框架作用

（a）框架变形图；（b）隔离体图；（c）柱弯矩图

可以看出，这里所指的横梁刚度实质上是指横梁对节点转动的约束，而节点上不仅有横梁还有立柱，节点的转动刚度是横梁和立柱在节点处转动刚度的总和。所谓横梁比较“刚”，是指横梁在节点转动刚度中所占比例较大。杆件在节点处的转动刚度与杆件截面抗弯刚度 EI 成正比，与杆件长度成反比（还与杆件远端的边界条件有关）。我们可以用横梁和柱的线刚度 $i=\frac{EI}{L}$ 的比值 λ 来描述它们对节点转动的约束程度：

$$\lambda=\frac{i_{\mathrm{b}}}{i_{\mathrm{c}}}=\frac{\dfrac{E_{\mathrm{b}}I_{\mathrm{b}}}{L_{\mathrm{b}}}}{\dfrac{E_{\mathrm{c}}I_{\mathrm{c}}}{L_{\mathrm{c}}}} \tag{4-3}$$

式中各符号的下角标 b 代表横梁，下角标 c 代表立柱。λ 越大，横梁对框架节点转动的约束也越大。由于这种影响是通过框架的刚性节点来实现的，所以称为“框架作用”。工程中一般当 $\lambda=\frac{i_{\mathrm{b}}}{i_{\mathrm{c}}}\geqslant 4$ 时，可近似认为横梁已能可靠地约束节点转动，即上述 $EI=\infty$ 的情况，称为“完全框架作用”。完全框架作用将使柱内弯矩减半，使框架的抗侧移刚度提高到独立柱的四倍，效益十分显著。

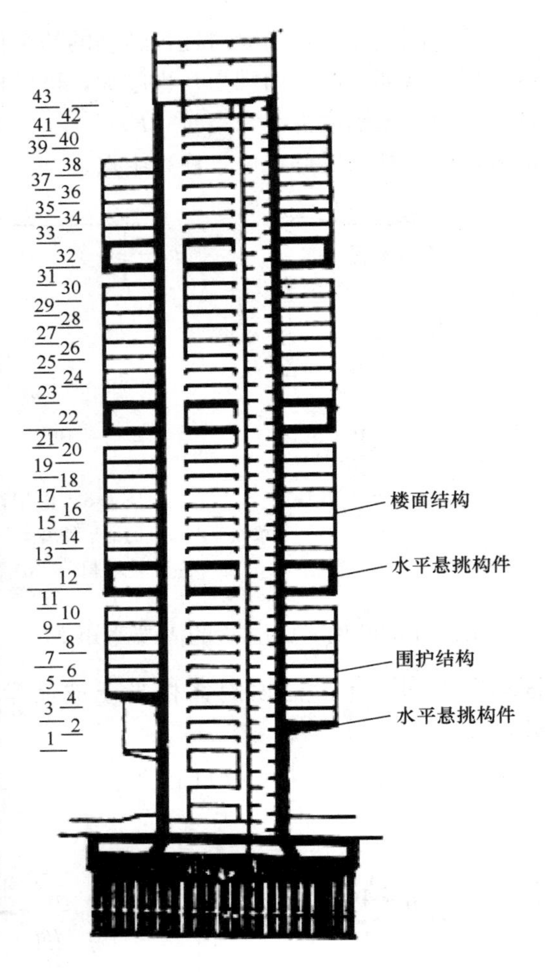

图 4-5 悬挑框架

框架作用的概念具有普遍的意义，不仅适用于一般的框架结构，也可应用到其他一些特殊情况中。例如房屋的悬挑外伸问题，有时建筑上需要多悬挑一些，可是外伸悬挑梁受力状态很不利，为满足刚度要求，悬臂梁的截面高度一般都较大。应用框架作用原理，我们也可以把悬挑部分设计成一个水平方向上的框架（完全框架）。图 4-5 所示为利用悬挑框架作为悬挑构件的工程实例。利用“框架作用”（或“完全框架作用”）可大大提高悬挑构件的刚度。

图 4-6 所示为框架作用在美国金门大桥（悬索桥，主跨 1280m）立柱和上海南浦大桥（斜拉索桥，主跨 423m）立柱中的应用实例。这类大桥的立柱往往很高，在索平面内两侧索的拉力基本平衡，但在出平面方向刚度较小。设置刚度很大的刚性横梁形成完全框架作用，大大提高了悬索桥立柱出平面方向的刚度和抵抗水平荷载的承载力。

框架作用和完全框架作用的概念对设计人员非常重要，在高层建筑结构设计中经常用到，希望读者认真体会，加深理解，应用到工程设计中，有效提高结构的刚度和承载力。

4.1.3 关于框架作用的推理

随着房屋高度的增加，如何进一步提高框架的抗侧移刚度显得十分重要。下面我们来讨论还有哪些措施可以把框架的刚度和承载力再提高一些。

(a)

(b)

图 4-6 框架作用在悬索桥立柱中的应用

(a) 美国金门大桥立柱；(b) 南浦大桥立柱

（1）增设框架内柱

如果条件允许，增设内柱不仅增加了抵抗荷载的柱数，还减小了横梁的跨度，相对提高了横梁的线刚度，增强了框架作用，甚至达到完全框架作用。

以图 4-7 为例，若增加内柱后总柱数为 m，则每柱剪力为 H/m，反弯点在柱高中点，则柱根处弯矩为：

$$M_{\mathrm{m}}=\frac{H}{m}\times\frac{h}{2}=\frac{Hh}{2m}=\frac{1}{m}\left(\frac{Hh}{2}\right) \tag{4-4}$$

柱顶侧移为：

$$\Delta_{\mathrm{m}}=2\times\frac{1}{3E_{\mathrm{c}}I_{\mathrm{c}}}\left(\frac{H}{m}\right)\times\left(\frac{h}{2}\right)^{3}=\frac{1}{2m}\left(\frac{1}{3E_{\mathrm{c}}I_{\mathrm{c}}}\times\frac{H}{2}h^{3}\right)=\frac{1}{2m}\Delta_{1} \tag{4-5}$$

可见，增加柱的数量对减小柱根弯矩和减小框架侧移是很有效的。

（2）增设框架横梁

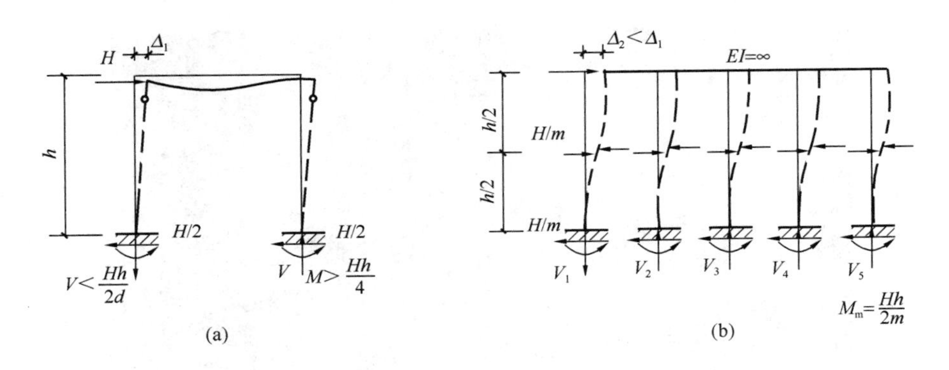

图 4-7 增设框架内柱的影响

（a）单跨框架变形图；（b）多跨框架变形图

从图 4-8 可以看出，与立柱铰接的连系梁对框架的变形没有任何约束作用，立柱的变形曲线与独立柱的变形曲线完全相同。若横梁与立柱刚接，情况就完全不同了。为简化分析，这里以“完全框架作用”为例，设 n 为层数，即横梁总数，虽然立柱剪力没有变，仍为 $H/2$，但此时立柱可以看成是由 $2n$ 段长度为 $h/2n$ 的小柱组成，其柱根弯矩 $M_n=H/2\times h/2n=Hh/4n$，其框架顶端侧移 Δ_n 为 $2n$ 根长度为 $h/2n$ 的悬臂柱侧移的总和，故：

$$\Delta_n=2n\times\frac{1}{3E_cI_c}\left(\frac{H}{2}\right)\times\left(\frac{h}{2n}\right)^3=2n\times\frac{1}{3E_cI_c}\times\frac{H}{2}h^3\times\frac{1}{8n^3}=\frac{1}{4n^2}\times\frac{1}{3E_cI_c}\times\frac{H}{2}h^3$$

$$=\frac{1}{4n^2}\Delta_1 \tag{4-6}$$

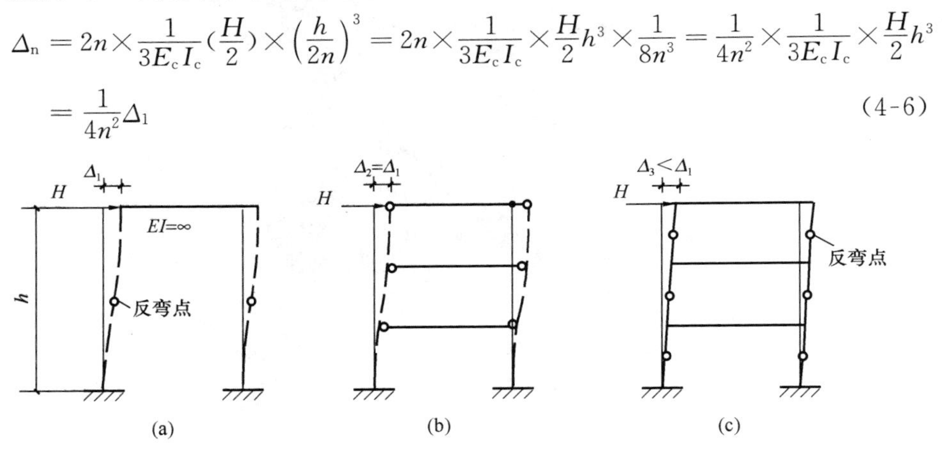

图 4-8 增设框架横梁的影响

（a）单层框架；（b）加铰接横梁；（c）加刚接横梁

注意，这里 Δ_n 与层数（或横梁数）n 的平方成反比，可见增加刚性横梁可大大减小框架侧移，尤其当 n 很大时，效果就更加明显。由此我们就不难理解金门大桥（图 4-6a）和江阴长江大桥（图 5-10）高高的立柱上为什么要设置多道刚性横梁了。在高层建筑结构中，多层框架的作用也类似。沿房屋短方向布置框架，承重的框架横梁截面要比连系梁大，可以有效提高“框架作用”，增强房屋沿短方向的抗侧移刚度。所以设计人员通常沿房屋的短方向布置主框架。

这里还应指出，增加横梁后柱的计算长度缩短了。节点处横梁线刚度比 $\lambda=$

i_b/i_c将减小，有可能不足以实现“完全框架作用”。尽管如此，增加横梁的作用还是很明显的。

（3）加大框架梁、柱截面高度

框架的抗侧移刚度还与柱的截面刚度 E_cI_c直接有关，而 $I_c=b_ch_c^3/12$，即刚度与柱截面高度 h_c的三次方成正比，可见增加柱截面高度对提高房屋抗侧移是很有效的，见图 4-9。当然，柱截面尺寸的确定与许多因素有关，必须考虑它对平面布置和使用功能的影响。同时由于柱刚度的增大，框架作用将减弱。因此，必要时还要相应增加框架梁的截面高度 h_b。

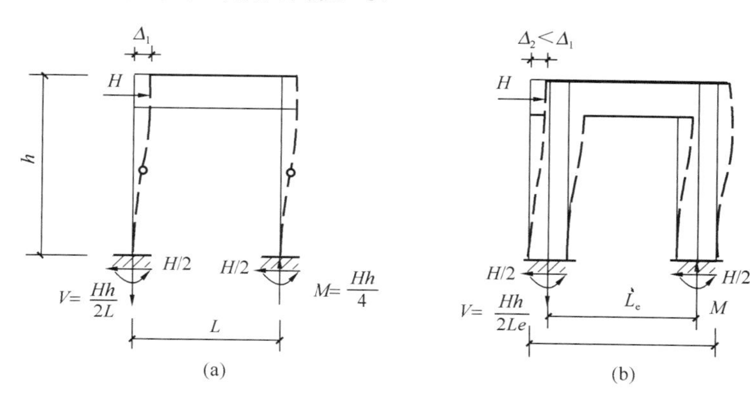

图 4-9 加大框架梁、柱截面高度的影响

（4）同时采用以上几种措施的讨论

上述三种措施都可以有效提高框架的抗侧移刚度。如果设想同时增设内柱和横梁，如图 4-10（d）所示，实际上就形成了多层多跨框架结构。在此基础上如果加大梁和柱的截面尺寸，则剩下可供开窗洞的尺寸就越来越小，最后洞口为零时就成了一片实墙，如图 4-10（e）、图 4-10（f）所示。在结构设计中，把这种抵抗侧力的墙称为结构墙。由于这种墙的高度和长度与墙厚相比要大得多，在结构分析中它的剪切变形不能忽略，所以习惯称为剪力墙。实际上剪力墙这个名称很不确切，剪力墙既受弯又受剪，而且以受弯为主，只是剪切变形不能忽略而已。结构墙的工作状态就像一片深梁，与多层多跨框架的受力状态完全不同，后者在力学分析中认为是杆件体系，杆件体系的每根杆件都较细长，以弯曲变形为主，剪切变形可以忽略不计。反之，设想在结构墙上开一些小洞，其工作状态仍是结构墙，只是在洞口局部有一些应力集中现象；若逐渐加大洞口，最后则就变成了多层多跨框架。可见，这个过程是一个由量变到质变的过程，没有明确的界线。对于剪力墙结构，随着墙上洞口的逐步增大，大致划分为整体墙、小开口墙、双肢墙、多肢墙等。当洞口更大时，横梁和墙肢刚度已较接近，其受力状态与框架接近，也称壁式框架。与一般框架不同的是墙肢和横梁在节点处都较宽，形成一个刚性区域，简称刚域。由于力学分析中计算简图通常是以一根直线代表杆件，直线长度即为轴线间的距离。刚域在一定程度上减小了杆件的变形，也影响了杆件的内力分布，故在设计中应考虑框架刚域的影响。从以上分析可见，墙和框架也是逐渐过渡的，如图 4-11 所示。

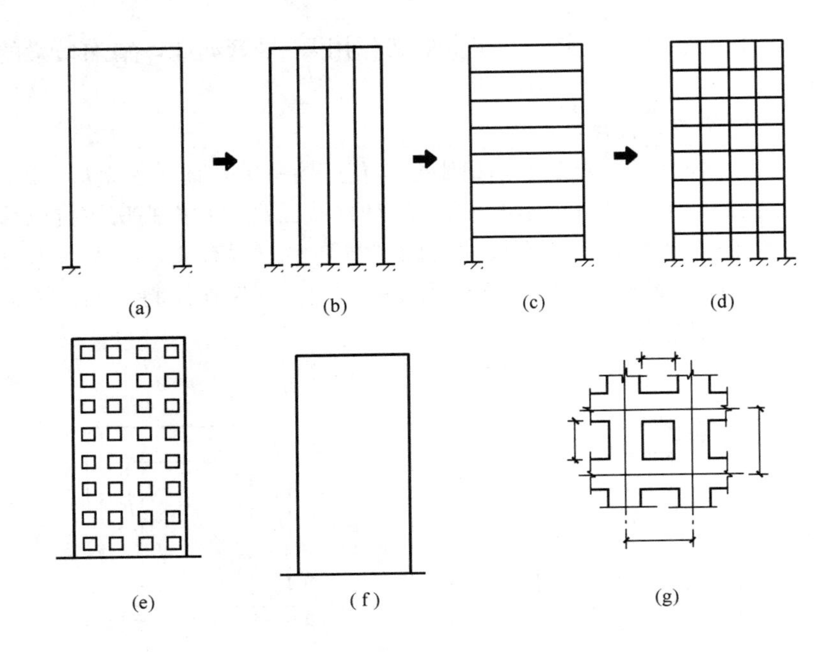

图 4-10 框架→结构墙的转化

（a）框架；（b）加柱；（c）加梁；（d）加柱和梁；（e）加大梁柱截面（框筒）；（f）无开孔墙（筒体）；（g）框筒宜设密柱且开孔率不宜大于 50%

如果图 4-10（f）所示结构在平面上组合成一个封闭矩形，则图中的结构墙就形成一个筒体，受力状态将大大改善。筒体上通常也要开一些门窗洞口，为简

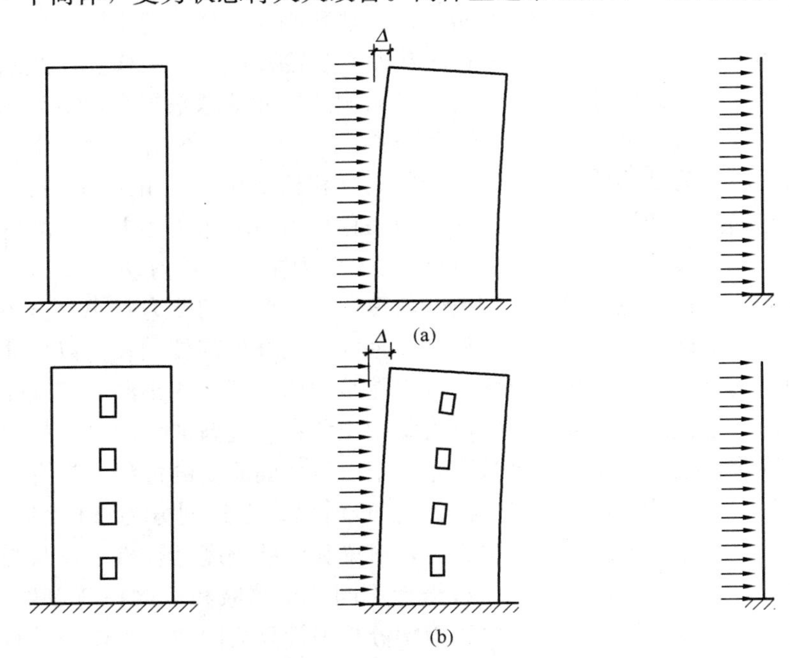

图 4-11 结构墙→框架的转化（一）

（a）整体墙；（b）整体开小口墙

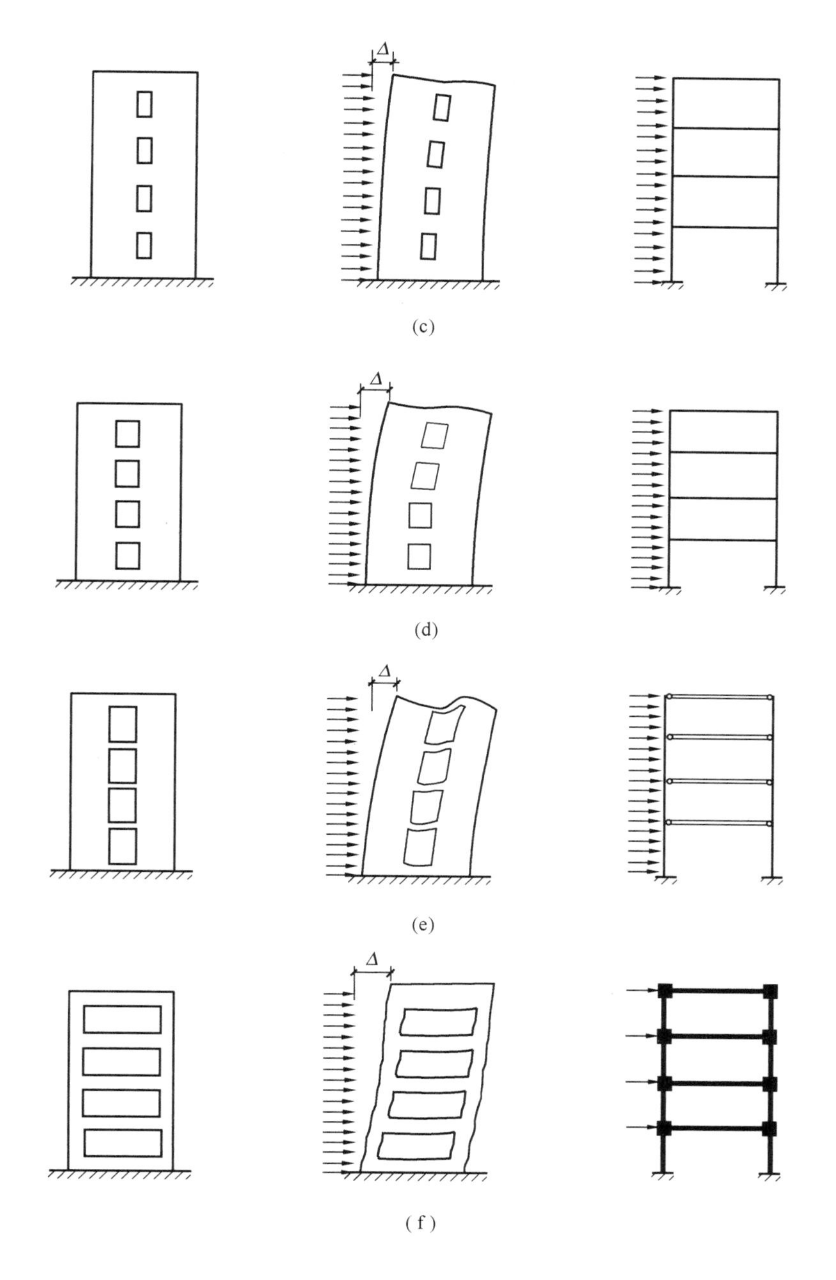

图 4-11 结构墙→框架的转化（二）
（c）小开口连肢墙；（d）大开口连肢墙；（e）组合整体墙；（f）壁式框架

化计算，一般把开孔率小于 50%的筒体称为框筒，内力分析基本上按筒体计算；开孔率大于 50%的就不能作为筒体，而按壁式框架或框架计算。可见，从框架、壁式框架、框筒到筒体也是逐渐变化的过程，没有一个确切界线。设计中应根据具体情况，依靠所学的结构概念，分别进行不同的简化。以结构墙（剪力墙）为例，在高层建筑结构分析中根据洞口大小划分为整体墙、整体小开口墙、联肢墙、组合整体墙、壁式框架等，实际上都只是为了简化计算，减小设计计算的工作量，并尽可能使计算结果符合工程实际的受力情况。

4.2 结构竖向体系的主要类型和特点

结构竖向体系的类型很多，本节仅简单介绍有一定代表性的竖向体系的基本类型，目的在于使读者了解这些基本类型的特点。实际工程中，一座建筑的结构竖向体系有时是由多种竖向结构组合而成的，情况要复杂得多。

4.2.1 柱结构体系

(1) 排架结构

排架主要用在单层工业厂房中，如图 4-12 所示，排架柱与屋架（或屋面大梁）铰接，对支座沉降或吊车荷载引起的厂房局部变形不敏感，施工安装也比较方便。排架在自身平面内的承载力和刚度都较大，但在出平面方向相对较弱，因此除屋盖支撑系统外，还需设置柱间支撑和纵向系杆（图 4-13），以承受纵向水平力（吊车纵向制动力和山墙传来的纵向风荷载等）和提高厂房的纵向刚度。在有吊车的厂房，吊车梁本身也是很好的纵向系杆。

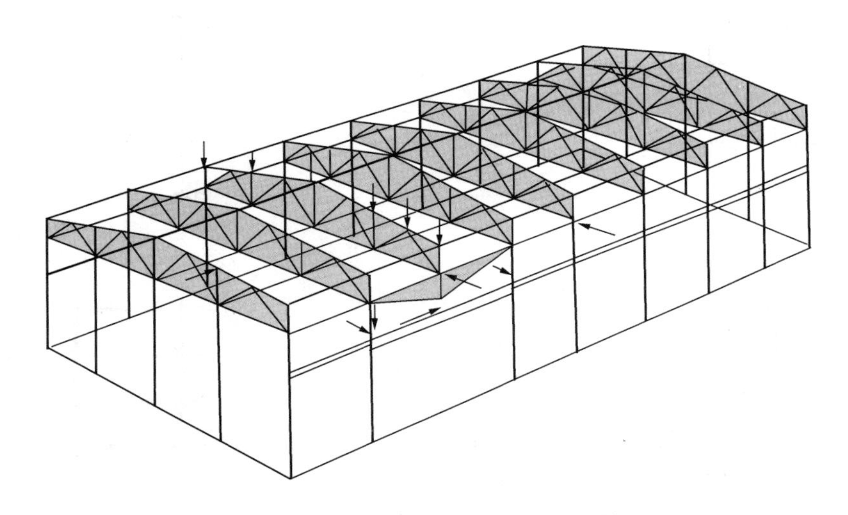

图 4-12 无支撑的单层厂房排架结构

(2) 框架结构

按照 4.1 节所述框架作用原理，框架体系利用梁柱刚性节点协调变形，使横梁也参与抗侧移工作。在框架体系中，框架与框架之间靠连系梁和楼板相连，连系梁的刚度通常比框架横梁刚度小，所以设计中框架一般沿房屋横向布置，以提高沿房屋短方向的刚度，如图 4-14 所示。个别情况下也可采用纵向框架，以使风道在相对较小的连系梁下通过，但此时房屋的横向刚度较小。框架结构取消梁就演变为板柱结构。

框架体系的优点是平面布置比较灵活，房屋房间划分自由，易于改造及形成较大空间及造价低等。但框架结构呈现以局部杆件弯曲变形为主的剪切型变形，

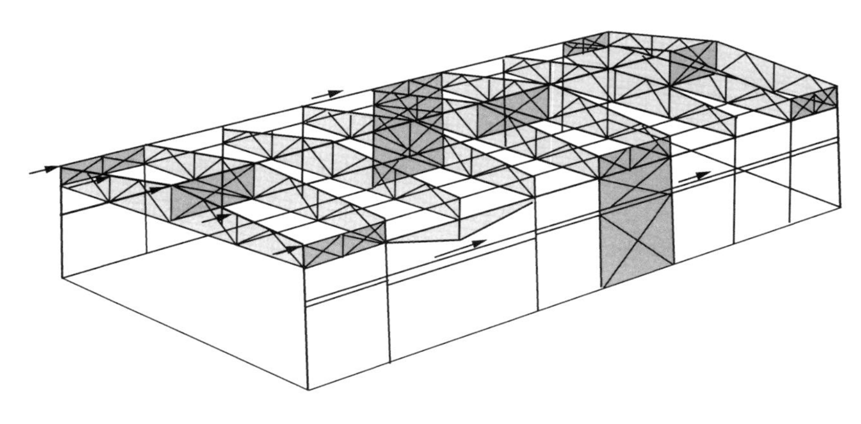

图 4-13　设支撑的单层厂房排架结构

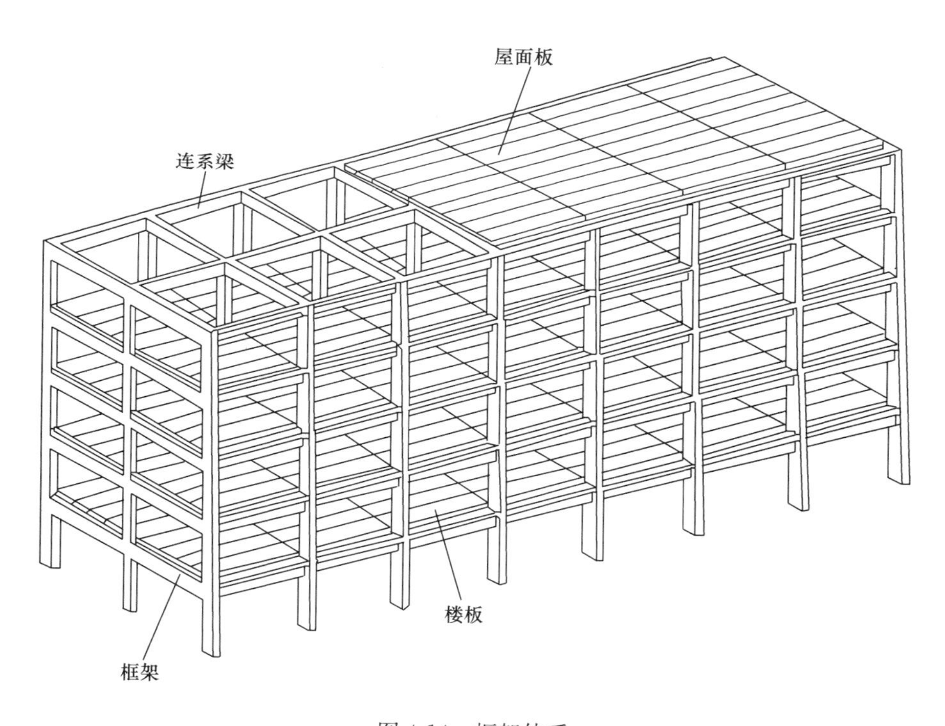

图 4-14　框架体系

其抗侧移能力相对较小，刚度差。钢筋混凝土框架结构一般用在 15 层以下的建筑中，地震区的框架体系一般不宜超过 10 层，房屋体形较宽时可适当放宽限制。钢筋混凝土框架体系随处可见，在此不举例介绍此类结构。

（3）框筒结构

框筒由框架的间距缩小至能实现筒结构整体受力特点演变而来。据此，框筒是由布置在建筑物外围四周的密集立柱与高跨比很大的横向窗间梁所构成的一个多孔筒体（图 4-15）。60 年代由美国工程师法卢齐・坎恩首次提出，并设计了第一幢框筒结构——芝加哥 43 层德威特切斯纳特公寓。框筒柱距很密，一般 1.2～

3m，最大4.5m，窗裙梁高0.6～1.2m，宽0.3～0.5m。窗洞面积不超过建筑立面面积50%，平面接近方或圆形，长短边比值不宜超过2。通常，高宽比H/B>3时，才能充分发挥作用，因此，对于超高层建筑采用框筒结构才是适宜的。

框筒一般布置在建筑物外围，其平面尺寸大，对建筑形心所获得的惯性矩I大，力臂也大，有利于通过翼缘框架柱承受拉压力抵抗水平力产生的倾覆弯矩，刚度（EI）大，也有利于控制建筑物的变形。框筒结构最主要的受力特点是它的空间整体性能，具有传力时各个方向都具有很大的刚度和承载能力的特殊“筒效应”。同时，框筒的另一特点是“剪力滞后现象”，框筒在受弯时，其两侧“翼缘”的受力状态与工字形截面梁翼缘的受力状态相似，它是截面抗弯刚度的主要组成部分，但离腹板越远“翼缘”受力越小，力学上把它称为剪力滞后现象（Shear Hysteresis），如图4-15所示。在T形或工字形受弯构件中，我们通常根据具体情况只取翼缘有效宽度作为计算宽度，就是这个道理。框筒结构由于洞口削弱了截面，剪力滞后现象更为严重，离腹板越远翼缘受力越小。因此，太大的框筒中间部分“翼缘”受力很小。采用组合筒方案（也叫束筒）就像在大框筒中间加上几道腹板，减小了剪力滞后现象，有效地改善了框筒的受力状态，使它具有更好的抗侧移能力。西尔斯（Sears）大厦采用由九个框筒组成的组合筒体系，有效地减轻了剪力滞后现象，如图2-50所示。

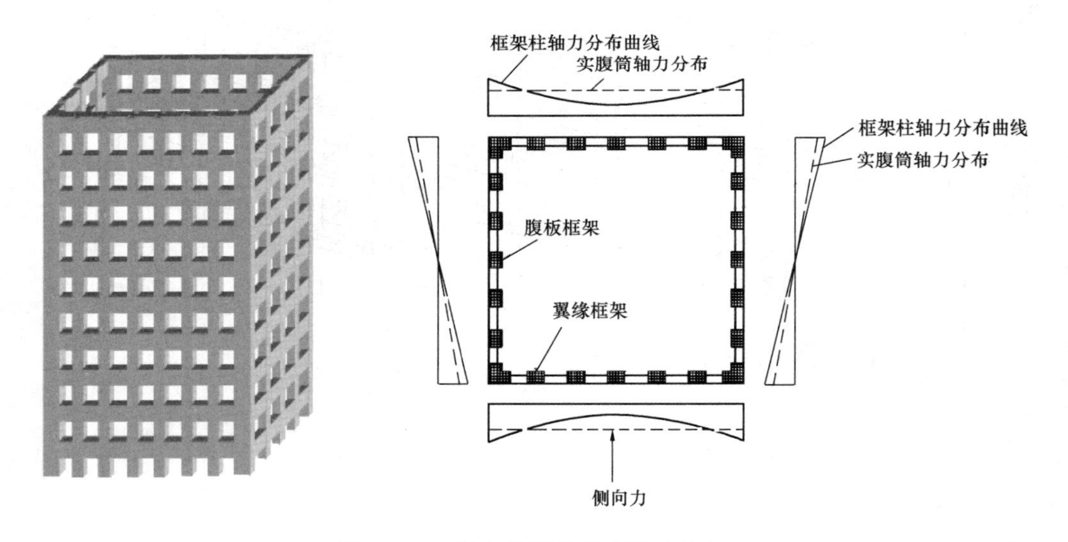

图4-15 框筒结构及其剪力滞后现象

4.2.2 墙结构体系

（1）砌体结构

砌体结构房屋多以砌体墙为主要承重结构，有时也用一些砖柱或钢筋混凝土柱，以减小楼盖水平体系的跨度。根据承重墙的布置方向，可分为横墙承重方案、纵墙承重方案及框架承重方案等，如图4-16所示。砌体平面内刚度大，故横墙承重方案房屋的抗侧移刚度很大，但由于横墙承重对房间划分的限制，通常只适合于住宅、旅馆、办公楼等小开间房屋。纵墙承重方案房屋开间划分较灵活，适合于要求较大开间的房屋。但其横向刚度差，有时也可适当布置一些横向隔墙以提高房屋横向抗侧移刚度。在采用钢筋混凝土预制板作楼盖（或屋盖）时，若刚性横墙间距小于 32m，则房屋的侧移很小，设计计算中可以忽略不计，在静力分析中称为刚性方案。目前，绝大多数砌体结构房屋都设计成刚性方案。

砌体结构房屋墙体自重大，强度低，几乎不能承受拉力，抗震能力差，通常适用于八层以下民用房屋。黏土砖大量占用农田，国家已明令禁止在大城市使用黏土砖，中小城市也将限期减少和禁止黏土砖的使用。现在利用工业废料生产的砌块很多，品种也多种多样，为砌体结构房屋砌体提供了新的材料来源。尤其是近年来开发的高强度混凝土空心砌块以及在此基础上发展起来的在空心砌块中设置配筋芯柱和圈梁的新型结构体系，自重轻，强度高，芯柱和圈梁形成的加强“区格”大大提高了砌体的承载力，整体性和抗震性能好。砌体结构房屋正在逐渐向中高层发展，目前上海、哈尔滨、大庆等地已建成不少于 15～18 层高的配筋砌体住宅。

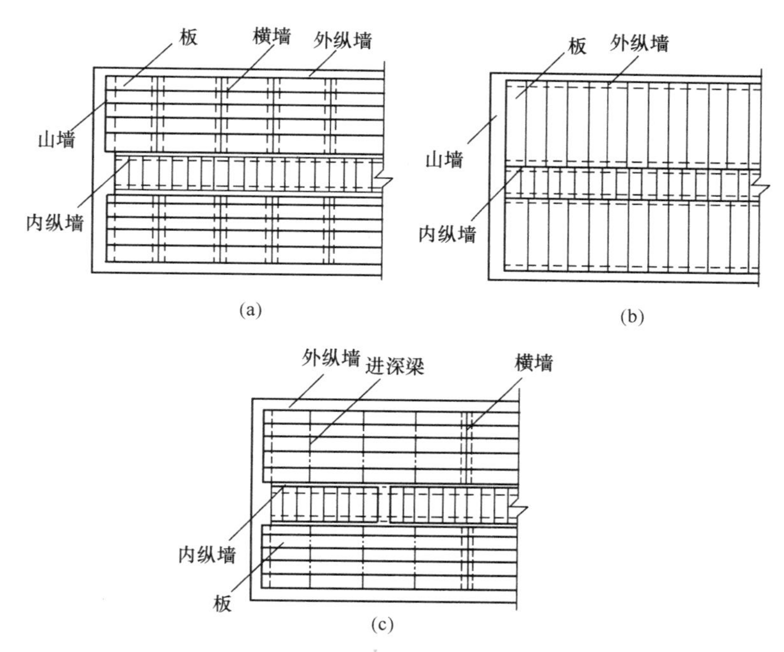

图 4-16　砌体结构房屋的墙体布置方案

（a）横墙承重方案；（b）纵墙承重方案；（c）混合承重方案

（2）剪力墙结构

钢筋混凝土剪力墙结构体系是由传统砖石结构演变和发展而来，都是利用房屋中的内、外墙作为承重构件的一种结构体系。由于材料的改变，结构的承重能力和抗震能力均有了很大提高，成了承载力较强的一种高层结构体系。剪力墙结构在侧向力作用下呈现以整体结构受弯变形为主的弯曲型变形，其抗侧移刚度比框架大得多，所以它适用于更高的建筑结构，一般适用于 30～40 层，个别情况下也用于 50 层。即使在地震区，根据地震烈度，也可用于 30 层左右的高层建筑中。由于结构墙间距较小，房间布置不够灵活，不便设置较大开间的活动场所，如图 4-17 所示，所以结构墙体系多用于建造高层住宅（图 4-18)、公寓、宾馆等。若需要大开间的活动场所（例如门厅、休息厅、餐厅、舞厅等），可作为裙房布置在主体结构周围。有时也将这些公共场所布置在顶层，因为顶层结构内力较小，可取消一部分结构墙，改为框架体系；也有将底层或下部几层部分剪力墙取消，形成部分框支剪力墙结构以扩大下部使用空间。这两类都会由于墙体竖向不连续造成刚度突变，抗震性能较差。

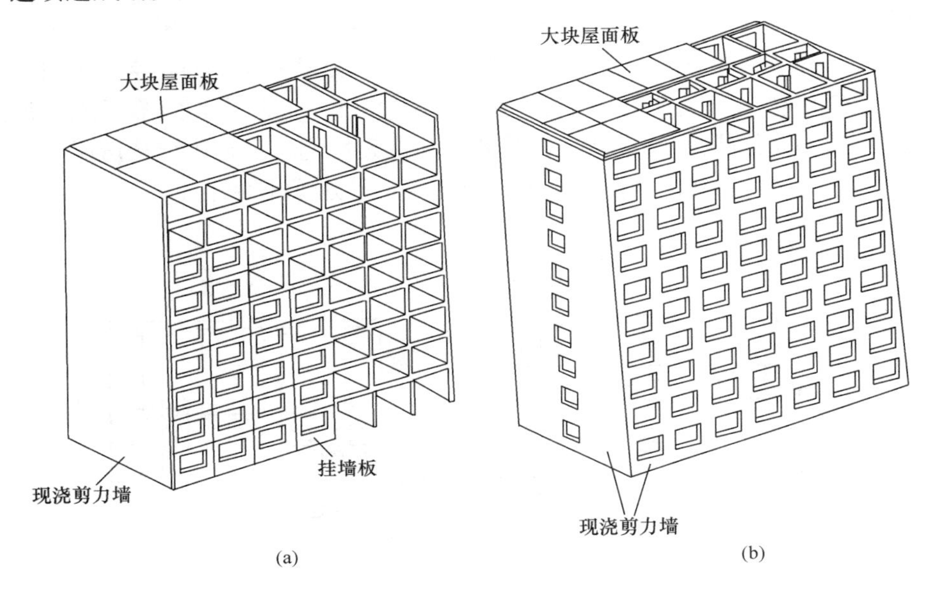

图 4-17 结构墙（剪力墙）体系

图 4-18 深圳的高层点式（塔楼）住宅

(3) 筒体结构

由墙体围成的筒体称为墙筒，虽然它们也是由四片墙组成，但是其性能却与墙结构完全不同。对于墙结构，只有当水平荷载与墙在同一平面内时，才具有一定的刚度和承载力。在垂直平面的方向，几乎没有抗侧刚度和承载力，因此独立的四片墙在某一方向地震作用下，只有两片墙承受水平剪力和倾覆力矩，另两片不参加工作。而筒体结构则不然，筒结构是立体构件，空间整体受力，无论水平荷载来自哪个方向，四片墙都同时参与工作。水平剪力主要由平行于荷载方向的腹板来承担，倾覆力矩则由垂直于荷载方向的翼缘墙体及腹板墙体共同承担。

由剪力墙四面围合构成了空间薄壁小面积开洞的实腹筒体（图 4-19），一般根据建筑功能的需要将竖向交通及一些服务用房集中布置在平面的核心部位以形成核心筒，核心筒是一个典型的竖向悬臂结构，结构整体呈弯曲形变形，它具有很好的整体性与抗侧刚度，既可以承担竖向荷载，又可以承担任意方向的水平侧向力作用。筒体可以单独使用（图 4-20），也可以和框架、框筒等组合使用。

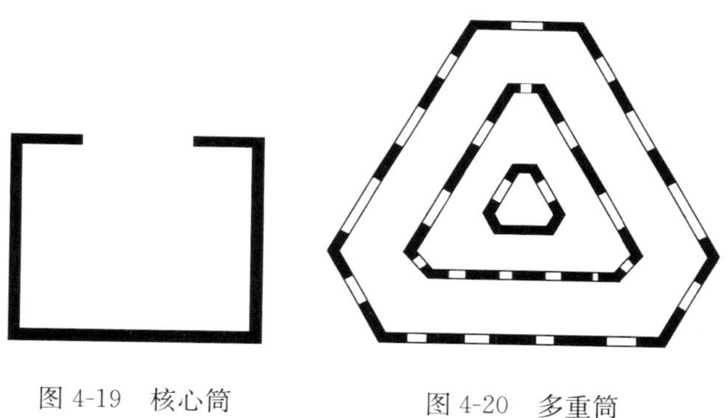

图 4-19 核心筒　　图 4-20 多重筒

4.2.3 柱-墙组合结构体系

(1) 框架-剪力墙结构

框架-剪力墙体系是框架体系和结构墙体系的结合，它综合了框架体系布置灵活和结构墙体系刚度大的优点，是目前国内应用较多的高层建筑结构体系，如图 4-21 所示。结构墙的大小和位置应根据体系的抗侧移刚度来确定，同时也需要满足建筑设计上使用功能的要求。因此，结构工程师和建筑师在设计的方案阶段就要充分协调，以求建筑结构的统一，否则到施工图阶段就难调整了。一般框架-结构墙体系房屋的总宽度要比纯结构墙体系宽，因此，框架-结构墙体系的应用高度近年来在逐步提高，一般到 30 层左右，个别情况例如上海展览中心北馆主楼采用全现浇钢筋混凝土框架-结构墙体系，高达 160m，共 48 层。

框架是一种杆件体系，在水平荷载作用下，以杆件弯曲变形为主，但由于层间剪力从上到下逐渐增大，所以上层的层间变形小，下层的层间变形大。从总体来看，框架在水平荷载作用下的变形是剪切型变形；结构墙是一个悬臂深梁，虽

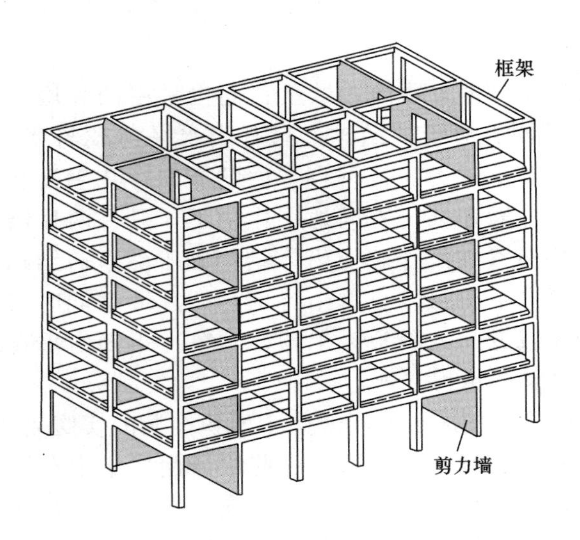

图 4-21　框架-结构墙（框-剪）体系

然其剪切变形不可忽略，但仍以整体弯曲变形为主，其变形曲线是弯曲型，如图 4-22 所示。可以看出，这两种变形曲线差别很大。

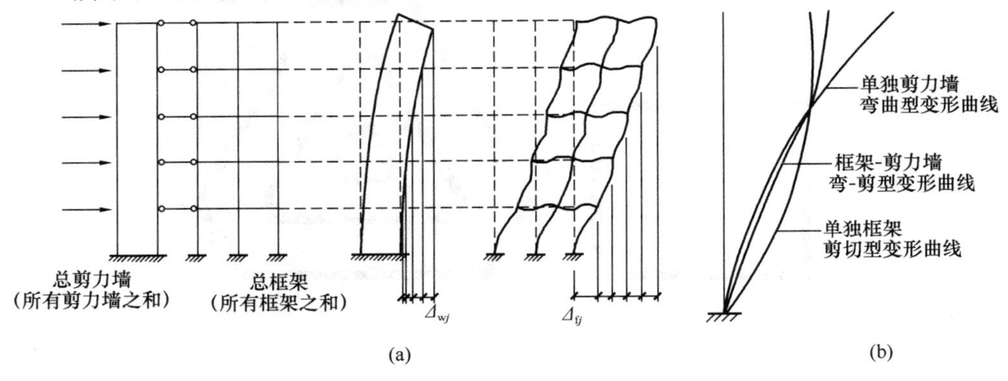

图 4-22　水平荷载作用下变形曲线的比较

（a）框架-剪力墙结构变形示意；（b）各类结构变形曲线

在框架-剪力墙体系中，框架和剪力墙都与楼盖牢牢连接在一起，如果楼板在平面内有足够的刚度，则在楼盖标高处框架和剪力墙只能一起变形，其变形曲线的形状将是上述弯曲型和剪切型曲线的综合。如果框架结构更强一些，变形曲线更像剪切型；如果剪力墙更强一些，则更像弯曲型，如图 4-23 所示。

在框架-剪力墙体系中为协调变形，楼盖在平面内要承受很大的剪力和弯矩，要求楼盖具有足够的刚度，应当采用现浇整体式钢筋混凝土楼盖。当房屋不太高时，也可在装配式楼盖上再浇一层钢筋混凝土叠合层，以提高楼盖刚度，减小楼盖变形，迫使框架和结构墙协同工作。

应当指出，在这类组合体系中，各种结构的承载力和刚度必须互相协调。假如在钢框架结构中设置少量钢筋混凝土剪力墙，由于剪力墙的刚度比钢框架大，在框架侧移时将分配到很大的水平荷载，而钢筋混凝土剪力墙与钢框架相比，其承载力不一定会大很多。在这种情况下，剪力墙会显得刚度过大而承载力不足，

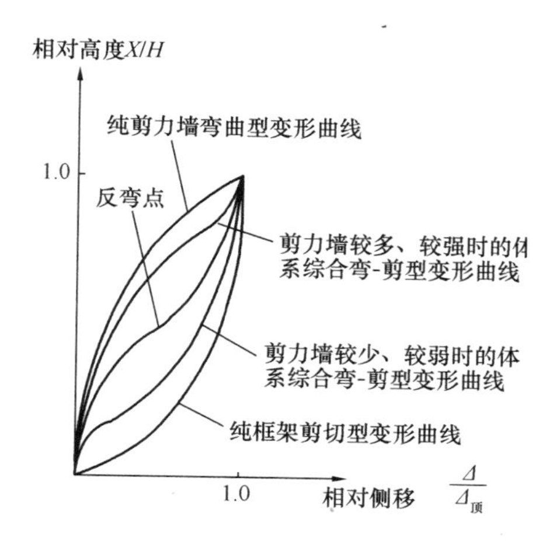

图 4-23 水平荷载作用下变形曲线的演变

有时在正常风荷载作用下剪力墙甚至会出现裂缝。在地震作用下，剪力墙会过早破坏，导致整个体系发生逐个破坏而不能共同工作，这一点必须引起设计者的重视。为此，近年来开始出现开缝剪力墙和内藏钢板支撑剪力墙等新的结构墙形式，较好地解决了钢框架和剪力墙的刚度协调问题。开缝剪力墙只在整体剪力墙上开几条竖缝，目的在于减小剪力墙的刚度，以求与钢框架刚度相协调。内藏钢板支撑剪力墙是以钢板为基本支撑、外包钢筋混凝土墙板的预制装配式剪力墙，支撑钢板只在节点处与钢框架相连，混凝土墙板与框架之间留有缝隙，减小了墙板刚度，防止使用阶段剪力墙因刚度过大分配到过多荷载而开裂。外包混凝土为钢板支撑提供了侧向约束，可防止钢板失稳屈曲。在罕遇地震情况下，房屋侧移较大，混凝土墙板与框架间的缝隙被挤紧，墙板混凝土直接参加抗剪工作，为体系提供了额外的承载力和后期抗侧移刚度，这对体系的抗震是很有利的。

(2) 框架-核心筒结构

当框架-剪力墙结构中的剪力墙组成具有空间工作性能的筒体结构时，即形成具有更大抗侧力刚度的框架-核心筒结构，其抗侧力单元是框架和筒体，它具有与框架-剪力墙相似的工作性能和平面布置较灵活等的特征，但其抗侧力能力又比框架剪力墙有较大的提高，故其适用的建造高度更大，它一般广泛用于40层以下的高层建筑，图4-24给出了几个该类结构的工程实例。

(3) 筒中筒结构

筒中筒由密柱深梁的外框筒和少量开洞的内实腹筒构成。内外筒之间空间较大，可灵活地进行平面布置。筒中筒结构平面与框架-核心筒结构平面相似，但前者外围是框筒，存在明显的“筒效应”的整体空间作用，后者外围为一般框架。筒中筒结构是典型的双重抗侧力体系，在水平力作用下，外框筒的变形以剪切型为主，内筒以弯曲型为主，外框筒平面尺寸大，有利于抵抗水平力产生的倾覆弯矩，内筒采用钢筋混凝土墙或支撑框架筒，具有较大的抵抗水平剪力的能力，通过楼盖使得外筒和内筒协同工作。在结构下部，核心筒承担大部分剪力，

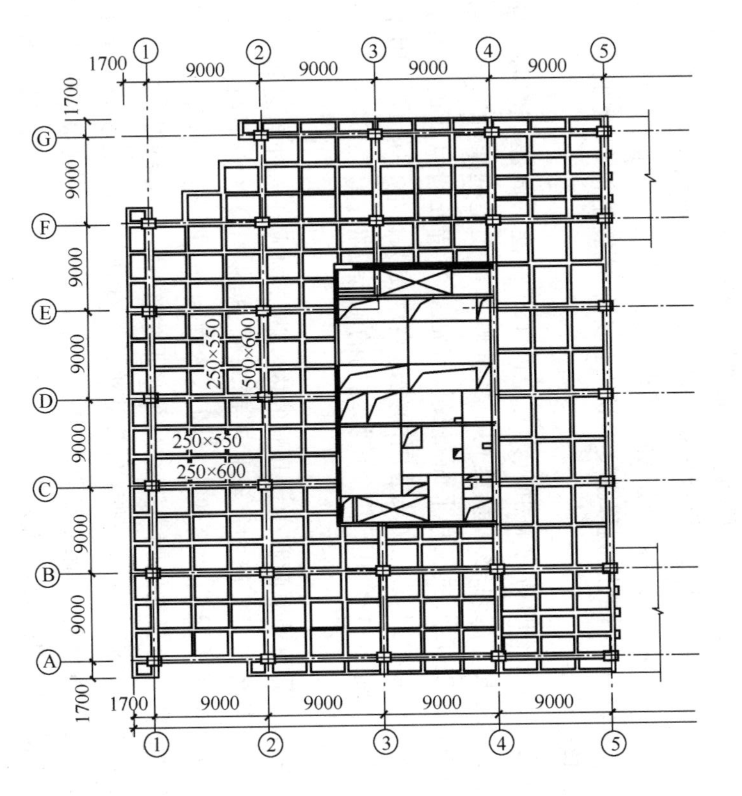

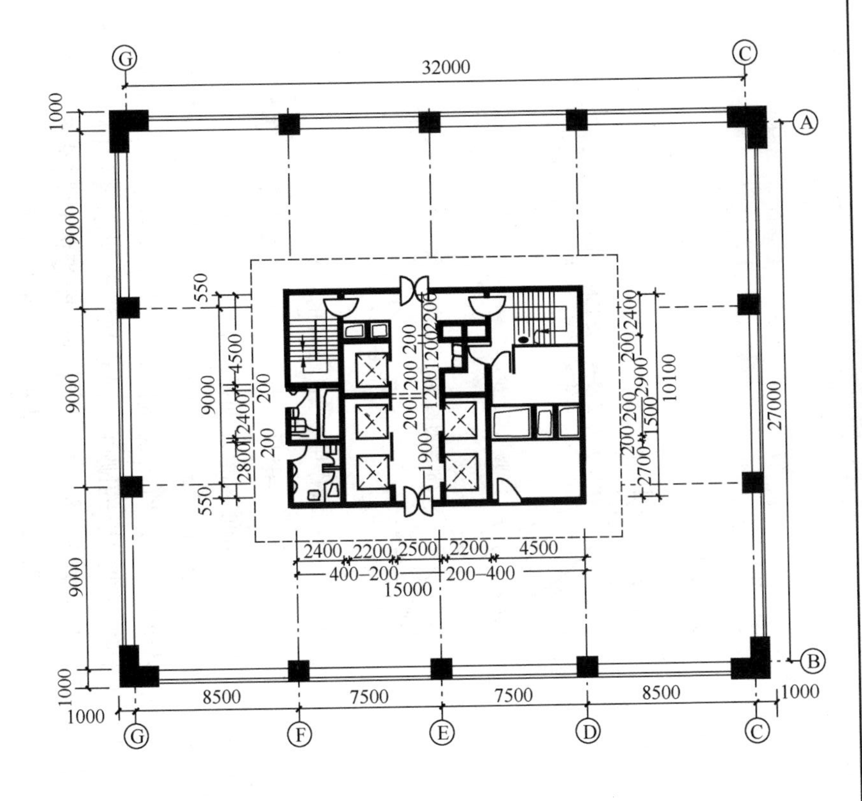

图 4-24 框架-核心筒结构工程实例

在上部，剪力转移到外筒上。筒中筒结构侧移曲线呈弯剪型，具有结构抗侧和抗扭刚度大、层间变形均匀、上下部内力也趋于均匀的特点，适用于更高的超高层建筑。图 4-25 给出工程实例简图。

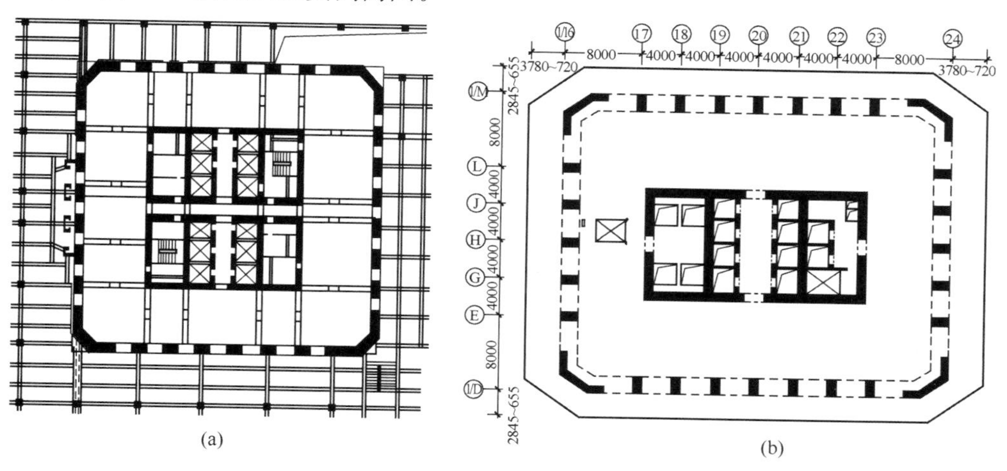

图 4-25 筒中筒结构工程实例

(a) 结构首层平面；(b) 8～22 层结构平面

4.3 结构体系的选择

(1) 建筑选型与结构选型的关系

建筑选型与结构选型设计之间既有区别又有联系，既有分工又有合作。一方面，二者所设计的对象是相同的，设计过程也是密切相关的，在建筑与结构选型过程中需要建筑师与结构工程师共同合作，在建筑设计中适当考虑结构因素与在结构设计中充分考虑建筑特征是同等重要的，一个整体性能良好的建筑应该是建筑体型（或方案）与结构形式（或方案）的统一与完美结合，很难想象良好的建筑体型不能获得一个与之相适应的优良的结构形式，也很难想象良好结构形式与方案与一个不恰当的建筑形式或方案相匹配。另一方面，二者所要考虑解决的问题是不同的，建筑选型所考虑解决的问题主要是功能、美学、消防、城市规划等方面的要求，结构选型所要考虑解决的问题是使所选结构形式能够较好地适应建筑功能、场地、抗灾、经济与施工等方面要求，同时，二者设计过程虽然有融合和交叉，但其先后顺序不相同，一般建筑选型与建筑方案设计在前，结构选型与结构方案设计滞后于前者。其三，建筑体型对结构选型有着重要影响，有时体型在一定程度上也决定了建筑可能采用的结构体系形式，甚至也决定了结构体系工作的有效程度；结构体系形式的构思也将直接影响和制约建筑的体型选择与空间布置，并将随着建筑高度的增加，结构体系形式对建筑体型的影响与控制程度逐渐增大。

(2) 建筑选型的影响因素

影响建筑体型设计的因素很多，其主要的影响因素可概括为如下四个方面：

其一为建设现场和场地条件的限制与影响，往往建设场地的几何形状、尺度大小、位置及周边交通与建构筑物环境的要求与城市规划的限制等，均会不同程度影响建筑的体型及其方位；如当场地较小时，场地的形状成了建筑平面形状、尺寸及体型的决定因素；当建筑场地较大时，建筑平面及体型设计受场地的影响就较小或不受影响。其二为建筑功能的影响，不同功能的建筑，往往对其平面形状、内部功能空间和交通空间等的布置形式以及建筑体型特征等有不尽相同的要求，建筑功能在一定程度上也决定了功能空间的尺度（平面尺寸和层高）及其布置形式，该影响是为适应使用功能的需要而从建筑内部空间设计提出的要求。其三是建筑形象或外观美学要求的影响，该影响反映了建筑设计者、所有者及有关城市管理部门的愿望和要求，该影响要求设计者进行建筑体型设计时，在借鉴大量同类建筑体型设计经验教训的基础上，通过巧妙构思，设计出优美的建筑体型。其四是其他方面的影响，除上述影响因素外，建筑总投资、总建筑面积等也对建筑体型有一定的影响，如建筑投资、建筑面积和场地大小、各楼层面积等一起决定了建筑总层数，建筑层数和层高又决定了房屋的总高度等。同时结构的整体性能与结构的抗震、抗风等性能也对建筑的体型有重要的影响。总之，建筑体型是三维的，除了确定各层平面形状，并在各层平面上分割、分配与布置各类空间外，还应考虑竖向的层高、层数、高度与体型等竖向空间布置与竖向体型设计。建筑选型是对多个可行建筑体型设计结果的优选，建筑体型设计考虑的影响因素也是结构选型所考虑的因素。

（3）结构选型设计的一般原则

1）功能适应性原则

不同功能的建筑，往往具有不同的功能空间特征；不同的结构体系形式，也往往能够提供不同的空间布置；不同的内部空间特征又要求不同的结构与其相适应，不同的结构体系其抗侧刚度各不相同，框架结构小，剪力墙结构大，适用的房屋高度不一样。在进行结构形式选择时，首先应使所选的结构体系形式能够适应建筑平、立面形状以及满足建筑功能空间需要求。若结构不能较好地满足或限制正常的使用功能的实现，建筑物将减少或部分失去其存在的价值，功能的特殊要求往往促进一些新结构形式的产生。其次要有适宜的结构刚度与其匹配。表4-1给出了几种常用结构形式适用层数与可形成的空间特征。

常用结构形式所能提供的内部空间和刚度 **表4-1**

结构形式	框架	剪力墙	框-剪	框-筒	多筒
适用层数	1～15	10～40	10～30	10～50	40～80
内部空间	大空间、灵活	小空间、限制大	较大空间、较灵活	大空间、灵活	大空间、较灵活

2）高度合理性原则

不同的结构体系往往具有不同的力学特征和整体性能，也有其整体综合性能得到较好发挥的高度适应范围。为充分发挥各类不同结构体系的作用，结合我国高层建筑的建设经验，现行有关规范对各类建筑结构形式的最大适用高度做了明确的规定，该规定对指导与规范我国高层建筑结构形式优选及建筑高度确定等起到了积极的作用。表 4-2 至表 4-4 给出了钢筋混凝土结构、钢结构和有混凝土剪力墙的钢结构的最大适用高度，在进行结构形式选择时一般应满足该规定或规则的要求，当不能满足时应进行专门的研究。

A 级高度钢筋混凝土高层建筑的最大使用高度（m）　　表 4-2

结构体系		非抗震设计	抗震设防烈度				
			6 度	7 度	8 度		9 度
					0.20g	0.30g	
框　架		70	60	50	40	35	—
框架-剪力墙		150	130	120	100	80	50
剪力墙	全部落地剪力墙	150	140	120	100	80	60
	部分框支剪力墙	130	120	100	80	50	不应采用
筒体	框架-核心筒	160	150	130	100	90	70
	筒中筒	200	180	150	120	100	80
板柱-剪力墙		110	80	70	55	40	不应采用

注：1. 表中框架不含异形柱框架；
2. 部分框支剪力墙结构指地面以上有部分框支剪力墙的剪力墙结构；
3. 甲类建筑，6、7、8 度时宜按本地区设防烈度提高一度后符合本表的要求，9 度适应专门研究；
4. 框架结构、板柱-剪力墙结构以及 9 度抗震设防的表列其他结构，当房屋高度超过本表要求数值时，结构设计应有可靠依据，并采取有效地加强措施。

B 级高度钢筋混凝土高层建筑的最大适用高度（m）　　表 4-3

结构体系		非抗震设计	抗震设防烈度			
			6 度	7 度	8 度	
					0.20g	0.30g
框架-剪力墙		170	160	140	120	100
剪力墙	全部落地剪力墙	180	170	150	130	110
	部分框支剪力墙	150	140	120	100	80
筒体	框架-核心筒	220	210	180	140	120
	筒中筒	300	280	230	170	150

注：1. 部分框支剪力墙结构指地面以上有部分框支剪力墙的剪力墙结构；
2. 甲类建筑，6、7 度时宜按本地区设防烈度提高一度后符合本表的要求，8 度适应专门研究；
3. 当房屋高度超过本表要求数值时，结构设计应有可靠依据，并采取有效地加强措施。

钢结构和有混凝土剪力墙的钢结构高层建筑的适用高度（m）　　表 4-4

结构种类	结构体系	非抗震设防	抗震设防烈度		
			6、7	8	9
钢结构	框架	110	110	90	70
	框架-支撑（剪力墙板）	260	220	200	140
	各类筒体	360	300	260	180

续表

结构种类	结构体系	非抗震设防	抗震设防烈度		
			6、7	8	9
有混凝土剪力墙的钢结构	钢框架-混凝土剪力墙 钢框架-混凝土核心筒	220	180	100	70
	钢框筒-混凝土核心筒	220	180	150	70

注：表中适用高度系指规则结构的高度，为从室外地坪算起至建筑檐口的高度。

3）场地适应性原则

国内外历次大地震震害表明：在同一场地上，地震往往“有选择”地破坏或加剧破坏某一类建筑结构，而“放过”或减轻其他结构类型建筑的破坏，且软弱场地上，建筑破坏严重。造成该现象的原因是建筑结构的地震作用同结构自振周期与场地土条件及其相互关联程度有关，当结构自振周期 T 与场地土特征周期 T_g 接近或相等时，易引起共振，导致结构反应增大、破坏加剧的后果。结构形式及建筑方案特征一方面在一定程度上决定了结构的整体内在抗震潜力；另一方面也决定了结构的动力特性（如自振周期 T 等），若其动力特征与场地土的动力特性（如其卓越周期 T_g 等）相近或场地土条件较差，则即使结构具有较好抗震潜力也可能引起较严重的破坏。建筑应优先选用场地条件较好的场地，在场地确定后，可以通过调整或改变结构自振周期 T 使之错开 T_g 达到提高结构的场地适应性，减少地震作用，间接提高结构抗震潜力的目的。

资料表明：影响结构自振周期的因素很多，除结构形式、结构平面布置、质量、刚度分布、材料强度等级、施工质量等外，还有建筑高度、高宽比、构件应力状态、非结构构件、地基基础与结构之间相互作用等。同时，建筑物是一个复杂的空间体系，振动形式很复杂，在纵、横两个方向及震前、震中和震后其 T 都不相同，可见 T 实际是一个变量，并随着外力的增加而变化（结构大变形时的周期与小变形时的周期有相当大的出入），特别是由弹性阶段进入弹塑阶段后，结构的自振特性将发生很大变化。

4）空间整体性原则

建筑结构系统是一个由多个子结构及其若干组成构件组成的空间结构体系。一个结构的抗震能力不仅取决于各子结构及相应构件强度、刚度、延性及其受力状态，而更主要地取决于保证这些子结构、构件能协同工作的能力或空间整体性。

传统的建筑结构设计比较重视构件及子结构等的设计（如对它们进行的精确分析计算和构造处理等），对整体结构的协调工作能力重视不够。实际上，一方面，单一子结构或构件的抗御震灾能力是非常有限的，只有形成良好的空间整体结构，才能提高结构协同抗御地震等灾害的能力；另一方面，只有整个结构有较好的空间整体性，才能保证各子结构、构件能充分发挥其抗震能力或潜能，否则在其发挥抗震能力之前，就可能因过大变形、平面外失稳、节点失效等，使结构因丧失整体性而破坏或倒塌；其三，有较好空间整体性的结构可能通过协调变形、内力重分布、释放赘冗度形成一定屈服机制等途径，实现使结构始终保持空间整体协同工作状态，提高各自结构共同抗御震灾及适应保证大震时延性耗能的能力，同时还有可能使体系中构件的抗震能力超过单独构件的抗震能力。

影响结构空间整体性的因素主要有：楼屋盖种类、抗力构件布置、梁柱墙间相互连接、构造方法措施、平面尺寸、平面及竖向规则性决定的体型规则性、长宽比等，对空间结构主要影响因素是上述因素中的后三个。表现在：其一，现行抗震规范规定的结构抗震分析的反应谱理论是假定结构基底各处的地面运动规律是一致的，不考虑地震波传播的相位差，此理论适用于结构物基底尺寸较地震波的波长显著为小的情况，实际上地震波的传播是一个过程，对底面尺寸较大的建筑可能引起地基基础各部分沿其长度方向以不同的速度作异步振动；其二，平面、立面越不规则，各部分或部位刚度、质量分布差异越大，结构各部分的自振周期越悬殊，地震作用下的差异运动越明显；其三，长宽比越大，结构纵横两个方向的刚度及楼屋盖刚度差异越大，强震时在高振型影响下楼屋盖将同时产生扭转与挠曲，并引起两端的差异运动。上述三方面因素均会引起结构各部分的差异运动，从而导致结构的空间整体性下降，整体协调变形能力降低及空间整体作用不能充分发挥，同时也将在各部分间连续处或薄弱处等引起复杂的拉、压、弯、剪、扭应力或变形，它们的共同作用会进一步加剧地震力的破坏作用。为保证结构具有良好的整体性，对第一个和第二个因素主要是在建筑选型时，通过设置变形缝、限制平立面形状或在基础设计时通过加强基础整体性等方法来解决。对长宽比 L/B 这个影响因素，一般认为，当长宽比 L/B 接近 1 时，能充分发挥结构的空间整体作用，整体性最好，协调变形能力最强；当 L/B 达到某限值时上述性能则较差，现行《高层建筑混凝土结构技术规程》给出了不同结构形式在不同烈度下的 L/B 限值（表 3-15、表 3-16）。

5）整体稳定性原则

对于高层建筑，水平地震作用引起的倾覆力矩，将使结构产生整体弯曲变形，并在外侧墙、柱和基础中引起较大的附加拉压应力，当倾覆力矩 M_f 达到一定值或抗倾覆力矩较小时，在过大的 M_f 及其引起的附加应力、变形及 P-Δ 效应的共同影响下，易引起建筑物的倾覆或倒塌。如 1985 年墨西哥地震中，一栋 9 层钢筋混凝土结构，因地震时产生的倾覆力矩，使整个房屋倾倒，埋深 2.5M 的箱形基础翻转 45°，并将下面的摩擦桩拔出；再如 1967 年加拉加斯地震中一幢 18 层框架结构的 Caromay 公寓，因倾覆力矩过大，在地下室柱中引起很大轴力，造成地下室很多柱子在中段被压碎。显然，结构的抗倾能力对其整体稳定性有着显著的影响。一般地，在设防烈度一定的条件下，结构刚度越大、高宽比（H/B）越小、长宽比（L/B）越接近 1，结构的整体稳定性越好，结构在两个方向的抗倾覆能力越接近。为保证结构有足够的抗倾能力或整体稳定性，现行高层建筑混凝土结构技术规程给出了不同结构形式的高宽比限值（表 4-5）。

6）施工方便性原则

不同的结构形式决定着不同的结构体系及抗力构件，也决定着结构的施工工艺、施工难度、施工工期及可能的施工质量。与多层建筑相比，高层建筑具有体型大、高度高、总建筑面积大、施工技术复杂、施工难度高、工期长且对施工企业级别、施工机械、施工技术及管理水平要求高等特点，故受不同结构体系所决定的不同施工工艺或工程量的影响，往往不同结构的施工工期相差较大，而施工工期往往是影响工程经济性或其造价的主要因素之一。因此，在选择结构形式时，适当考虑施工可行性与方便性原则，保证施工质量、提高施工速度、降低工期，从而降低成本等有着重要意义。

钢筋混凝土高层建筑结构使用的最大高宽比 **表 4-5**

结构体系	非抗震设计	抗震设防烈度		
		6度、7度	8度	9度
框架	5	4	3	—
板柱-剪力墙	6	5	4	—
框架-剪力墙、剪力墙	7	6	5	4
框架-核心筒	8	7	6	4
筒中筒	8	8	7	5

7）经济有效性原则

不同的结构形式往往具有不同的土建工程量和不同的建造费用，在全寿命使用过程中，也具有不同的因功能改变、构件损伤、地震等灾害引起的改造、维护、加固等方面的费用，结构形式一旦确定，就基本上决定了结构建造及其全寿命期的改造、维护、加固等方面的主要费用，故在选形时适当考虑选择全寿命期综合造价较低的结构形式是有必要的。

4.4 提高高层结构体系整体承载力和抗侧移能力的有效措施

高层建筑结构的主要矛盾是如何提高结构的抗侧移刚度，其中最主要的是结构抗弯刚度。相对来说，结构抗轴力和抗剪的问题要容易解决一些。重点是从原理上把握提高高层结构体系整体承载力和抗侧移能力的措施并灵活巧妙地应用到具体的建筑结构上去。

（1）利用合理的体形

从整体来看，房屋可以看作是锚固在地面上的悬臂梁，那么房屋的平面图形就是这根“梁”的截面。一字形平面的高层房屋就像一块悬臂板，通常也称板式结构，它具有最大的迎风面，风荷载很大，但房屋进深不大，可见其“截面刚度”小，对体系的抗侧移是很不利的。若把一字形平面弯折一下，形成像角钢、槽钢或工字形截面，其刚度就大多了，如图 4-26 所示。另外还有一些平面形状也可以有效提高刚度，例如北京国际饭店的蝴蝶形平面，如图 4-27 所示；又如上海华亭饭店的S形平面，如图 4-28 所示，在水平荷载下房屋整体就像“瓦楞铁皮”一样工作，可获很大的整体刚度。

在立面设计和竖向构件布置上，采用倾斜的竖向构件对刚度也是有利的。计

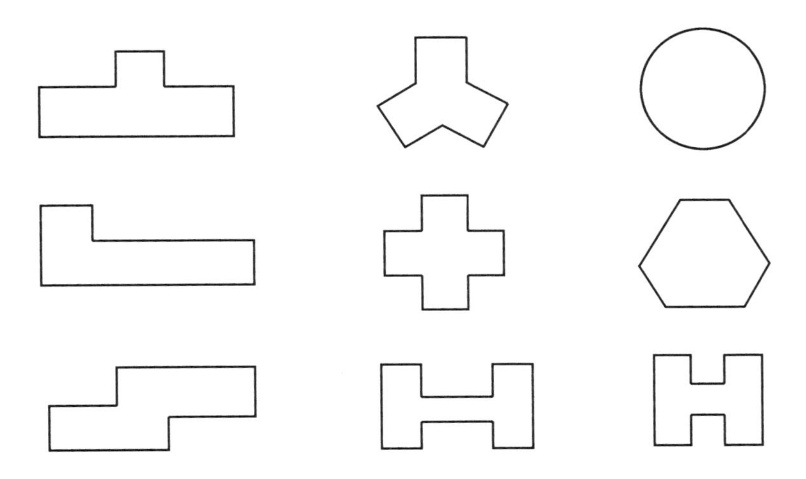

图 4-26 结构平面对刚度的影响

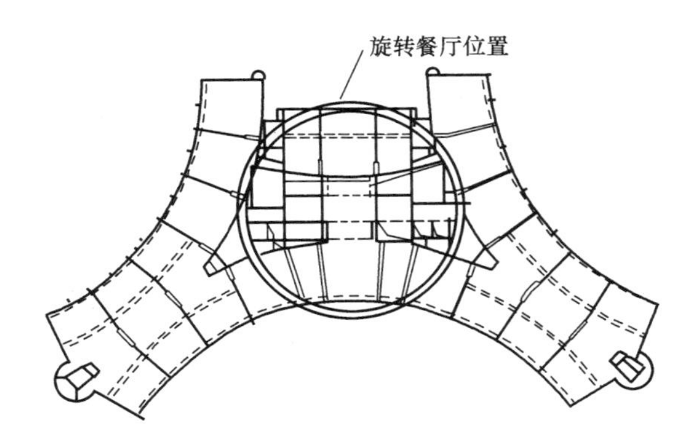

图 4-27 北京国际饭店

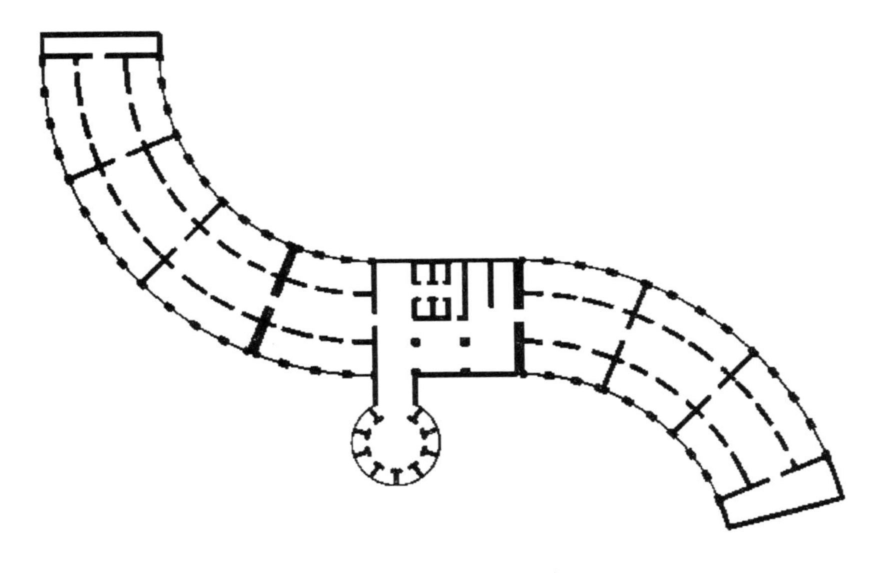

图 4-28 上海华亭饭店

算表明，一栋40层框架结构房屋，边柱倾斜8%，其侧移可减小50%。若将结构宽度沿房屋高度做成上窄下宽，与悬臂柱的弯矩图相似，则无论对结构承载力或结构刚度都有很好的效益，如图4-29所示。

此外，把房屋体形做成三角形或金字塔形还降低了水平力作用点，对提高抗侧移能力也是很有效的。圆形和椭圆形平面能明显减小风荷载，因而也能减小结构的侧移。

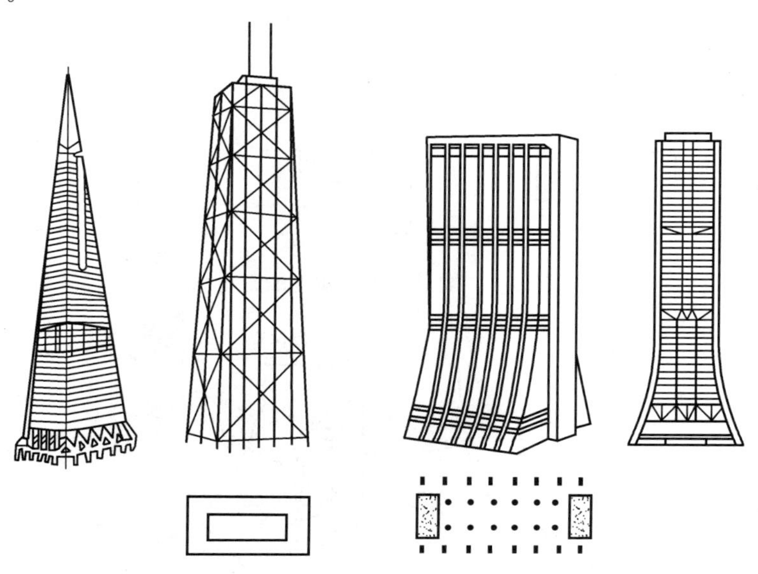

图4-29 结构宽度沿房屋高度做成上窄下宽

（2）适当加强结构受力最大的部位

1）根据内力大小，改变构件截面尺寸及承载力

将整体结构做成上窄下宽是从整体上加强结构的措施，如果房屋体形不变，设计中也可从结构构件上来加强受力最大的部位。最常见的是沿高度改变柱、墙截面尺寸，混凝土的强度等级以及柱、墙的配筋量，以适应柱、墙内力的变化。

2）采用带边框的剪力墙，尽可能为剪力墙设置翼墙

剪力墙的工作状态以受弯为主，剪力墙的边柱和翼墙对提高剪力墙的刚度十分有效。如果条件允许，将纵横方向剪力墙连在一起形成像角钢或槽钢一样的截面，会更为有效，如图4-30所示。

3）适当加强房屋的角柱

在高层结构中，由于风荷载和地震作用的性质不同，设计中很难使荷载中心和结构刚度中心完全重合，结构有一定的扭转变形是不可避免的。扭转中角柱的附加侧移和附加内力最大，角柱的内力臂最大，加强角柱对结构抗扭效果很好。在大型高层建筑结构中有时把角柱做成筒体，效果就更为明显。

图4-30 用边框（柱）和翼墙加强剪力墙

(3) 把竖向荷载集中在主要承重构件上

由刚度讨论我们已经知道，大柱刚度要比同面积的几个小柱刚度的总和大许多。同理，对于竖向结构体系也是一样的。由结构抗倾覆分析我们还知道，结构在荷载下的偏心比：

$$e_r = 2\frac{H}{W} \quad c\frac{h}{d} \tag{4-7}$$

式中 W——竖向荷载。

可见，把竖向荷载 W 集中作用在主要承重构件上就会减小偏心距。当然，我们不应人为地加大竖向荷载，这对结构抗震是很不利的，有效的措施是把房屋的竖向荷载集中作用在主要承重构件上。如图 4-31 所示悬挂结构，利用结构转换层使全部竖向荷载都由核心筒承担，减小了核心筒的偏心比 e_r。核心筒截面略增大一些，截面刚度更好。此外，悬挂结构把原来的受压边柱变成了吊杆，不存在压杆的稳定问题，可以应用高强钢材，降低单位强度的材料费，也减轻了自重。细小的吊杆甚至可以隐藏在窗框内，使房屋更明亮，视野更好。

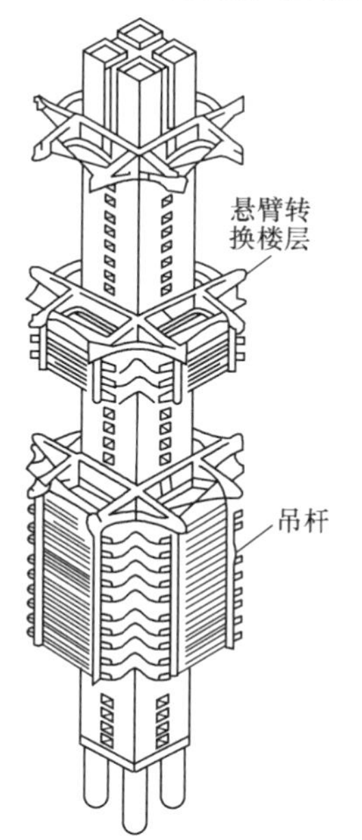

图 4-31 把竖向荷载集中在核心筒上

(4) 设置刚性横梁（或桁架）

我们已经了解到横梁对框架抗侧移的作用。对于以核心筒为主要抗侧力结构的体系，在顶层设置刚性横梁同样也会收到很好的效果，不过这时的横梁需要更大的刚度，通常利用一至两个楼层高度作为横梁（或桁架）高度。当没有刚性横梁时，筒体和外框架都是以弯曲变形为主，侧移较大；若设置顶层刚性横梁，当筒体在水平力作用下产生弯曲变形时，刚性横梁的转动会受到外柱的约束，从而在外柱中产生很大的轴力，一侧受拉，一侧受压，形成与倾覆力矩反向的抵抗力矩，如图 4-32 所示。由于这两个轴力的力臂很大（等于结构总宽），这个反向力矩大大减小了核心筒的弯矩和侧移。不难看出，这里的横梁刚度是重要因素，横梁刚度越大，框架外柱的轴力就大，变形就越小，效果就越明显，反之亦然。设置刚性横梁的方法已越来越被人们认识和重视。利用这一原理，在框架-核心筒结构顶层设置加强层（横梁或桁架），从核心筒伸出纵、横向刚臂与外圈框架柱相连，从而形成具有更大的抗侧刚度和水平承载力的框架-核心筒-刚臂结构，可以适用更多层数的高楼。

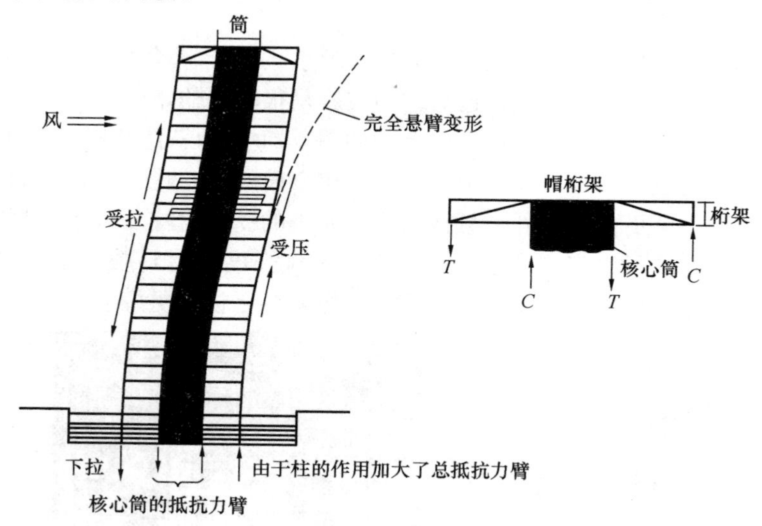

图 4-32　刚性横梁在筒体中的作用

刚性横梁的作用与“框架作用”中横梁作用原理是一样的。有时为进一步提高核心筒体系的抗侧移刚度，也可以像多层框架一样，设置几道刚性横梁。上海锦江饭店（44 层，高 154m）在顶层和 23 层设两道刚性横梁后，侧移减小 13%，柱的最大内力减小 20%，如图 4-33 所示。另外，广州广东国际大厦（63 层，高 200.18 m）也在 61 层、42 层和 23 层设置了三道刚性桁架，以减少体系的侧移和内筒弯矩，达到良好的效果，如图 4-34 所示。

（5）采用巨型框架

在框架结构中杆件以受弯为主，截面刚度主要取决于截面高度，但过大的截面高度势必要增加层高，或给建筑设计带来矛盾。巨型框架的概念实际上是把框架梁柱截面大幅度加大，即把一栋高层框架结构划分为很少几层，每层的梁柱都特别大。例如，对于矩形截面来说，$I=\frac{1}{12}bh^3$，截面刚度将与截面高度三次方成正比。很明显，巨型框架的刚度要比普通框架大很多，图 4-35 为采用巨型框架的新加坡华侨银行大厦。

巨型框架的横梁可以为各种大型水平结构，它利用整个楼层高度作为“梁”高，可以是箱形截面或桁架；巨型框架的立柱一般为筒体结构。巨型框架利用了把荷载集中在主要承重结构上的概念，其他柱子不必从上通到地，每个小柱只需承受大横梁之间少数几层荷载，截面可以做得很小。采用巨型框架结构，巨型横梁下的楼层没有中间小柱，可以布置餐厅、会议厅、游泳池等需要大空间的楼层。

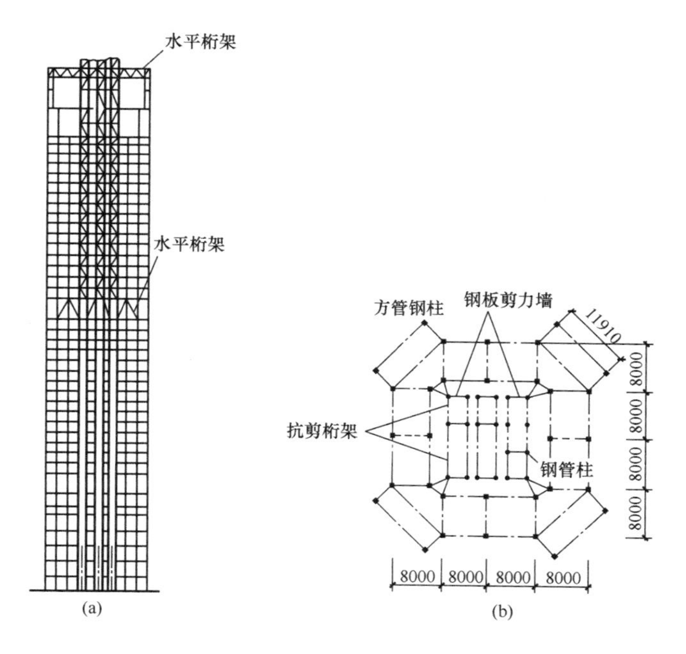

图 4-33 上海锦江饭店（尺寸单位：mm）
（a）结构剖面；（b）结构平面

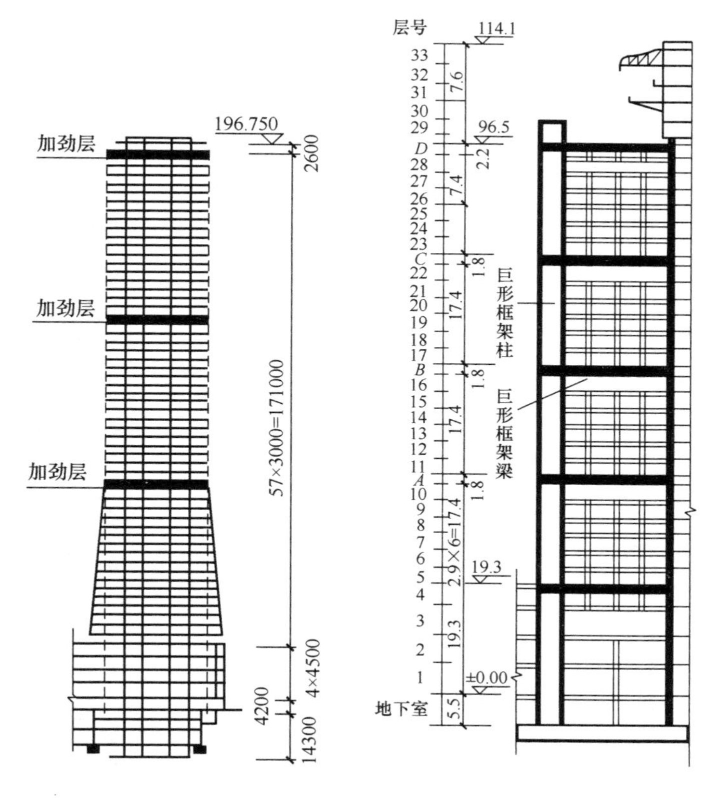

图 4-34 广州广东国际大厦（尺寸单位：mm）

图 4-35 巨型框架剖面

现代高层建筑体量都较大，尤其在强风地区，巨大的风荷载会引起过大的结构内力，甚至会引起倾覆。巨型框架结构可以利用中间大横梁下部空间开设大洞口，让一部分气流通过，从而大大减小风荷载，这是别的结构难以做到的。巨型框架的应用越来越多，其优越性十分明显，但由于构件刚度增大，温度、收缩、局压的影响也会加剧，节点构造上也会出现一些新的问题，需要不断地进行深入研究。

(6) 采用巨型桁架

巨型桁架体系通常沿房屋周边布置大型立柱和支撑，形成空间桁架，作为建筑物的主要承重骨架，承担作用在整座大楼上的绝大部分竖向荷载和水平荷载。在每侧的巨型桁架平面内再设小型框架，以承担局部几个楼层的竖向荷载和局部水平荷载，并把这些荷载传递给巨型桁架。

巨型桁架的立柱通常布置在房屋四角，可以用型钢或型钢混凝土建造，巨型桁架的支撑一般均采用型钢。巨型桁架体系结构有效宽度（即抗倾覆的力臂）大，以几乎不变形的轴力杆系代替受弯杆件，用桁架斜杆来传递剪力，不存在框筒结构中常见的剪力滞后现象，变形小，材料强度得以充分利用。巨型桁架间的小框架可采用悬挂方式，以吊杆代替立柱，不必考虑杆件稳定问题，充分发挥材料的抗拉强度，可节约材料 40%以上。可以说，巨型桁架体系几乎集中了多种结构体系的优越性，从而最充分地发挥结构的承载力。

美国芝加哥市著名的约翰·汉考克（John Hancock）大厦（100 层、高 344 m）是早期的巨型桁架体系，如图 4-36 所示。设计者在四周外框筒上设置了大型支撑，改变了结构受力状态，有效地减小了构件弯矩，大大提高了总体结构的抗侧移刚度。

图 4-36 约翰·汉考克大厦

(7) 蒙皮结构

人们见到最多的蒙皮结构是飞机和轮船，它是在纵横肋上蒙上金属薄板而形成的带肋薄壳结构，金属薄板（蒙皮）与肋共同工作形成壳体。蒙皮在自身平面内有很大的拉、压和剪切强度，由于纵横肋较密使蒙皮不会失稳，所以蒙皮结构承载力大、刚度好、自重轻，被广泛应用于航空和造船工业。高层建筑的发展同样需要承载力大、刚度好和自重轻的结构体系。梅隆银行大厦（One Mellon Bank Center）是蒙皮结构体系的一次有益尝试。

1983 年美国匹兹堡市建成的梅隆银行大厦是蒙皮结构体系。大厦高 222m，地面以上 54 层，如图 4-

37 所示。

蒙皮框筒承担大厦全部水平荷载，内部框架只承担部分重力荷载。外框筒柱距为 3m，如图 4-37（b）所示，横梁间距和层高一致，为 3.67m，窗口开洞率为 25%，窗洞口设小槽钢加强并作为窗框，如图 4-37（c）所示。蒙皮钢板厚度在 38 层以下为 8mm，38 层以上为 6mm。分析表明，若不考虑蒙皮作用，只考虑框筒体系受力，房屋顶点侧移约为 765mm；若考虑蒙皮参加工作，则房屋顶点侧移约为 376mm，侧移减小一半多。可见，蒙皮的作用是不容忽视的。已建成的蒙皮结构房屋还不多，它在耐久性、防火、节能等方面还有待在实践中检验。

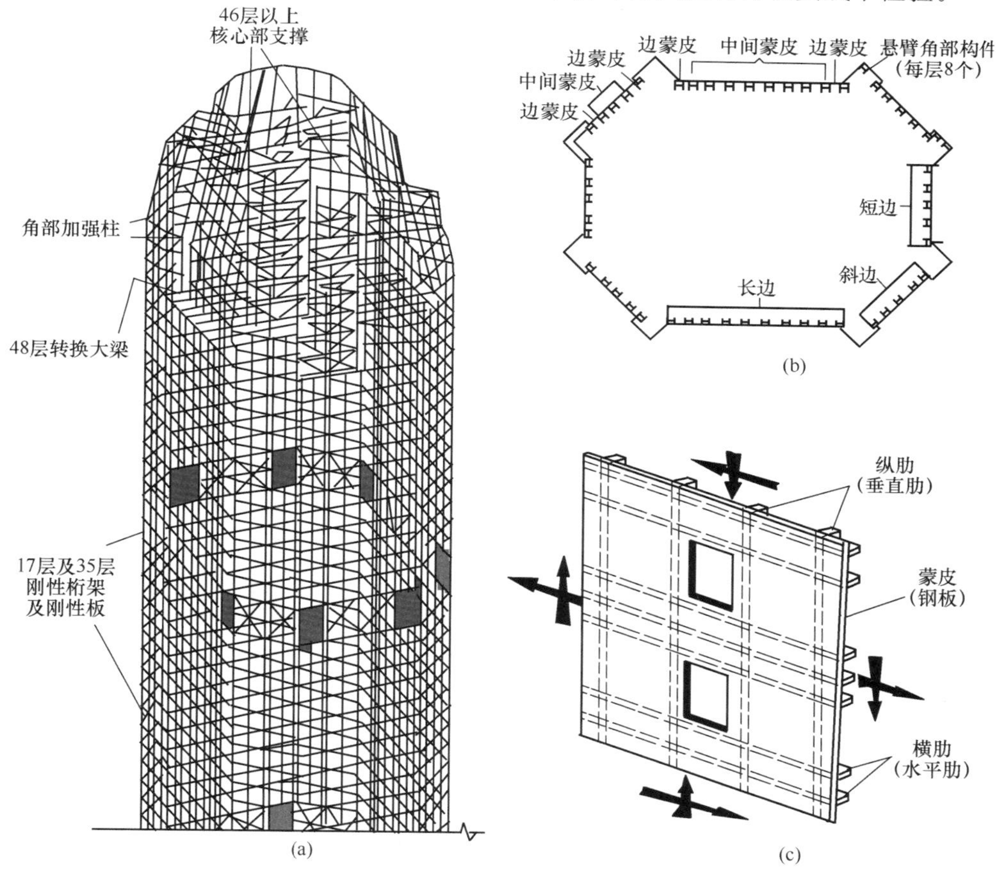

图 4-37 梅隆银行大厦

（a）上部楼层骨架（无表面蒙皮）；（b）蒙皮与骨架关系平面示意图；
（c）蒙皮结构局部示意图

高层建筑是社会经济和科学技术发展的产物，城市人口的高度集中和地价的猛涨促进了高层建筑的迅速发展。一栋优秀的高层建筑不仅为激烈竞争的市场经济提供活动场所，而且是经济实力和信誉的象征，有着独特的“广告效应”。一些著名的大厦往往都成了某某公司实力的象征，由此带来的巨大经济效益是不可低估的。在当今市场经济的激烈竞争中，超高层建筑必将进一步向更高方向发展。如果我们把这样的大楼看成一根“杆件”，那么，利用框架作用、框筒、实腹筒体、巨型框架、巨型桁架等结构概念，在基本不增大“杆件”弯矩的条件下，不难设计出更高更大的未来超高层建筑。如果再考虑到利用结构体形提高结构刚度的概念等，还可进一步减小“杆件”内力。未来的超高层建筑结构将是在正确运用结构原理的基础上予以组合创新而实现的（图 4-38、图 4-39）。

图 4-38 韩国仁川双子大楼（614 米）

图 4-39 日本拟建的米兰扭塔（1000 米）

5 水平结构体系

水平结构体系可以设计为梁板、桁架、拱、网架、索、膜等多种结构形式并可选用不同的建筑材料。水平体系在竖直方向通过弯、剪承受竖向荷载，把它传给竖向体系；在水平方向通过弯、剪承受水平荷载，并把它传给抗侧力的竖向体系。应当指出，水平体系构件的竖向高度（如板厚、梁高、桁架高度）比起它的水平跨度来要小得多，且竖向荷载在数值上都比水平荷载大得多，因此，水平体系构件在竖直方向上的弯剪承载力和变形是这些结构构件设计的主要内容。

5.1 水平构件的受力状态分析

钢筋混凝土梁是最常见的水平结构构件，应用很广，主要承受弯矩和剪力，在受弯构件中很有代表性，如图 5-1（a）所示。

钢筋混凝土梁由钢筋和混凝土两种性质不同的材料组成。混凝土抗压强度很大但抗拉强度很小，一般抗拉强度约为抗压强度的 10%左右，纯混凝土梁受荷后，由于混凝土受拉强度太低，往往很快就断裂。在混凝土梁的受拉区适当配置钢筋，由抗拉性能很好的钢筋来承担混凝土中的拉力，可大大提高梁的承载能力。实际上，钢筋混凝土梁（或结构）是钢筋和混凝土两种不同材料充分发挥各自特长，共同工作而形成的组合结构。凡是梁中混凝土抗拉不足的部位，都可以用钢筋来加强。根据力学知识，如果将钢筋沿梁的主拉应力迹线布置，受力最为合理。事实上，由于钢筋是一根一根的直筋，按主拉应力迹线曲线布置在施工上有一定困难。工程上钢筋混凝土梁中的钢筋布置如图 5-1（b）所示，下部纵筋主要用来承受弯矩引起的拉力，箍筋和弯起钢筋主要用来承受斜截面上的主拉应力。由于梁跨中弯矩大、支座附近弯矩小，按跨中最大弯矩设计的纵筋在靠近支座附近不能被充分利用，所以可弯起来承受斜截面上的拉力。钢筋的抗压强度也很高，埋在混凝土中还不易失稳，有时也用来帮助受压区混凝土抗压，以提高受压区的承载力。由于钢筋拉应力较高，一般情况下钢筋混凝土梁是带裂缝工作的，主要有跨中附近的垂直裂缝和支座附近的斜裂缝。随着荷载的增大，裂缝会不断扩大和延伸。钢筋混凝土梁开裂以后的工作状态比较复杂，为加深对钢筋混凝土梁开裂后工作状态的理解，可以运用学到的结构概念知识，把它设想为某种我们已经比较熟悉的结构构件来分析其受力模式。

（1）把有较多弯起钢筋的钢筋混凝土梁设想为带有下斜腹杆的一个平行弦桁架，如图 5-1（c）所示。此时，受拉纵筋为下弦，上部受压混凝土为上弦（上部受压纵筋也可看作是上弦的一部分），箍筋为竖向腹杆，而弯起钢筋则是下斜式受拉腹杆。跨中没有弯起钢筋的梁段，可以设想由混凝土充当受压斜腹杆。

（2）把只有一排弯起钢筋的钢筋混凝土梁看作下沉式桁架，如图 5-1（d）所示，受力状态与图 5-1（c）基本相同，只是中间由混凝土充当受压腹杆的梁段长一些。

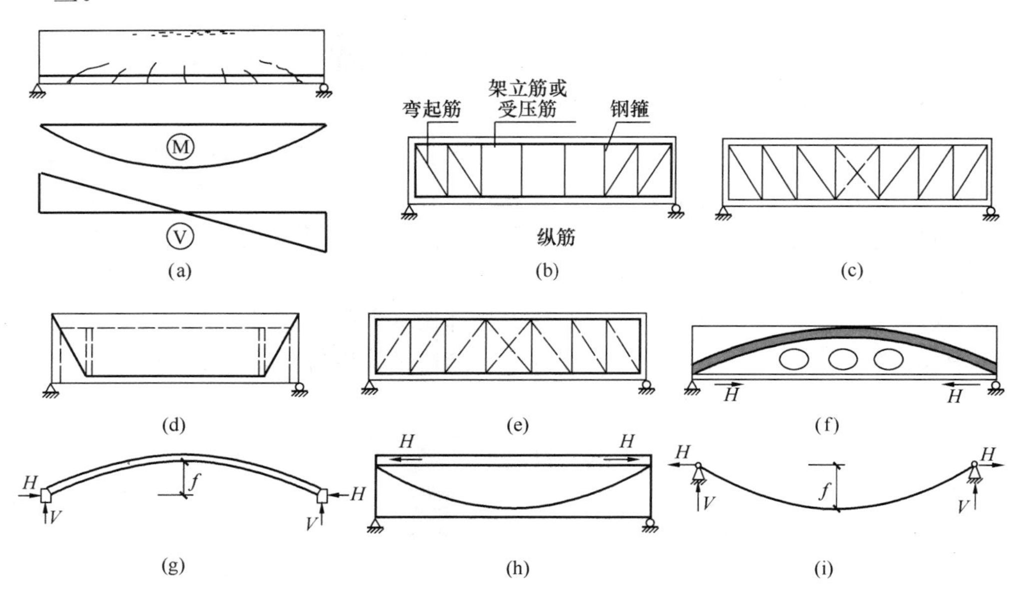

图 5-1　钢筋混凝土简支梁的受力分析

（3）对于没有弯起钢筋的梁，可以设想为带有上斜腹杆的平行弦桁架，如图 5-1（e）所示，由梁腹混凝土充当斜向受压腹杆。在梁的斜截面计算中有一个截面限制条件，对于一般截面梁，其表达式为：

$$V = 0.25bh_0 f_c \tag{5-1}$$

式中　f_c——混凝土的抗压强度设计值；

b、h_0——梁截面宽度和有效高度。

此式反映了梁在主压方向的极限承载力。在剪力 V 作用下梁在主拉方向产生拉力的同时，在主压方向将产生同样大小的压力，过大的斜压力有可能使梁在斜压方向压碎。

对比图 5-1（e）的支座斜腹杆，假设此斜腹杆的截面高度为 h_1，则有：

$$bh_1 f_c \sin\alpha = V = 0.25bh_0 f_c \tag{5-2}$$

得：

$$h_1 = 0.25bh_0/\sin\alpha \tag{5-3}$$

设主压力近似为 45°，将 sin45°=0.707 代入上式得：

$$h_1 = 0.35h_0 \tag{5-4}$$

即此斜腹杆的截面高度大约相当于 $0.35h_0$。

（4）对于裂缝开展得很严重的钢筋混凝土梁，可以认为受拉区混凝土已退出工作，此时，可以把它设想为一个带拉杆的拱，如图 5-1（f）所示，拱拉力由纵筋承担，拱压力由混凝土承担。梁上各截面的弯矩由纵筋拉力与相应截面拱压力的水平分量组成的力偶来平衡；各截面的剪力由相应截面拱压力的竖向分量来平衡。越靠近支座，拱轴越倾斜，其抗剪力的竖向分量也越大。拱下梁腹部分混凝土基本上不起作用，即使挖几个洞对承载力也没有明显影响。因此，工程中常在薄腹（屋面大梁）中部腹板处挖去几个圆洞，这样可以减轻自重，节省材料，还可以穿越管线。

顺便提一下，拉杆拱的拉力也可以由支座推力来承担，只要支座能提供足够的推力，则拉杆可以取消，拱作用不会有任何变化，如图 5-1（g）所示，这就转化为典型的拱结构了。

（5）在后张预应力混凝土梁中，有时也采用曲线配筋，如图 5-1（h）所示，此时曲线钢筋受拉，上部“弦杆”混凝土受压，受力状态与图 5-1（f）所示的拉杆拱正好相反。各截面的剪力主要由曲线钢筋拉力在截面上的竖向分量来平衡，上弦只提供压力，以便与相应截面曲线钢筋拉力的水平分量组成力偶，来平衡该截面的弯矩。假如支座可以提供足够的水平力，那么上弦压杆也可以免去，支座水平力与上弦压力的作用效果是一样的。可以看出，此时已变成一悬索结构，如图 5-1（i）所示。

上述对钢筋混凝土梁受力状态的分析，目的在于深入了解钢筋混凝土梁的工作机理，加深对受弯结构的理解，同时，也从原理上阐述了桁架、拱、索等其他水平构件的由来。从本质上来说，只要设法承受截面的弯矩 M 和剪力 V，就能形成水平结构，跨越一定跨度。梁、拱、桁架、悬索等结构构件在这一点上并没有本质的区别，只是桁架、拱和悬索巧妙地将弯矩 M 和剪力 V 都“转化”为相应杆件的轴力，可以充分利用材料的受力特性和充分利用杆件的截面面积，使构件变得更经济合理，自重更轻。

通常，为充分利用层高，梁的高度相对其跨度而言是比较小的。例如，次梁的高跨比通常为 1/14～1/18，主梁的高跨比通常为 1/12～1/15。而桁架、拱和悬索结构在建筑结构中通常用在屋盖系统，适当提高其有效高度，在使用上影响不大。其截面高度相对其跨度而言都比较大，例如桁架的高跨比通常可高达 1/6～1/10。很明显，桁架高度增加大，可大大减小桁架构件内力，使杆件截面更小，自重更轻，从而可跨越更大的跨度。

我们曾谈到结构尺度的概念，按比例放大一根梁是行不通的，因为梁自重的增加比其抗力的增加还要快，梁会被其自重压垮。而结构形式的改变，不但可使构件的受力状态发生改变（例如，从梁的受弯受剪改变为桁架、拱、悬索结构以承受轴力为主），增大内力臂而减少构件内力，同时也大大减轻了结构自重，这样才能使结构跨越更大的跨度。可见，从结构基本概念出发，合理改进结构形式，使结构受力更合理，对结构工程师来说是十分重要的。同时，我们也可以看到，一根梁虽然在材料强度利用上不是很好，但梁中隐含着上斜式平行弦桁架、下斜式平行弦桁架、下沉式桁架、带拉杆拱、悬索结构等多种结构受力状态，因此，才有可能将梁的高度做得更小。当跨度不很大时，为了充分利用层高，尽可能减小结构的高度，梁仍然是一种很有效的结构形式。

5.2 水平结构体系的主要类型和特点

5.2.1 梁板体系

梁板体系按施工方式可分为整体现浇式、装配式和装配整体式。装配整体式楼盖是在预制装配式楼盖上再现浇一层叠合层混凝土，以提高楼板的刚度和整体性。现浇钢筋混凝土楼盖的应用十分普遍。现浇钢筋混凝土楼盖中楼板混凝土用量最大，所占结构自重也最大，设计中要注意满足必要的楼板刚度的前提下尽量减小板厚是经济合理的，这对减轻结构自重、减少地震作用也十分有利。现浇钢筋混凝土楼盖按其梁格布置，主要有以下几种类型：

1. 单向板肋梁楼盖

单向板肋梁楼盖（图 5-2）一般由主梁、次梁和板组成，板支承在四周主梁和次梁上，当板两个方向跨度比超过 2 时，板在短跨方向相对较刚，荷载主要沿较短方向传递，故称单向板。板在短跨方向按计算配置钢筋，沿长跨方向受力很小，一般只设构造钢筋，单向板肋梁楼盖的楼板跨度以 2～4m 为宜，板厚可取为跨度的 1/35～1/45，次梁跨度可取 4～6m，梁高可取为梁跨度的 1/14～1/18，主梁跨度以 5～9m 为宜，梁高可取为梁跨度的 1/12～1/15。当采用预应力混凝土时，梁板跨度都可适当增加。

图 5-2 单向板肋梁楼盖

2. 双向板肋梁楼盖

与单向板肋梁楼盖相似，双向板肋梁楼盖（图 5-3）只是楼板两个方向跨度比较接近，两个方向的弯矩也相差不大，设计中应同时按计算配置两个方向的钢筋，较短跨的弯矩较大，其钢筋应放在外侧，以增加板的有效高度。常用的井字楼盖即属于双向板肋梁楼盖。

3. 无梁楼盖

无梁楼盖（图 5-4）没有梁，钢筋混凝土板直接支承在柱上，故一般板厚相对较大，为改善板的支承条件，通常需要在柱顶设柱帽（图 5-4b），以扩大支座

图 5-3 双向板肋梁楼盖

(a)

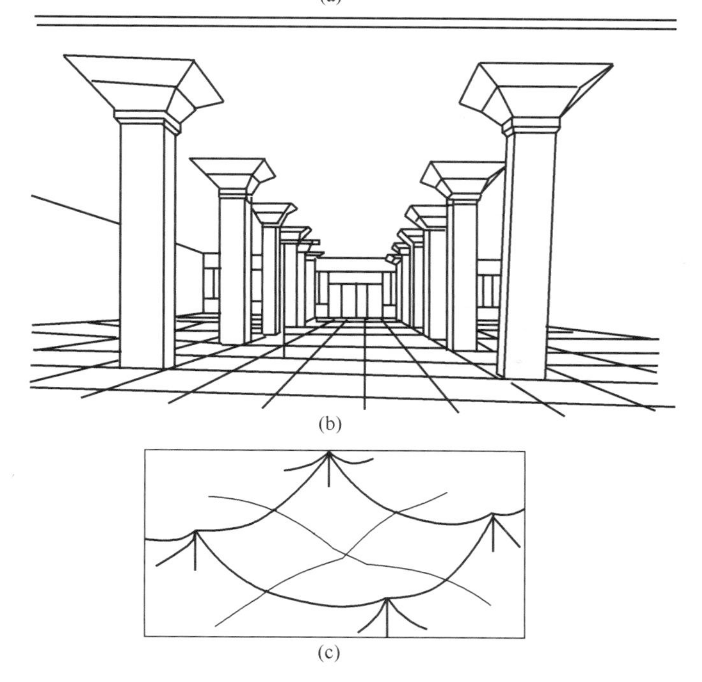

(b)

(c)

图 5-4 无梁楼盖

(a) 无梁楼盖；(b) 无梁楼盖示意图；(c) 柱上板带和跨中板带的变形

处的抗冲切面，也可减小板的跨度。无梁楼盖天棚平整，有利于通风采光，改善卫生条件，一般适用于荷载较大或对天棚要求较高的场所，如冷库、百货公司等，柱距以 6m 左右为宜。无梁楼盖的受力状态可通过蒙在柱网顶上的一块“帆布”的变形状态来模拟，如图 5-4（c）所示，通过柱顶的帆布纤维（图中粗线所示）可理解为柱上板带。柱上板带在柱顶处负曲率最大，即负弯矩最大，跨中为正弯矩。在柱子间的帆布纤维（图中细线所示）可理解为跨中板带，跨中板带变形平缓，曲率较小，根据力学原理 $\frac{M}{EI}=\frac{1}{\rho}$，无梁楼盖 EI 处处相同，可见跨中板带弯矩较小。无梁楼盖的板厚可取为板跨度的 1/18，无梁楼盖宜施加预应力以减小板厚度。

4. 双向密肋楼盖

双向密肋楼盖（图 5-5）可以看作是由沿两个方向布置间距较小的肋而形成的“厚板”。从总体上看，其受力状态和无梁楼盖相似，只是这块“厚板”很厚，其两个方向的钢筋被集中放在肋中，肋间受拉区混凝土被挖掉了。这种体系由于双向受力，梁肋间距小，所以其高度比一般肋梁楼盖的梁小，一般取梁跨度的 1/18～1/20，适用于跨度较大、对结构高度限制很严的场所，如层高不大又需设大房间的场所。双向密肋楼盖的肋可以正交，也可以斜交，天棚梁格图案很有规律，如果比例适当，再配上一些灯饰，可以达到很好的建筑艺术效果。

图 5-5　双向密肋楼盖

双向密肋楼盖可以直接支承在四周墙上或梁上，也可支承在柱上。当支承在柱上时，双向密肋楼盖可以不做明显外露的柱帽，只要填实柱顶附近的密肋间空格，同样可以扩大冲切面，形成隐形柱帽。

适当增加肋高或对肋施加预应力，可减小双向密肋楼盖的挠度，加大跨度，形成较大空间，从而设计成餐厅、舞厅、保龄球场等公共活动场所，使建筑布局十分灵活。预应力双向密肋楼盖的肋高可以做得更小。

双向密肋楼盖作为屋盖时，也可以不要上部混凝土板，只剩下双向密肋形成的交叉梁系，上扣透光罩，在某些特殊条件下也可有其独特的建筑效果。

双向密肋楼盖与普通双向板一样，是两个方向受力。所以其长宽比应控制在2以下，以1.5左右为好，否则长跨的肋受力很小，只是单向受力。

5.2.2 网架体系

网架体系是杆件按照一定的规律布置，通过节点连接而成的网格状空间杆系结构。网架外形可以呈平板状（图5-6），也可以呈曲面状（图5-7），前者称为平板网架（简称网架），后者称为曲面网架（简称网壳）。网架可以设想为由两个方向交叉钢桁架组成的屋盖体系，杆件一般都采用无缝钢管，节点采用球节点，因为同一节点上要与多根钢管连接，采用球节点构造简单，易于对中，确保杆件以轴力为主。球节点可以焊接，也可以采用螺杆连接，跨度较小的网架也可以用角钢组成。网架体系受力状态与双向密肋楼盖相似，以钢桁架代替钢筋混凝土梁，自重大大减轻，有效高度增大，承载力有明显提高，可以跨越更大跨度。国内外许多大跨建筑采用网架体系，近年国内建成的体育场馆也大都采用网架或网壳屋盖。网架按其斜杆布置方式不同分为多种形式。

1. 平板网架

平板网架结构（图5-6）其厚度远小于跨度，为整体受弯结构，通过上、下弦杆的压力和拉力提供抵抗弯矩，通过斜置的腹杆承担剪力。不论从整体形态上，还是从受力状态的理解上，都可以将其看成“夹板层”，即由上、下弦杆件网格构成的“面板”和众多斜杆构成的“板芯”。网架结构与平面桁架的主要区

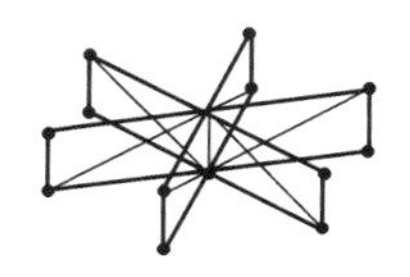

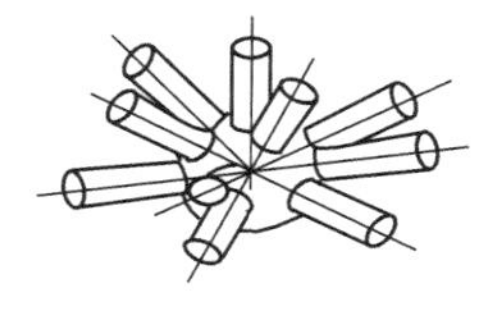

图5-6 网架体系

别是空间工作，平面桁架只能承担在其平面内的作用，而垂直于平面的荷载作用无法承担，而网架则是空间多方向共同承担。

网架的高度（即厚度）直接影响网架的刚度和杆件内力，增加网架的高度可以提高网架的刚度，减小弦杆内力，但相应的腹杆长度增加，建筑净空高度减小。网架的高度主要取决于网架的跨度，网架的高度与短向跨度之比一般为：当跨度小于30m时，约为1/10～1/13；当跨度为30～60m时，约为1/12～1/15；当跨度大于60m时，约为1/14～1/18。

网架无论其平面形状为矩形、圆形或扇形，宏观来看，这类网架就像一块巨型平板，其受力状态也与平板相似，跨中弯矩最大、剪力很小。可见，网架跨中附近弦杆内力最大，弦杆直径或壁厚也较大，腹杆内力很小，比较细，管壁也可以较薄；与此相反，网架周边支座附近弯矩小、剪力大，腹杆都较粗，管壁也较厚，而弦杆内力较小，可以细一些。理解网架的受力状态后，我们就可进一步对网架进行改进。例如适当提高网架中间部分的高度，既可以减小跨中弦杆内力，同时形成中间略高的屋面形状，有利于屋面排水。网架也可做成曲面形状，此时，从宏观来看又像“壳”的形状，故称网壳，其受力状态将更为合理。

2. 网壳

网壳是将网架结构和壳结构相结合的结构形式，主要有球网壳和扭网壳。网壳的受力状态与壳相似，以薄膜内力为主，所受弯矩较小，结构的空间工作效果明显，并且具有更大的空间刚度，在大跨结构中应用较多。

球网壳是穹顶型网壳中的常见形式，曲面可以采用圆球面、椭球面或旋转抛物线面等多种正高斯曲面形式。球网壳的受力特征与拱相近，在壳支座处水平推力很大，且拱的形式不能保证在每种荷载作用下都符合合理拱轴，会产生局部弯曲，因此需要环箍构件发挥约束作用。

黑龙江速滑馆（图5-7a）屋盖采用中间部分为圆柱形、两端为球形组合而成的双层网壳结构，屋盖横向跨度86.2m，纵向长191.2m，网壳中间柱面壳部分采用正四角锥体系，两端球壳部分采用三角锥体系，所有节点都采用螺栓球节点。网格尺寸3m，双层网壳厚度为2.1m。速滑馆在6m高处用环梁将屋顶走势拦断，推力由斜腿传到地下，外观体量显著减小。网壳屋盖沿周边支承在环梁和由立柱及斜杆组成的三角形框架结构上，框架间距6～9m。环梁采用1450mm×770mm的矩形截面劲性钢筋混凝土结构，框架立柱截面600mm×600mm，斜柱截面1200mm×600mm，速滑馆地面标高处的外轮廓尺寸为101.2m×206.2m。中部柱面壳支座处水平推力很大，在室内地面以下−6.45m标高处设预应力混凝土拉杆，以承受斜柱的水平推力；两端球壳部位水平推力较小，用桩基来承受水平推力，如图5-7（b）所示。网壳结构自重轻，刚度大，很适合建造大跨屋盖。

平面为矩形的双曲抛物面可以用一条直线沿另两条互不平行的直线移动而得，很像把一个矩形平面扭一下形成，所以这一类薄壳通常也称为扭壳。在竖向荷载下向上凸的曲线方向是主拉应力方向，而向下凹的方向往往是主压应力方向。沿两个母线方向布置直线型空间桁架也可构成扭壳。扭壳可以单独使用，也可组成各种组合形状。哈尔滨工业大学体育馆屋盖由4块四边形双曲抛物面单双

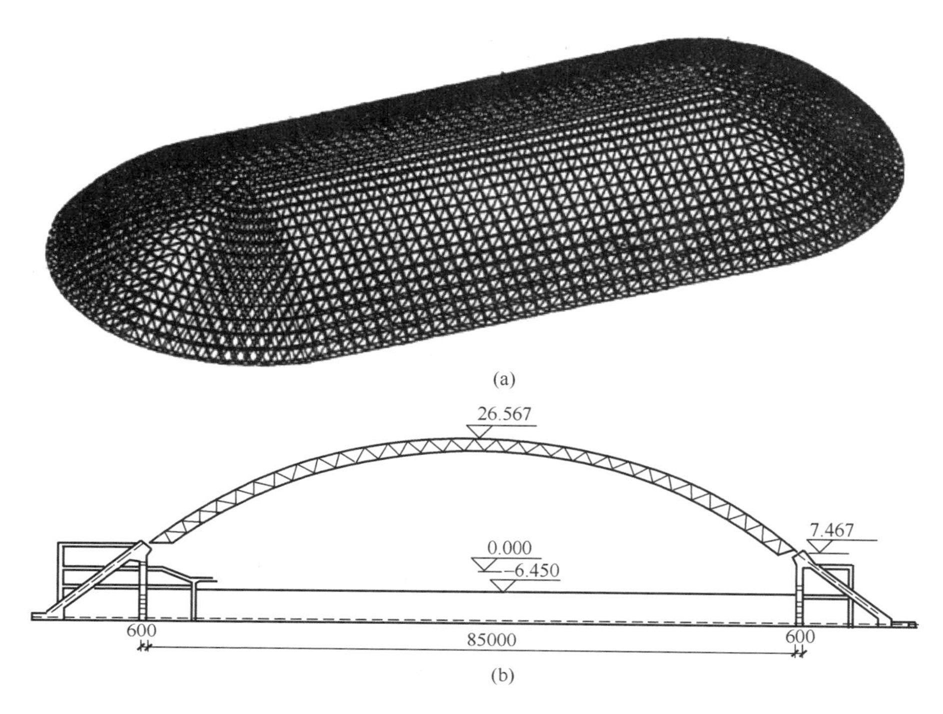

图 5-7 黑龙江速滑馆

（a）黑龙江速滑馆网壳屋盖；（b）黑龙江速滑馆结构剖面

层钢网壳交替组合而成，形成扭壳曲面，如图 1-29 所示。网壳结构杆件沿曲面两个主曲率方向布置，一个方向向上凸，成为竖向荷载下的主要承重杆件，另一个方向向下凹，作为承受风荷载吸力的稳定杆件。

从上述几种网架结构的形态表现特点来看：平板网架的表现特征在于其规则划一、不断重复的网格形式。状态平和、伸展，但应注意保持一定的净空高度，避免压抑感。球面网壳的外观形态能给人以稳定庄重感，从内部来看，若采用辐射形网格，由四周向中心呈汇聚之势，可使净空高度在视觉上得到加强。扭面网壳的互反曲面能表达出紧张的情绪，这一点在采用直纹边界时更加明显，形态变化幅度越大、越夸张，其表现力越强。无论是曲面的网壳还是平面的网架，规则的网格本身就是一种美，有规律的重复或渐变更富有韵律感。如果把合理的结构形态与美的表现手法结合起来，就能够体现出结构之美，增强结构技术的表现力。另外，节点也是空间网格结构表现的重要方面。球节点表现出汇聚效果，相贯节点又表现出力传递的顺畅感。加工细致的铰支座会给人以机械美，细部处理中的独具匠心会使整个建筑和结构的品质得到提升。

5.2.3 悬索体系

悬索体系以高强钢丝、钢绞线为主要承重材料，充分利用了截面的抗拉承载力，受力合理，结构自重轻，可以跨越很大的跨度，是超大跨度结构的主要形式。悬索体系按其拉索的布置可分为多种形式。

1. 斜拉索结构

这种结构以直线形斜拉索为水平结构提供中间支座。苏通长江大桥是目前世界上跨度最大的斜拉索桥，如图 5-8。斜拉桥主跨 1088m，主塔高达 300.4m，主桥斜拉索最长达 577m。

图 5-8　苏通长江大桥

2. 悬索结构

这种结构以下垂的悬索为主要承重结构，荷载均悬挂在主索上，悬索结构的主索只承受拉力，其抗弯刚度为零，不能承受任何弯矩，所以悬索的形状会随着荷载的变化而改变。当悬索自动把形状调整到沿悬索全长弯矩处处为零时，就达到平衡状态。根据力学原理可知，此时悬索的形状正好相当于简支梁的弯矩图形状。下面介绍几种典型荷载下的悬索形状。

（1）悬链线

当沿悬索长度方向均匀分布重力荷载时，会形成悬链线，如项链在自重作用下的形状就是悬链线，如图 5-9（b）所示，此时项链上处处弯矩为零。如果我们在项链中间挂一个鸡心挂坠（即施加一个集中力），项链就会自动调整形状，达到图中细线所示的新曲线形状才会平衡下来。此时，项链上仍保持处处弯矩为零。根据力学原理可知，此时的曲线实际上就是在项链自重及跨中集中力（鸡心挂坠）共同作用下的弯矩图形状，只有当悬索结构形状与其相应简支梁的弯矩图形状完全吻合时，悬索内的弯矩才等于

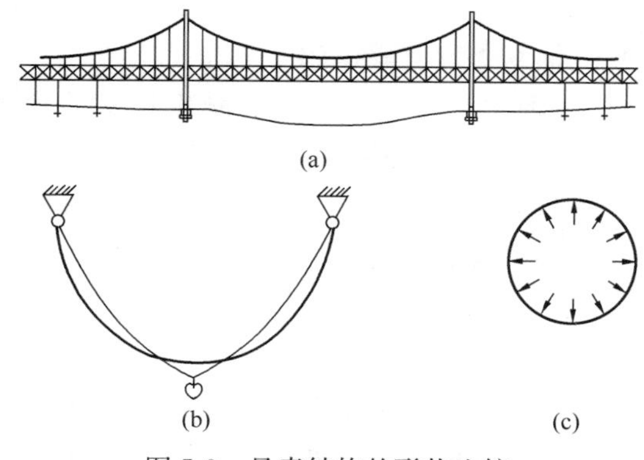

图 5-9　悬索结构的形状比较

（a）抛物线；（b）悬链线；（c）圆

零。可见，悬索结构是一种柔性结构。

应当指出，在真实的工程结构中，结构自重都很大，悬索的形状主要由结构自重决定，相对来说可变荷载所占比例很小。它对悬索形状的影响不大，有时往往不能被人们察觉。好比一只小小的蚊子停落在一条项链上，它对项链形状的影响就微不足道了。

（2）抛物线

当荷载沿跨度水平方向均匀分布时，悬索就会形成抛物线，如图5-9（a）所示。常见的悬索桥就属于这种情况，桥面自重沿跨度水平方向基本上均匀分布（悬索自重与桥面结构重力相比非常小，可以近似地忽略它的影响），悬索形状正好和相应简支梁的弯矩图一致，为抛物线。江阴长江大桥就是这种悬索结构，如图5-10所示。

图5-10 江阴长江大桥

（3）圆形

当荷载为径向均布荷载时拉索会成为圆形，如图5-9（c）所示。这种情况通常在充气结构或承压管道中出现。

悬索截面很细，不能承受弯矩，在荷载状态改变时，如风荷载或其他可变荷载作用下，与其他结构形式相比，悬索结构的变形相对要大一些。在建筑结构中悬索屋盖通常需布置两个方向的索，且曲率方向相反，其中一个方向为主要承重索，另一个方向为稳定索，以帮助承受可能发生的反向内力，减小承重索在荷载状态改变时的变形。对悬索适当施加预应力，更可提高刚度、减小变形。图5-11为体育馆的马鞍形悬索屋盖，图中曲率为正的（向上凸）是承重索，曲率为负的（向下凹）是稳定索，索的两端锚固在两个钢筋混凝土拱内，结构对称，两侧荷载基本上相互平衡，两侧拱下的柱受力很小。

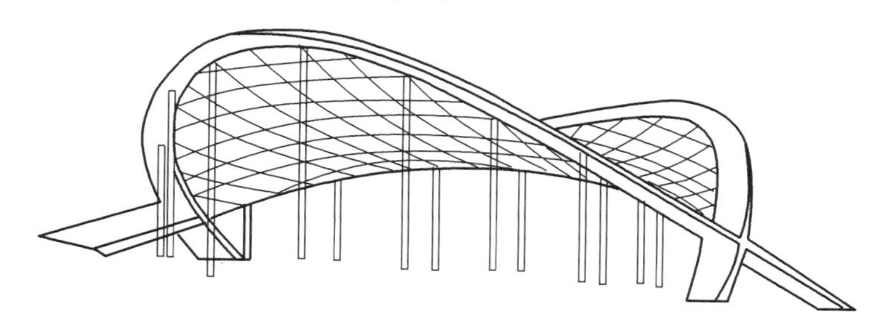

图5-11 马鞍形悬索屋盖

在许多悬索结构中，美国明尼亚波利斯联邦储备银行大厦的结构设计很有特色。此银行为一座11层大楼，横跨在高速公路上，跨度达83.2m，采用悬索作为主要承重结构，悬索锚固在位于公路两侧的两个立柱（实际为筒体结构）上，立柱承受大楼的全部竖向荷载，柱顶设有大梁，以平衡悬索在柱顶产生的水平压力，整个大楼就悬挂在悬索上，如图 5-12（a）、图 5-12（b）所示。对此，我们来做一简单分析。

根据房屋竖向荷载分布，每根索要受沿跨度方向分布的均布荷载 $q=447\text{kN/m}$，主索跨度 $L=83.2\text{m}$，下垂高度 $f=45.72\text{m}$，则支座水平力：

$$H=\frac{qL^2}{8f}=\frac{447\times 83.2^2}{8\times 45.72}\text{kN}=8460\text{kN}$$

支座竖向反力：
$$V=\frac{qL}{2}=\frac{447}{2}\times 83.2\text{kN}=18595\text{kN}$$

主索拉力（即合力）为：$R=\sqrt{H^2+V^2}=20430\text{kN}$

悬索材料采用极限强度为 $f_u=1700\sim1900\text{N/mm}^2$ 的高强钢丝束，由于索的应力很高，荷载作用下将产生很大的挠度。为减小变形，提高结构刚度，将主索做成预应力混凝土杆件，考虑到结构的可靠度，钢丝索的应力只用到 $f_y=1060\text{N/mm}^2$，则所需每束钢丝的总面积为：

$$A_s=\frac{R}{f_y}=\frac{20430000}{1060}\text{mm}^2=19300\text{mm}^2$$

由计算可得，所需每束钢丝的总面积大致相当于外径为 106mm 左右的钢丝束。这对于如此大跨的高层建筑结构承重体系，可谓十分经济合理。索的水平力将由柱顶大梁来平衡，相当于给大梁施加一个压力。可以看出，只要精心调整悬索对大梁的偏心距，可以有效减小大梁的弯矩。

(a)

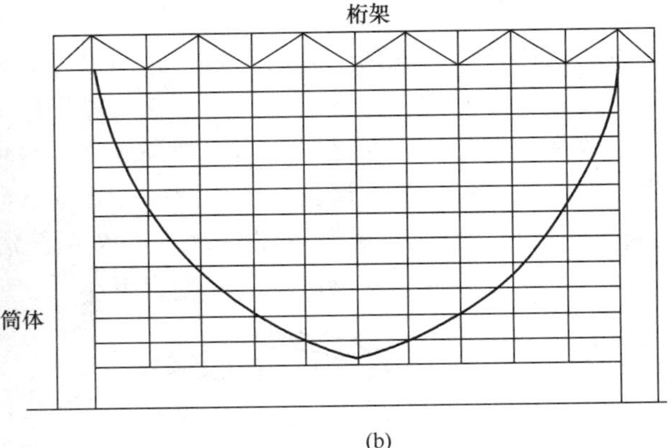

(b)

图 5-12 美国明尼亚波利斯联邦储备银行大厦

（a）全景；（b）结构简图

悬索体系中，尽管悬链线最为合理，但综合考虑外荷载分布与工程实际，对于选型设计阶段，抛物线一般认为是最现实的选择，且便于描述。另外，悬索体系的形态受结构垂度与跨度比的影响较大，最佳的垂跨比，对于房屋建筑宜取 1/10～1/20，对于桥梁宜取 1/8～1/10。当垂跨比很小、缆索过于平缓时，其拉力非常大，由此引起的轴向拉伸变形对形态的影响不能忽略，结构的几何非线性效应将非常显著。

5.2.4 拱结构

拱结构是一种很古老的结构形式，可以用抗压材料来跨越一定的跨度，早年都用天然石材、烧结砖，甚至土坯来建造拱，如图 5-13（a）所示，现代拱多用钢材或钢筋混凝土建造，如图 5-13（b）、图 5-13（c）所示。

(a)

(b)

(c)

图 5-13 拱结构

（a）石拱桥；（b）钢结构拱；（c）钢筋混凝土拱

从形式上分析，拱结构只是在梁结构的基础上增加了一个弧度，但拱和梁在内力上相比，却有了很大变化，梁在竖向荷载作用下（图 5-1a）产生与跨度的平方成正比的弯矩，引起与跨度的四次方成正比的挠曲变形，支座反力为向上的力。而拱则不然，它不仅有向上的反力，而且还会产生水平推力 H，如图 5-14 所示。正是由于水平推力的存在，其与拱截面内轴向压力的水平分力构成力矩来平衡结构的整体弯矩，且在弯矩最大的跨中，这种平衡力矩也达到最大，从而减小了拱截面上的弯矩和变形。同时，又以拱截面内轴向压力的竖向分力来平衡结构的整体剪力，使得构件中的剪力也极小，因此，拱结构是以抗压材料构筑大跨

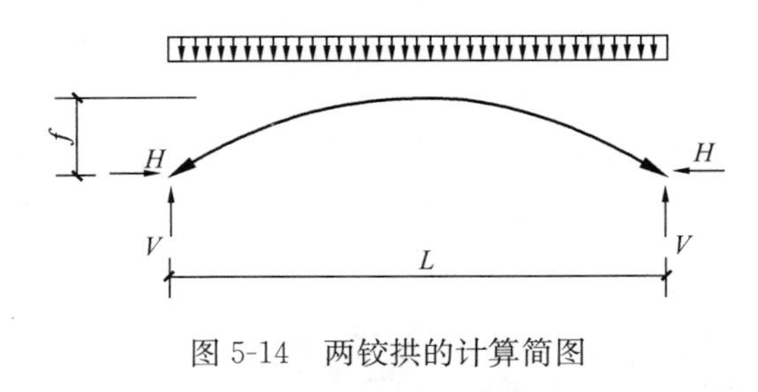

图 5-14　两铰拱的计算简图

建筑的理想结构形式。

拱产生水平推力的大小与拱自身的几何形状（特别是矢跨比）有直接关系。拱的轴线可选用圆拱、抛物线拱或悬链线拱。拱的受力状态和悬索结构正好相反，但又十分相似，区别在于悬索只能受拉，索的抗弯刚度为零；而拱是以受压为主的结构，拱截面有一定的刚度，不能自由变形。因此，合理选择拱轴线形状就显得更加重要。例如，对于大跨落地拱结构房屋，其荷载主要是沿拱轴线均匀分布的屋面结构自重（与项链的受力状态正好相反），若选用悬链线作为拱轴线，在自重作用下，拱的内力基本上为轴力，弯矩近似为零。假如要设计一座承受沿水平方向均布线荷载的拱桥（与悬索桥的受力状态正好相反），则应选择抛物线作为拱轴线。又如，要设计一个承受均匀水压力（或土压力）的涵洞（或地铁隧道），若忽略沿洞高的压力变化，则选用圆形截面较为有利。

应当强调指出，根据荷载情况合理选择拱轴线形状十分重要，在选择了合理拱轴线的理想状况下，承受外力的拱只有轴力，没有弯矩和剪力。拱合理轴线的确定方法：给一根索施加所考虑的荷载，得到一根曲线或折线，再把它翻上来，这就是我们所需要的拱的合理轴线形状了。但拱截面有一定抗弯刚度，不可能像悬索一样自动调整形状来消除弯矩。即使精心选择拱轴线的形状，在荷载状态改变或可变荷载作用下，拱内弯矩也是不可避免的，因此，拱截面必须设计成有一定的抗弯能力。

拱的最大特点是产生推力，因此，提供恰当且可靠的支座反力以平衡推力是拱结构得以正常工作的重要保证。一般采用这三种方式来解决拱脚的推力：①推力由拉杆承受（图 5-15a）；②推力由侧面框架结构承受（图 5-15b）；③推力由基础直接承受（图 5-15c）。

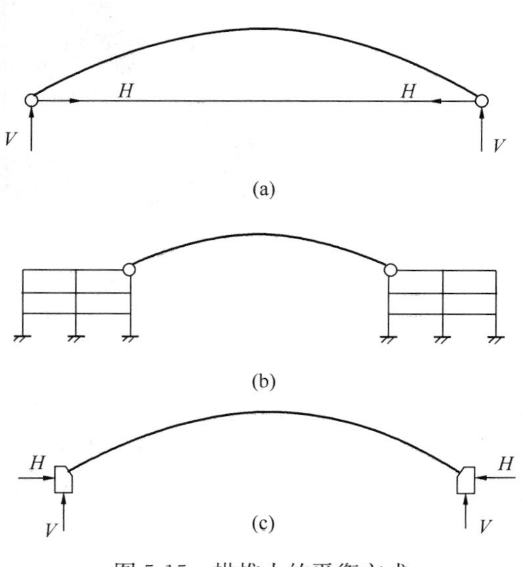

图 5-15　拱推力的平衡方式

（a）推力由拉杆承受；（b）推力由侧面框架结构承受；（c）推力由基础直接承受

拱是古典建筑常用的形态表达元素。拱可以做成无铰拱、两铰拱或三铰拱。两铰拱（图 5-14）的支座推力 $H=\frac{qL^2}{8f}$，式中 f 为拱的矢高，L 为拱跨度。可见，拱推力和拱的矢高成反比，拱越高则推力越小。综合受力状态和审美条件，现代拱的跨高比 $\frac{L}{f}$ 为 5～8，个别情况也可用到12，此时拱推力较大。

5.2.5 薄壳结构

薄壳是薄壁空间结构，壳厚度与其他两个方向的尺寸相比小很多，通常要求壳体厚度与其中壳面的最小曲率半径之比小于1/20，故称薄壳。薄壳按其外形有多种形式，常见的有球壳、圆柱形壳、双曲扁壳、双曲抛物面壳（扭壳）等，也可包括折板结构，折板可认为是曲率为零的薄壁空间结构。薄壳结构在荷载作用下以薄膜内力为主，与张拉膜结构或双向悬索结构有很多相似之处，张拉膜结构或悬索结构只能沿膜或索的方向承受拉力，薄壳结构不仅可以在薄壳曲面内承受任意方向的轴力（拉或压），还可以承受很大的剪力，薄壳结构与张拉薄膜受力状态正好相反，就像拱和悬索结构受力相反一样，薄壳壳面有一定刚度，不能随荷载变化调整自己的形状和改变内力状态，所以薄壳内除薄膜内力（剪力和轴力）外还有小部分弯矩和扭矩，薄壳壳面必须具有一定的抗弯扭能力。钢筋混凝土薄壳不仅可以根据需要调整各部分壳面的配筋，还可逐渐改变壳厚以适应各部分壳面内力的变化，最大限度地做到等强度设计。薄壳结构壳面薄、自重轻，既是承重结构也是围护结构，比较适合大跨度建筑。应当指出，薄壳结构是由壳面和边缘构件两部分组成，边缘构件是壳面的边界和支座，为壳面提供受力明确的边界条件，是薄壳结构的重要组成部分。边缘构件的损坏会彻底改变壳面的受力状态，甚至导致整个壳体的破坏或倒塌，因此边缘构件在薄壳中具有重要作用，不能忽视。鸡蛋具有一个完整的薄壳，所以不需要边缘构件，鸡蛋壳虽然很薄，承载力和刚度都很大。半个鸡蛋壳就是没有边缘构件的薄壳，轻轻一压，壳面就会破碎。生活中常用的脸盆也可看作是一个薄壳，可以设想，如果把脸盆的边缘翻转部分（边缘构件）剪去，则脸盆的刚度会大大减少，盆内的受力状态也会发生很大的变化。薄壳壳面可以整体浇筑，也可划分为小块预制后在现场拼装。

1. 球壳

球壳是球面的一部分，其外形可以从球面切割出来。完整的半球壳常见于天文馆或教堂的屋顶。球壳在平面上也可以切割为矩形、方形或多边形平面。美国麻省理工学院礼堂（图5-16）为落地球壳，平面为正三角形。罗马小体育馆（图1-19）为圆形球壳。

图5-16 麻省理工学院礼堂

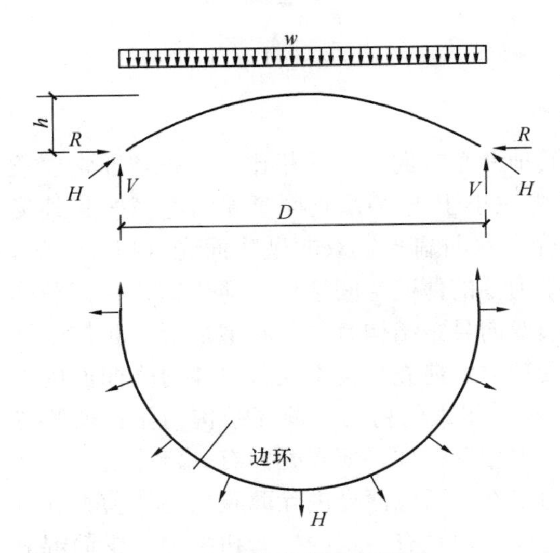

图 5-17 球壳的计算简图

常见的球壳大多为非半球圆形平面，如图 5-17 所示。设壳边缘处切线的倾角为 θ，壳面全部竖向荷载总重为 W，则沿壳边缘单位边长的竖向反力为：

$$V=\frac{W}{\pi D} \tag{5-5}$$

式中 D——壳面直径。

沿壳边缘构件中的环向反力为：

$$H=\frac{V}{\tan\theta}=\frac{W}{\pi\times D\times\tan\theta} \tag{5-6}$$

此球壳边缘构件中的环向拉力为：

$$T=\frac{HD}{2}=\frac{W}{2\pi\times\tan\theta} \tag{5-7}$$

由上式可见，边缘环内的总拉力 T 与总荷载 W 成正比，与壳边缘处的倾角 θ 的正切成反比。换句话说，当总荷载和壳面直径相同时，壳越扁（θ 越小）环向拉力越大，壳越高拉力越小，当为半球壳时 $\theta=90°$，则拉力 $T=0$。

2. 双曲扁壳

双曲扁壳在两个互相垂直的方向都有曲率，如图 5-18 所示。一般情况下 $f/L<1/5$，比较扁平，故称双曲扁壳。由于壳较扁，壳体内以压应力为主，特别适合用钢筋混凝土来建造。由于受力合理，在跨越 30m 左右的跨度时，按计算所需的壳厚只需 30～40mm。设计中一般按施工要求选用壳面厚度，例如北京火车站正厅屋顶的扁壳（图 5-19），平面尺寸为 35m×35m，矢高 7m，壳厚选用 80mm。

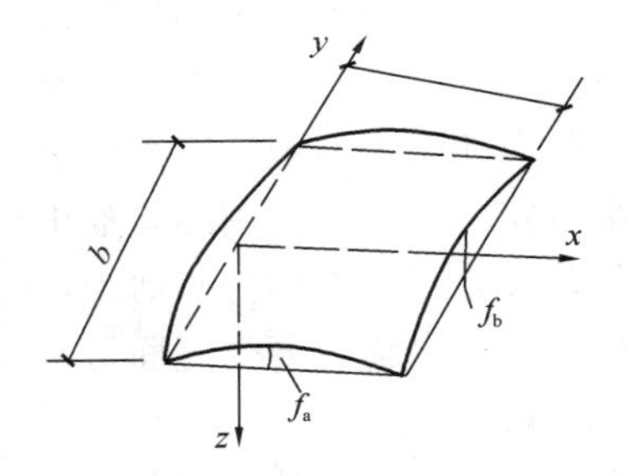

图 5-18 双曲扁壳及坐标系

双曲扁壳可以由一根抛物线沿另一根抛物线平移而得，平面可以是方形，也可以是矩形。对于图 5-18 所示坐标系，其曲面方程为：

$$z=\frac{4(x^2-ax)}{a^2}f_a+\frac{4(y^2-by)}{b^2}f_b$$

双曲扁壳的边缘构件可以根据工程的具体情况，选用带拉杆的双铰拱、拱形桁架、变截面梁、柱或墙支承的曲梁，也可选用空腹桁架或刚架。

3. 双曲抛物面壳（扭壳）

双曲抛物面是由一根母线围绕一根与其不平行的轴线旋转形成的曲面，常见发电厂的冷却塔（图 1-5）就是典型的双曲抛物面壳。由于这种曲面两个方向的曲率相反，称负高斯曲面，又称马鞍形壳或扭壳，如图 5-20 所示。

用双曲抛物面壳作屋盖结构时，其向上凸的曲线方向往往是主拉应力方向，而向下凹的方向往往是主压应力方向。由于这类曲面可以由直线组成，所以模板

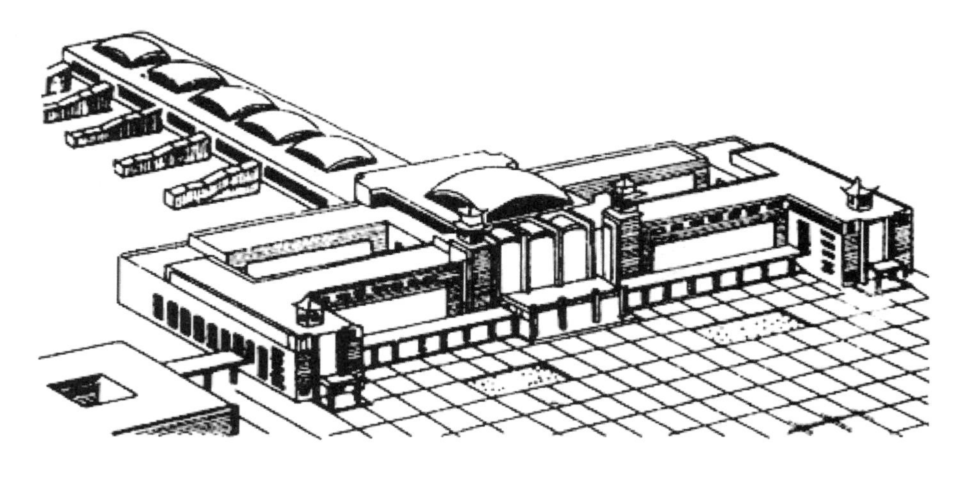

图 5-19 北京火车站双曲扁壳

制作比较方便。利用这个特点，许多大跨结构在两个母线方向布置直线形钢筋，形成大跨空间结构即钢筋混凝土扭壳，受力更合理，施工也方便。其平面形状也比较灵活，方形、矩形、三角形及各种多边形均可。

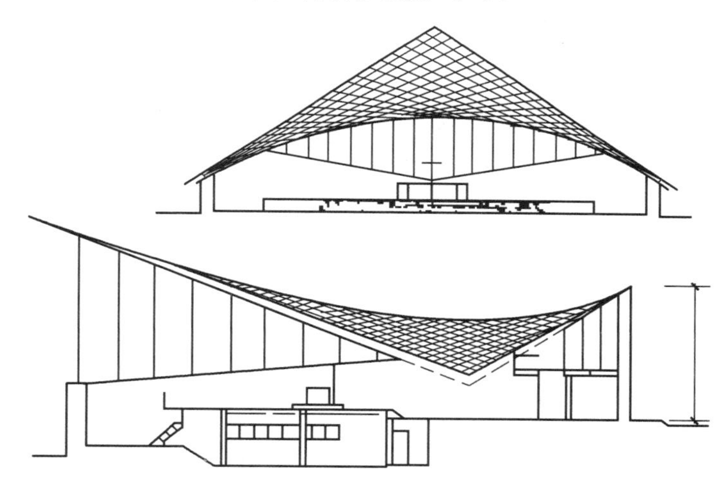

图 5-20 墨西哥科亚肯教堂双曲抛物面扭壳

4. 圆柱形壳（筒壳）

圆柱形壳外形像圆筒，又称筒壳。它在一个方向是圆弧形，另一方向曲率为零，圆柱形壳在外形上虽与拱相像，但它们的受力状态却完全不同。拱是平面受力状态，切出任意拱圈，其应力状态完全相同，每个拱圈独立受荷；而圆柱形壳是空间受力状态，它必须有端隔板和边梁（都是壳面的边缘构件），可以四角支撑，也可以支承在端隔板或边梁上，整个壳（包括边缘构件）共同工作，如果把圆柱形壳沿圆弧方向切成小条（形状像拱圈），则它每一条的应力状态都不相同。圆柱形壳根据其直线方向跨度与圆弧方向跨度之比，可以分为长壳和短壳，长壳纵向弯曲应力分布与弧形截面梁比较相似，很长的圆柱形壳可近似按弧形截面梁计算。

圆柱形壳只在一个方向有曲率，采用滑动模板平移施工比较方便。圆柱形壳可在纵向或横向连续多跨使用，如图 5-21（a）所示；也可交叉使用，如图 5-21（b）、图 5-21（c）所示。

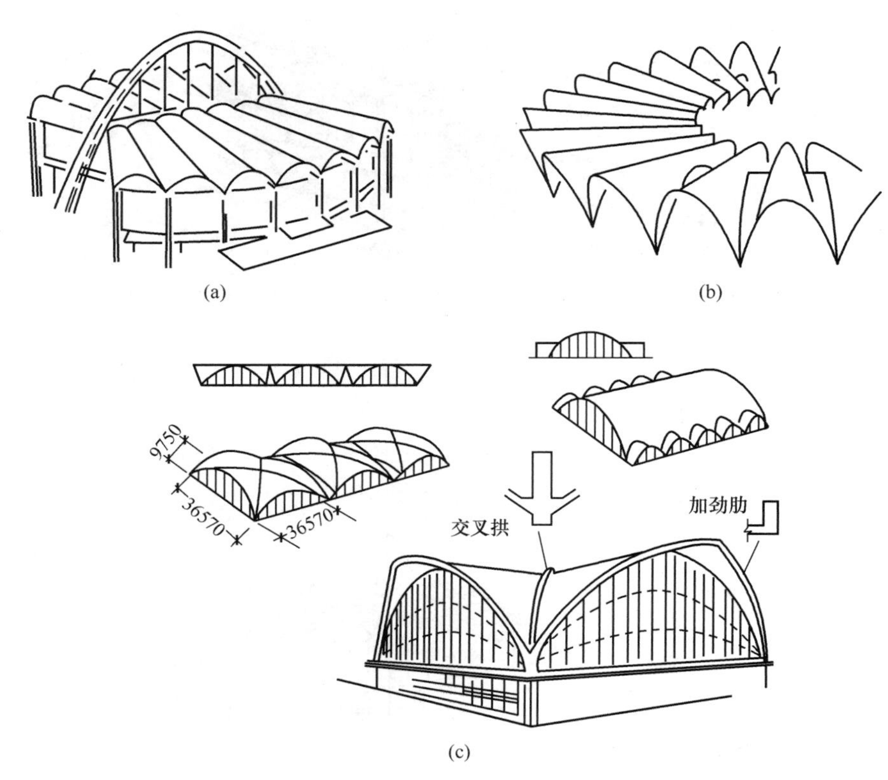

图 5-21　圆柱形壳（筒壳）

（a）某大礼堂设计方案；（b）某航空站；（c）圣路易市航空港

5. 折板结构

折板也是薄壁空间结构的一种形式，可以看作是薄壳结构壳面曲率为零的特例。从常识可以知道，一张纸几乎没什么刚度，但是如果将纸折叠起来，增加了结构高度，因此就具备了一定的刚度，这就是折板的原理。另外，折板的每一个折脊相当于刚性支座，可大幅度减小板的跨度，提高板的承载能力。折板的形式很多，目前应用最广的是 V 形折板屋盖，如图 5-22 所示。长折板在纵向可近似看作是 V 形截面的梁，在横向可以看作是支撑在弯折点处的连续平板。折板结构的跨度与折板的有效高度 h 有关。折板结构通常预制生产，为增大使用跨度，可沿折板纵向施加预应力，一般可在预应力台座上采用先张法施工。每两块折板可以像折页一样折拢，便于吊装运输，吊装就位后再打开折板，搁置在预先准备好的三角形支座上，根据折板打开后的角度可以改变折板的有效高度 h，以适应不同跨度和不同承载力的需要。

折板结构，特别是 V 形折板施工方便、自重轻、经济指标好，跨度可以做得比较大，外形也有特点，但屋盖隔热保暖层的处理比较麻烦，若做吊顶则经济

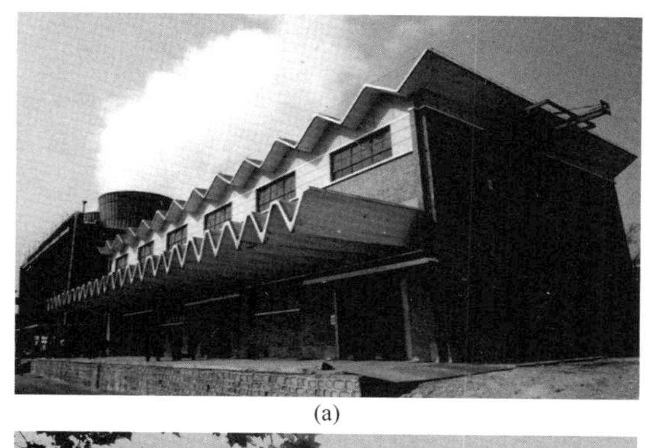

(a)

(b)

图 5-22 V形折板屋盖

(a) 北京燕山石化仓库；(b) 美国混凝土协会（ACI）办公室

指标就劣化了，故特别适合没有保暖要求的仓库及车间使用。

上述几种薄壳结构是刚度较好的空间结构体系。即使像混凝土这样的抗拉强度很差的材料，只要恰当地配置钢筋，也能够用在处于受拉力和受剪力作用的壳体中。况且，不断成熟的预应力技术也可以为壳体提供必要的刚度和抗裂性能。壳体本身有一定厚度，能够抵御一定的面外弯矩、剪力和局部作用。此外，壳体还可以做成带肋的形式，这能够大大提高壳体的面外刚度。布置得当的话，还能够使壳体表面具有美观的纹理，提供更强的艺术表现力。总之，壳体的几何形态可以做得丰富多彩。

5.2.6 膜结构

膜结构建筑起源于帐篷结构，由支杆、索和膜组成（图 5-23），膜结构受力特点与网壳结构类似，所不同的是膜材料本身不具有刚度和形状，即在自然状态下不具有保持固有形状和承载力的能力，只有对膜材和索施加预应力后才能获得结构承载所必需的刚度和形状，其设计过程首先是寻求满足建筑功能要求的理想几何外形及合理的应力状态。可以看出，膜结构的形体并非仅由建筑设计所决定，亦受受力状态所制约。

近年出现的张拉膜结构实际上也与双向预应力悬索结构很相似。图 5-24 为上海八万人体育场膜结构，屋盖平面的投影呈椭圆形，尺寸为 288.4m×274.4m，顶部中间开椭圆孔 150m×213m。外圈为两个圆，±0.00m 处直径为

图 5-23 海南岛亚龙湾海滨的张拉膜帐篷

240m，+6.40m处直径为300m（廊宽30m），体育场的挑篷设计成鞍形大悬挑环状空间结构，如图5-24（a）所示，覆盖面积为36100m^2。立柱最高70m，悬挑长度22.9～73.5m，柱顶断面2m×10m。在由径向悬挑钢管桁架与环向桁架组成的鞍形空间结构骨架上，架立59个由8根拉索与1根压杆立柱组成的伞状拉索结构，在伞状结构上面覆盖膜材，如图5-24（b）所示。

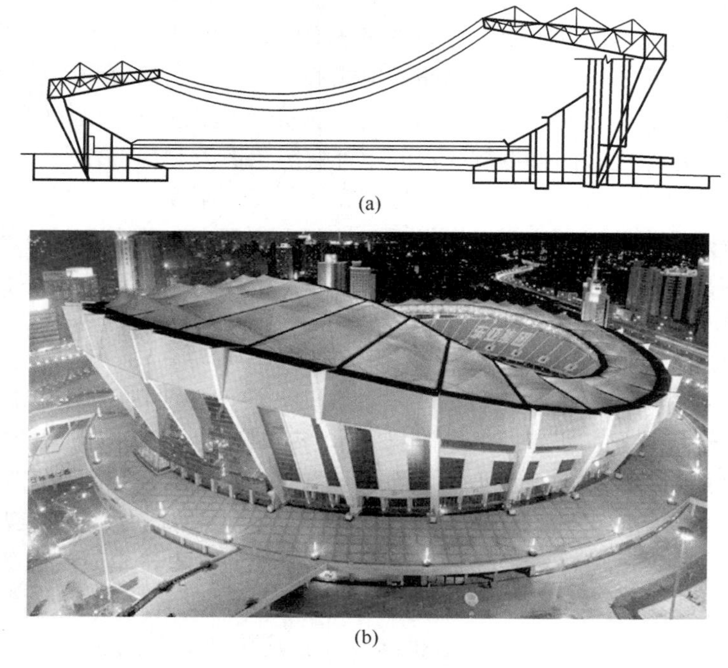

(a)

(b)

图 5-24 上海八万人体育场

（a）结构剖面简图；（b）体育场全景

膜结构受力简单明确，成本低廉，造型富于变化，发展前景很好，还有待设计者积极开发创新。

5.2.7 组合结构

结构水平体系的形式有很多。在某一建筑设计中不必仅仅拘泥于一种水平结构体系，在可能的情况下，可采用几种不同形式的水平结构构件组合成结构水平体系，以发挥不同结构形式的优越性，这就要求建筑师在设计中，根据结构原理结合具体情况进行灵活创新处理。

1. 北京朝阳体育馆

北京朝阳体育馆是为亚运会排球比赛设计的体育馆，如图 5-25（a）、（b）所示，建筑面积 7880m²。比赛厅平面为 78m×66m 的椭圆形，设有 3384 个座席，

(a)

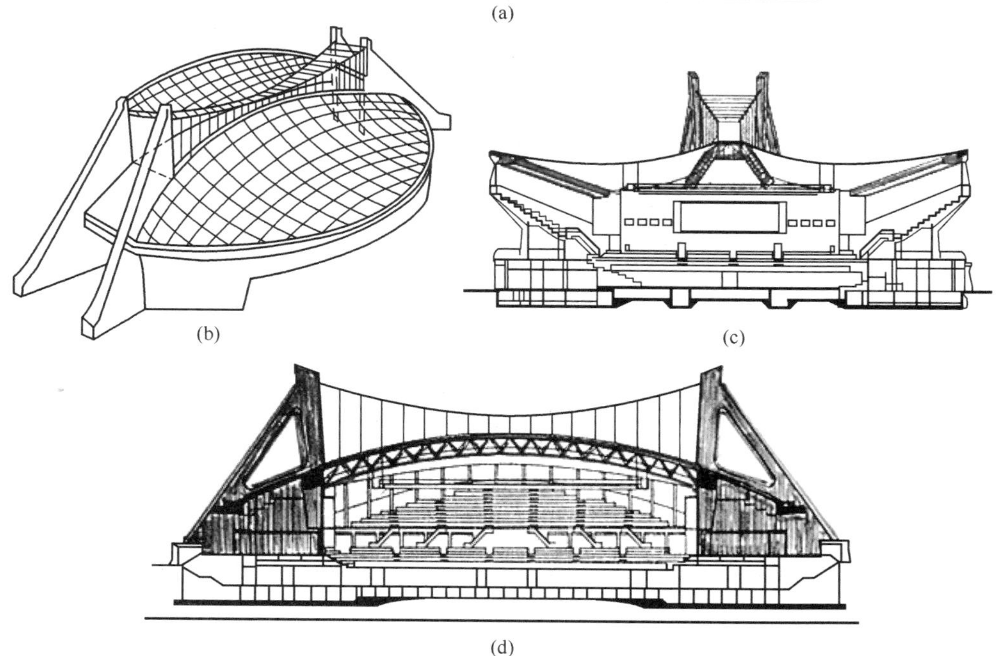

(b) (c)

(d)

图 5-25 北京朝阳体育馆

（a）外景；（b）简图；（c）横剖面；（d）纵剖面

场地 34m×44m。朝阳体育馆造型新颖，功能合理，其独特的结构体系受到工程界的好评。下面进行简单分析，希望大家能从中得到一些启发，加深对结构概念和体系的理解。

（1）结构体系概况

在体育馆椭圆形平面中央沿纵向布置由钢管构成的桁架拱作为主要水平结构，桁架拱上部设主悬索及吊索为桁架拱提供中间（弹性）支座，以减小大跨度拱的内力。主悬索两端锚固在剪力墙顶上，剪力墙为上窄下宽的三角形，上部挖空形成三角形框架，如图 5-25（c）所示。在主悬索水平力作用下框架竖杆受压，框架斜杆受拉，受力明确。斜拉杆采用后张法预应力混凝土，以提高斜拉杆的抗裂性。

沿体育馆纵向边缘与钢管桁架拱相对布置倾斜的钢筋混凝土边拱，如图 5-25（d）所示，在边拱和钢管桁架拱之间布置屋面承重索，主要承受屋面荷载，承重索曲率为正（向上凸）；与承重索正交方向布置稳定索，稳定索曲率为负（向下凹），以保持悬索屋盖的稳定性，承受风荷载作用下可能产生的向上吸力。

体育馆的主要竖向结构为四片八字形分开的剪力墙，主要荷载（包括竖向荷载和水平荷载）都通过它传给基础。另外，看台部分的荷载将由看台下的框架传给基础。

（2）竖向荷载下的受力分析

屋面竖向荷载由屋面承重索分别传给中央的钢管桁架拱和两侧倾斜布置的钢筋混凝土边拱。桁架拱把一部分荷载通过拱自身的推力传给剪力墙下部，另一部分荷载由上部吊索传给主悬索，再传给剪力墙顶端，由三角形框架的竖向压杆和斜拉杆平衡。竖向压杆把压力直接传到剪力墙下部基础。框架斜拉杆与桁架拱相交在剪力墙下部，它们各自传来的拉力和推力的水平分量在剪力墙底部基本上抵消，所以传给基础的主要是竖向压力，弯矩和水平力都很小。

钢筋混凝土边拱把屋面承重索传来的荷载通过拱推力作用到剪力墙下部，由于两侧边拱对称布置，边拱推力的水平分量也互相抵消，传给基础的只剩下竖向荷载。屋面承重索与钢筋混凝土边拱平面间有一个夹角（见横剖面），边拱的一部分重力将由屋面承重索平衡掉，减小了边拱对下部看台框架的压力。

（3）水平荷载下的受力分析

纵向水平荷载很明显是由四片剪力墙承受，由于巧妙地采用了在平面上八字形分开的剪力墙和倾斜的桁架拱，大大提高了结构体系的横向刚度。可以看出，横向水平荷载也要通过屋面体系传给桁架拱，拱在平面图上成曲线形，且两拱肢的曲率相反（就像悬索结构中的承重索和稳定索一样），不论哪个方向传来水平力，对拱引起的附加内力正好相反，一肢受拉，另一肢受压，并且通过自身的曲线形状传到剪力墙，都成为作用在剪力墙平面内的内力。

（4）结构特点

① 结构体系与建筑功能协调，室内空间完全满足排球比赛要求。结构体系布局巧妙，受力合理，主要荷载集中在四片八字形分开的剪力墙上，水平分力基本抵消，传给基础的主要是竖向荷载。

② 以悬索、桁架拱和钢筋混凝土边拱作为主要承重结构，内力以轴力为主，充分利用了结构材料的强度和承载力，自重轻，地震力小，近似圆形的平面减小了风荷载，总体看比较经济合理。

③ 八字形分开的剪力墙和平面上曲线形的桁架拱使各个方向的水平力最后都转化为作用在剪力墙平面内的荷载，受力合理，刚度好。

④ 马鞍形悬索结构屋盖自重轻，稳定性好，刚度大。屋面承重索平衡掉钢筋混凝土边拱的一部分竖向荷载，大大减轻了看台后部框架的负担。因此，可把下部框架柱内移，看台后部悬挑在外，使体育馆外形更显得轻巧明快。

从上述分析可以看出，朝阳体育馆的结构体系具有较大的承载能力和刚度，可以应用到更大跨度的建筑中去，对于比赛厅平面为 78m×66m 的排球馆，这种结构体系的潜力似乎还没有被充分利用。

2. 明尼亚波利斯联邦储备银行加层扩建方案

对比图 5-12 所示的美国明尼亚波利斯联邦储备银行大厦，有的工程师提出了大胆的设计方案，假如联邦储备银行将来需要扩建，可以将上述拱结构应用到扩建加层部分，如图 5-26 所示。此时，拱的推力可部分抵消悬索的水平力，加层部分房屋除对两端立柱（筒体）增加竖向荷载外，对下部结构影响很小。这样的扩建加层方案是将悬索与拱巧妙组合形成的索拱结构，受力合理，造型生动，施工方便，经济性佳，可见结构工程师的精心构思。

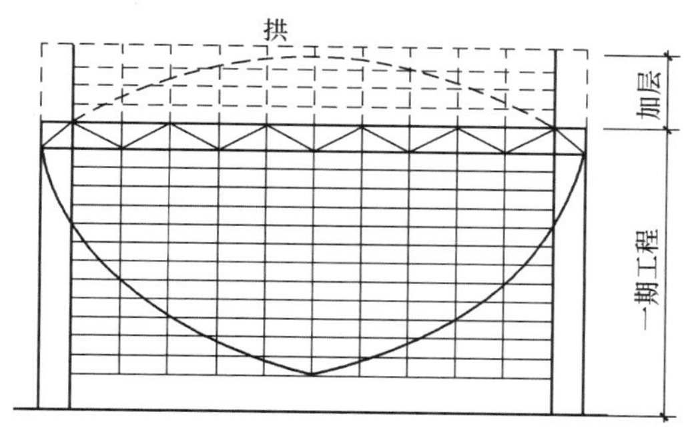

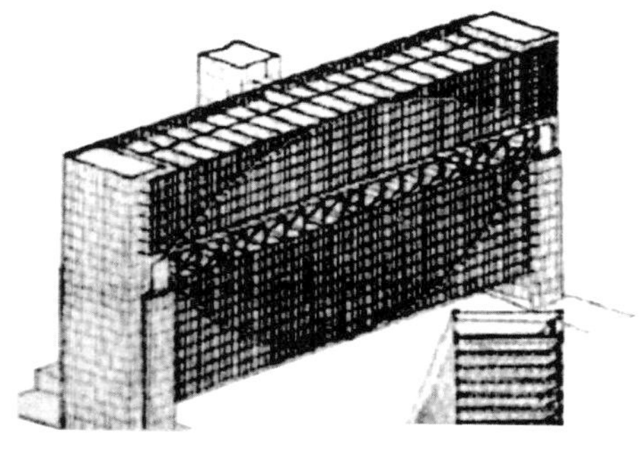

图 5-26 美国明尼亚波利斯联邦储备银行大厦

3. 北京奥林匹克体育中心英东游泳馆

北京奥林匹克体育中心英东游泳馆是为亚运会游泳比赛设计的体育馆，如图 5-27（a）所示。比赛厅平面为 115.8m×85m，内设跳水池和 50m 长的标准游泳池（图 5-27b）。主要承重结构为中间一个跨度达 100m、截面为 1.8m×1.8m 的箱形钢梁，支承在两端的筒体上。钢梁每侧设四排斜拉索为钢梁提供中间弹性支座，以提高钢梁的承载力和刚度。但单侧作用的斜拉力使高达 70m 的端筒承受很大的弯矩，为此在端筒外侧设置了大量预应力钢筋，以防端筒在巨大弯矩作用下开裂。端筒顶部截面为 6m×9m，底部截面达 12m×12m。

如图 5-27（d）所示，从结构角度看，屋盖支承在两侧框架和中间箱形截面钢梁上，是一个两跨连续结构，结构形状和两跨连续梁的弯矩图相似，可大大减小结构弯矩，使屋盖系统酷似一个“网兜”，可以很直观地看出，杆件以受拉为主，十分经济合理。

从建筑角度看，游泳馆所采用的网架形式外形很像“大屋顶”，独具民族特色。从内部看，其内部空间中间高两侧低，完全符合布置高台跳水的功能要求，如图 5-27（c）所示。

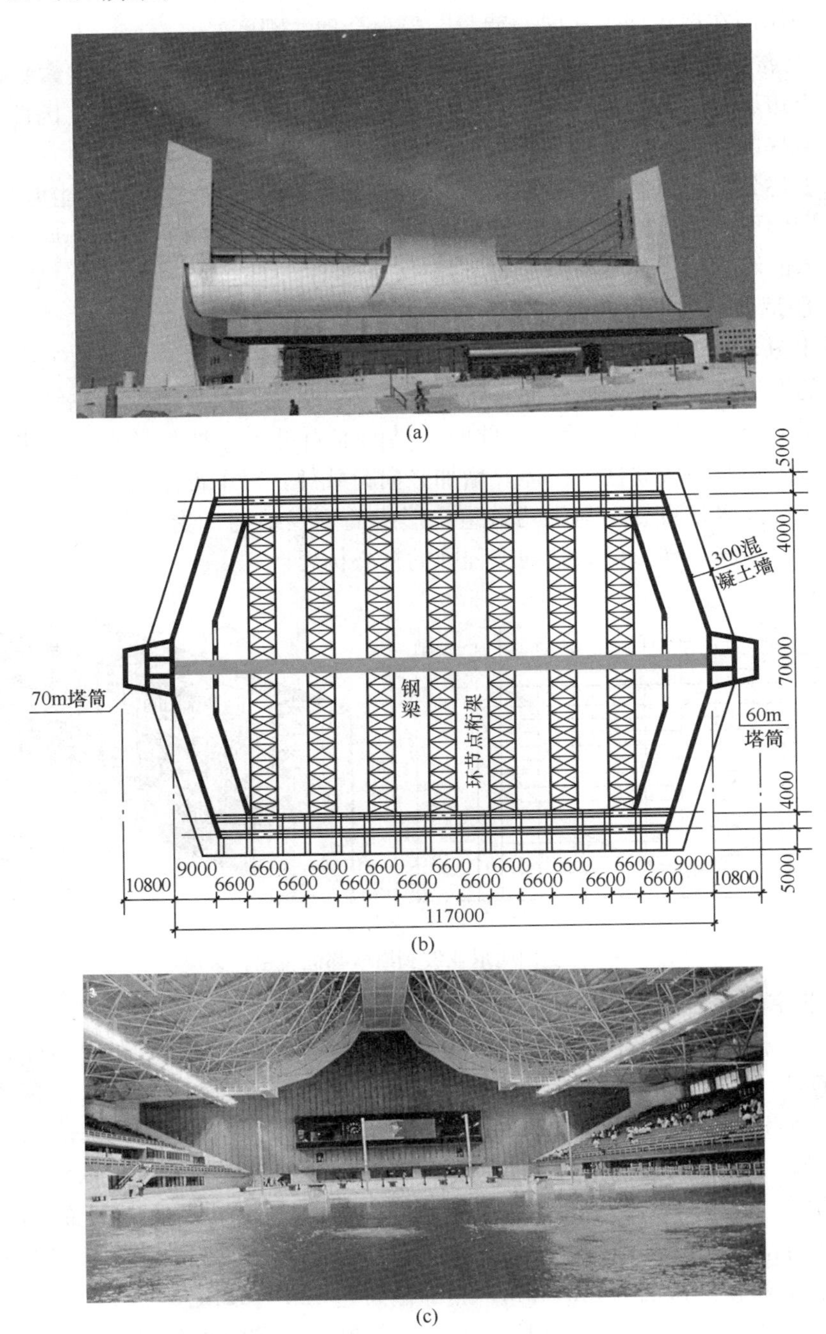

图 5-27　北京英东游泳馆（一）

（a）外景；（b）平面图；（c）内景

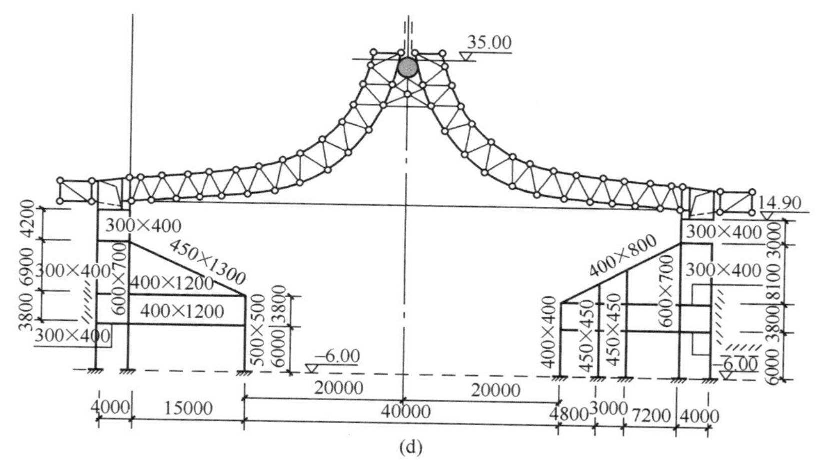

图 5-27 北京英东游泳馆（二）
（d）横剖面

5.3 水平结构体系的选择与应用

对水平跨越能力的追求，贯穿了整个人类历史。技术的不断进步，逐步形成了现代工程结构中的梁、桁架、拱、壳、索、膜等水平结构形式，目前常用的水平结构形式及其演变过程如图 5-28 所示。其中，刚架是指梁板结构增设了立柱，且梁柱节点刚接。这样会在刚架中的刚节点处产生弯矩，使得刚架横梁跨中弯矩的峰值得到消减。

水平结构中，竖向荷载（主要为自重）的作用占主导地位，结构跨度与自重

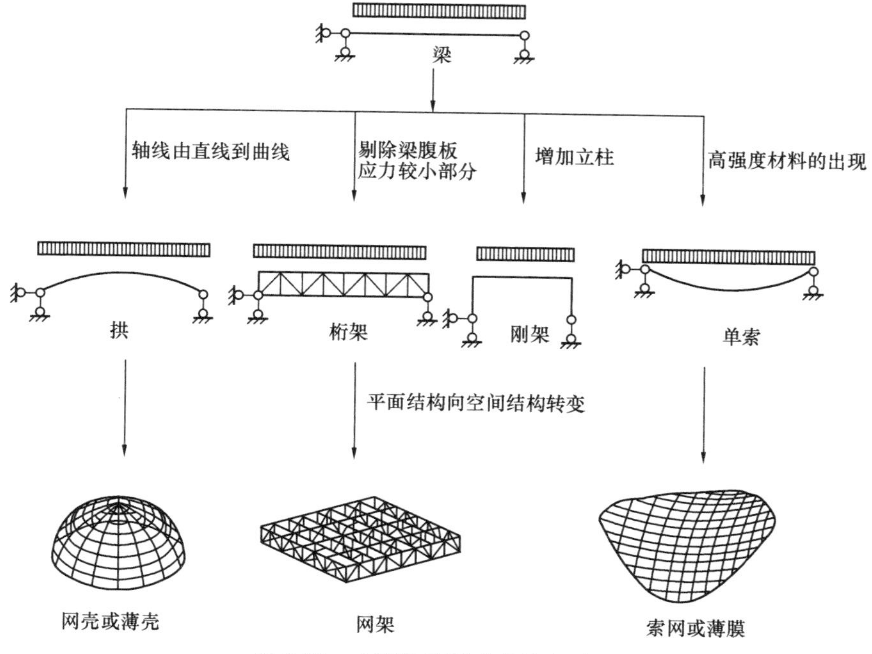

图 5-28 水平结构形式的演变过程

的比例成为大跨水平结构体系是否优秀的主要评判标准。仅从结构方面考虑，将垂直支座（柱、墙等）布置的密一点较为经济，因为这样可以减小水平结构的跨度。但从建筑功能等更全面的观点来看，则要求较大的跨度以便使内部空间更开阔，使用也更灵活，因此，常常希望将垂直支座的间距加大一些。显然，两个垂直支座之间的距离越大，水平结构的弯矩及挠曲变形也越大，其抵抗荷载效应所需要的结构高度就越大，尽管跨度大比跨度小减少了一些垂直支座，但还是前者材料用得多。因此，一个好的设计人员应寻求设计出最开阔的可利用空间，而为此所增加的额外材料和施工能耗却又最少，也就是说，应从使用空间和工程效果两方面来考虑，做出最优的总体设计方案。

从理论上来讲，所有水平结构设计，无论跨度大小都是基于相同的基本结构概念，即竖向荷载下弯矩和挠曲变形的有效处理。对于小跨度结构，弯矩和变形不是太大，所需要的梁高较低，虽然材料在抗弯时利用率最差，但考虑施工方便性及其他非结构要求，采用直线形构件（梁、刚架、桁架等）是合适的。但随着跨度的增大（>20m），若仍采用实心直线构件抗弯，会使材料耗费过大，没有经济合理性可言了，此时就不能采用小跨度结构的处理手法——通过增加梁高从而相应增加材料用量来抵抗荷载效应。因为材料用量的增加必然带来结构自重的增加，导致荷载效应增加，所需抗力也要越大，消耗的材料越多，这样的一个恶性循环最终可能导致在自重下结构就破坏了。对大跨度结构应该改变思路——通过改变结构形式，即采用曲线形结构（拱、壳、索、膜等），通过加大结构体系的矢高或垂度，将低效的整体截面材料抗弯转变为水平结构内部构件的高效抗拉、压模式。同时，水平结构内部由小跨度的实心截面转变为若干细小的拉压杆件，有效地减小了结构自重和材料用量，也使建筑造型更加轻盈通透，从而达到安全、经济、艺术上的和谐统一。曲线形结构主要通过结构支座的推力或拉力与结构构件中的拉压力组成力臂以消除跨中弯矩，消除多少是由力的大小和力臂长度决定的，而这两个量都取决于结构的曲线形状。采用合理拱轴线形状（拉索则是翻过来）可以使曲线形结构体系中只有轴向力且所需材料最少。由于活荷载是变化的，一般是使恒荷载处于最优的拉压状态，即大跨结构体型采用与恒载自然压力线相近的形状。

5.3.1 水平结构体系选型的影响因素

普通跨度的水平结构体系一般选择梁板体系，大跨建筑不同于一般小跨建筑，其跨度小者三五十米，大者一二百米，仍沿用小跨度梁柱结构概念已不适用了。像体育场雨篷、体育馆和游泳池的屋盖以及某些大跨度形式出现的候机楼、火车站、展览馆等不允许设置中间支柱的水平结构，如果只是简单将梁柱结构比例放大，这既不经济且结构空间占有过大，而且也会因有效承载力的大大降低而无法应用。大跨结构赖以发挥出众承载力的要素，首先是结构体形，结构构件断面的大小则是第二位的。梁柱结构是依据断面具有的惯性矩大小决定承载能力和跨越空间的大小，大跨结构则不然：拱及桁架结构承载力首先是依靠优越的几何形状而强于梁柱结构；网架结构、壳体结构则是以三维的空间体形获得突出的承载能力而跨越巨大的空间。如果打破这几种结构的合理几何体形，则突出的受力能力将不复存在。悬索结构、膜结构看似在于发挥其擅长受拉的材料性能，但是它必须保持有利的线形才能提高其有效的承载能力。例如，双曲悬索屋盖如果张力索的曲率过小，索承受的内力虽然很大，但保持结构稳定的作用却不显著而须另寻其他良策。故此，水平结构体系的建筑选型，要在正确结构概念的基础上，考虑真实的建筑需要、具体的环境条件和现实的技术经济水平等因素，设计出适用、合理、美观且独具特点的水平结构体系。

（一）建筑空间的特点

空间是建筑设计的核心，也是区别不同建筑类型的根据，特别是大空间公共建筑的本质特征就在于其空间的特点。结构是围合空间的基本手段，因而水平结构体系选型的主要依据无疑是建筑空间。中小空间建筑一般是功能不甚复杂，使用要求不太苛刻，而往往出于使用效率、施工方便和组合的便利，取平行六面体的空间形状比较普遍。然而，大空间公共建筑则不尽然，由于建筑类型不同和空间规模差别较大，它们对建筑的平面空间要求各有特点而导致空间体形的多样性。大空间公共建筑还由于功能的特殊和建筑规模的庞大以及城市景观和建筑造型的要求，它又以独立的建筑单体出现的机会较多。虽然近年来出现了不少规模庞大的建筑综合体，其组成大都含有大空间公共建筑，多数情况下不以独立的形体出现，难现庐山真面目，但其内部空间的体形却不可能随之面目全非，其空间特点仍然存在，它的水平结构体系选型依然要以空间为依据。

体育场馆、会堂、剧场等观演性建筑，受演出特点、视线设计、疏散布局、声学设计等的制约，其大厅以扇形、圆形、椭圆形等曲线平面出现的机会较多，空间高度也有高低起伏的变化，这些比较独特的空间特点对结构构思是个巨大的挑战。仅以体育馆比赛厅为例，近年来国内外新建体育馆就有正方、长方、圆、椭圆、长椭圆、菱形以及多边形和三角形等众多的平面形状，而其空间的起伏变化更是各有千秋。水平结构体系如何结合不同的空间体形构想出合适的结构形式，既是一种挑战，也是发挥创意的难得机遇（图 5-29）。

展览建筑为适应展示内容的不断发展变化，空间设计趋向于用大柱网或大跨度的灵活空间。其空间体形既有常见的平行六面体，也有曲面体、圆柱体、三角形球体等等。

交通建筑为合理地解决等候、登乘、疏散等使用问题，其建筑空间依具体条件之不同而采用矩形、弧形、圆形等多种平面形式，空间高度为创造个性特点也常常有高低曲直的变化以便给旅客留下深刻的印象。这样的空间特点也往往让结构构思颇费心机，构思得好，结构不仅可以圆满完成围合空间的任务，而且会起到重要的张扬和标志作用。华盛顿杜勒斯国际空港航站楼（图 2-70）、圣路易斯航空港（图 1-31）、伦敦滑铁卢火车站国际站房（图 5-54）、奥地利维也纳航站楼（图 2-23）、南京禄口机场 T2 航站楼（图 5-35）、上海浦东机场候机楼（图 5-36）等，都是结构构思紧密结合建筑空间特点，且有鲜明的个性特点和很强的标志

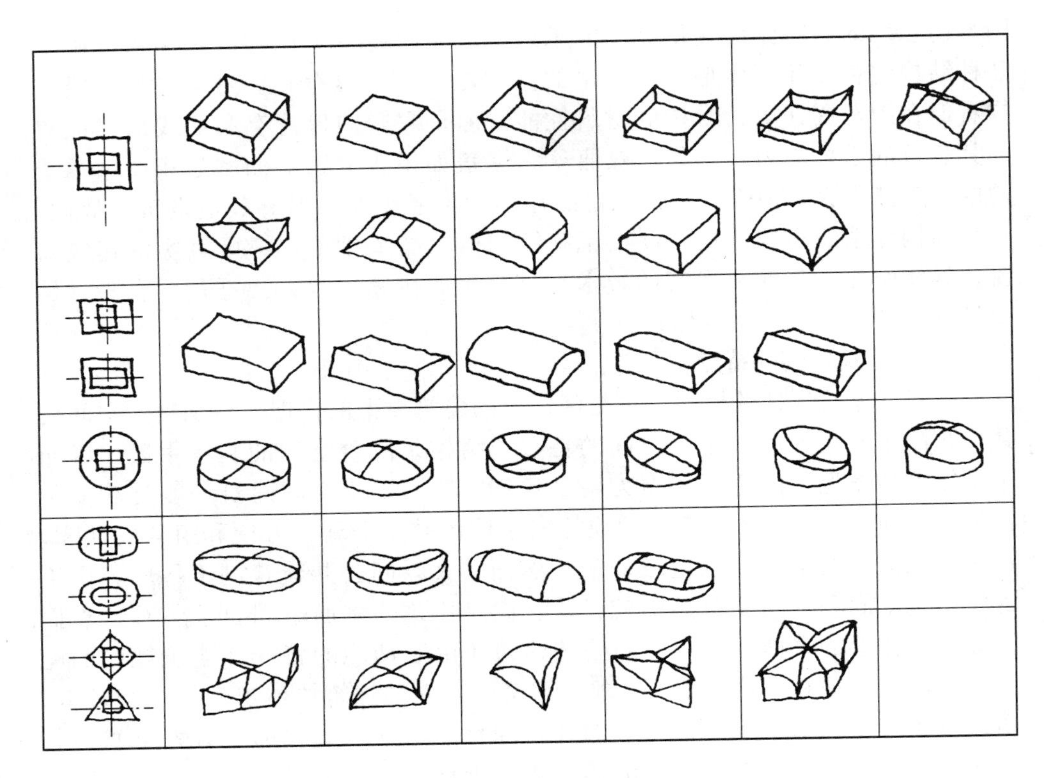

图 5-29 水平结构体型简图

作用。

合理的建筑空间是大跨水平结构选型不能忽视和脱离的根本依据，背离它，结构构思将是无源之水，无本之木。

（二）外部空间环境

建筑构思中有关建筑布局、形体构建、体量权衡、尺度处理等问题都是同环境条件有所关联。其中，建筑体形、体量、尺度等既同建筑空间直接相关，也与建筑外部环境紧密相连。因此，水平结构体系的选择也应考虑建筑的外部环境条件，密切配合建筑构思妥善解决。

大空间公共建筑的外部环境，一般比较开阔，但也有不少情况用地比较紧，同建筑体量有较大的矛盾。有时，由于建筑师的环境设计意向不同，即使是开阔的环境也要求尽量减弱建筑体量。这些情况都或多或少地影响到结构构思。

同是开阔的外部空间环境，但设计意向各不相同。采用大尺度建筑以控制开阔的外部空间环境比较常见，如美国新泽西 B. B. 体育馆用整体感颇强的平板形空间网架屋盖，以巨大的尺度感主宰其十分开阔的空间环境（图 5-30）。有的则着意于突出空间环境的舒展开阔而有意弱化建筑体量，如东京驹泽公园体育场馆（图 5-31）、慕尼黑奥林匹克公园体育场馆（图 1-37），其水平结构体系采用多片壳体组合起伏多变的体形或波浪起伏的索网，以亲切近人的尺度出现，结构构思同建筑构思紧密配合，达到了突出开阔环境的设计意向。

图 5-30 美国新泽西 B. B. 体育馆

图 5-31 东京驹泽公园体育场馆

对于处在外部环境比较紧张的大空间公共建筑，建筑构思必然倾向于尽力减少建筑体量以缓解建筑与环境的矛盾。此时的结构构思自然应以环境为前提，选用不大显山露水的结构方案与其呼应比较恰当。黑龙江速滑馆（图 5-32）在露天速滑场基础上改建而成，原本开阔的空间环境突然出现一座宽 100m、长 200m 的巨大建筑体量，给外部环境造成了巨大的压力。为缓解这种矛盾，结构构思与建筑构思紧密配合，采用渐升渐退的圆筒体屋盖结构，取得了较好的环境效果。广州新体育馆（图 5-33）为保持白云山下环境的开敞，体育馆分成渐次缩小的三个体量和下沉式布局及渐次隆起的半透明的屋盖，成功地维护了环境特点，结构构思与建筑构思配合得十分有机。

图 5-32 黑龙江速滑馆

图 5-33 广州新体育馆

不同的结构形式其结构形态具有收敛和扩张两种不同视觉特点，如圆柱体、半球体等有逐步收敛的视觉特性，而平板形空间网架及某些悬索结构则有扩张的视觉效果。因此，水平结构体系的选择应该依据外部环境之不同而作相应的思考，并会有所作为。

（三）建筑造型意向

结构形态直接影响着建筑造型意向的实现，因而，水平结构选型应与建筑构思紧密呼应。虽然结构构思和建筑构思一般都是由同一位建筑师来完成，似乎不应出现这种矛盾和问题，然而，建筑创作的现实并非如此明确无误，却经常出现各种各样自相矛盾的背离现象。造成问题的原因是多方面的，但其重要的原因之一是建筑师对结构形态问题重视不够和对结构的造型特点研究不多。

首先，应该了解结构的造型作用是依不同的结构形式和运用方法的不同而有很大差别。屋盖结构对建筑造型的影响最为显著，但影响程度则取决于建筑构思运用结构造型的意向如何。如果详细划分，建筑造型运用结构的意向可以大致分成三类：

第一类，造型意向只是把屋盖结构作为建筑造型的一个普通组成部分，即构成建筑体形的收头。如南京五台山体育馆、上海体育馆、洛杉矶论坛体育馆、汉诺威展览中心（图 5-34），上海、广州、香港、南京等城市的新机场候机楼等（图 5-35、图 5-36）。这些建筑有的并不显露屋盖结构面目，有的做出或大或小的挑檐，有的则是在侧面展示出屋盖的轮廓线，它们对建筑体形有一定的影响，但是起决定作用的是墙面而非屋盖结构。从结构构思角度看，平板形空间网架、单曲面网架、桁架、巨形梁、张弦组合梁、刚架、轮辐式悬索、单曲悬索等都是这种造型意向可以选用的结构形式。

(a)　(b)　(c)　(d)

图 5-34　体育馆普通屋盖

(a) 南京五台山体育馆；(b) 上海体育馆；(c) 洛杉矶论坛体育馆；(d) 汉诺威展览中心

第二类，造型意向是运用屋盖结构构成建筑的第五立面，成为建筑造型的亮点，是建筑体形的最具活力的组成部分。如日本代代木体育馆（图 1-14）、巴黎

图 5-35　南京禄口机场 T2 航站楼

图 5-36 上海浦东机场

德方斯国家工业技术中心展览馆（图 1-23）、美国亚特兰大佐治亚穹顶（图 5-37）、加拿大卡尔加里冰球馆（图 5-38）等。这类建筑的结构构思一般可以选用圆顶、扁壳、悬索、膜等结构，屋盖结构占建筑体形的分量不一定很大，但结构的造型作用却往往占有主导地位。

图 5-37 美国亚特兰大佐治亚穹顶

图 5-38 加拿大卡尔加里冰球馆

第三类，造型意向是以屋盖结构构成整个建筑的体形，兼具覆盖与围合的功能，结构构思与建筑构思完全融合为一体，结构的造型作用发挥到极点。如美国佛罗里达大学司梯芬体育中心（图 5-39）、蒙特利尔世博会美国馆（图 5-40）、慕尼黑奥运公园冰球馆（图 5-41）、日本宫崎县海洋世界（图 5-42）、黑龙江速滑馆（图 5-32）等，这类造型意向多采用壳体结构、悬索结构、拱壳结构、膜结构等。

图 5-39 美国佛罗里达大学司梯芬体育中心

图 5-40 蒙特利尔世博会美国馆

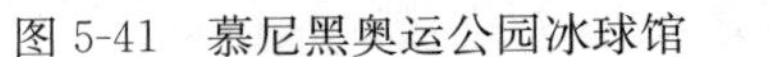

图 5-41　慕尼黑奥运公园冰球馆

图 5-42　日本宫崎县海洋世界

上述三种建筑造型意向对结构构思的要求显然各不相同，其结构构思本身考虑问题的深度和广度也必然有所不同。

此外，不可否认，不同的结构形式有其不同的造型特点。平板形空间网架、刚架等结构的形象平实、造型庄重，而一些空间结构、悬索等结构则颇具张扬的特性，具有轻快活泼的造型特点。某些壳体结构、膜结构又是具有收敛的视觉效果，容易同比较紧张的环境契合。

结构构思一方面应围绕建筑造型的意向，以理性的心态探讨结构构思的基本思路是否得当，使其紧紧服从于建筑构思而不特立独行；另一方面，也应深入研究结构的造型特点，合理选型，不执意强求采用某种结构形式，避免背离结构原理的基本前提。

（四）物理心理要求

现代大空间公共建筑将成千上万人纳入一堂，避开风雨寒暑等不利影响和创造舒适宜人的声、光、热物理环境的同时，还应考虑复归自然，满足人们的心理需要和节约能源。这些要求直接涉及屋盖结构的选型，由而成为结构构思的一项重要任务。

结构构思需要考虑将自然界的有利因素，如阳光，新鲜空气引入到室内，让人们来获得更大的心理和精神的满足。而当室内充满明亮的阳光，则结构的肌理、杆件的粗细、网格的图案以及屋盖结构的体形和占用空间多寡都具有了审美的意义，技术美学的魅力也会随之较充分地展现出来。

大空间公共建筑由于跨度大，侧窗采光难以使照度和均匀度达到要求，只好转向屋顶采光，于是采光也就成为大跨结构构思颇具挑战性的课题。解决顶部采光要比单纯的覆盖任务更艰巨一些，然而，如果处理得好，不仅可以获得圆满的物质和精神功能效果，也会给建筑空间增添不少个性色彩。

顶部天然采光方式较多。装采光帽、采光带是一种比较简易的方式，对结构构件无明显影响，而依靠屋盖结构的部分构件或屋盖的跌落采光则是结构构思颇费心思的工作。蒙特利尔赛车馆（图 5-43）、圣路易斯航空港候机楼（图 5-44）、惠州体育馆（图 1-27）、大连理工大学体育馆（图 1-30）、东京代代木游泳馆（图 1-14）、岩手县体育馆（图 1-16d）、南京奥体中心（图 5-45）等就是上述各种采光方式比较典型的实例。

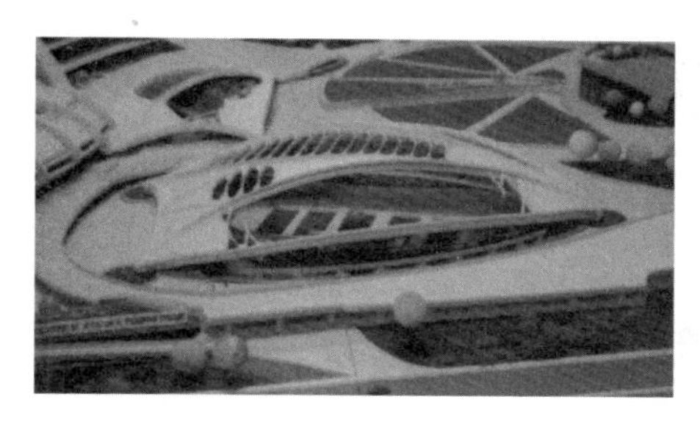

图 5-43 蒙特利尔赛车馆

图 5-44 圣路易斯航空港候机楼

图 5-45 南京奥体中心

用玻璃屋面，如哈尔滨梦幻乐园（图 5-46）、德国莱比锡展览馆（图 5-47）等，其屋盖结构构思除满足采光要求之外，还应考虑结构本身构成建筑内景的艺术效果。

图 5-46 哈尔滨梦幻乐园

图 5-47 德国莱比锡展览馆

近些年逐步推广的薄膜屋盖及阳光板屋面也给大型厅堂建筑带来了敞亮明快的心理感受，如广州新体育馆（图 5-48）、日本大馆树海体育馆（图 5-49）等。

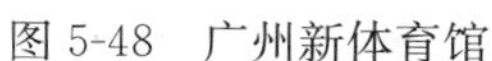

图 5-48　广州新体育馆

图 5-49　日本大馆树海体育馆

开闭屋盖是解决复归自然的最彻底做法，经过几十年的探索逐渐有所发展，如南通体育馆（图 5-50）、加拿大多伦多棒球馆（图 5-51）等。

图 5-50　南通体育馆

图 5-51　加拿大多伦多棒球馆

运用现代建筑材料以及开闭屋盖复归自然，是高科技的结晶，既对结构构思有重大影响，也要付出较高的经济代价，当然也给人们带来了全新的空间感受。

通风管道、灯具及相应的检修通道的布置对大空间公共建筑屋盖结构形态有一定的影响。由于建筑平面大、空间大，一般利用墙面布置送风口的方式往往难以满足要求。为使送排风均匀，利用屋盖结构空间中的空隙布置送风道，向下送风的方式被大量采用。网架、桁架等大跨屋盖结构高度内有许多空隙，是布置设备管道和检修通道的好位置，充分利用起来可收到事半功倍之效。因而在结构选型过程中就要把管道和设备布置要求考虑进去，综合优化结构形态和建筑要求，使结构、建筑和设备几方面问题都得到满意的解决。广东新体育馆（图 5-48）直接利用主拱截面内的空间布置主风道和检修通道，次风道也按照结构骨架的纹理环形布置，整体效果干净利落，是结构空间与设备空间的配合的范例。

大跨建筑对热环境的要求则因地域气候条件之不同而有所侧重，如寒冷地区侧重御寒和防结露，炎热地区侧重防热辐射和降温，这会与某些新结构，如薄膜结构、阳光板、玻璃屋面构成一定的矛盾，结构构思需要认真推敲，妥善解决。如果仅从建筑造型出发忽视实际气候条件，结构构思轻则落空，重则导致设计的失败，这并非危言耸听，而是时有发生。

（五）技术经济条件

大跨建筑，特别是大空间公共建筑，投资巨大且有限定，其设计是造价限额的设计。大跨屋盖结构占建筑造价较大，一般在10%～50%之间，有的还会高一些。体育馆由于下部房间和设备较多，屋盖造价占建筑造价的比例相对小一些，约在10%～15%（为便于同膜结构等的比较，这里将屋面造价包含在内）。展览馆、候机厅等的屋盖造价比例则要高些。由此可看出，屋盖结构的经济性对大跨建筑的造价和投资额都有举足轻重的作用。

近些年来，国内建成的一些大跨建筑的屋盖造价差距颇大，有的相差成倍。可见，结构构思对经济问题不能视而不见，充耳不闻，追求经济实用的结构方案应是结构构思必须考虑的课题。

结构的经济性主要反映在结构形式的优劣和材料单价的高低。

结构材料的差价，一般不易引起建筑师的关注。当代流行的建筑结构材料日趋丰富多样，但差价也较大，不只高新材料贵于常用材料，即使同类材料也可相差上倍。如方形钢管要比圆形钢管贵上一倍，特氟隆薄膜结构比钢网架铝合金屋面结构价格也高出不少而寿命却比后者低。

结构方案的经济性是结构构思必须考虑的问题。各种常见的结构形式的经济性主要反映在材料用量的多少，如果相差不多则不必深究，但如相差很大，甚至成倍，则应斟酌结构构思是否合理。某些大跨建筑的结构材料用量竟高出同类建筑的一倍以上，其结构选型就值得研究。问题往往出在构思的方案缺少科学分析和优化，有的则是由于建筑构思缺少科学基础所造成。众多事实说明，结构构思除应满足建筑构思要求之外，还应做一定的技术经济分析比较工作，从优选择，有时则需要反过来推敲建筑构思的合理性，甚至调整建筑构思。

我国地域辽阔，地区之间、大中小城市之间的经济发展水平相差很大，同时，即使是同一地区同一城市，建设单位的不同，其经济承受能力也会有显著的差距。结构构思只能量力而行，力求经济实用一些。

西方发达国家建筑师为我国设计的多座大空间公共建筑，其屋盖结构的构思多偏重于计算的简便，采用平面结构形式。如某滑冰馆屋盖为平面结构体系，材料采用单价高出一倍的方形钢管；某体育馆屋盖由轻型钢桁架搭接而成，貌似空间结构，实则不然，以致用钢量高达170kg/m^2；某体育场雨篷为追求“飘”的效果，用钢量竟高达300～400kg/m^2。如能事先作些优化工作，维持其起伏线型基础上稍加改变结构方案，其用钢量有望降到国内的一般水平。又如某大型体育场设计征集的国外方案，有的将雨篷向场外做巨大的悬挑延伸，追求造型效果的面积超出看台上部遮阳挡雨的需要面积，用几千万元的巨额投资换取独特的造型，就是很值得思考了。西方设计有时为满足建筑构思需要，不惜以并不先进合理的结构应对，而不在意材料消耗的多寡。我国的经济承受能力有限，对西方的某些结构构思潮流，不宜不加分析地跟进。我们的结构构思应多思考些问题，多做些分析比较工作，也是可以用较少的经济投入获取美观实用且富有个性的结构方案。

（六）建筑工期长短

中世纪，建一座宫殿或教堂需要几代人甚至几十代人付出几十年以致几百年的心血才能大功告成，如今，这已成为历史篇章。现代大型公共建筑，一般是应特定的需要而建，建设工期普遍较短，多者不过三五年，少者不足一年，超逾允许的建设工期往往会造成重大的政治经济损失。

结构工程占建设工期较长，多数情况下结构工期的长短对整体建筑工期有决定性的影响。因而，结构构思必须考虑建设工期的长短、结构施工的繁简及快慢。我国严寒低温的北方，施工条件较为严苛，冬季漫长，不利于钢筋混凝土结构和焊接钢结构的施工，不宜施工季节长达3～6个月。

国际一代著名的结构大师奈尔维，素以装配式钢筋混凝土结构（确切地讲是钢丝网水泥结构）为特点，但他设计的意大利都灵劳动宫为适应紧迫的建设工期而一改常规，将结构构思移情到快速装配的钢结构上（图1-18）。同样，国际著名结构大师菲力克斯·坎德拉为1968年墨西哥奥运会设计的1.5万人马拉卡纳体育馆，其结构构思明智地由他独特创造的钢筋混凝土薄壳结构转投到可快速施工的钢薄壳结构上（图5-52）。

图5-52 墨西哥马拉卡纳体育馆

图5-53 蒙特利尔奥运会梅宗涅夫体育公园

蒙特利尔奥运会梅宗涅夫体育公园（图5-53）的体育场、游泳馆、赛车馆等全部为钢筋混凝土结构。虽然采用了工厂预制现场安装的施工方法，但因工程浩大、工期短、不得不日夜三班施工，加班费远高于正班工资，导致建设投资成倍增加，给市民带来了沉重的税务负担。曾为该市成功举办1972年世博会和争得1976年奥运会举办权立下汗马功劳的市长，也为此付出了代价，在民怨之下而辞职。不仅如此，世界各国申办奥运会的热情也随之降到冰点，申办其后两届奥运会的国家竟然寥寥无几。

这些事例生动地说明，大跨建筑的结构思必须结合建设工期缜密思考，选择得当的结构技术，以期圆满完成任务。

5.3.2 水平结构体系选型的一般原则

许多大空间公共建筑的创作是建筑师直接运用结构手段的产物，如果建筑师缺乏结构选型知识或轻视结构选型的研究与自觉运用，往往难以取得建筑创作的成功。掌握了结构选型的一般原则，就能主动并正确地考虑、推敲、确定并采用最适宜合理的结构体系，并使之与建筑的空间、体型及建筑形象有机地融合起来。

水平结构形式有很多，如常见的梁板结构、桁架结构、刚架结构、拱结构、悬索结构、薄壳结构、组合结构等，不同的结构形式可以满足各种不同建筑的需要。而某一特定建筑可能有多种水平结构形式满足其基本要求，这就需要综合考虑水平体系选型的各种影响因素并按照选型原则进行不断斟酌、比选，最终确定最优化的结构形式。

（一）结构形式与建筑空间契合的原则

任何建筑物的使用功能都要对内部空间提出一定的要求，根据这些要求可大体确定建筑物的尺度、规模和空间关系。如工业建筑考虑车间的使用性质、工艺流程和工艺设备、垂直和水平运输要求及采光通风要求等初步确定建筑物的跨度、开间及最低空间高度。体育馆比赛厅设计首先要根据运动项目要求确定场地尺寸、空间高度和视线，并结合观众规模、安全疏散、人流物流等要求确定其跨度、长度和高度。结构及维护设施所围合出的空间还需具有适当的环境品质，如适当的声光热条件，这样确定的使用空间需求是建筑物的最基本空间要求。除物质功能要求之外，人们对建筑空间还有精神方面的需求，如空间气氛、意境及其他美学方面的要求。满足上述物质和精神功能要求是合理选择结构形式的基本出发点。实际情况是，各种具体的结构形态满足上述要求都有一定的局限性，会对建筑设计产生种种制约。结构选型过程就是以营造最大限度地满足物质和精神功能要求的建筑空间为目标，量体裁衣，采用最优化的结构形态，取得功能、空间环境、美学与结构形态的统一。

建筑空间的营造和结构形态的设计都有各自的规律需要遵循，因而具体到每个单体建筑的结构构思，影响因素错综复杂，各个方面之间甚至可能出现尖锐的矛盾。例如，结构所覆盖的空间除了根据建筑性质所提出的基本使用空间要求外，还会由于文化、技术和经济等多方面因素的影响而不可避免地要容纳一些非使用空间，如为取得悦人的空间观感而需要的内部空间形态往往与工艺使用要求的空间并不总是一致。而从结构形态来说，结构体系自身也必定占有一定的空间。特定结构形态所覆盖的空间与建筑物的使用空间和美学空间越接近，空间使用效率越高，维护结构的投入越少，设备负荷越低。这也是降低建筑物全寿命周期费用，取得最大效益的重要途径。因而结构形态与建筑空间须互相不断斟酌，逐步接近，从而实现结构形式与建筑空间契合的原则。

1. 平面形状的契合

大空间公共建筑主体空间结构跨度一般都在40～50m以上，因而屋盖结构选型与主体空间的平面形状关系十分密切。如拥有大量观众的大型体育馆，视距往往成为制约空间要求的主要因素，因而采用圆形或椭圆形平面比较合理。单一结构形态情况下，采用球壳、马鞍型壳、轮辐式悬索结构、经剪裁的平板网架等结构形式较多。采用组合结构形式时，则可以根据空间和造型需要，量体裁衣地进行组合。而中小型体育馆由于视距控制并非主要问题，平面形式更多考虑技术经济性因素，因而采用矩形或多边形平面的实例更多一些。铁路站台雨篷则要顺应列车长度和车道数目呈长向延伸，其他类型大空间公共建筑尽管与上述观演建筑和交通建筑相比在空间平面形状上灵活性可能大一些，但结合具体环境或技术等条件也会提出特定的要求。这些都需要通过具体结构形式的选择来加以落实。

伦敦滑铁卢火车站国际站房（图 5-54），专为穿越英法海底隧道的“欧洲之星”高速火车而建造的国际站房，每年有 1500 万人次往返欧洲大陆的客运量。业主的基本设计要求是反应 20 世纪 90 年代特点和英国火车站的传统建筑风格，有合理的流线设计，保证高峰时每 15min 疏散旅客 1500 名。

(a)

(b)

图 5-54 伦敦滑铁卢火车站国际站房

(a) 站房全景；(b) 站房内景

站台大厅蜿蜒 400m，正好是列车的长度。顺应用地形状、站台布置、列车转弯半径及车道的布置，跨度从 48m 收缩到 32m，整体呈窄长弧形平面。屋盖结构采用 37 榀不对称的三铰拱沿长度方向排列，清晰明了，韵律感强，并和采光天窗布置结合紧密。各屋架都是由弓形和弦形桁架串联起来的三铰拱，中间的铰结点向南侧偏移，使南侧空间升高，以满足边道列车的净高要求。据说建筑师格雷姆肖的设计构思受启发于动物的骨骼结构，一条弯曲的由大到小的脊梁骨。屋架的弓形部分外露，玻璃屋面镶嵌在其下方，使大厅获得明媚的阳光和开敞的景观。弦形一边，屋架暴露在室内，上面是镶嵌菱形天窗的复合板屋面。这种间断的天窗布置方式是英国大空间建筑传统的设计手法，令英国人倍感亲切又颇富现代感。

2. 空间体形的吻合

大跨屋盖结构形式可粗略地划分为弯剪结构、推力结构和张拉结构，三者基本结构在形态上有明显的区别。三类基本结构形态所创造的空间也有各自的特点，对不同的建筑空间要求各有不同适应性，如图 5-55 所示。

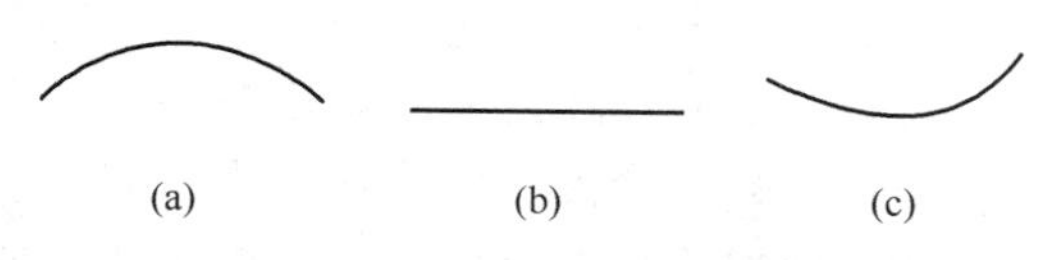

(a) (b) (c)

图 5-55 大跨屋盖的基本结构形式

(a) 推力结构；(b) 弯剪结构；(c) 张拉结构

以拱券为主的推力结构体系是最早大规模应用于大跨建筑的屋盖结构形式。其主要原因在于几千年来，人们所能掌握的材料主要为砖石等砌体材料，受压性能较强，而受拉性能极差。到20世纪钢筋混凝土开始大量使用后，情况改变也不大，只是在中小跨度的屋盖结构中使用了弯剪结构。而对于大跨结构仍然以拱壳为主，只是跨度上有了大规模的增长，材料上大大节省，具体形式更加多样。推力屋盖结构体系所围合的空间的基本特点是中央高，结构支座所处的周边低，具有包容感。它所创造的空间形态能满足绝大多数建筑功能的要求，但相对于追求建筑个性和空间的灵活性要求就显得过分单调。钢材大量应用于大跨建筑后，情况才开始出现较大的变化，在推力结构形势依然盛行的同时，以桁架、网架为主的弯剪结构屋盖形式大量应用，并逐渐占据主导地位。空间形态也随之丰富起来。随着钢结构的进一步发展，钢材优越的受拉性能得到越来越多的重视和开发，以受拉为主的悬索结构、张拉膜结构日益增多，出现了与几千年的拱券形式完全相反的空间形态。开放、张扬、流动成为新结构形态所提供的空间的基本特征。

不同的建筑功能对内部空间高低起伏的需求不同是确定结构形态的基本依据。以体育馆为例，对于中小形体育馆，座席数量少，最后排座席升起高度有限，比赛厅空间高度主要取决于场地上空的净空要求和空间的观感。这种情况下往往平板网架或网壳结构比较适合需要；而对于座席量要求极大的大型体育馆来说，空间高度可能主要取决于最后排座席的升起高度，这个高度对于场地来说往往过高。这种情况下，张拉结构的凹形剖面可能更适合这个空间需要。另外，对于体育馆比赛厅在场地区高度一定的前提下，周边各个方向空间高度也往往有所不同，如主要布置座席的场地一侧或双侧空间高度因座席升起的原因可能很高，而场地两端座席较少，空间高度要求较低。结构形态选择时应顺应特定空间的具体需要，使结构形态固有的空间形态与使用要求尽可能一致，才能取得最好的效果。

哈尔滨梦幻乐园（图5-56）其主体空间为一面积近8000m²的大型室内戏水乐园，包括人工造浪泳池、儿童戏水池、慢流河、按摩池和各种水滑梯等在内的丰富多彩的水上娱乐项目，水面面积近4000m²。为在有限的空间环境内创造尽可能感觉开敞的景观，首先分析了各种不同活动人群的知觉特点。人们在深水中活动时，注意力集中于水，对建筑空间的感觉较弱；而处于浅水区或在岸边躺椅上休息时则对建筑空间注意的较多。平面形状设计中，把浅水区和躺椅区布置于内侧，背靠高耸的墙面，面对开敞宽阔的造浪泳池和戏水的人群，符合人们选择公共场所休息空间时的“边缘效应”。从这一区域向外扇形展开的平面，提高了空间的开阔感。剖面上，把躺椅区两侧最高达26m的水滑梯走向作为决定空间

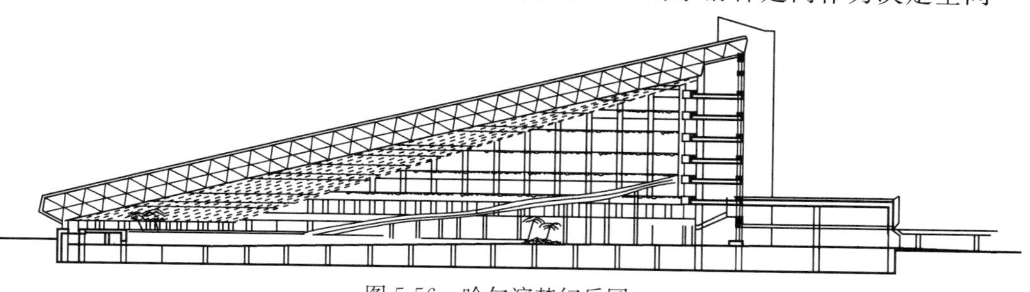

图5-56　哈尔滨梦幻乐园

高度变化的重要依据，并结合屋面防雪和利用太阳能需要，设计了倾斜的玻璃屋面。屋面净高从躺椅区上方38m起向前随着平面的展开而降低至2.6m高。既满足了功能要求，又使空间富于变化，虽然大厅平均空间净高只有7m，但人们并不感到压抑。这一方面是玻璃屋面引入了天际景观，另一方面也与空间高度的变化、活动区域的安排有密切关系。屋盖结构采用钢空间网架(图5-46)，为与建筑空间的安排相统一，在普通平板网架的基础上采取了斜置和弯折的布置办法。同时，根据平面布置进行剪裁和组合，使其既符合扇形平面空间的需要，又兼顾了结构网格地布置。

(二) 结构空间与美学空间共处的原则

内部空间可划分为使用空间、美学空间和结构空间三个部分，三者之间往往有所穿插和重合。一般情况下不能允许结构构件侵占使用空间，但占据美学空间的内部越多，构件越来越轻巧，美学效果就越来越理想，极少遮挡视线，因而结构空间与美学空间的融合也越来越深入。例如，现代大量应用的单层拱形或球形钢网壳结合下部拉索来取得结构整体稳定性的处理办法，一改以往双层弦杆网壳结构的厚重感，使这类推力结构形式变得日益简便轻灵，经济适用，在覆盖原有庭院以创造室内化城市公共空间方面，发挥了越来越大的作用。

德国莱比锡新会展中心玻璃大厅（图5-57），平面为矩形的展览厅，宽79m，长243m，拱顶高度30m，总建筑面积20000m^2。结构采用10榀钢制格构式无铰拱横跨屋顶，为克服风荷载与雪荷载，每25m另加一连系桁架。拱的高度跨中小，接近两端地面时逐渐加高，反映了无铰拱的受力特点。这些拱架完全外露于点式连接的玻璃屋面之上，不占据内部有效空间，轻盈的结构骨架和玻璃屋面相互配合，共同构成一个轻灵别致的大空间公共建筑形象，一扫同类拱形建筑易出现的沉闷感觉，取得十分精彩的空间和形象效果。

图5-57　德国莱比锡新会展中心玻璃大厅

结构构件的艺术化处理是另一种途径。贝聿铭在法国卢浮宫地下新馆的采光顶（图5-58）设计中，从空间效果出发，夸张地运用了下垂的张拉结构构件，形成一个倒垂的玻璃锥体，外部自然光线漫射进来，如同钻石般晶莹剔透，突出表现了地下空间与地面空间的联系。这个结构空间完全被利用起来作为建筑空间中的一件雕塑，达到技术与艺术的统一。

图 5-58 法国卢浮宫地下新馆的采光顶

（三）结构自身的合理有效性原则

小跨结构一般都属强度控制，刚度与自重问题不大，但中、大跨水平结构就不同了。以受均布荷载作用的单跨简支梁为例，其弯矩（$M=ql^2/8$）和变形（$f=5ql^4/384EI$）与荷载及跨度相关，随着跨度的增大，其弯矩和变形与跨度的平方及四次方成正比而急剧增加，必然要求结构高度增大来提高其抗力及刚度，而结构高度增加相应会增加结构自重，再次增大了结构弯矩和变形。跨度（l）这个变量是由建筑功能空间决定的，荷载（q）是由外荷载和结构自重决定的，外荷载由自然界形成，唯一能改变的是占荷载绝大部分的结构自重，因此，中、大跨水平结构的自重是结构选型的关键问题。上述分析可以看出，合理有效的大跨水平结构选型原则为结构强度高、刚度大、自重轻。

1. 选择能充分发挥材料性能的结构形式

（1）根据力学原理选择合理的结构形式，使结构处于无弯矩状态

根据建筑力学原理及材料的特性可知，轴心受力的构件比偏心受力或弯、剪受力的构件更能充分利用材料的强度，人们由此创造出了多种形式的结构，使这些结构的构件处于无弯矩的状态，从而使材料的力学性能得到充分地发挥，以达到受力合理、节省材料，从而相应减轻结构自重的目的。

从图 5-59 中可以看出，轴心受力（图中为轴心受压）构件截面上的应力是均匀分布的，整个构件截面的材料强度都得到了充分地利用。而受弯构件截面上的应力分布是不均匀的，除了截面上、下边缘可以达到受压、受拉的最大强度之外，中间部分的材料强度并没有充分发挥作用。因此，如果我们把中间部分的材料减少到最低限度并把它转移到上、下边缘处，就形成了受力较为合理的工字形截面杆件。

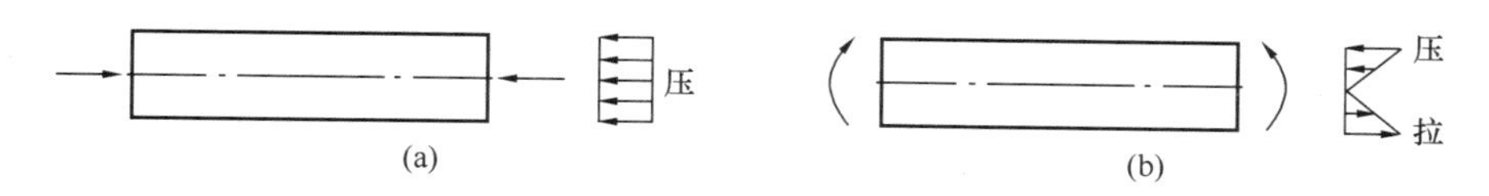

图 5-59 构件轴心受压、受弯的应力图

（a）受压；（b）受弯

再进一步，我们还可以把梁腹部的材料挖去，形成三角形的孔洞，于是梁就变成了矩形桁架结构（图 5-60）。桁架的上弦受压，下弦受拉，它们组成力偶来抵抗弯矩；腹杆以承受轴力的竖向分力来抵抗剪力。从这里可以进一步看出，由于桁架结构在满足一定条件（只在桁架节点承受荷载）时，所有杆件都只承受轴

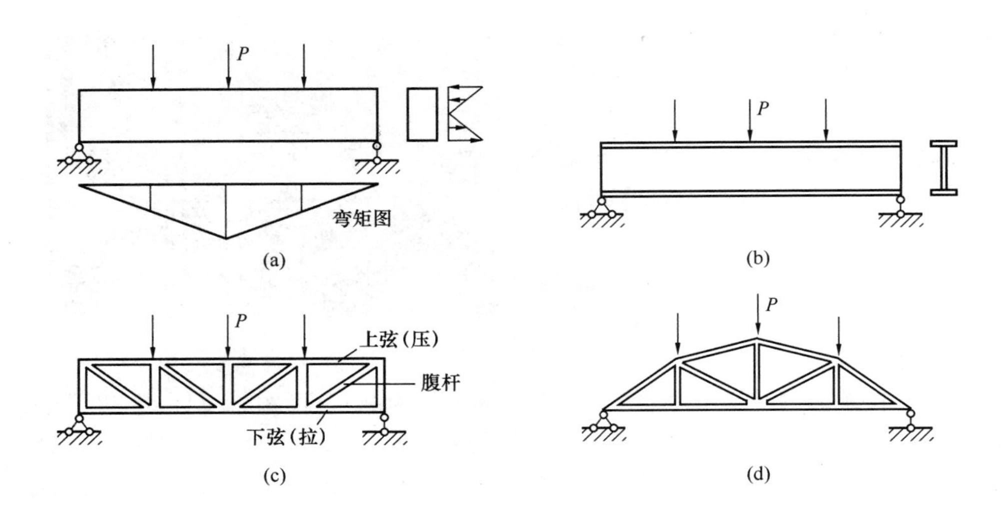

图 5-60　不同构件受力分析

（a）矩形梁；（b）I 字形；（c）矩形桁架；（d）折线形桁架

向力，因此，矩形桁架结构比工字形截面梁更能发挥材料的力学性能。

从图 5-60 还可以看出，梁的弯矩图呈折线形，跨中弯矩值最大，而两端弯矩值为零。因此，在矩形桁架中各个杆件所受的内力是有较大差距的，还是不能使每一根杆件的材料强度都得到充分地利用。于是，我们再作进一步地改变，使桁架的外轮廓线形状（折线形）与弯矩图的形状一致起来，这样，拱形桁架的受力会更加合理。因此，我们在设计中应该力求使所选择的结构形式与内力图形统一起来。

当然，在这里也必须指出，构件的合理性是相对的和综合的，受力合理只是其中的一个方面。虽然矩形截面梁受力方面有不合理的一面，但是它的外形简单，制作方便，又有其合理的一面，在小跨度范围内，矩形截面梁仍是广泛应用的构件形式之一。桁架结构外形复杂，制作难度相对大一些，但在节点荷载作用下，其各杆件处于轴心受力状态，受力较为合理，适用于较大跨度的建筑。

如图 5-61 所示，拱结构和悬索结构也属于轴心受力结构。在拱结构中，当其轴线为合理曲线时，可以使全截面受压。因此，可以利用抗压强度高且成本较低、材料来源广泛、易于就地取材的砖、石、混凝土等材料建造较大跨度的建筑。悬索结构是轴心受拉结构，它可以利用高强度的钢丝建造大跨度的建筑。

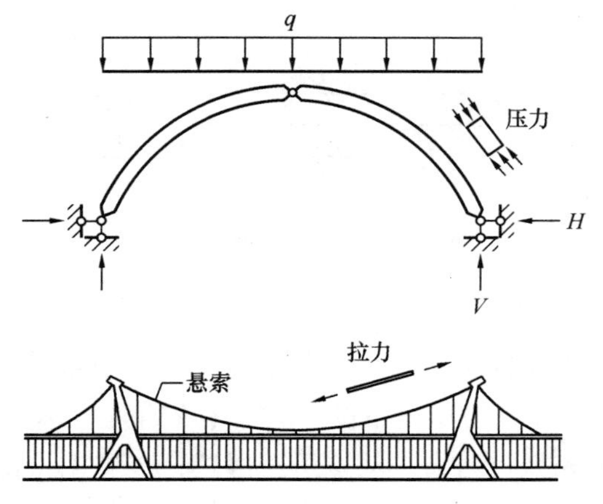

图 5-61　拱与悬索的受力分析

梁、桁架、拱和悬索均属于杆件系统结构。而薄壁空间结构是一种面系统结构，且多为曲面形式，也是一种受力合理的结构形式。自然界动物的卵壳和蚌壳等，都是利用最少材料获得最坚固效果非常好的实例。曲面形的薄壁空间结构也主要是轴向受力，因此也能充分发挥材料的力学性能。由于它的空间作用，结构刚度也很大。采用薄壳建造的几十米的大跨度屋盖，其厚度仅有几厘米，如图 5-62 所示。

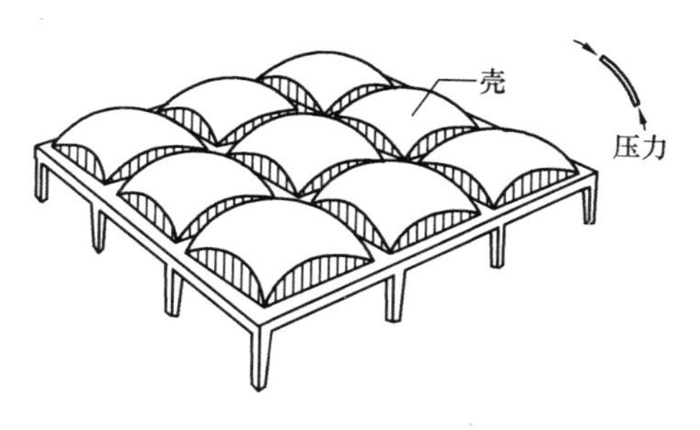

图 5-62 双曲薄壳屋盖

以上诸例说明，根据建筑力学的原理，选择合理的结构形式，使结构处于无弯矩状态，以达到受力合理，节省材料，从而相应减轻结构自重的目的，是确定水平结构形式的重要原则之一。

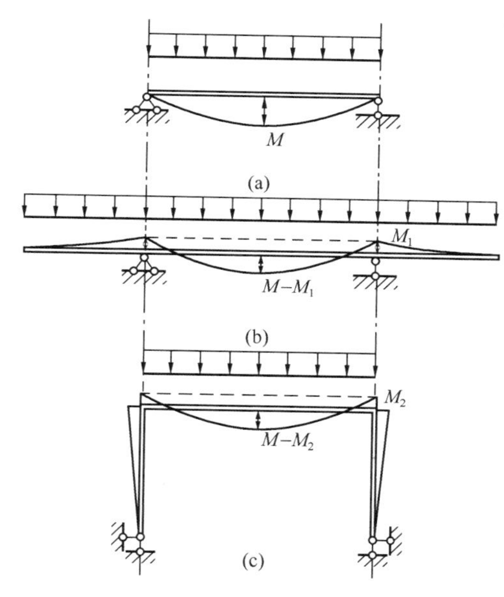

图 5-63 不同结构形式的弯矩图
(a) 简支梁；(b) 伸臂梁；(c) 刚架

（2）减少水平结构的弯矩峰值，使结构受力更为合理

减少结构的弯矩峰值，也是使结构受力合理的途径之一，如图 5-63 所示。利用结构的连续性，采用刚架、连续梁和伸臂梁结构，可以使梁的弯矩峰值比同样跨度简支梁的弯矩峰值大大减小，这样也可以达到提高结构承载能力、减轻自重或扩大结构跨度的目的。

举例如下：将跨度为 L 的简支梁两个支座对称地向内移动距离 μL，则该梁变为一个两端悬挑于支座之外的伸臂梁（图 5-64a）。试确定使梁的最大正弯矩与最大负弯矩相等的 μ 值及相应的弯矩 M。

解：图 5-64（b）给出了梁的隔离体受力图。在支座 B、D 及跨中 C 点的弯矩为：

$$M_{\mathrm{B}}=M_{\mathrm{D}}=-\frac{1}{2}q\mu^{2}L^{2}$$

$$M_{\mathrm{C}}=\frac{1}{2}qL\left(\frac{1}{2}-\mu\right)L-\frac{1}{2}q\left(\frac{L}{2}\right)^{2}=\frac{1}{8}qL^{2}-\frac{1}{2}q\mu L^{2}$$

图 5-64（c）和图 5-64（d）所示为梁的剪力图和弯矩图。令 M_{B} 和 M_{C} 的绝对值相等，可得：

$$\frac{1}{2}q\mu^{2}L^{2}=\frac{1}{8}qL^{2}-\frac{1}{2}q\mu L^{2} \text{ 或 } 4\mu^{2}+4\mu-1=0$$

求解该二次方程得 $\mu=0.207$，将其代入 M_{B} 或 M_{C} 的表达式，得：

$$M_{\mathrm{B}}=-\frac{1}{2}q(0.207)^{2}L^{2}=-0.0214qL^{2}$$

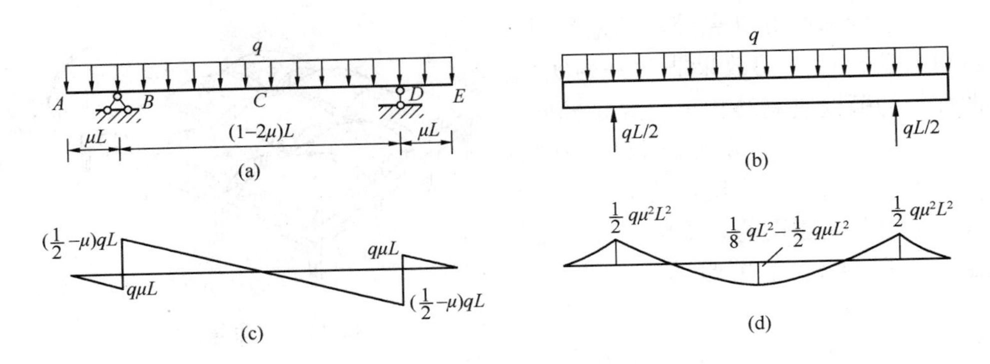

图 5-64 伸臂梁受力计算简图

（a）伸臂梁；（b）隔离体受力图；（c）剪力图；（d）弯矩图

$$M_C = \frac{1}{8}qL^2 - \frac{0.207}{2}qL^2 = 0.0214qL^2$$

简支梁的最大弯矩为 $0.125qL^2$，伸臂梁的最大弯矩为 $0.0214qL^2$，可以看到前者约为后者的 6 倍。这是因为：支座间的距离减小，而弯矩正比于跨度的平方，因此减小跨度可以有效地减小弯矩；由于采用伸臂端在支座处形成负弯矩，从而抵消了一部分正弯矩。

工程中，对于简支伸臂梁，常用 $\mu=0.2$ 来代替 $\mu=0.207$ 的精确解。

（3）减少结构所占用的空间

结构在支承和维护建筑空间的同时，往往占据建筑空间相当大的比重，从而造成建筑供热制冷空调和通风的过重负荷及材料的浪费，有时还对建筑内外形象处理产生不利影响，因而减小结构所占空间往往是大空间公共建筑设计中要注意解决的问题之一。

1）采用空间结构体系

屋盖结构在大空间公共建筑中对空间形态的塑造占据主导地位，降低屋盖结构厚度是减少建筑空间最有效的途径。采用空间结构形式是降低结构高度的主要方式。如弯剪结构屋盖系统中，桁架的高度一般要达到跨度的 1/12～1/8，而采用空间网架时，结构高度可降低到 1/25～1/20。若采用空间网壳等推力结构时，这个高度还可进一步大幅降低。采用某些类型的悬索结构时，高度仅为单层或紧贴在一起的两层钢索高度。

大跨水平结构基本形式的选择可参照表 5-1。

大跨水平结构选型的主要技术指标 **表 5-1**

结构类型	几何形式	受力特点	结构参数	适用条件
桁架结构	线结构	弯	高跨比：1/10～1/5（平面），1/14～1/10（立体）	跨度：6～70m
刚架结构	线结构	弯	截面高跨比：1/20～1/15，矢跨比：1/10～1/5	跨度：12～100m
拱结构	线结构	压	矢跨比：1/8～2	跨度：18～200m
球壳结构	面结构	压	厚度：50～150mm，矢跨比：1/5～1/2	跨度：30～200m
扁壳结构	面结构	压	厚度：60～80mm，矢跨比：1/8～1/5	跨度：3～100m

续表

结构类型	几何形式	受力特点	结构参数	适用条件
筒壳结构	面结构	压	厚度：50～100mm，矢跨比：大于1/8	跨度：6～100m
扭壳结构	面结构	拉/压	厚度：20～80mm	跨度：3～70mm
折板结构	面结构	弯	厚度：30～100mm，高跨比：1/15～1/8	跨度：6～40m
网架结构	网格结构	弯	高跨比：1/20～1/10	跨度：6～120m
网壳结构	网格结构	压	矢跨比：1/8～1/10（筒壳）1/7～1/2（球壳）	最大跨度：100m
悬索结构	线结构（网格结构）	拉	重跨比：1/20～1/10	最大跨度：200m（建筑）
膜结构	面结构	拉	厚度：0.45～1.5mm	最大跨度：160m（索膜充气）

注：表中数据仅供结构选型时参考，具体应用时，还应根据实际情况做必要地分析调整。

2）结构外露

把结构构件外露于屋面之上，不仅不占据建筑空间，有时还能起到活跃建筑造型的作用（图5-57）。

3）采用吊挂体系

利用外露的索桅结构体系或索拱结构体系吊挂弯剪体系屋面结构，从而起到降低屋面结构厚度的作用，这也可以作为结构外露的一种特例。现代结构越来越多地运用类似张拉和吊挂的组合结构，以充分发挥材料的力学性能。

悉尼奥运会新建的各比赛场馆几乎是张拉吊挂结构的展览会。其中可容纳2万名观众的主体育馆“悉尼超级穹顶”（图5-65、图1-36）采用了以外露的索桅结构吊挂钢桁架的做法有效控制了桁架高度，既节省了空间和材料，又创造了富有个性的建筑形象。中央部分屋盖由屋架支起，高于周围屋面，二者之间的间隙布置采光天窗。

图5-65　悉尼奥运会主体育馆

2. 合理地选用结构材料

如果细心地观察一下身边的建筑，你就会发现一个很有趣的现象并能轻易地得出一个结论，那就是建筑材料是非常丰富的，但可以作为建筑结构的材料却少之又少。常用的材料主要有砖、石、钢、木、混凝土、钢筋混凝土等，而相对于某一个特定的有限时空区域内（如一个国家、一个地区、一个城市、一个民族，又如一个时代、一种文化等），可能只有有限的两三种，例如古埃及的石结构建筑或是现代化大都市的钢结构及钢筋混凝土结构建筑等。

每种建筑结构材料有其自身特有的物理、力学性能，如各种材料的热胀冷缩性能、混凝土材料的遇水膨胀性能，又如砖、石、混凝土等几种材料具有很好的抗压能力，而他们的抗拉能力却低得多，在建筑结构上，他们的抗拉能力基本没有利用的价值等，了解和掌握这些性能是合理选择好建筑结构形式的基本要求。

需要指出的是：建筑的结构形式的类型和建筑的结构材料类型是相对独立的。例如，框架结构，首先应弄清楚它的结构形式的类型，掌握它的组成、结构特征、构造类型、与墙承载结构相比较的优缺点等；其次，选择组成框架结构的建筑材料类型，可以采用钢筋混凝土材料建造，也可以采用木材、钢材等材料建造，虽然采用的建筑结构材料不同，但该结构的计算模型、结构特征、受力分析原理等是相同的，所不同的只是不同材料性能方面的一些差异以及对结构产生的相应影响。

（1）充分利用结构材料的长处，避免和克服它们的短处

每一种建筑结构材料的力学性能不尽相同，有的材料抗压强度高而抗拉强度很低，有的材料抗拉强度和抗压强度都很高。选用材料的原则是充分利用它们的长处，避免和克服它们的短处。

众所周知，混凝土和砖石砌体抗压性能较好，而抗拉性能很差，抗拉强度只有抗压强度的 1/10 左右；钢的抗拉和抗压性能都很好；木材的两种力学性能差距不大。据此，应当根据建筑结构的受力特点选择恰当的材料，并且应该注重材料的搭配组合，扬长避短。目前工程上普遍采用的钢筋混凝土结构就是典型的实例：钢筋和混凝土两种材料组合在一起，钢筋主要布置在构件的受拉区以承受拉力，而混凝土重点解决构件受压区的承压要求。再如，在历史悠久的砖混结构中，砖、石材料用在以受压为主的墙体中；而受弯为主的楼板、屋架、楼梯结构中，早期以木结构为主，水泥出现以后则以钢筋混凝土取代木材。再如，可以利用混凝土、砖石砌体建造跨度较大的受压为主的拱式结构，可以利用高强钢丝建造大跨度的受拉的悬索结构等。这样的经典做法不胜枚举，比如，钢-木屋架、钢-钢筋混凝土屋架等，以钢筋混凝土或木材作受压杆件，以钢材作为受拉杆件。这些都是结构材料合理运用的经典。

（2）提倡结构形式的优选组合

以上钢筋混凝土结构、砌体结构以及一些组合结构在材料运用上的合理组合告诉我们，在建筑设计当中，整个建筑物结构形式的优选组合也是大有文章可做的，并且应该大力地提倡。

结构形式优选组合的工程实例有很多，其中美国雷里竞技馆的结构体系就是一个成功的范例，如图 5-66 所示。美国雷里竞技馆是拱式结构和悬索结构的组合，屋盖采用马鞍形悬索结构，悬索的拉力传到两个交叉的钢筋混凝土斜拱上，

斜拱受压。这个建筑不仅受力合理，而且造型非常美观。

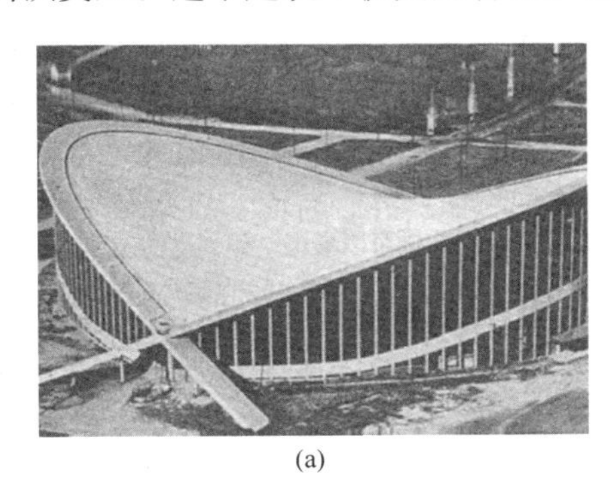

(a)

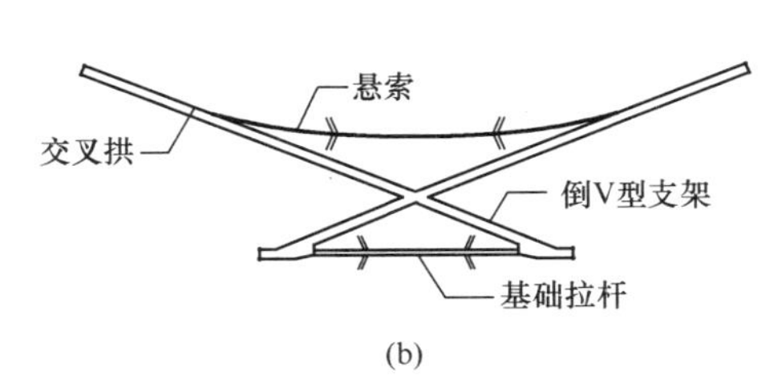

(b)

图 5-66 美国雷里竞技馆

(a) 外景；(b) 结构受力示意图

我们再看一个江西省体育馆的实例，如图 5-67 所示。江西省体育馆总建筑面积 18620m²，设有 8000 个观众席，建筑平面呈长八边形，东西长 84.32m，南北宽 74.6m。建筑造型采用高耸的大拱、吊索以及网架三种大跨度结构相结合的处理手法，形成了一个体现体育比赛力与美的空间造型。跨度为 88m、高度为 51m 的变截面大拱立于体育馆东西向的中间，不仅是建筑造型的需要，更是建筑结构的主要受力构件。它将一个原本跨度为 84m 的大型网架分成了两个跨度为

(a)

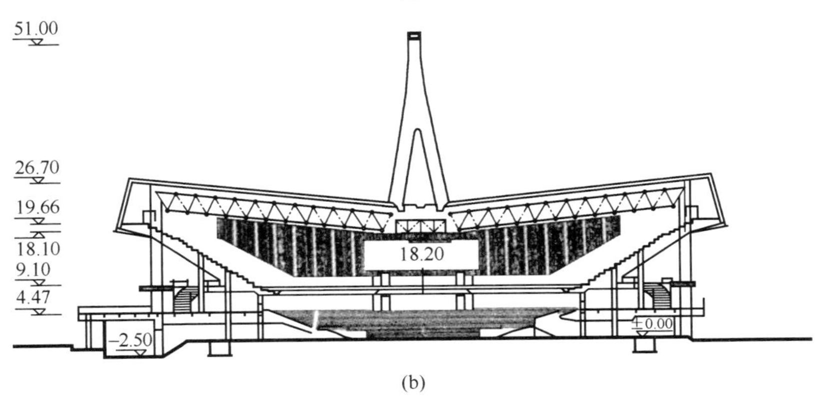

(b)

图 5-67 江西省体育馆立面及剖面

(a) 立面；(b) 剖面

38m的中型网架，通过大拱下吊索的吊挂和平面周边结构柱的支承，巧妙地构成了大型体育馆两端高、中间低的合理空间，大大减少了观众厅的人均容积指标，也使体育馆内因供热、制冷所需的能源消耗大大降低，从而使建筑的造型、结构的功能和能源的节省得到了完美的统一。另外，大拱因结构侧向稳定的需要，拱脚从36m高度以下开始分叉，肢距为18m，并采用了箱形断面，不仅结构上更为合理，还为屋面排水管及其他管线的敷设提供了通道。

从上述实例可以看出，结构选型是在对各种建筑结构形式的结构组成、基本力学特点、适用范围以及技术经济分析、施工要求等方面的内容进行分析、研究及充分了解掌握的基础上，按照结构选型的一般原则，熟练地进行创造性的筛选、加工和组合，从而创作出更多更好的优美结构造型。

6 结 构 评 论

创造性活动总是让人品头论足，但在结构工程领域，尽管有众多的人工制品不断被制造出来，但是这个领域缺少批评的氛围，即使对最普通的建筑物，工程结构也很少受到评论性的关注，主要问题在于缺少一种能够判断结构好坏的标准。由于建筑设计是综合处理一组物理的以及非物理设计因素的创造性活动，相应的结构也就千变万化、各不相同，很难有一个统一具体的固定标准，不容易一目了然地看出优劣。但建筑师和结构师如果清楚评判结构好坏的标准及其影响因素，通过自我评价和外界评论，可以不断改进和提升结构设计水平，从而可以不断创作出“被精心设计”、“令人激动”、“益于社会持续发展”的优秀建筑作品。

建筑设计的主要目的是提供一种能够发挥最大经济效益的建筑体，是否达到合理的经济效益水平是评判建筑结构设计好坏的主要原则。如果用最少的材料和其他资源，结构就能履行其功能，则该工程可以被认为是优良的工程设计。当然，这并不意味着用最小的材料重量所提供的具有足够承载能力的结构就一定是最有效的、最好的。一些其他的技术因素，包括建造过程的复杂性和结构的后续耐久性都将影响对结构的评价。因此，判断结构价值的标准是在材料用量、设计与建造过程的复杂性、建筑结构的耐久性和可靠度之间是否达成了一种合理的平衡。然而，评判标准中涉及所有参与生产过程的材料、劳动力、能源和其他资源等多种因素，而这些因素是相互联系、错综复杂的，所以对结构进行整体判断不是件很容易的事情。下面将分析判断标准中的主要相关因素，同时也相应给出了选择不同适宜结构形式的理由。

6.1 结构设计中的复杂性与有效性

结构的有效性是指承担一定量荷载所需要提供的材料重量来度量的。如果构件的强度与重量之比大，则认为其实际效果好，即有效性高。而结构的有效性和复杂性是相关的，结构有效性越高，结构形式就越复杂。这在一般情况下，或采取较小的措施来提高结构有效性都是如此，例如，用I形或箱形截面来代替实心矩形截面，或者用三角形几何形体代替实体腹板。复杂性是达到高效水平必不可少的因素，但所采用的复杂几何形体影响建造结构时的方便程度，影响它今后的耐久性。例如，相对高效的三角形桁架比实腹工字梁，不管在建造上还是以后的维护上都更困难。因此，绝不能认为最有效的结构一定是最好的结构，结构设计师必须在结构有效性和形体复杂性之间寻找到平衡点，以达到适宜的有效性水平，从而实现工程总体资源用量尽可能少的目标。

(1) 结构构件的有效性

建筑结构中的构件主要承受轴向内力或弯曲内力，它们也可能承担这些内力的组合。就结构实效来说，轴向内力和弯曲内力的区分是很重要的，因为轴向内力比弯曲内力能够更加有效地被抵抗掉。其主要原因是轴向受力构件截面上的应力分布基本上是均匀定值（图 6-1a），这种均布应力允许构件中所有材料的应力达到极限。选择好合适的截面尺寸，就可以确保应力能被所选用的材料安全抵抗并达到充分发挥材料效能的程度，从而使所有材料都发挥全部作用。而弯曲应力在截面上每一处都发生变化，从一端受压应力最大到另一端受拉应力最大，应力在中性轴处为 0，在最外纤维处为最大（图 6-1b），因此只有在最外纤维处的材料能够达到最大应力，大部分材料都未完全达到最大应力值致使材料强度没有得到充分利用，其有效性最低。

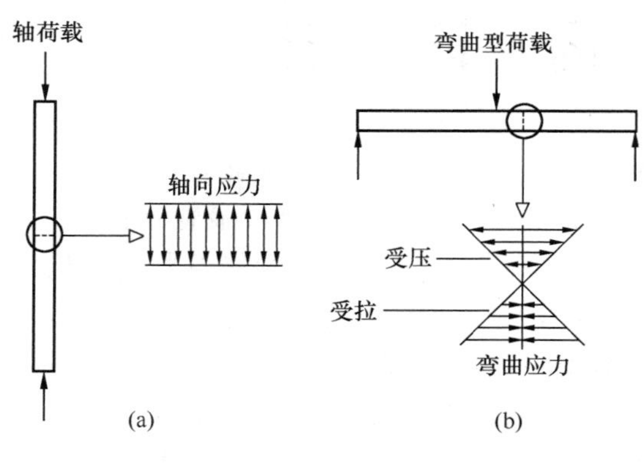

图 6-1 轴向应力和弯曲应力的分布
(a) 轴向应力；(b) 弯曲应力

发生在构件中的内力类型取决于它的主轴（纵向轴）方向和它所承受的荷载方向之间的关系。如果一根杆件是直的，而施加的荷载沿它的纵向轴作用，则轴向内力就会发生（图 6-2a）；如果所施加的荷载与纵向轴成直角，则发生弯曲型内力（图 6-2b）；如果倾斜施加荷载，将出现轴向和弯曲应力的组合（图 6-2c）。仅轴向拉压和仅弯曲情况事实上是最一般组合情况的特例，但它们却是建筑结构中最常见的荷载类型。

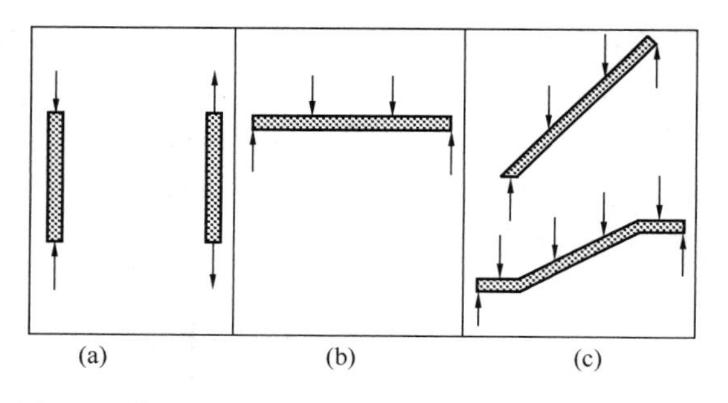

图 6-2 荷载产生的内力与结构构件之间的基本关系

按有效性可将结构构件分为三类：拉压模式、半弯模式和弯曲模式。拉压模式只含有轴向内力，图 6-3（b）构件形状与荷载类型相匹配，只承受轴向压力；弯曲模式则只含有弯曲型内力而无轴向内力，图 6-3（a）构件承担纯弯曲型内力，没有一种荷载的分量与构件的轴线平行，因此，没有轴

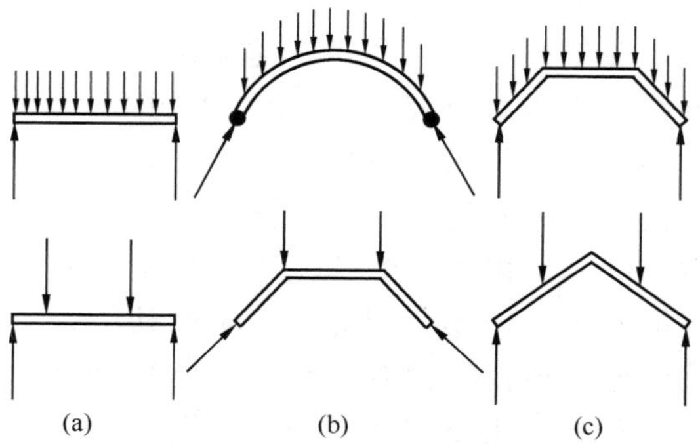

(a) (b) (c)

图 6-3 构件形状、荷载模式和构件类型之间的关系

向力发生；半弯模式是指那些含有弯曲内力和轴向内力的构件，图 6-3（c）将承担弯曲内力与轴向内力的组合。很明显，拉压模式能充分利用全截面材料强度，是最有效的结构构件类型。弯曲模式则是效应最低的结构构件类型，而半弯模式的有效性取决于它们与拉压模式相差的程度。

更重要的是，结构构件只在某种特殊荷载类型下才能成为相应的结构构件模式。没有一种构件的形状本身就是某种固定构件模式的，例如图 6-3（b）、图 6-3（c）中的弯曲折梁形状在受到两个集中荷载作用时是拉压模式构件，但受到均布荷载时则是一个半弯模式构件。再如图 6-4 所示，这里，结构构件由支撑在端点上一根柔性索缆组成，在索缆上悬挂着各种荷载。因为索缆没有刚度，除了轴向拉力以外，它不能承担任何其他类型的内力；因此它将不得不成为一种抵抗某种荷载产生的纯轴向拉力的特定形状，不同的荷载分布产生不同的构件形状，且这种由纵向轴绘出的形状对于不同荷载类型是唯一的，因此它被称为这种荷载的“拉压模式”。其缆索的形状取决于施加的荷载类型，当荷载集中在个别点上时，拉压模式形状为直边形的；如果荷载沿缆索均匀分布，拉压模式形状就是曲线性的；如果缆索只是因自重下垂，它就呈“悬链线”的曲线形状（图 6-4）。

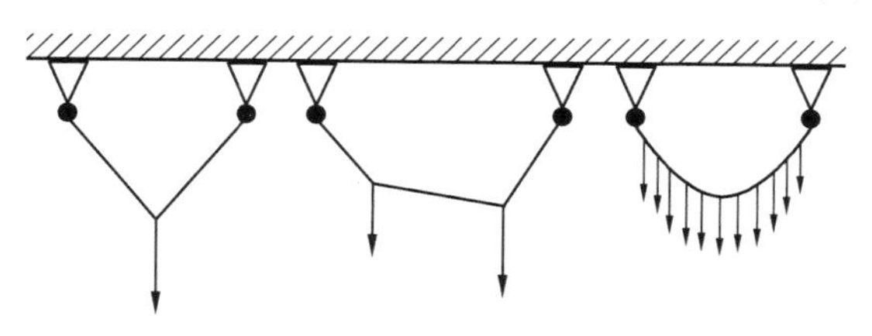

图 6-4　索缆受拉模式形状

对于各种构件模式来说，拉压模式形状的一个有趣的特征是，如果构造一种刚性构件，其纵向轴是由缆索所呈现出的受拉模式形状的镜像，则当施加相同的荷载时，这种刚性构件也将只承受轴向内力，尽管由于刚性它也可以承担弯曲型内力。在镜像中，所有的轴向内力都是压力（图 6-5），这是拱结构中“合理拱轴”的概念，同样荷载作用下，受拉缆索轴线镜像后形状即是受压拱、壳等的“合理拱轴线”。

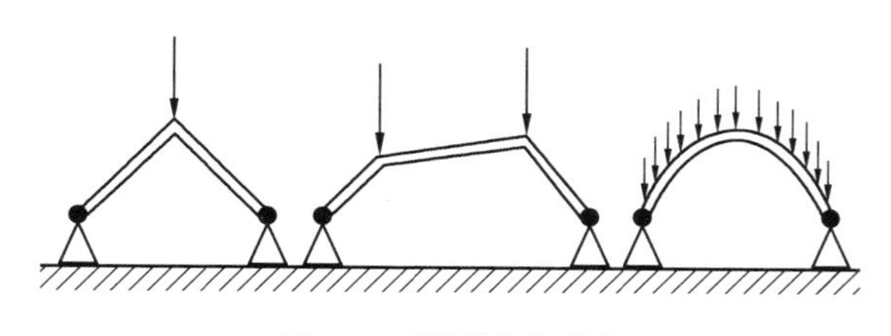

图 6-5　受压模式形状

在实体结构中，如果一种弹性材料如钢丝或钢缆被用来制造构件，它在承受荷载时将自动表现为受拉模式形状。事实上，没有刚度的弹性材料只能变为受拉模式构件。然而，如果材料是刚性的，并且需要采用受压模式构件，那么构件形状就必须与施加在它上面的荷载形式相匹配，即与受拉模式形状的镜像一致，构件沿纵向呈“合理拱轴线”形状。如果不一致，内力将不是纯轴向压力，会发生一定的弯曲。受拉和受压模式均能充分发挥材料效应，均属于有效性高的“拉压模式”。

弯曲模式和半弯模式的低效应，其主要原因就在于由于弯曲型内力在每个截面内产生着应力不均匀分布现象，这导致了与中性轴相邻的各截面处的材料应力

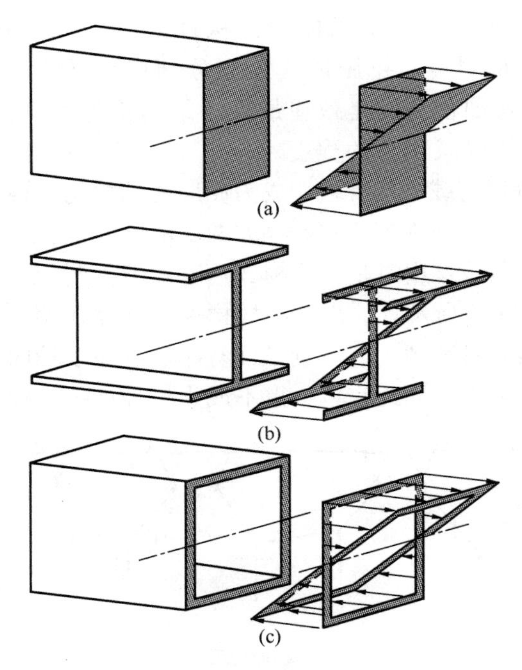

图 6-6 梁横截面的效应改进

较小，因此材料强度得不到充分利用，使用效率很低。如果移去这些强度不能充分发挥的材料，构件的效应就能够被提高，这可通过在横截面和纵断面上进行适宜的改进来获得。

横截面的效应改进可以通过弯曲应力分布图（图 6-6）分析来发现，实心矩形截面（图 6-6a）中的大部分材料都应力不足，荷载主要是由存在于顶、底两极（最外纤维）上的截面高应力区中的材料所承担。在 I 形和箱形截面（图 6-6b）中，多数应力不足的材料被取消，而提供这些截面的构件强度与具有相同整体尺寸的实心矩形截面的构件强度一样大，它们含有非常少的材料，因此重量轻，效应高。类似的情况也存在于板形构件中，实心板在其材料的使用方面没有那些将低应力材料从内部移除的板的利用率高，可用硬纸板做一个简单的实验来加以说明（图 6-7）。一块平展的薄硬纸板（图 6-7a）的弯曲强度很低，但如果将硬纸板折成折叠形或波浪形（图 6-7b），其抗弯能力就会大大增加。带折叠形或波浪形截面的纸板其强度相当于具有同等总厚度的实心纸板（图 6-7c）的强度，然而要比实心纸板轻得多，因此也更有效。总而言之，材料位于中心远处的空心截面在承担弯曲型荷载方面比实心截面更有效。当然，实心截面制造起来要容易得多，正因为如此，它在建筑结构领域中占有重要的地位，但就结构效应来说，实心截面比起 I 形或箱形截面要差得多，这两种截面类型被称为“简单实心截面”和“改进型截面”。

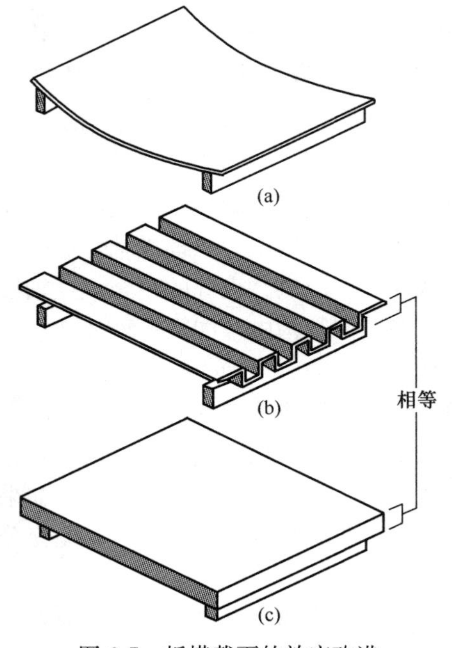

图 6-7 板横截面的效应改进

纵断面的效应改进采用与横截面类似的方式来处理，可以采取变换断面的整体形状或它的内部几何形状的方式来进行调整，以提高它在抵抗弯曲型荷载时的性能。为提高材料的利用率，通过改变构件沿纵向的截面高度（这是抗弯能力主要依赖的尺寸）来调整整体形状。如果按照抗弯能力改变构件沿纵向的截面高度，则能得到比沿全长采用等高度截面的构件更加有效的材料利用率。图 6-8 表示两种用这种方法改进了的梁纵断面，它们在弯矩大的地方高，而在弯矩小的地方矮。一种在建筑结构中具有重要意义的“改进型”外形是三角状外形（即主要由三角形组成纵断面，图 6-9），实心梁的强度和刚度都小于同等重量的三角形结构。如果这类构件只在三角形的顶点上施加荷载，则组成三角形的单个构件只承受轴向压力，通过消除弯曲模式构件的弯曲应力，且三角形外形与弯矩图相吻合使得其轴向内力比较均匀，这种三角形几何形体能够获得很高程度的结构效应。通过从构件截面内部移除应力不足的材料也能改进纵断面的内部几何形体，图 6-10 表示了这样做的构件实例。

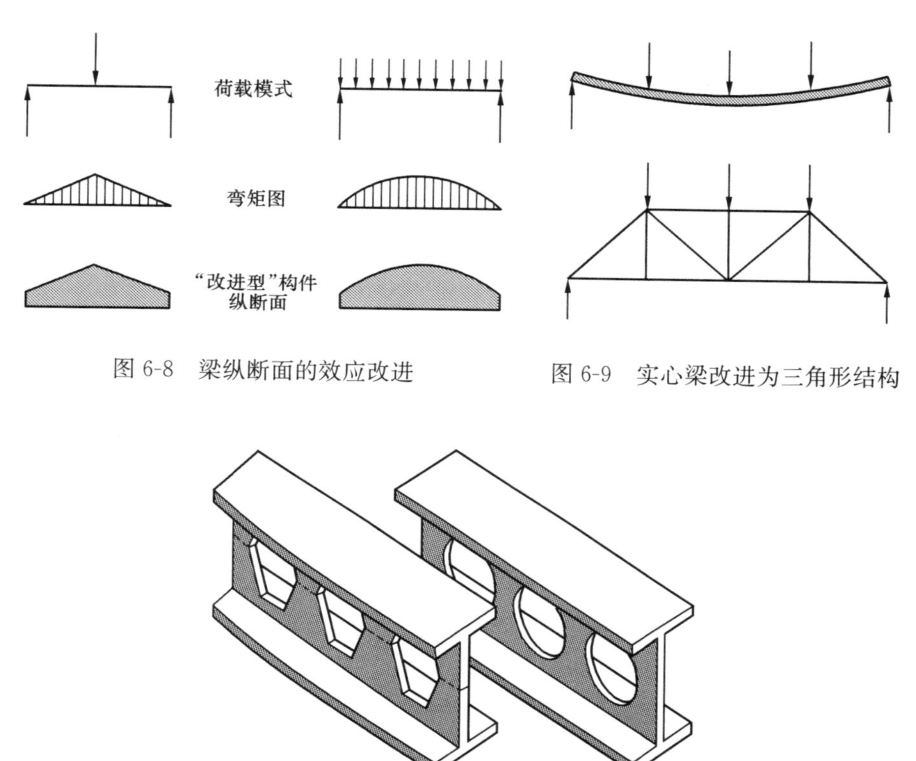

图 6-8　梁纵断面的效应改进

图 6-9　实心梁改进为三角形结构

图 6-10　移除应力不足材料而改进梁纵断面

弯曲模式和半弯模式可以采用复杂的“改进型”形状以提高其有效性，但从建筑结构的技术角度讲可能是不太合理的，因为重量的减轻与制造和维护这种复杂结构的费用相比可能更不划算。只有在需要高效轻型结构的情况下它们才被判作为合理的，在建筑物中，效率不高的大体量结构实际上能够成为一种优势，它们增加热容量，它们的重量可以抵消风浮力。但这里提供了获得不同有效水平结构构件的方法，以便结构设计时能够选择到合适的有效水平的结构体系，结构评论时可以有根据地将其有效性水平作为评判建筑设计优劣的重要因素，而绝不能认为最有效的结构一定是最好的结构。

结构构件有效性分类　　表 6-1

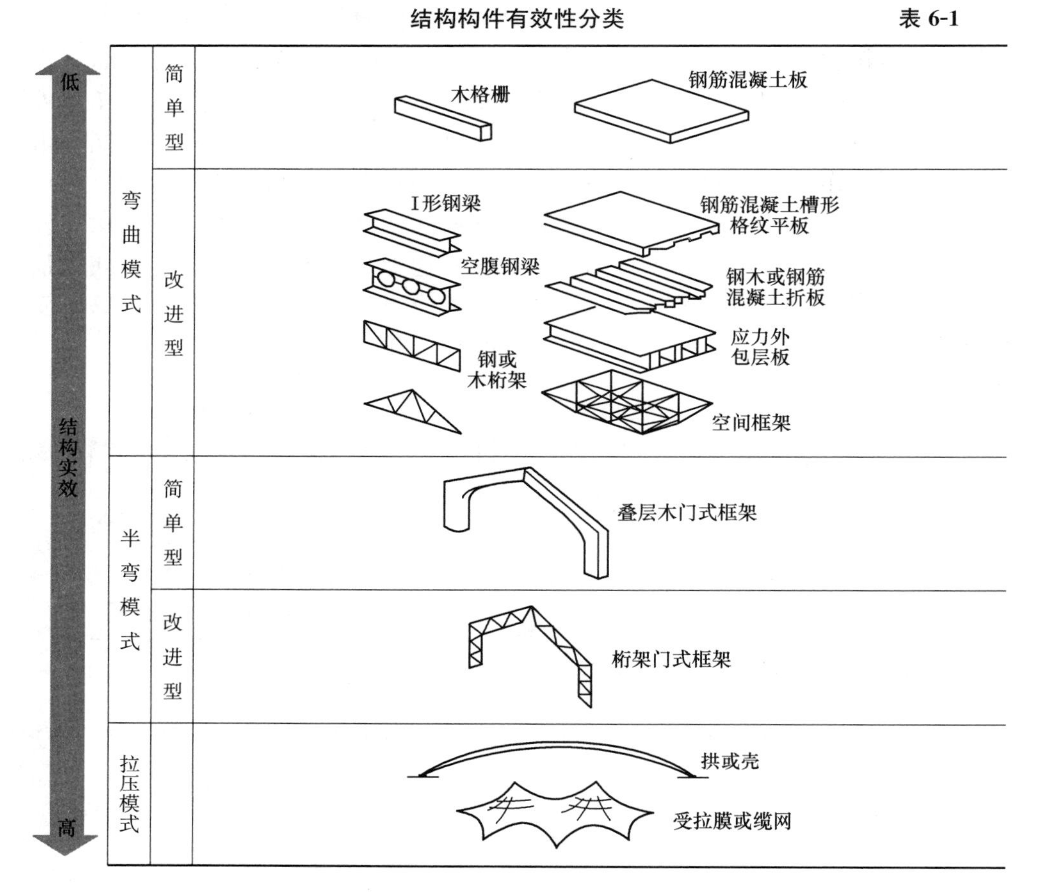

(2) 复杂性和有效性的平衡

结构有效性主要是根据获得所需要承载能力而提供的材料重量来判断的，而结构所需要的材料体积、材料重量主要取决于与结构外荷载类型相关的整体型式以及横向和纵向剖面结构构件的形状。拉压模式形状如受拉缆索和受压穹顶可被看作是有效性最高的，而弯曲模式梁可看作是有效性最低的，但可以通过在横截面和纵断面上采用较复杂的“改进型”形状以提高其有效性。而结构有效性水平的提高是以结构形式越来越复杂为必然代价的，这种复杂的几何形体影响建造结构时的方便程度，影响所制造的结构组件，影响它今后的耐久性。因此，结构设计师必须将这些因素与利用最少材料的愿望相平衡。

某个结构应达到的有效程度应该与结构的各自所处环境相适应。影响需要达到有效性水平的两种主要因素：结构的跨度尺寸和它所承担的荷载大小。跨度越长，内力越大，对有效性的要求就越高；承担的荷载越大，有效性的要求就可能越低。这两种影响因素事实上是同一种现象的两个方面，其目的都是为了保持外荷载与自重的比值处于一个相对稳定的水平。这种观点潜在的意义是为了达到最大的经济效益，结构的复杂程度应该与结构有效性达到一个最合理的平衡。

在承担均布荷载的矩形截面梁这一非常简单的实例中，表明了跨度的增加对有效性的影响（图 6-11）。在图中，显示了两根不同跨度的梁，每根都承担相同

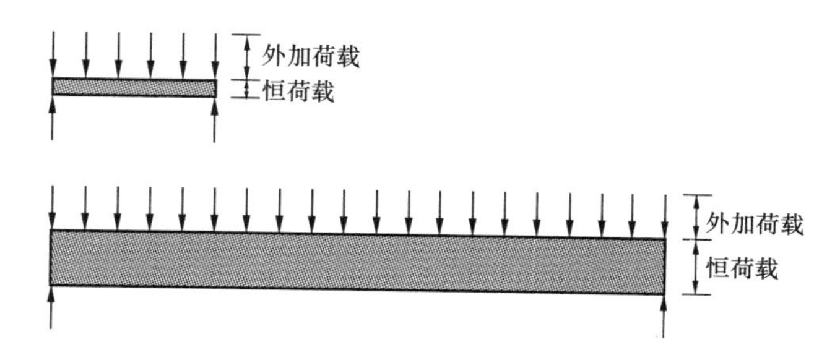

图 6-11　梁跨度对有效性的影响

的均布荷载，对于简支梁其最大弯矩为 $ql^2/8$，弯矩必须有内力矩 Fa 来抵抗，即 $ql^2/8=Fa$，式中，a 可以称为构件的有效高度或总抵抗力臂，对于宽翼缘钢梁其力臂 a 稍小于梁总高度 h，矩形混凝土梁弹性阶段力臂 a 约为 $2h/3$，塑性极限阶段为 $h/2$，并可用它来表示效率：

$$F=\frac{qL^2/8}{a} \tag{6-1}$$

从这个关系式（6-1）可以看出，跨度 L 为平方项，而 h 的倒数是一次项。假定截面高度 h 是不变值，如果受弯构件的跨度增至 2 倍，那么翼缘上的应力将增至 4 倍！为了跨越两倍的距离，必须用 4 倍的材料来抵抗压力和拉力，这种方法是浪费的。因此，较长跨度的梁必须有更大的截面高度来获得足够的抗弯能力。而每根梁的自重都与梁的截面高度成正比，在小跨度中，由于自重产生的最大弯矩不太大，梁或许有一种合理的承担外加荷载的能力。但随着跨度的增大，由于自重所产生的弯矩也在增加，梁中较大部分强度将不得不用来承担自重。最后得到一种跨度，使所有的强度都只用来支撑自重，而一个连承担自重都显得吃力的结构，不是好的结构。可见随着跨度的增加，自重与外加荷载之比对结构越来越不利，构件效率也越来越低。故为了使自重与外荷载的比值水平（有效性）保持不变，当跨度增加时，就必须采用更加有效的截面形状。这里所包含的总的原则：跨度越大，需要用来保持有效性恒值的“改进型截面”的数量就越大。这个原则可以扩大到结构的整个形体上。因此，为了保持各种跨度范围结构的同等有效性水平，简单的弯曲模式结构或许更适合于短跨构件。随着跨度的不断增加，需要越来越多的具有高效特性的构件来保持有效水平。在中间跨度上需要半弯模式结构，同时在整个跨度范围内必要时可采用“改进型断面”。对于最大跨度的构件，必须采用拉压模式结构。

结构实效与外加荷载大小之间的关系是影响“经济效益”的另一种重要因素，它也能够很容易地被式（6-1）证明。再次选用具有矩形截面的梁为例，这种梁重量的增加与它的截面高度成正比，而长度的增加则与截面高度的平方成正比。因此，如果外加荷载是原来的 2 倍，那么所需承担这种荷载的抗弯能力则必须通过截面高度的增加来增大为原来的 2 倍，而截面高度的增加约为$\sqrt{2}$倍。因此，梁重量上的增加近$\sqrt{2}$倍。可见，承担双倍外加荷载的构件截面高度增加不到 2 倍（实际是约 1.4 倍），其整体有效性更高。很明显，对于某种结构的跨度和形状而言，构件的有效性随外荷载值的增加而增大。相反，当承担更重的荷载时，如果需要特定的有效性水平，就能够采用不太有效的截面形状来实现。外荷载值对于所应用的构件类型的影响在多层框架中可以找到更加明显的证据，结构水平构件上的主要荷载是重力荷载，而外加活荷载与自重的比值，楼板比屋面要大得多（约为 2～10 倍）。因此，在多层框架中，人们常常对楼板和屋面结构采用不同的结构布置，即使跨度相同，对于承载较轻的屋面结构也经常采用具有更大实效的结构形状（如三角形屋架）。

对现有结构的研究表明，多数结构事实上都是根据上述描述的跨度、荷载与有效性之间的关系来进行设计的（图 6-12 所示的四种桥梁）。通常情况下，低效布置主要用于短跨结构，即用横截面、纵断面中的“简单”形状所形成的梁-柱弯曲模式布置；当跨度增加时，采用效应较高的结构形式的概率也在增大，具有很长跨度的结构总是用有效形式建造的。因为结构设计的潜在要求是产生大约相等的荷载与自重的比值，所以在跨度增长时，构件类型应该从效率较低向效率较高方向转换，而合理的跨度则受到外荷载大小的影响：承担的荷载越轻，跨度越长，要求结构形体更为有效。技术因素决定了特定结构布置最适合的精确跨度，这种技术因素是获得经济效益的基本工程要求。

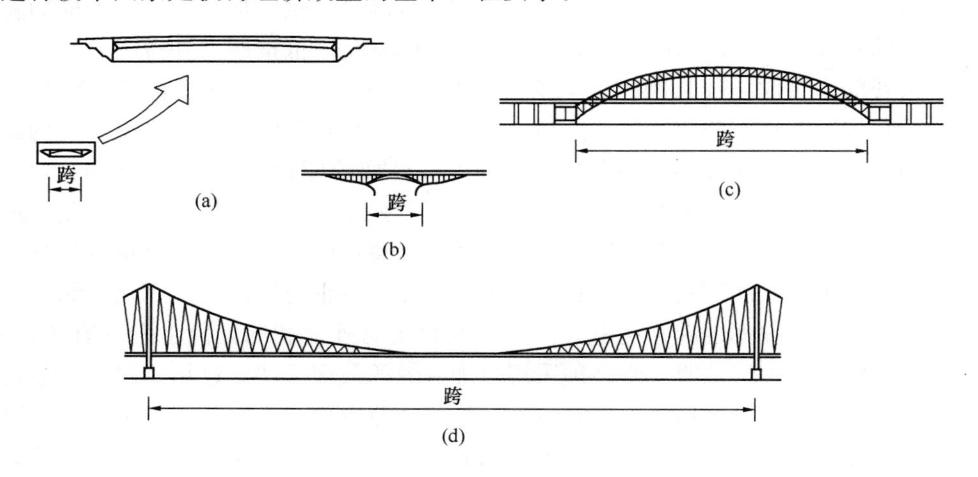

图 6-12 四种桥表明了由于需要更大的实效而导致结构复杂性随跨度的增大而增大的现象
(a) 卢然西桥：跨度 55m，梁-柱结构；(b) 萨尔吉余托布尔桥：跨度 90m，实心截面受压模式拱结构；(c) 巴永讷桥：跨度 504m，改进型三角形纵向剖面受压模式拱结构；(d) 塞文河桥，跨度 990m，受拉模式结构

成本是衡量结构是否在有效性和复杂性之间达到平衡的一种标志。尽管费用成本不是严格的结构性能的技术指标，但它也的确表示了在结构实现的过程中所参与的各种资源的利用能力。因此成本是衡量是否达到经济效益水平的一种指标，它在确定有效性与复杂性是否达到适当平衡方面常常至关重要。与设计的其他方面一样，影响成本的因素是错综复杂的。例如，在考虑与结构设计有关的成本时，设计师考虑的不仅仅是结构本身的成本，也考虑选择特殊结构类型对于其他建筑成本的影响。例如，采用轻微地增加各层楼板厚度的板柱结构而降低多层

结构层高及方便楼面施工，从而降低建筑结构的综合成本。或者所选择的某种结构类型，尽管这种类型比其他类型成本高，但它能使建筑物更快地被建立起来（例如钢框架而不是钢筋混凝土框架），这样结构成本上的增加可以通过使建筑物更快竣工的方法来抵消。因此，除了考虑只与结构相关的成本问题以外，还必须考虑与结构设计相应的其他方面的问题。当结构自身成本可能在总的建筑成本中占有很小一部分比例时，这些因素则是特别重要的。

成本，特别是在结构建造过程中的劳动力成本预算和材料成本预算之间的关系，强烈影响着在特定的经济体制下的合理承载值与自重之比，这个比值在不同的经济体制下是不同的。但这是一个主要因素，它决定着结构从效率低的结构形式向效率高的结构形式过渡的分界点。各种材料成本与劳动力成本之间的关系可用图 6-13 中的坐标表示：材料价格成本越高，就必然要求减少材料用量，采用高效结构的要求就越强。也许跨度很小时，就需要从较低效率到较高效率的转换，从而节约成本，当然结构布置也就变得更为复杂。相反，劳动力价格成本越高，就越不希望采用高效结构，因为高效结构必然带来复杂性，自然要多耗费劳动力。与材料成本相比，如果劳动力成本（设计和建设成本）增加，则总成本曲线中的最低点位置被移到左边，表示较低实效的结构形式的成本最低。总成本曲线有一个最低点，给出了那一特定结构最佳经济效益时（最低成本）的实效水平，这种结果解释了世界不同地区的建筑模式的差异性。

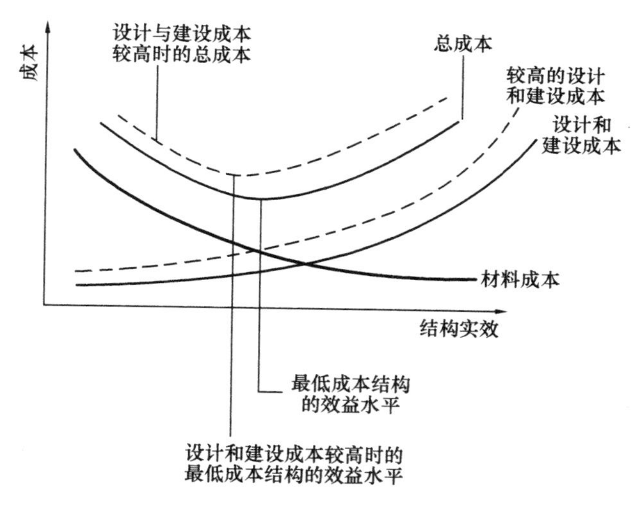

图 6-13　结构实效与成本之间的关系

可以在部落社会中找到这种极端的实例——材料与劳动力成本之间的关系。在部落社会，经济条件使人们在比较小的跨度结构中采用非常复杂的结构形式，这样可以在物质匮乏的部落时期节约材料。如贝都因人（Bedouin）的帐篷、拱形圆顶小冰屋和圆顶帐篷，所有这些都是拉压模式结构。图 6-14 所示圆顶帐篷是亚洲游牧民族的传统房屋，由支撑非结构羊毛毡的自支撑拉压模式木结构杆件布置而成。它重量轻，具有圆屋顶，表层面积最小而室内体积最大，是理想的贮热和抗风建筑。很明显，建造和维护复杂结构的充裕廉价的劳动力使人们能够用短跨度构件建造各种各样有效性高的复杂结构形式。而在现今发达世界的工业社会中，劳动力比材料昂贵，这适于采用结构实效低但容易建造的形式。在发达世界的大部分结构都是低效的梁-柱类型，这是一种将工业化世界的材料恣意挥霍的典型实例。

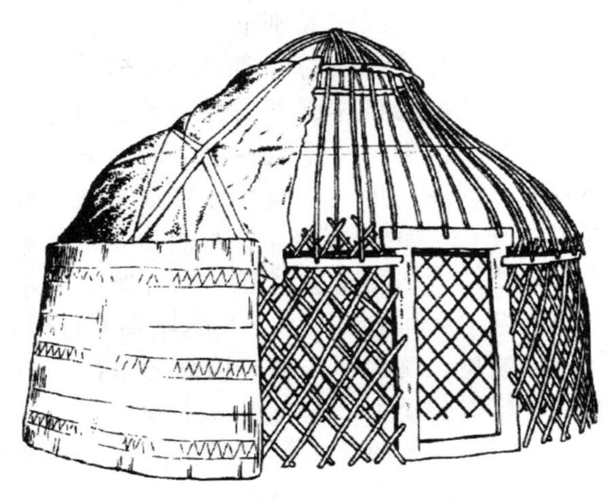

图 6-14 圆顶帐篷

6.2 评论结构设计的其他因素

复杂性与有效性的均衡是一般结构设计中首先要考虑的主要问题，但其他因素也应该予以考虑。

（1）耐久性

耐久性是构成对结构进行详细评估的不可缺少的部分，必须考虑单个结构材料的耐久性和整体结构的耐久性。在某些情况下，结构将受特定的恶劣环境的影响，耐久性问题在设计阶段就应予以优先考虑，因为它既影响对材料的选择又影响结构形式的选择。例如，钢在非保护状态下是一种抗腐蚀能力最差的材料，如果选择钢作为结构材料，就应考虑耐久性问题。应尽量减少在建筑物的外部易暴露部分使用钢，特别是在高湿气候中。

结构应该在它的整个使用寿命期间履行在设计时对它所要求的功能，而不是要求进行大量的不合理的维修。这样就提出了一个问题，什么是合理的结构设计？这个问题又把我们带回到了经济效益和相对成本的问题上了。就耐久性而论，必须在初始成本和以后的维修成本之间建立一种平衡，因此对耐久性方面的评估肯定是结构优势评估的一个重要内容。

（2）特别的设计需求

对于特定的跨度和荷载要求，以及在特定的经济体制内，适宜的结构类型种类是有限的。这些类型包括最短跨度的最简单的柱梁弯曲模式类型到用于最大跨度拉压模式壳体和索状结构。大部分建筑都与这种模式相吻合，但也有例外。有些建筑物可能是考虑不周的设计，其他一些可能是由于特殊环境的需要。

例如，如果需要特别轻质的结构，这往往会考虑采用一种更为有效的结构形式，而不是选择跨度适宜的形式。最典型的例子是箱形背包式帐篷，它是一个采用受拉模式结构（最复杂、实效最高的结构类型）的典型的短跨建筑物。对于登山运动员背着的帐篷，对最小重量的要求当然是非常合理的，还要求帐篷可以拆卸。其他一些实例包括临时的或者必须被运输的建筑物，如设计来存放旅行展览品的建筑物或旅行剧院的建筑物，这些都是以最小重量为设计目标的结构。

如果要求建筑物必须要快速建成，在建造速度是第一重要的情况下，轻质钢框架是一种明智的选择，即使其他因素（如短跨等）对钢结构可能是不合理的。例如霍普金斯别墅（图 6-15）就是利用轻质钢构筑短跨框架房屋的例子，该结构没有考虑采用复杂的三角形桁架作为水平结构，因为建造速度和便利条件是第一重要需求。

图 6-15　霍普金斯别墅

有时，当结构是建筑物美学内容的一部分时，结构类型的选择往往是从它的视觉特征而不是单纯的技术角度考虑的，在所谓的“高技派”建筑中看到的许多结构都属于这一类。总是可以看到这样的建筑实例，客户愿意付出巨额资金，不顾材料和劳动力成本而消耗过量的资源，就是为了得到一个壮观的结构，而不在乎在技术方面是否合理。

6.3　整体结构的评论

结构都是由大量的构件组合而成，整体结构的性能主要取决于它所包含的构件类型和这些构件的连接方式。构件类型有：拉压模式、半弯模式和弯曲模式。这表明材料效能发挥程度与外加荷载类型相关的构件形状有关。相应的整体结构也是由这三类构件类型或其组合构成的，在重力荷载通常是最主要作用荷载的建筑领域中，有三种基本的整体结构布置：小跨梁-柱（墙）弯曲模式结构（图 6-16a）、中跨半弯模式结构（图 6-16b）和大跨拉压模式结构（图 6-16c）。

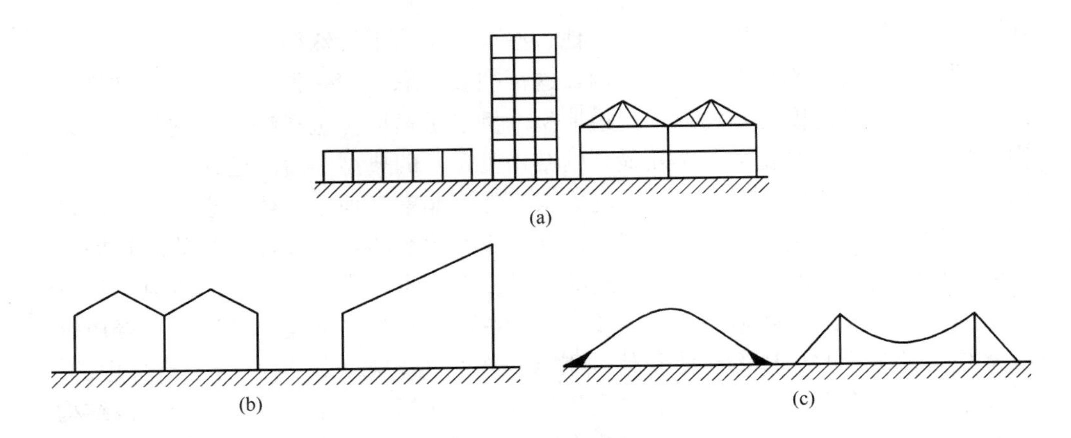

图 6-16 整体结构三种基本几何形体

（a）小跨梁-柱（墙）弯曲模式结构；（b）中跨半弯模式结构；（c）大跨拉压模式结构

构件之间的连接属性（铰接、固结等）极大地影响结构的性能，根据连接状况可将几何形体分为“非连续结构”（图 6-17a）和“连续结构”（图 6-17b）。非连续结构只含足够的使结构稳定的约束数量，它们主要是由构件通过铰接连接在一起的组合件，并且多数非连续结构也是静定结构；连续结构含有的约束数量大于稳定性所要求的最低约束数量，构件连接以固接为主，几乎不采用铰接，连续结构以超静定结构为主。非连续结构的主要优点是在设计和建造两方面都很简单，另外在发生基础不均匀沉降和构件的长度发生变化时，如由于温度变化造成的构件膨胀或收缩，非连续结构不会产生额外的应力。在这些条件下，非连续结构不需要在构件中增加任何内力就能调节它的几何形体以适应这种运动。非连续结构的一种缺陷在于对于任何施加的荷载都比具有相同基本几何形体的连续结构含有更大的内力，它需要更大的构件来达到承担同样荷载的能力，因此，它的利用率比较低；另一种缺陷是为了能够保持几何形体的稳定性，它必须有比连续结构更规则的几何形体。这就限制了设计者选择结构形式的自由，明显影响了建筑物的形状。多数典型的钢结构都是非连续的，它们的规则几何形体证明了这一点，因此非连续结构是一种最基本的结构布置方式，尽管它的有效性非常低，但却很简单，在设计和建造时都比较经济。

连续结构的性能比非连续结构的性能复杂，在设计和建造方面困难更多，而且它们会产生除了施加荷载所产生的内力之外的额外内力，如由于热膨胀和基础下沉所引发的变形而产生的内力，但它们比非连续结构的效率高，几何稳定性

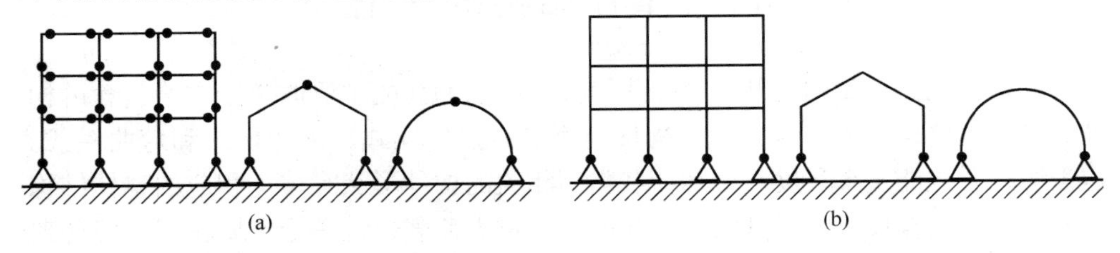

图 6-17 结构构件之间的连接属性

（a）非连续结构；（b）连续结构

强，这些特点允许设计者有更大的自由去控制结构的整体形体及由整体形体支承的建筑物形式。由于现浇钢筋混凝土很容易节点固接从而形成连续结构，且具有较低的热膨胀系数导致温度应力下降，所以它是一种特别适合制造连续结构的材料，目前工程结构中大量采用现浇钢筋混凝土连续超静定结构就是这个原因。在超静定结构中，由于大量的多余约束的存在，所以荷载从结构传递到基础的路径不止一条（静定结构只有一条路线），也就是荷载在结构中的传递是由不同结构构件通过变形协调而共同承担的，这样会使得荷载能够更加直接地传递到基础，又因为所有杆件承担的荷载都很均匀，从而结构材料的使用率要高得多，结构的刚度也大得多。读者可以通过最简单的简支梁与两端固结梁的内力和变形的比较，予以自行理解。

（1）小跨梁-柱（墙）弯曲模式结构

在建筑领域中最普遍的结构布置是梁-柱形式，在这种布置形式中，水平构件被支撑在垂直柱上。在大多数这类基本形式中，受重力荷载等竖向荷载的作用，水平构件是弯曲模式，垂直构件是轴向承载（也可能有少量弯矩），因此，梁被看作弯曲模式构件，柱被看作拉压模式构件。在人类历史进程中，人们采用了大量的这类布置，而最大的变化则是表现在弯曲模式水平构件方面，主要原因是人们想提高材料的利用率以节省材料从而减少成本，同时也是由于当代普遍盛行“合理的”设计的现代主义思想的结果。低效的弯曲模式梁-柱（墙）形式的整体几何形体因其简单方便性，致使它继续成为建筑结构中最广泛使用的类型。因而，对有效性和复杂性两者权衡的结果是，小跨梁-柱结构采用低效的弯曲模式梁-拉压模式柱，以及对略大跨度结构的横截面和纵断面采用“改进型构件”。在钢框架中情况尤其如此，其梁和柱总是带有“改进型”I形截面。

承重墙结构是一种梁-墙布置，在这种布置中，一系列水平构件被支撑在直立墙上（图 6-18）。正如常发生的情况一样，如果构件之间的连接是铰接，则当施加重力荷载时，水平构件承受纯弯曲型内力，竖向构件承受纯轴向压内力，基本形式是不稳定的，其稳定性由支撑墙所提供。因此，这类建筑物的平面图由两种墙组成：承重墙和支撑墙（图 6-19）。承重墙承担楼板和屋顶的重量，它们通常是平行布置，间距几乎相等，根据空间划分的许可尽可能设置得比较近，以使跨度最小。支撑墙通常是按承重墙垂直方向布置，因此建筑物内部在平面图上通常是多格的和直线形的，但是，不规则平面形状也是可能的。在承重墙结构方案中，平面图几乎在各层都是一样的，以保持承重墙的竖向连续性。承重墙结构广泛应用于有着固定分隔的多层和高层住宅建筑中。最小的承重墙结构是一层或两层的家庭住宅，在这些住宅中，楼板和屋顶通常由木料组成，而承重墙体是由木料或砖石组成（图 6-20）。在全木质结构中，墙壁由间距很密的柱组成，将墙板、墙基和墙头系在一起形成格板式墙体。由砖石砌成的墙中，木或钢筋混凝土结构构成楼板。尽管钢筋混凝土板很重，但是它们能够同时具有两个方向上的跨度，这种优势允许采用更加不规则的支撑墙布置，通常可以增加设计的自由度（图 6-18）。钢筋混凝土楼板也能够具有比木地板更大的跨度，它们能够提供更坚固更稳定的建筑物，同时还具有提高防火性能的结构优势。高层建筑的墙体组成原理与多层结构是一样的，但由于层数多、荷载大，其承重墙则需要强度更大的材料，如钢筋混凝土或钢。

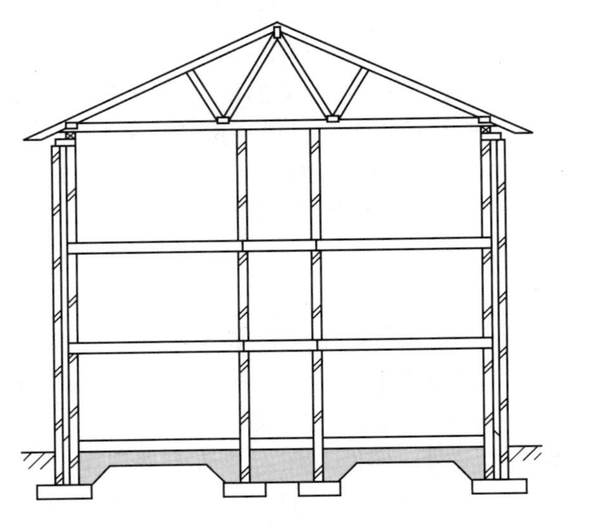

图 6-18　梁-墙承重砌体结构图

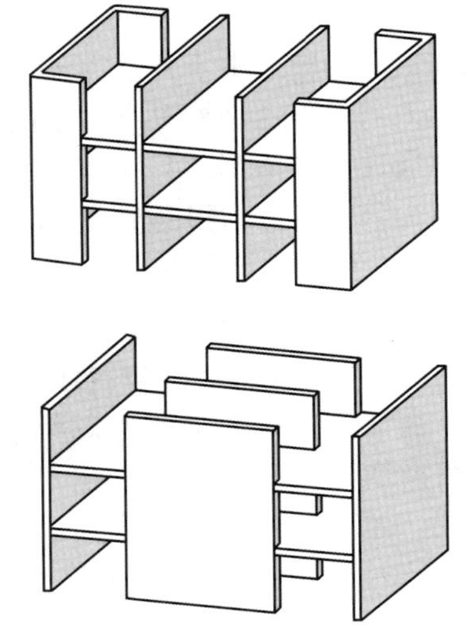

图 6-19　承重墙与支撑墙组成的剪力墙结构

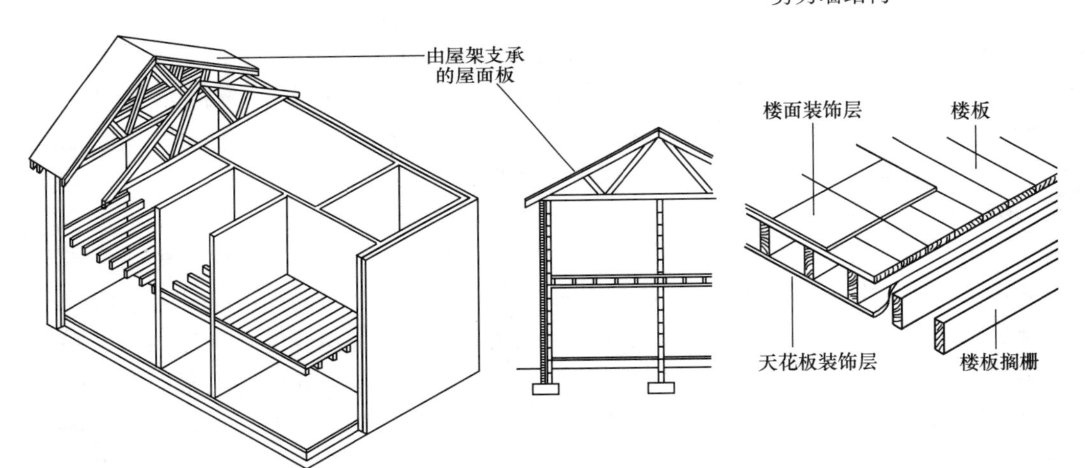

图 6-20　承重墙与木楼屋面组成的住宅结构

非连续承重墙结构是一种最基本的结构形式，在这种结构形式中，采用了最基本的具有简单的实心截面的弯曲构件类型（即弯曲模式），低效是其中的一个缺点，但它们的跨度较小，因此，带有简单的实心截面的梁和板通常被用于承重墙建筑物的楼板构件，而三角形桁架形式的轴向应力构件经常用在跨度较大的屋顶结构中形成水平构件，以改进其有效性，最常用的轻型屋顶构件是木桁架（图 6-18、图 6-20）和轻型钢格构大梁。另一个缺点是给设计者自由设计建筑物的形式带来相当严重地约束，主要的约束是必须采用固定多格内部空间分隔，且在多格内部空间中没有一处是跨度非常大的，其平面布置和竖向构件设置都不灵活自由，一般适用于内部有着固定平面布置且跨度不大的住宅建筑（图 6-19），不过这种结构非常简单，建造成本低。如果考虑现浇钢筋混凝土承重墙的结构连续性和超静定结构的特点，其支撑墙的设置要求是可以降低的。

在需要更加自由地设计建筑物内部空间或需要更大的内部空间的地方，有必要采用框架结构类型，这种结构能够完全消除结构墙，得到大的内部空间，以及在建筑物的不同楼层中展现丰富多样的空间设计。框架的主要特点是其本身为一个骨架结构，骨架结构由柱及其所支撑的梁组成，并支撑着楼板和屋面（图 6-21）。墙通常是用来分隔空间的非结构墙，它们完全由梁-柱系统支撑。结构所占据的总体量小于承重墙，单个构件承担更大面积的楼板或屋顶荷载并且承受更多的内力，因此通常必须采用强度大的材料，如钢或钢筋混凝土。木骨架是一种强度较弱的材料，如果承担楼板荷载，它们的跨度就很小（最多不超过 5m）。单层木结构会有更大的跨度，特别是采用效率高的构件类型，如三角形桁架，但最大跨度也总是小于同等大小的钢结构。

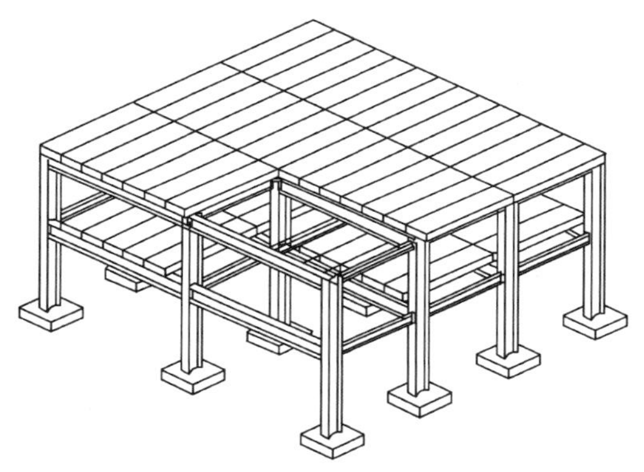

图 6-21　典型的多层框架结构

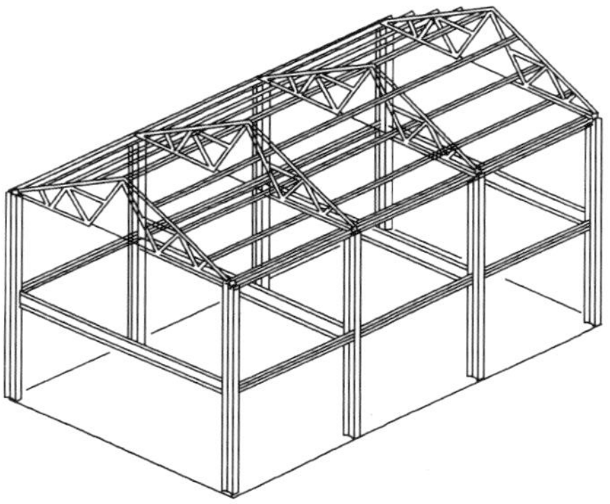

图 6-22　钢框架结构中改进的三角形屋架

框架的最基本类型是被排列成一系列矩形几何形体相同的“平面框架”，相互平行布置以形成矩形或正方形网格，所建成的建筑物在平面和截面上都主要是直线形形式（图 6-21）。如果有效性较高的三角形构架被用于结构的水平部位，就会得到上述结构常见的变形体（图 6-22）。图 6-23 表示了典型的单层钢框架中主梁和次梁的布置，所有的梁都是“改进型”三角形断面。图 6-24 表示多层框架的典型楼板布置，设计时刻意使楼屋面结构内主梁和次梁的不同构件之间达到

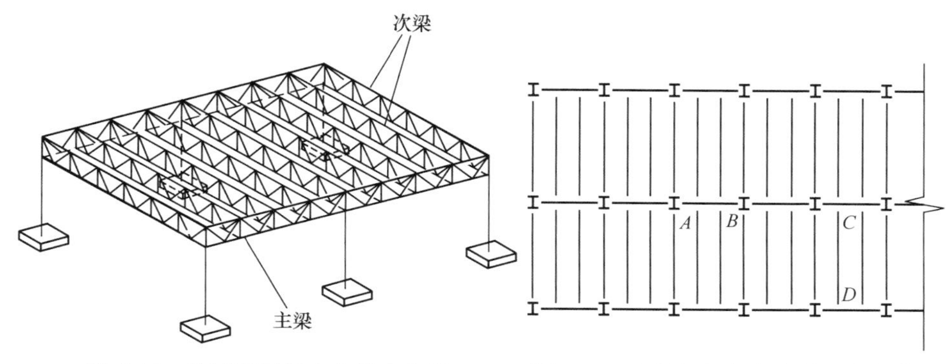

图 6-23　单层钢框架中主梁和次梁

图 6-24　多层钢框架中主梁和次梁布置

一种内力的合理均匀分布。主梁 AB 比次梁 CD 支撑更大的楼板面积，因此承担更多的荷载。然而，因为 AB 跨度较短，所以两个构件中的内力值差不多是一样的。

骨架可以是非连续的或连续的结构类型。钢和木框架通常是非连续的，而钢筋混凝土框架通常是连续的。在完全非连续框架中，梁和柱之间的全部连接都是铰接的（图 6-25）。由于构件的彼此分离并阻止弯矩在它们之间的传递会导致基本形体的不稳定，并减少其有效性。在非连续框架中，稳定性是通过独立的支撑系统提供的。为保证稳定性并为所有带有铰接式构件的楼板区域提供足够支撑，通常要求非连续框架具有规则的几何形体。如果框架中的连接是刚性连接，连续结构通常产生自支撑和超静定结构。因此，连续框架一般比相应的非连续框架更雅致、构件更轻、跨度更长，并且不带垂直面支撑，从而获得更大的内空间。这些优势，加上高度的结构连续性所带来的总体上的设计自由，意味着连续结构可以采用比非连续结构更为复杂的几何形体。由于现浇钢筋混凝土很容易达到连续性，所以它是一种特别制造连续框架的材料。这种可能的连续程度甚至允许在框架中取消梁，使一块双向板能直接支撑在结构柱上，从而形成“平面板”结构（图 6-26）。这不仅使材料的利用率增高，结构形体自由，而且也很容易建造。

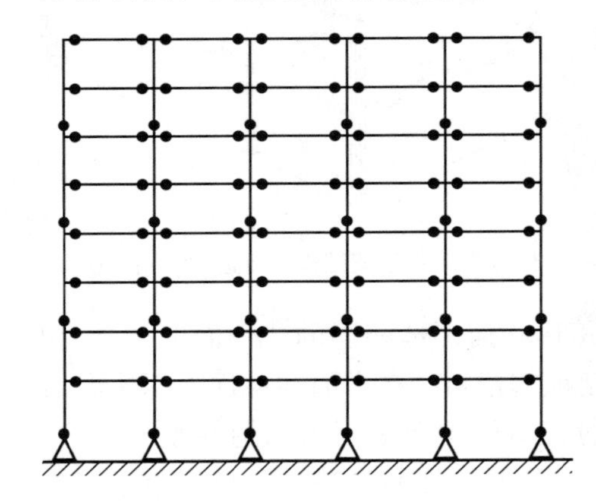

图 6-25　非连续多层框架的典型布置

图 6-26　杜马斯办公楼

（2）中跨半弯模式结构

中跨半弯结构既不是呈弯曲模式的梁柱结构也不同于大跨的拉压结构，这类结构构件含有各种类型的内力（轴力、弯矩和剪力）。弯矩当然是最难以有效抵抗的内力，其大小取决于结构形状与荷载形式的差异程度。然而，这种结构的弯矩比相同跨度的梁柱结构中发生的弯矩要小得多。这类结构应用的适合条件是：一方面它们必须达到比梁-柱结构更大的结构有效性；另一方面是结构为长跨或外加荷载较轻。一般在建筑物的坡屋面中应用较多，如门式刚架的主拱构件。图 6-27 表明了一个典型的中跨半弯门式框架结构实例，这种结构常用来形成受较轻荷载作用的中大跨结构，跨度较大时结构中主构件通常采用有效性更高的“改进型”I 形截面，它能够用钢、钢筋混凝土或木料建成。各种各样的纵断面和截面被用于制造框架构件，从钢筋混凝土和叠层木材的矩形截面实心构件到钢材料的“改进型”构件（图 6-28），与其他的框架类型一样，这种结构能达到的跨度范围也是很大的。在最常用的形式中，这类结构由一系列统一平面的格构式框架组成，框架彼此互相平行，构成一个矩形平面（图 6-29）。

图 6-27 门式框架

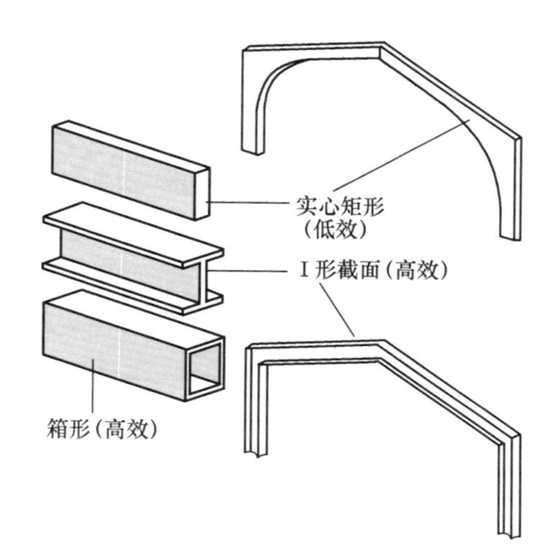

图 6-28 截面形式的改进

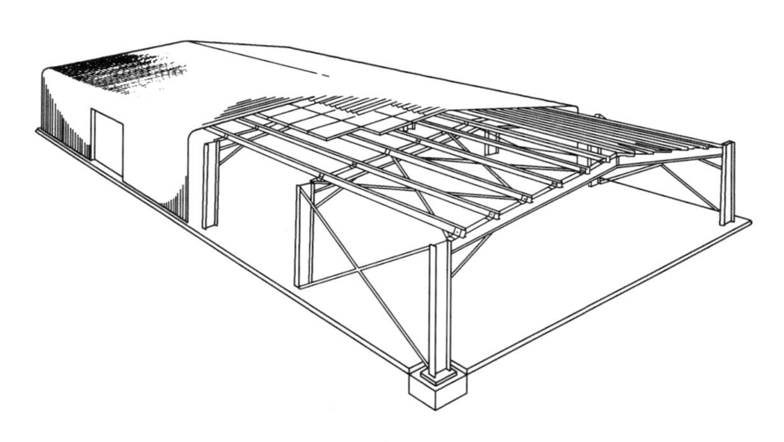

图 6-29 典型的中跨半弯单层门式框架结构布置

一种优质结构不是因为它已经达到了最高的结构实效水平，而是因为达到了适宜的结构实效水平，后者的判断只能从涉及影响结构实效的因素方面进行。对于中大跨梁柱结构，对水平构件从不同层次上采用“改进型”截面是合理的。英国福斯铁路桥（Forth Railway Bridge，图 6-30）是一个突出的、开创性的、基本上属于“纯”工程结构的实例。尽管大桥的总体布局可能是相当复杂的，但是，如果按照“弯曲模式”和“改进型”概念来设想，它可以被看作是相当简单的结构，这个结构的主要构件是成对的平衡悬臂。采取这种布置，其目的是能够在没有临时支撑的条件下建造这座桥，这个结构在整个建设过程中都是自支撑的。悬臂梁通过短的悬跨结构相连接，这是一种巧妙的布置，它允许在非连续结构中发挥结构连续性的优势。因此，其整体结构布置是弯曲模式的低效结构布置，但设计者根据跨度情况进行了大量的合理设计以得到一种可接受的实效水平。采用的改进措施有：主要结构的纵断面与主要荷载条件（穿过整个结构的均匀分布重力荷载）产生的弯矩图相吻合；断面的内部几何形体全部是三角形的，使得结构的主要次构件或承担直接拉力或承担直接压力；单个的次构件带有“改进型”截面。例如，主要受压次构件是空心管，多数都带有圆形截面，这是抵抗轴向压力的最有效形状。因此，福斯铁路桥的结构的基本结构形式可能是相当低效的，但却是在很多方面都加以“改进”从而达到了适宜的结构实效水平。

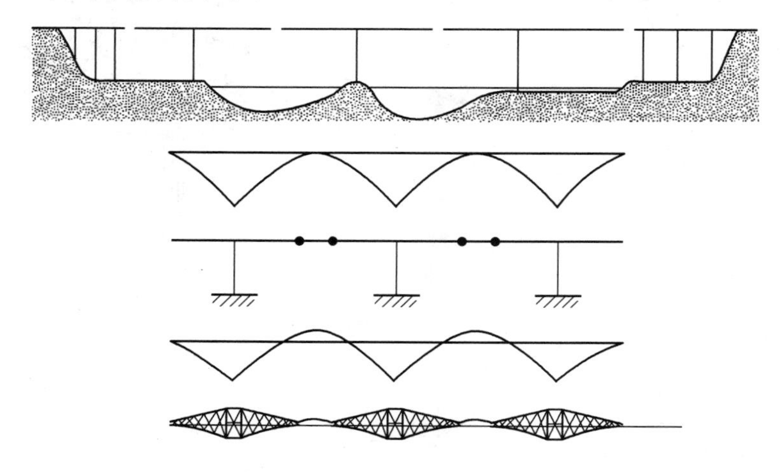

图 6-30 福斯铁路桥的基本结构布置

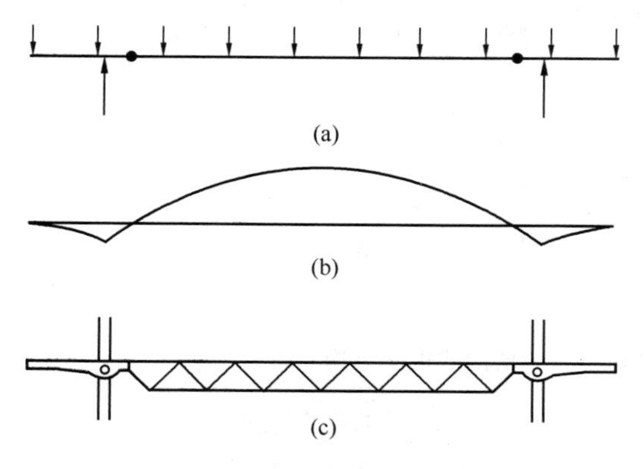

图 6-31 蓬皮杜中心大楼主梁
（a）荷载图；（b）弯矩图；（c）结构图

在法国巴黎的蓬皮杜中心大楼中（图 6-31），结构的基本布置是这样的，即较长跨度（约 30m）的水平构件都是直的弯曲模式梁，因此这种布置有可能是非常低效的。但是，主梁的三角形布置和悬臂连续梁的横截面和纵断面中的“改进型”形状的使用弥补了这种形式潜在的低效性，所达到的整体有效性水平可以被判断为是适中的。

英国斯温登雷诺大厦的框架可以被看作是梁-柱框架，因为结构的基本形式是直线形的（图 6-32）。然而，梁柱连接是刚性的，结构具有了连续性，致使水平和垂直构件都在重力荷载作用下受轴向和弯曲内力的综合影响，因此垂直构件可以看成是半弯模式的。结构的基本形状明显不同于拉压模式形状，所以弯矩值高，结构是相当低效的。但是，水平构件的纵断面已经在很多方面做了“改进”：纵断面的全深都按照弯矩图的方式变化；断面本身被再分为杆构件和I形截面构件的组合，这些构件的相对位置被调整，使杆构件在组合截面中构成受拉构件，杆的圆形截面是一种承担受拉荷载的正确形状，而I形截面形成受压构件，受压部件的I形截面是根据受压不稳定性所形成的弯曲现象而做出的适宜选择；其腹板上所做的圆孔切割是另一种“改进型”形式；垂直构件的截面也作了类似切割，但是在这些垂直构件中，受压组件是圆形中空截面而不是I形截面。这样做也是明智的，因为这些组件比它们在水平构件中的组件遭受更大的压力，圆形是一种理想的抗压截面形状。在这些措施下，可以认为结构达到了适宜的整体有效水平。

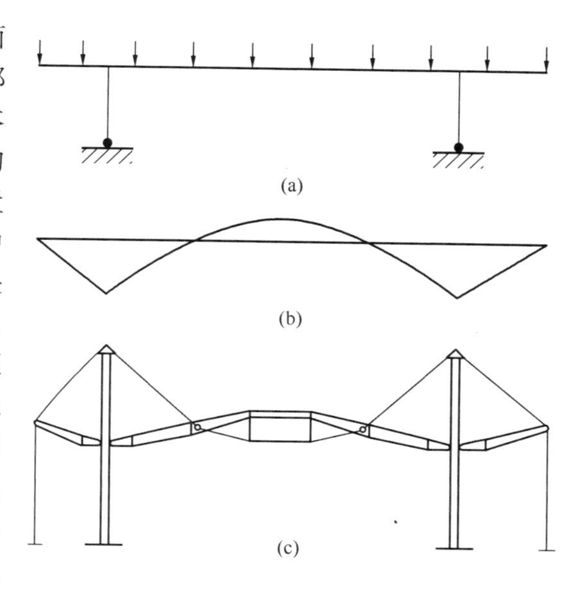

图 6-32 斯温登雷诺大厦主梁
(a) 荷载图；(b) 弯矩图；(c) 结构图

(3) 大跨拉压模式结构

拉压模式结构通常只用于特定的条件下，如，需要达到很高程度的结构有效性，或者所用的跨度非常大，或者结构重量特别轻。它们具有比梁-柱弯曲模式或半弯模式结构更复杂的几何形体，它们通常用来建造具有不同特殊复杂形状的建筑物。图 6-33 中板球场大看台顶的帐篷是拉压模式的受拉薄膜结构。图 6-34

图 6-33 英国伦敦贵族板球场

是用钢悬索与充气膜组成的大跨受拉模式薄膜结构。

(a)

(b)

图 6-34 巴顿·马沃银光穹隆
(a) 外景；(b) 内景

这类建筑中通称包含受压壳、受拉索和充气受拉膜结构等。在此类大跨拉压模式结构中，一般至少需要一种以上的结构构件，特别在受拉系统中，它们通常必须有受压构件和受拉构件。在大空间建筑外围护结构中，外加荷载主要是分布荷载而不是集中荷载，因此，其结构"合理轴线"是曲线状的，这也是大跨拉压模式结构的建筑外形通常是曲线状的原因。

受拉模式结构几乎总是超静定结构。尽管这种结构的材料利用率高，但它们在设计和建造时难度大，建造成本也很高。例如，不管受拉外围护结构的最初形状是什么，但当荷载在它们上面作用时，它们总是呈现出受拉模式形状，这是由于它们没有任何刚性所造成的，因此，在制造过程中必须特别确保膜或网的裁剪正确。如果不这样做，产生出带有非受拉模式几何形体的膜，那么它就会在一开始施加荷载时被迫变成受拉模式形状，产生令人不注意的折叠和皱纹，并导致应力的集中。另外，在受拉模式结构的设计中会产生许多其他方面的技术问题，如膜与它们的支撑相连接，膜在遇到动荷载时性能会改变。

在受压模式结构中，如果没有为荷载提供真正的受压模式形状，那么由此导致的后果就是在拱壳中产生弯曲应力。如果发生这种意外情况，结构就有发生强度破坏的危险。因此在设计过程中，必须确定真正受压模式的精确几何形体，并且必须使结构与它相一致。然而这会产生两个问题：首先，受压模式形状的几何性质是非常复杂的，很难准确地定义，因此也很难在实际结构中被准确建造，特别是由于受压模式形状的表面曲率半径不相等，使得结构分析和建造都很困难；其次，实际结构总是遭受各种不同形式的荷载，这意味着所需要的受压模式形状随荷载的变化而变化。在受拉模式结构中，这种现象不是没有办法克服，因为受拉模式结构是柔性体，它们能够轻易地调节自身的几何形体，采取所需要的不同形状。只要荷载的变化不是过于极端，都能够自动进行必要的调整而不会出现严重皱褶的危险。但是受压形式必须是刚性的，所以受压结构只可能有一种几何形体。当荷载发生变化时，受压模式结构会不可避免地产生某些弯曲应力，因此必须为这些结构提供强度，以抵抗弯曲应力，即使只有压应力出现，也必须将结构做得比所要求的更厚。

弯曲应力从来不能够完全从受压模式结构中排除，这一事实意味着它们不可避免地比受拉模式结构的效率低，同时因为各种复杂情况如不同的曲率半径、不同的荷载类型等，导致采用完全纯粹的受压模式形状布置被认为是不太合理的。常常采取一种折中办法，即采用的曲线形状近似于受压模式“合理轴线”形状，因此，但几何形体经过规则化要简单得多。这些比较可行的形状可通过两种方式使它们变得更为简单：一是采用等曲率半径，如球形穹顶；二是采用抛物线和椭圆等作为基本曲线形状，过渡到较复杂的双曲线抛物面和椭圆抛物面的形体（图6-35）。这些形状在分析和制造方面都比完全的受压模式形状简单，设计者愿意以这种略低效应的形状来换得结构相对容易的设计和建造方式。

图 6-35　英国布林莫尔橡胶厂椭圆抛物壳屋顶

6.4 总　　结

构件截面的“改进型形状”在钢筋混凝土结构的建筑物中不太常见，因为混凝土既比钢轻又比钢便宜，因此没有必要达到钢框架结构的有效性水平。但是杜马斯办公楼中采用了格式楼板（图 6-26），这是由梁-柱布置的钢筋混凝土“改进型”弯曲模式构件的实例。如果跨度大于 6m，在钢筋混凝土结构增加采用这种“改进型”构件是适宜的。

可以看出，判断结构设计在具体应用中的合理性时，不能认为最有效的结构一定是最好的结构。即使在“纯”工程结构的情况下，如桥梁结构，也不得不考虑其他诸多因素，如建造过程的复杂程度或长久耐用性的意义。在许多情况下，带有矩形截面的简支梁成为解决结构跨越问题的最佳技术方案，即使这种矩形截面是效率最低的结构形式。在进行有关结构的技术判断时，需要解决的问题不是是否已经达到了最大可能的有效性水平，而是是否已经达到了适宜的有效性水平。

任何一种能够判断结构价值的标准肯定都是有争议的。然而，多数人都会同意这种观点，即工程设计的主要目的是提供一种能够发挥最大经济效益的建筑体。这可以用一句古老的工程格言来概括，即“工程师是一个其他人需花 3 英镑，而他却只花 1 英镑做事情的人”。

对于建筑结构是否已经达到合理的经济效益水平，一个令人满意的标准是：在材料用量、设计与建造过程的复杂性、制品今后的耐久性和可靠度之间达到了一种合理的平衡。在结构工程范围内，经济效益的满足不仅仅是一个最大限度地减少结构材料用量的问题，最主要的是充分利用所有参与其生产过程的材料、劳动力和资源的问题。因为这些因素是相互联系、错综复杂的，所以对结构的整体判断不是件很容易的事情。

评价经济效益高低的其中一个方面是成本，因为结构在资金方面的投入与结构的总资源用量有关。当然，成本几乎完全是一个人为的标准，取决于目前的劳动力、能源和材料的市场价格。它不仅总是与特定的经济文化有关，而且也与一个社会所能控制的资源有关，包括人类资源和环境资源，所有这一切因素都在随时发生变化。在多数文化社会中，大量“普通”的建筑物事实上都是根据最大限度地降低成本的原则建造的。

参 考 文 献

[1] 中华人民共和国行业标准. 高层建筑混凝土结构技术规程 JGJ 3—2010[S]. 北京：中国建筑工业出版社，2010.

[2] 中华人民共和国国家标准. 建筑抗震设计规范 GB 50011—2010[S]. 北京：中国建筑工业出版社，2010.

[3] 中华人民共和国国家标准. 混凝土结构设计规范 GB 50010—2011[S]. 北京：中国建筑工业出版社，2011.

[4] 中华人民共和国国家标准. 建筑结构荷载规范 GB 50009—2012[S]. 北京：中国建筑工业出版社，2012.

[5] 中华人民共和国国家标准. 建筑地基基础设计规范 GB 50007—2011[S]. 北京：中国建筑工业出版社，2011.

[6] 中华人民共和国国家标准. 人民防空地下室设计规范 GB 50038—2005[S]. 北京：中国建筑工业出版社，2005.

[7] 中华人民共和国行业标准. 高层民用建筑钢结构技术规程 JGJ 99—98[S]. 北京：中国建筑工业出版社，1998.

[8] 高振世，李爱群等. 建筑结构抗震设计[M]. 北京：中国建筑工业出版社，1999.

[9] 宗兰，宋群 主编. 建筑结构(第 3 版)[M]. 北京：机械工业出版社，2013.

[10] 黄真，林少培编著. 现代结构设计的概念与方法[M]. 北京：高等教育出版社，2012.

[11] 计学闰，计峰，王力编著. 结构概念和体系[M]. 北京：中国建筑工业出版社，2010.

[12] 罗福午著. 建筑结构概念、体系与估算[M]. 北京：清华大学出版社，1991.

[13] 布正伟著. 结构构思论[M]. 北京：机械工业出版社，2006.

[14] 同济大学、清华大学、南京工学院、天津大学. 外国近现代建筑史(第二版)[M]. 北京：中国建筑工业出版社，2004.

[15] 邹德侬著. 中国现代建筑史[M]. 北京：中国建筑工业出版社，2010.

[16] 刘先觉主编. 现代建筑理论(第二版)[M]. 北京：中国建筑工业出版社，2008.

[17] 彭一刚著。建筑空间组合论[M]. 北京：中国建筑工业出版社，2013.

[18] 孙澄、梅洪元著. 现代建筑创作中的技术理念[M]. 北京：中国建筑工业出版社，2007.

[19] 林同炎，思多台斯伯利著，高立人等译. 结构概念和体系(第二版)[M]. 北京：中国建筑工业出版社，1999.

[20] 安格斯 .J. 麦克唐纳著，陈治业，童丽萍译. 结构与建筑 [M]. 北京：知识产权出版社，2003.

[21] 余安东著. 工程结构透视 [M]. 上海：同济大学出版社，2014.

[22] 单建编著. 趣味结构力学 [M]. 北京：高等教育出版社，2014.

[23] 梅季魁、刘德明、姚亚雄著. 大跨建筑结构构思与结构选型 [M]. 北京：中国建筑工业出版社，2012.

[24] 虞季森著. 中大跨建筑结构体系及选型 [M]. 北京：中国建筑工业出版社，1990.

[25] 章丛俊、宗兰主编. 高层建筑结构设计 [M]. 南京：东南大学出版社，2014.

[26] 章丛俊. 刚度在结构设计中的运用和控制 [J]. 建筑结构，2015，45(10)：132-139.

[27] 章丛俊，黄柏. 百米高层住宅剪力墙结构设计中若干问题的分析 [J]. 建筑结构，2014.9：143-148.

[28] 梁仁杰，吴京，章丛俊. 结构抗倒塌能力的简化评估方法及其应用 [J]. 建筑结构学报，2015.6，6(6)13-18.

[29] Arnold whittick. European Architecture in the Twentieth Century [M]. London：Loney press，2007.

[30] Siegel Curt. Structure and Form in Modern Architecture [M]. London：Crosby lock-word. & son Ltd.，1962.

[31] M. Brouer. Sun and shedow [M]. New York：Toronto，1956 .

[32] Benjamin，B. S.. Structures for Architects(2nd edition) [M]. New York：Van Nostrand Reinhold，1984.

[33] Addis，W. The Art of the Structural Engineer [M]. London：Artemis，1994.

[34] Ambrose，J. Building Structures [M]. New York：John Wiley，1988.

[35] Alexander Zannos. Form and Structure in Architecture—The Role of Structural Function [M]. New York：A Van Nosto and Reinhold Book，1987.

[36] Henry J. Cowan，Architectural Structures. An introduction to Structural Mechanics [M]. New York：American Elsevier，1976.

[37] Norman Davey. A History of Building Materials [M]. London：J. M. Dent&Sons Ltd.，1961.

[38] Tianjian Ji and Adrian Bell. Seeing and Touching Structural Concepts [M]. London：Taylor&Francis Group，2008.